第三届黄河国际论坛论文集

流域水资源可持续利用与
河流三角洲生态系统的良性维持

第五册

黄 河 水 利 出 版 社

图书在版编目(CIP)数据

第三届黄河国际论坛论文集/尚宏琦,骆向新主编.
郑州:黄河水利出版社,2007.10
ISBN 978-7-80734-295-3

Ⅰ.第… Ⅱ.①尚…②骆… Ⅲ.黄河-河道整治-国际学术会议-文集 Ⅳ.TV882.1-53

中国版本图书馆CIP数据核字(2007)第150064号

组稿编辑:岳德军 手机:13838122133 E-mail:dejunyue@163.com

出 版 社:黄河水利出版社

地址:河南省郑州市金水路11号 邮政编码:450003

发行单位:黄河水利出版社

发行部电话:0371-66026940 传真:0371-66022620

E-mail:hhslcbs@126.com

承印单位:河南省瑞光印务股份有限公司

开本:787 mm×1 092 mm 1/16

印张:161.75

印数:1—1 500

版次:2007年10月第1版 印次:2007年10月第1次印刷

书号:ISBN 978-7-80734-295-3/TV·524 定价(全六册):300.00元

第三届黄河国际论坛
流域水资源可持续利用与河流三角洲生态系统的良性维持研讨会

主办单位

水利部黄河水利委员会(YRCC)

承办单位

山东省东营市人民政府
胜利石油管理局
山东黄河河务局

协办单位

中欧合作流域管理项目
西班牙环境部
WWF(世界自然基金会)
英国国际发展部(DFID)
世界银行(WB)
亚洲开发银行(ADB)
全球水伙伴(GWP)
水和粮食挑战计划(CPWF)
流域组织国际网络(INBO)
世界自然保护联盟(IUCN)
全球水系统计划(GWSP)亚洲区域办公室
国家自然科学基金委员会(NSFC)
清华大学(TU)
中国科学院(CAS)水资源研究中心
中国水利水电科学研究院(IWHR)
南京水利科学研究院(NHRI)
小浪底水利枢纽建设管理局(YRWHDC)
水利部国际经济技术合作交流中心(IETCEC,MWR)

顾问委员会

名誉主席

钱正英　中华人民共和国全国政协原副主席，中国工程院院士
杨振怀　中华人民共和国水利部原部长，中国水土保持学会理事长，全球水伙伴(GWP)中国委员会名誉主席
汪恕诚　中华人民共和国水利部原部长

主　席

胡四一　中华人民共和国水利部副部长
贾万志　山东省人民政府副省长

副主席

朱尔明　水利部原总工程师
高安泽　中国水利学会理事长
徐乾清　中国工程院院士
董哲仁　全球水伙伴(GWP)中国委员会主席
黄自强　黄河水利委员会科学技术委员会副主任
张建华　山东省东营市市长
Serge Abou　欧盟驻华大使
Loïc Fauchon　世界水理事会(WWC)主席，法国
Dermot O'Gorman　WWF(世界自然基金会)中国首席代表
朱经武　香港科技大学校长

委　员

曹泽林　中国经济研究院院长、教授
Christopher George　国际水利工程研究协会(IAHER)执行主席，西班牙
戴定忠　中国水利学会教授级高级工程师
Des Walling　地理学、考古学与地球资源大学(SGAER)教授，英国
Don Blackmore　澳大利亚国家科学院院士，墨累－达令河流域委员会(MDBC)前主席
冯国斌　河南省水力发电学会理事长、教授级高级工程师
Gaetan Paternostre　法国罗讷河国家管理公司(NCRR)总裁
龚时旸　黄河水利委员会原主任、教授级高级工程师
Jacky COTTET　法国罗讷河流域委员会主席，流域组织国际网络(INBO)欧洲主席

Khalid Mohtadullah　全球水伙伴(GWP)高级顾问,巴基斯坦
匡尚富　中国水利水电科学研究院院长
刘伟民　青海省水利厅厅长
刘志广　水利部国科司副司长
潘军峰　山西省水利厅厅长
Pierre ROUSSEL　法国环境总检查处,法国环境工程科技协会主席
邵新民　河南省水利厅副巡视员
谭策吾　陕西省水利厅厅长
武铁群　山东省水利厅副厅长
许文海　甘肃省水利厅厅长
吴洪相　宁夏回族自治区水利厅厅长
Yves Caristan　法国地质调查局局长
张建云　南京水利科学研究院院长

组织委员会

名誉主席

陈　雷　中华人民共和国水利部部长

主　席

李国英　黄河水利委员会主任

副主席

高　波　水利部国科司司长
王文珂　水利部综合事业局局长
徐　乘　黄河水利委员会副主任
殷保合　小浪底水利枢纽建设管理局局长
袁崇仁　山东黄河河务局局长
高洪波　山东省人民政府办公厅副主任
吕雪萍　东营市人民政府副市长
李中树　胜利石油管理局副局长
Emilio Gabbrielli　全球水伙伴(GWP)秘书长,瑞典
Andras Szollosi－Nagy　联合国教科文组织(UNESCO)总裁副助理,法国
Kunhamboo Kannan　亚洲开发银行(ADB)中东亚局农业、环境与自然资源处处长,菲律宾

委　员

安新代　黄河水利委员会水调局局长
A. W. A. Oosterbaan　荷兰交通、公共工程和水资源管理部国际事务高级专家
Bjorn Guterstam　全球水伙伴(GWP)网络联络员,瑞典
Bryan Lohmar　美国农业部(USDA)经济研究局经济师
陈怡勇　小浪底水利枢纽建设管理局副局长
陈荫鲁　东营市人民政府副秘书长
杜振坤　全球水伙伴(中国)副秘书长
郭国顺　黄河水利委员会工会主席
侯全亮　黄河水利委员会办公室巡视员
黄国和　加拿大 REGINA 大学教授
Huub Lavooij　荷兰驻华大使馆一等秘书
贾金生　中国水利水电科学研究院副院长
Jonathan Woolley　水和粮食挑战计划(CPWF)协调人,斯里兰卡
Joop L. G. de Schutter　联合国科教文组织国际水管理学院(UNESCO - IHE)水工程系主任,荷兰
黎　明　国家自然科学基金委员会学部主任、研究员
李桂芬　中国水利水电科学研究院教授,国际水利工程研究协会(IAHR)理事
李景宗　黄河水利委员会总工程师办公室主任
李新民　黄河水利委员会人事劳动与教育局局长
刘栓明　黄河水利委员会建设与管理局局长
刘晓燕　黄河水利委员会副总工程师
骆向新　黄河水利委员会新闻宣传出版中心主任
马超德　WWF(世界自然基金会)中国淡水项目官员
Paul van Hofwegen　WWC(世界水理事会)水资源管理高级专家,法国
Paul van Meel　中欧合作流域管理项目咨询专家组组长
Stephen Beare　澳大利亚农业与资源经济局研究总监
谈广鸣　武汉大学水利水电学院院长、教授
汪习军　黄河水利委员会水保局局长
王昌慈　山东黄河河务局副局长
王光谦　清华大学主任、教授
王建中　黄河水利委员会水政局局长
王学鲁　黄河万家寨水利枢纽有限公司总经理
Wouter T. Lincklaen Arriens　亚洲开发银行(ADB)水资源专家,菲律宾
吴保生　清华大学河流海洋研究所所长、教授
夏明海　黄河水利委员会财务局局长

徐宗学　北京师范大学水科学研究院副院长、教授
燕同胜　胜利石油管理局副处长
姚自京　黄河水利委员会办公室主任
于兴军　水利部国际经济技术合作交流中心主任
张洪山　胜利石油管理局副总工程师
张金良　黄河水利委员会防汛办公室主任
张俊峰　黄河水利委员会规划计划局局长
张永谦　中国经济研究院院委会主任、教授

秘书长

尚宏琦　黄河水利委员会国科局局长

技术委员会

主　任

薛松贵　黄河水利委员会总工程师

委　员

Anders Berntell　斯德哥尔摩国际水管理研究所执行总裁,斯德哥尔摩世界水周秘书长,瑞典
Bart Schultz　荷兰水利公共事业交通部规划院院长,联合国教科文组织国际水管理学院(UNESCO - IHE)教授
Bas Pedroli　荷兰瓦格宁根大学教授
陈吉余　中国科学院院士,华东师范大学河口海岸研究所教授
陈效国　黄河水利委员会科学技术委员会主任
陈志恺　中国工程院院士,中国水利水电科学研究院教授
程　禹　台湾中兴工程科技研究发展基金会董事长
程朝俊　中国经济研究院中国经济动态副主编
程晓陶　中国水利水电科学研究院防洪减灾研究所所长、教授级高级工程师
David Molden　国际水管理研究所(IWMI)课题负责人,斯里兰卡
丁德文　中国工程院院士,国家海洋局第一海洋研究所主任
窦希萍　南京水利科学研究院副总工程师、教授级高级工程师
Eelco van Beek　荷兰德尔伏特水力所教授
高　峻　中国科学院院士
胡鞍钢　国务院参事,清华大学教授
胡春宏　中国水利水电科学研究院副院长、教授级高级工程师
胡敦欣　中国科学院院士,中国科学院海洋研究所研究员

Huib J. de Vriend　荷兰德尔伏特水力所所长
Jean – Francois Donzier　流域组织国际网络(INBO)秘书长,水资源国际办公室总经理
纪昌明　华北电力大学研究生院院长、教授
冀春楼　重庆市水利局副局长,教授级高级工程师
Kuniyoshi Takeuchi(竹内邦良)　日本山梨大学教授,联合国教科文组织水灾害和风险管理国际中心(UNESCO – ICHARM)主任
Laszlo Iritz　科威公司(COWI)副总裁,丹麦
雷廷武　中科院/水利部水土保持研究所教授
李家洋　中国科学院副院长、院士
李鸿源　台湾大学教授
李利锋　WWF(世界自然基金会)中国淡水项目主任
李万红　国家自然科学基金委员会学科主任、教授级高级工程师
李文学　黄河设计公司董事长、教授级高级工程师
李行伟　香港大学教授
李怡章　马来西亚科学院院士
李焯芬　香港大学副校长,中国工程院院士,加拿大工程院院士,香港工程科学院院长
林斌文　黄河水利委员会教授级高级工程师
刘　斌　甘肃省水利厅副厅长
刘昌明　中国科学院院士,北京师范大学教授
陆永军　南京水利科学研究院教授级高级工程师
陆佑楣　中国工程院院士
马吉明　清华大学教授
茆　智　中国工程院院士,武汉大学教授
Mohamed Nor bin Mohamed Desa　联合国教科文组织(UNESCO)马来西亚热带研究中心(HTC)主任
倪晋仁　北京大学教授
彭　静　中国水利水电科学研究院教授级高级工程师
Peter A. Michel　瑞士联邦环保与林业局水产与水资源部主任
Peter Rogers　全球水伙伴(GWP)技术顾问委员会委员,美国哈佛大学教授
任立良　河海大学水文水资源学院院长、教授
Richard Hardiman　欧盟驻华代表团项目官员
师长兴　中国科学院地理科学与资源研究所研究员
Stefan Agne　欧盟驻华代表团一等秘书
孙鸿烈　中国科学院院士,中国科学院原副院长、国际科学联合会副主席
孙平安　陕西省水利厅总工程师、教授级高级工程师

田　震　内蒙古水利水电勘测设计院院长、教授级高级工程师
Volkhard Wetzel　德国联邦水文研究院院长
汪集旸　中国科学院院士
王　浩　中国工程院院士，中国水利水电科学研究院水资源研究所所长
王丙忱　国务院参事，清华大学教授
王家耀　中国工程院院士，中国信息工程大学教授
王宪章　河南省水利厅总工程师、教授级高级工程师
王亚东　内蒙古水利水电勘测设计院总工程师、教授级高级工程师
王兆印　清华大学教授
William BOUFFARD　法国罗讷河流域委员会协调与质量局局长
吴炳方　中国科学院遥感应用研究所研究员
夏　军　中国科学院地理科学与资源研究所研究员，国际水文科学协会副主席，国际水资源协会副主席
薛塞光　宁夏回族自治区水利厅总工程师、教授级高级工程师
严大考　华北水利水电学院院长、教授
颜清连　台湾大学教授
杨国炜　全球水伙伴（GWP）中国技术顾问委员会副主席、教授级高级工程师
杨锦钏　台湾交通大学教授
杨志达　美国垦务局研究员
曾光明　湖南大学环境科学与工程学院院长、教授
张　仁　清华大学教授
张柏山　山东黄河河务局副局长
张红武　黄河水利委员会副总工程师，清华大学教授
张强言　四川省水利厅总工程师、教授级高级工程师
张仁铎　中山大学环境工程学院教授
周建军　清华大学教授
朱庆平　水利部新华国际工程咨询公司总经理、教授级高级工程师

《第三届黄河国际论坛论文集》编辑委员会

主任委员：李国英

副主任委员：徐　乘　张建华　薛松贵

委　　员：袁崇仁　吕雪萍　刘晓燕　张俊峰　夏明海
侯全亮　尚宏琦　骆向新　陈吕平

主　　编：尚宏琦　骆向新

副 主 编：任松长　孙　凤　马　晓　田青云　仝逸峰
陈荫鲁　岳德军

编　　译：(按姓氏笔画为序)
于松林　马　辉　马广州　马政委　王　峰
王　琦　王万战　王长梅　王丙轩　王仲梅
王国庆　王春华　王春青　王锦周　仝逸峰
冯　省　可素娟　田　凯　刘　天　刘　斌
刘　筠　刘志刚　刘学工　刘翠芬　吕秀环
吕洪予　孙扬波　孙远扩　江　珍　邢　华
何兴照　何晓勇　吴继宏　宋世霞　宋学东
张　稚　张　靖　张立河　张兆明　张华兴
张建中　张绍峰　张厚玉　张美丽　张晓华
张翠萍　李书霞　李永强　李立阳　李宏伟
李星瑾　李淑贞　李跃辉　杜亚娟　杨　明
杨　雪　肖培青　苏　青　辛　虹　邱淑会
陈冬伶　尚远合　庞　慧　范　洁　郑发路
易成伟　侯起秀　胡少华　胡玉荣　贺秀正
赵　阳　赵银亮　栗　志　姬瀚达　袁中群
郭玉涛　郭光明　高爱月　常晓辉　曹永涛
黄　波　黄　峰　黄锦辉　程　鹏　程献国
童国庆　董　舞　滕　翔　薛云鹏　霍世青

责任编辑：岳德军　仝逸峰　裴　惠　李西民　席红兵
景泽龙　兰云霞　常红昕　温红建

责任校对：张　倩　杨秀英　兰文峡　刘红梅　丁虹岐
张彩霞

封面设计：何　颖

责任印刷：常红昕　温红建

欢 迎 词

（代序）

我代表第三届黄河国际论坛组织委员会和本届会议主办单位黄河水利委员会，热烈欢迎各位代表从世界各地汇聚东营，参加世界水利盛会第三届黄河国际论坛——流域水资源可持续利用与河流三角洲生态系统的良性维持研讨会。

黄河水利委员会在中国郑州分别于2003年10月和2005年10月成功举办了两届黄河国际论坛。第一届论坛主题为“现代化流域管理”，第二届论坛主题为“维持河流健康生命”，两届论坛都得到了世界各国水利界的高度重视和支持。我们还记得，在以往两届论坛的大会和分会上，与会专家进行了广泛的交流与对话，充分展示了自己的最新科研成果，从多维视角透析了河流治理及流域管理的经验模式。我们把会议交流发表的许多具有创新价值的学术观点和先进经验的论文，汇编成论文集供大家参阅、借鉴，对维持河流健康生命的流域管理及科学研究等工作起到积极的推动作用。

本次会议是黄河国际论坛的第三届会议，中心议题是流域水资源可持续利用与河流三角洲生态系统的良性维持。中心议题下分八个专题，分别是：流域水资源可持续利用及流域良性生态构建、河流三角洲生态系统保护及良性维持、河流三角洲生态系统及三角洲开发模式、维持河流健康生命战略及科学实践、河流工程及河流生态、区域水资源配置及跨流域调水、水权水市场及节水型社会、现代流域管理高科技技术应用及发展趋势。会议期间，我们还与一些国际著名机构共同主办以下18个相关专题会议：中西水论坛、中荷水管理联合指导委员会第八次会议、中欧合作流域管理项目专题会、WWF（世界自然基金会）流域综合管理专题论坛、全球水伙伴（GWP）河口三角洲水生态保护与良性维持高级论坛、中挪水资源可持续管理专题会议、英国发展部黄河上中游水土保持项目专题会议、水和粮食挑战计划（CPWF）专题会议、流域组织国际网络（INBO）流域水资源一体化管理专题会议、中意环保合作项目论坛、全球水系统(GWSP)全球气候变化与黄河流域水资源风险管理专题会议、中荷科技合作河流三角洲湿地生态需水与保护专题会议与中荷环境流量培训、中荷科技合作河源区项目专题会、中澳科技交流人才培养及合作专题会议、UNESCO - IHE 人才培养后评估会议、中国水资源配置专题会议、流域水利工程建设与管理专题会议、供水管理与安全专题会议。

本次会议,有来自 64 个国家和地区的近 800 位专家学者报名参会,收到论文 500 余篇。经第三届黄河国际论坛技术委员会专家严格审查,选出 400 多篇编入会议论文集。与以往两届论坛相比,本届论坛内容更丰富、形式更多样,除了全方位展示中国水利和黄河流域管理所取得的成就之外,还将就河流管理的热点难点问题进行深入交流和探讨,建立起更为广泛的国际合作与交流机制。

我相信,在论坛顾问委员会、组织委员会、技术委员会以及全体参会代表的努力下,本次会议一定能使各位代表在专业上有所收获,在论坛期间生活上过得愉快。我也深信,各位专家学者发表的观点、介绍的经验,将为流域水资源可持续利用与河流三角洲生态系统的良性维持提供良策,必定会对今后黄河及世界上各流域的管理工作产生积极的影响。同时,我也希望,世界各国的水利同仁,相互学习交流,取长补短,把黄河管理的经验及新技术带到世界各地,为世界水利及流域管理提供科学借鉴和管理依据。

最后,我希望本次会议能给大家留下美好的回忆,并预祝大会成功。祝各位代表身体健康,在东营过得愉快!

李国英

黄河国际论坛组织委员会主席

黄河水利委员会主任

2007 年 10 月于中国东营

前　言

黄河国际论坛是水利界从事流域管理、水利工程研究与管理工作的科学工作者的盛会，为他们提供了交流和探索流域管理和水科学的良好机会。

黄河国际论坛的第三届会议于2007年10月16～19日在中国东营召开,会议中心议题是:流域水资源可持续利用与河流三角洲生态系统的良性维持。中心议题下分八个专题:

A. 流域水资源可持续利用及流域良性生态构建;

B. 河流三角洲生态系统保护及良性维持;

C. 河流三角洲生态系统及三角洲开发模式;

D. 维持河流健康生命战略及科学实践;

E. 河流工程及河流生态;

F. 区域水资源配置及跨流域调水;

G. 水权、水市场及节水型社会;

H. 现代流域管理高科技技术应用及发展趋势。

在论坛期间,黄河水利委员会还与一些政府和国际知名机构共同主办以下18个相关专题会议:

As. 中西水论坛;

Bs. 中荷水管理联合指导委员会第八次会议;

Cs. 中欧合作流域管理项目专题会;

Ds. WWF(世界自然基金会)流域综合管理专题论坛;

Es. 全球水伙伴(GWP) 河口三角洲水生态保护与良性维持高级论坛;

Fs. 中挪水资源可持续管理专题会议;

Gs. 英国发展部黄河上中游水土保持项目专题会议;

Hs. 水和粮食挑战计划(CPWF)专题会议;

Is. 流域组织国际网络(INBO) 流域水资源一体化管理专题会议;

Js. 中意环保合作项目论坛;

Ks. 全球水系统计划(GWSP)全球气候变化与黄河流域水资源风险管理专题会议;

Ls. 中荷科技合作河流三角洲湿地生态需水与保护专题会议与中荷环境流量培训;

Ms. 中荷科技合作河源区项目专题会;

Ns. 中澳科技交流、人才培养及合作专题会议;

Os. UNESCO - IHE 人才培养后评估会议;

Ps. 中国水资源配置专题会议;

Ar. 流域水利工程建设与管理专题会议;

Br. 供水管理与安全专题会议。

自第二届黄河国际论坛会议结束后,论坛秘书处就开始了第三届黄河国际论坛的筹备工作。自第一号会议通知发出后,共收到了来自64个国家和地区的近800位决策者、专家、学者的论文500余篇。经第三届黄河国际论坛技术委员会专家严格审查,选出400多篇编入会议论文集。其中322篇编入会前出版的如下六册论文集中:

第一册:包括52篇专题A的论文;

第二册:包括50篇专题B和专题C的论文;

第三册:包括52篇专题D和专题E的论文;

第四册:包括64篇专题E的论文;

第五册:包括60篇专题F和专题G的论文;

第六册:包括44篇专题H的论文。

会后还有约100篇文章,将编入第七、第八册论文集中。其中有300余篇论文在本次会议的77个分会场和5个大会会场上作报告。

我们衷心感谢本届会议协办单位的大力支持,这些单位包括:山东省东营市人民政府、胜利石油管理局、中欧合作流域管理项目、小浪底水利枢纽建设管理局、水利部综合事业管理局、黄河万家寨水利枢纽有限公司、西班牙环境部、WWF(世界自然基金会)、英国国际发展部(DFID)、世界银行(WB)、亚洲开发银行(ADB)、全球水伙伴(GWP)、水和粮食挑战计划(CPWF)、流域组织国际网络(INBO)、国家自然科学基金委员会(NSFC)、清华大学(TU)、中国水利水电科学研究院(IWHR)、南京水利科学研究院(NHRI)、水利部国际经济技术合作交流中心(IETCEC,MWR)等。

我们也要向本届论坛的顾问委员会、组织委员会和技术委员会的各位领导、专家的大力支持和辛勤工作表示感谢,同时对来自世界各地的专家及论文作者为本届会议所做出的杰出贡献表示感谢!

我们衷心希望本论文集的出版,将对流域水资源可持续利用与河流三角洲生态系统的良性维持有积极的推动作用,并具有重要的参考价值。

尚宏琦

黄河国际论坛组织委员会秘书长

2007 年 10 月于中国东营

目 录

区域水资源配置及跨流域调水

水权、水市场及节水型社会

区域水资源配置及跨流域调水

黄河河口地区生态流量调度初步研究

王建中[1]　王道席[1]　可素娟[1]　邢　华[2]

（1. 黄河水利委员会水资源管理与调度局;2. 黄河河口研究院）

摘要:黄河三角洲湿地是我国温暖带最年轻、最广阔、保存最完整、面积最大的湿地,1992 年设立为国家自然保护区。20 世纪 80、90 年代,黄河下游频繁断流,以黄河水为主要来源的黄河口湿地生态系统受到严重破坏,湿地面积萎缩,动植物种类和数量显著减少。1999 年开始实施黄河水量统一调度后,实现黄河连续 7 年不断流,源源不断的淡水资源流入河口地区,淡水水位上升;有计划地增加了河口生物生长繁衍旺盛期 3 ~ 6 月的入海水量;加之 2002 年以来连续 5 年调水调沙,大量淡水注入河口干涸的湿地,大量泥沙送入大海,有效遏制了海水倒灌蚀退陆地的形势,使河口湿地面积逐年恢复。然而,目前生态调度中存在生产用水挤占生态用水等问题,下一步要通过贯彻落实《黄河水量调度条例》加强黄河生态流量调度。

关键词:黄河　河口三角洲湿地　生态流量　调度

1　黄河河口湿地及生物概况

黄河三角洲湿地是我国温暖带最年轻、最广阔、保存最完整、面积最大的湿地,1992 年设立为国家自然保护区。这片年轻的土地完全是黄河泥沙填海造陆而成。50 多年前,黄河三角洲自然保护区所在的地是一片汪洋,由于黄河下游水急沙多,每年送入河口 10 多亿 t 泥沙,形成黄河河口三角洲湿地。自然保护区位于黄河入海口两侧新淤地带,总面积 15.3 万 hm^2,其中,核心区面积 5.8 万 hm^2,缓冲面积 1.3 万 hm^2,试验区面积 8.2 万 hm^2。该保护区是东北亚内陆和环西太平洋鸟类迁徙的重要“中转站、越冬栖息和繁殖地”,其湿地类型主要有灌丛蔬林湿地、草甸湿地、沼泽湿地、河流湿地和滨海湿地等五大类,是世界范围内河口湿地生态系统中一个极具代表性的范例,各种野生动物达 1 524 种,鸟类达 283 种,常见鱼类 159 种,植物 394 种,天然苇荡 32 772 hm^2、草场 18 143 hm^2、红树林 675 hm^2、柽柳灌木林 8 126 hm^2、人工刺槐林 5 603 hm^2。

2　黄河断流情况及其对河口生态造成的危害

2.1　黄河断流情况

黄河是我国西北、华北地区的重要水源,以其占全国河川径流总量 2% 的水资源,承担着全国12%人口、15%耕地和50多座大中城市供水任务,支撑了我国9%的GDP,是流域及相关地区经济社会可持续发展的基础和保障。

20世纪70年代以来,随着沿黄两岸对水资源的需求量急剧增加,黄河水资源供需矛盾日益突出,加上超量无序用水,每年春夏之交,黄河下游断流频繁。黄河下游历年断流情况见表1。

表1　黄河下游利津站历年断流情况统计

年份	断流时间(月·日)		断流次数	断流天数(d)		
	最早	最晚		全日	间歇性	总计
1972	4.23	6.29	3	15	4	19
1974	5.14	7.11	2	18	2	20
1975	5.31	6.27	2	11	2	13
1976	5.18	5.25	1	6	2	8
1979	5.27	7.9	2	19	2	21
1980	5.14	8.24	3	4	4	8
1981	5.17	6.29	5	26	10	36
1982	6.8	6.17	1	8	2	10
1983	6.26	6.3	1	3	2	5
1987	10.1	10.17	2	14	3	17
1988	6.27	7.1	2	3	2	5
1989	4.4	7.14	3	19	5	24
1991	5.15	6.1	2	13	3	16
1992	3.16	8.1	5	73	10	83
1993	2.13	10.12	5	49	11	60
1994	4.3	10.16	4	66	8	74
1995	3.4	7.23	3	117	5	122
1996	2.14	12.18	6	124	12	136
1997	2.7	12.31	13	202	24	226
1998	1.1	12.8	16	113	29	142
1999	2.6	8.11	4	36	6	42

由表1看出,从1972年开始第一次断流后,断流形势逐渐加剧,尤其是进入90年代,几乎年年断流,且断流时间延长。1995~1998年,每年断流100天以上,1997年情况最为严重,距河口最近的利津水文站全年断流达226天,断流河段上延至河南开封附近,长达704 km,占下游河长的90%。

2.2　黄河断流对河口生态造成的危害

黄河频繁断流对河口地区生态造成严重危害。

2.2.1　湿地面积萎缩

一方面,黄河频繁断流,入海水量骤减,泥沙在河道上淤积,送入河口的泥沙越来越少，海水倒灌蚀退陆地，造成黄河三角洲湿地面积不仅停止扩展反而出现萎缩；另一方面，大量的淡水湿地因长期缺水发生干涸消亡，1997年是黄河断流最严重的一年，三角洲湿地面积萎缩了七八千亩。20世纪90年代，因海水倒灌蚀退和缺水干涸，黄河三角洲湿地萎缩近一半。

2.2.2 土地盐碱化，生态失衡，生物多样性萎缩

一方面，黄河频繁断流，长期无淡水资源流入河口三角洲和渤海，导致淡水水位下降，海水倒灌，土地盐碱化，入海口水质恶化，生态系统严重失衡，生物植被大面积死亡，鱼类衰退，珍禽鸟类也显著减少；另一方面，由于湿地面积萎缩，一些依赖湿地生存的动植物也明显减少。据统计，20世纪90年代，因严重断流，河口地区植被面积减少将近一半，鱼类减少40%，鸟类减少30%，黄河刀鱼、东方对虾等珍稀生物纷纷绝迹。

3 黄河实施统一调度后利津入海水量变化

黄河日益严峻的断流形势引起了党中央、国务院和社会各界的高度关注。1997年，国务院及有关部委先后两次召开黄河断流及其对策专家座谈会，寻求解决黄河断流问题的良策。为缓解黄河流域水资源供需矛盾和黄河下游频繁断流的严峻形势，经国务院批准，1998年12月国家计委、水利部联合颁布实施了《黄河水量调度管理办法》，授权黄河水利委员会统一调度黄河水量。为切实做好黄河水量统一调度工作，1999年，黄河水利委员会专门成立了水量调度管理局，从1999~2000年度正式开始实施黄河水量统一调度。调度年为水文年，即从当年7月至次年6月，调度期为非汛期，即从当年11月至次年6月。自从实施黄河水量统一调度以来，通过精心组织、精细调度、科学管理，实现了2000~2006年连续7年不断流。

考虑到黄河还原天然径流量是按照日历年，即从1月1日到12月31日，本文分析黄河水量统一调度前后利津入海水量变化以2000年为界，即2000~2006年为统一调度以后，1999年（含1999年）以前为统一调度前，黄河流域天然来水量以重要来水区控制站花园口站天然来水量代表。由于90年代断流最严重，对河口生态环境破坏最厉害，文中主要分析1991年以来的资料。

据统计，1991~1999年，黄河流域平均天然径流量为442亿 m^3，较多年平均偏少21%，利津平均入海水量为128亿 m^3，其中3~6月为16.0亿 m^3；统一调度以后，2000~2006年，黄河流域平均天然径流量为415亿 m^3，较多年平均偏少26%，利津平均入海水量为132亿 m^3，其中3~6月为32.1亿 m^3。详见表2。从表2中看出，1991年以来，统一调度后在黄河流域平均天然径流量较统一调度前偏少27亿 m^3 的情况下，平均入海水量却比统一调度前多4亿 m^3，入海水

量占流域来水量的比例提高了2.0%，差别最明显的是3～6月份入海水量，统一调度后，3～6月平均入海水量为32.1亿m^3，比统一调度以前增加100%。

表2　黄河利津入海水量变化统计　　（单位：亿m^3）

时间（年）	花园口天然径流量	利津入海水量		入海水量占流域来水量的比例（%）	
		全年	3～6月	全年	3～6月
1991～1999	442	128	16.0	28.4	4
2000～2006	415	132	32.1	30.1	8
1991～2006	430	130	23.1	29.2	6
1997	332	18.7	10.9	5.6	
2001	323	46.35	12.59	14	
2002	300	41.6	6.3	14	

实施黄河水量统一调度以来，黄河流域来水持续偏枯，尤其是2000～2003年上半年，来水较常年偏枯40%以上，2001年黄河流域来水量为323亿m^3，2002年为300亿m^3，这两年均比断流最严重的1997年来水量（332亿m^3）偏少，但是，由于实施水量统一调度，不但确保没有断流，入海水量还比1997年偏大一倍以上。详见表2。

4　实施黄河水量统一调度对河口生态环境的影响

4.1　淡水资源得到持续补给，湿地面积连年恢复

2000年以来，黄河下游连年不断流，河口地区淡水资源得到持续补给，使得淡水水位平均每年上升0.4 m；再加之科学配置水资源，每年汛前利用小浪底水库合理蓄水，使得2002年以来连年实行调水调沙，大流量、高含沙洪水集中下泄，使得大量黄河水注入湿地，大量泥沙注入渤海，有效遏制了海水倒灌蚀退陆地的形势，还使保护区内湿地面积连年恢复。据统计，2000～2006年，河口三角洲已有超过40万亩的盐碱荒地变成了湿地，黄河三角洲生态明显改善。

4.2　3～6月入海水量显著增加，生物关键生长期用水保证率提高

3～6月为河口地区的春季，万物复苏，植物发芽吐绿快速生长，动物从冬眠中苏醒后开始进入生长和繁衍均比较旺盛的阶段，因此这一段时间，动植物需水量均比较大，而这一段时间也正是下游灌溉用水高峰期。目前有许多确定环境流量的方法。黄委副总工对河口地区逐月生态流量研究结果见表3。应保障的流量是指使在相应时期或河段河流的社会功能与自然生态功能能够取得平衡，低限流量为“可接受的瞬时最小流量”。将历年利津逐月流量与表3中流量比较，发现最难满足生态流量的时段是3～6月，尤其是统一调度以前，连年长期断流，连低限流量指标都难以满足。从表2看出，实施黄河水量统一调度后，3～6

月利津入海水量较调度前增加1倍以上,生物关键生长期用水保证率提高,加之湿地面积增加,有力促进了动植物的生长繁殖,促进生态系统的恢复。

表3　黄河河口地区逐月生态流量　　(单位:m^3/s)

指标	1月	2月	3月	4月	5月	6月	7月	8月	9月	10月	11月	12月
应保障指标	90	110	140	310	310	200	430	560	500	400	240	110
低限指标	55	65	90	95	95	120	265	340	300	250	150	65

4.3　近海水质不断改善,鱼类数量和品种增加

黄河连续7年未断流,对整个黄河入海口附近海域的水质和生态环境起到了很大的调节作用,入海口的水质有了明显改观。湿地面积的增加和淡水水位的上涨,为各种鱼类繁殖生存创造了良好的环境。黄河口近海经济鱼类数量逐年增长、稀有鱼类鱼汛开始出现。

综上所述,统一调度后确保了黄河不断流,为河口地区输送了源源不断的淡水资源,同时,大幅度增加了3~6月生物生长关键期的入海水量,以黄河水为主要来源的黄河口湿地生态系统得到水源补给,使河口区湿地恢复,水质改善,有效地改善了当地的生态,逐步修复了人与自然的和谐关系。据实地调研,目前,河口三角洲已有4 238 hm^2 湿地恢复了原貌,黄河三角洲的植被逐年增多,芦苇面积增加到5.2万 hm^2,保护区内野生植物达407种,有14种国家稀有树种也落户黄河口。80年代消失的黄河铜鱼又重新成群显现,多年未见的黄河刀鱼也在黄河口恢复生机。国家级保护区的鸟类由90年代初的187种增加至目前的283种;目前已发现有野生珍稀生物459种,比统一调度前增加了将近一倍。此外,还增加了非汛期入海营养盐通量,从而对黄河口近海水域的水生植物、鱼类多样性以及渔业生产都产生了较为有利的影响。

5　下一步对黄河河口生态调度的建议

黄河属于资源性缺水流域,水资源供需矛盾突出。实施统一调度后,尽管实现了黄河连续7年未断流,但是仍然存在生产用水挤占生态环境用水的情况,利津部分时段的入海水量仍不能达到指标要求,尤其是在黄河来水偏枯的年份,在一定程度上影响了河口地区生态系统的健康发展。

近年来,黄委提出维持黄河健康生命新理念,并将其作为治理黄河的终级目标,高度重视河口生态流量问题;同时,2006年8月1日颁布实施的《黄河水量调度条例》明确要求水量调度要统筹兼顾生活、生产和生态用水。因此,在以后的水量调度中要进一步重视生态流量调度,深入研究不同时段河口地区需要的生态流量,提倡“以供定产”的农作物种植原则,力争避免生产用水挤占生态用

水的情况发生。

参 考 文 献

[1] 高志胜. 黄河三角洲湿地萎缩得到有效控制[EB/OL]. 中国水利网,2006-2-22.

[2] 张国芳,孙凤,孙扬波,等译. 环境流量——河流的生命[M]. 郑州:黄河水利出版社,2006.

[3] 刘敦训. 黄河三角洲湿地生态系统分析与保护[J]. 山东气象,2007-2-8.

黑河干流骨干调蓄工程在水资源优化配置中的作用

李向阳[1] 楚永伟[1] 任立新[2]

(1. 黄河水利委员会黑河流域管理局; 2. 黄河水利委员会上游水文水资源局)

摘要:黑河流域水资源匮乏,用水矛盾十分突出,为缓解黑河下游生态环境日趋恶化的形势,黑河流域实施跨省区调水。由于黑河干流没有水量调节工程,调水跨度较大,河道输水损失大,在集中向下游调水期不能提供必需的水量,水资源利用的效率和效益低。夏灌季节,由于中游特定的灌溉引水方式,来多引多的局面难以根本改变,水资源浪费现象依然存在,而春季来水较少,中游经常出现"卡脖子"旱。为使黑河有限的水资源得到科学管理、合理配置、高效利用,实现黑河流域经济社会可持续发展和生态环境有效改善,迫切需要建设黑河干流骨干调蓄工程。

关键词:调蓄工程 水资源优化配置 黑河

1 流域概况

黑河是我国西北地区第二大内陆河,流经青海、甘肃、内蒙古三省(自治区),流域南以祁连山为界,东西分别与石羊河、疏勒河流域相邻。流域国土总面积14.29万km^2,其中甘肃省6.18万km^2,青海省1.04万km^2,内蒙古约7.07万km^2。黑河流域有35条小支流,随着用水量的不断增加,部分支流逐步与干流失去地表水力联系,形成东、中、西三个独立的子水系。东部子水系即黑河干流水系,包括黑河干流、梨园河及20多条沿山小支流,面积11.6万km^2。黑河干流全长821 km,出山口莺落峡以上为上游,河道长303 km,面积1.0万km^2,年降水量350 mm,是黑河流域的产流区。莺落峡至正义峡为中游,河道长185 km,面积2.56万km^2,年降水量仅有140 mm。正义峡以下为下游,河道长333 km,面积8.04万km^2,年蒸发能力高达2 250 mm,气候非常干燥,干旱指数达47.5,属极端干旱区,风沙危害十分严重,为我国北方沙尘暴的主要来源区之一。

2 径流变化规律

2.1 径流的区域性分布

降水是黑河流域的主要补给来源,河流来水量随水量的变化而变化,流量过程与水量过程基本相应，主要来水量集中在汛期。但高山地带为固体降水，部分转化形成冰川，再由冰川融化补给河流。非汛期河流主要是山区地下水补给。

黑河流域的径流从源头到尾间形成性质完全不同的径流区，即径流形成区、利用和径流散失区。南部祁连山区为径流形成区，这里地势高寒，降水较多，气温低，蒸发弱，冰川积雪发育，有利于径流形成，径流量随集水面积的增大而增大，在出山口达到最高值。祁连山前洪积平原—张、临、高绿洲农业开发区和下游鼎新灌区为径流的利用区，额济纳绿洲等沿途引用、蒸发、下渗最终消失，为径流散失区。

黑河干流出山口控制站莺落峡水文站多年平均流量 49.3 m^3/s，总径流量 15.8 亿 m^3，径流模数为4.900 L/(s·km^2)。上游西支札马什克站多年平均流量 22.7 m^3/s，径流量 7.159 亿 m^3，占出山口总径流量的 46.0%，径流模数为 4.947 L/(s·km^2)。东支祁连站多年平均流量 14.0 m^3/s，径流量 4.415 亿 m^3，占出山口总径流量的 28.4%，径流模数为 5.710 L/(s·km^2)；东西支以下莺落峡以上区间径流量 3.973 亿 m^3，占出山口总径流量的 25.6%，径流模数为 4.245 L/(s·km^2)。各产流区径流特征值见表 1。

表 1　黑河干流各产流区径流特征值

测站名	流域面积(km^2)	占总面积比(%)	平均流量(m^3/s)	天然来水量(亿 m^3)	径流模数(L/(s·km^2))	区间面积(km^2)	区间来水量(亿 m^3)	区间径流模数(L/(s·km^2))
札马什克	4 589	45.9	22.7	7.159	4.947			
祁 连	2 452	24.5	14.0	4.415	5.710			
莺落峡	10 009	100	49.3	15.547	4.900	2 968	3.973	4.245

注：表内数据根据 1945 ~2000 年资料统计。

2.2　径流的年内分配

径流的年内分配因受补给条件的影响四季分明，一般规律是：冬季由于河流封冻，径流靠地下水补给，最小流量出现在 1 ~2 月份，这一时期为枯季径流，1 ~3 月来水量占年总量的 7.1%；4 月以后气温明显升高，流域积雪融化和河网储冰解冻形成春汛，流量显著增大，4 ~5 月来水量占年来水量的 11.8%，这一时节正值农田苗木春灌时期。夏秋两季是流域降水较多而且集中的时期，也是河流发生洪水的时期，6 ~10 月来水量占年来水量的 74.7%。各月径流量占年总量的百分比见表 2。

表 2　莺落峡站各月径流量占年总量的百分比统计

月份	1	2	3	4	5	6	7	8	9	10	11	12	汛期	年
占总量的比(%)	2.1	2.3	2.7	4.4	7.4	13.0	21.8	19.7	13.8	6.4	3.8	2.6	74.7	100

2.3 径流的年际变化

径流年际变化的总体特征常用变差系数或年极值比(最大、最小年流量的比值)来表示。反映一个地区径流过程的相对变化程度,c_v 值大表示径流的年际丰枯变化剧烈,对水资源的利用不利。莺落峡站的 c_v 值为0.16,年极值比为2.09,是我国和西北地区径流年际变化的低值区,说明黑河径流多年变化是相对稳定的。

径流过程的变化规律一般呈锯齿状高频振荡,不易看出其变化趋势。这里点绘莺落峡站年平均流量过程线(见图1),年流量与时间的趋势关系经拟合可用直线方程表达:

$$Q_{年,t} = 45.726 + 0.1266\ t \tag{1}$$

式中:$Q_{年,t}$为莺落峡站的逐年平均流量;t 为时间(1944年 $t=0$)。

由式(1)可知,直线方程的斜率 $k = 0.1266 > 0$,说明径流的长期变化总体上是呈缓慢上升的趋势。

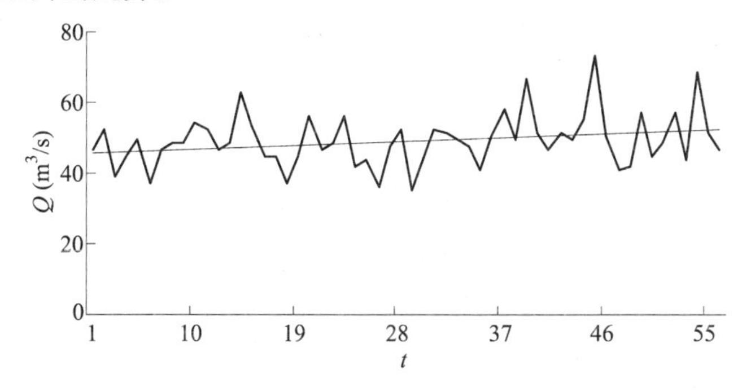

图1　黑河莺落峡站年径流量过程线

点绘年径流过程模比数差积曲线$\sum(k_i - 1)$—t(见图2),对其进行对比分析就可以明显看出丰枯年组的变化规律。1979年以前,径流变化过程中尽管也有丰水段,但总的趋势在下降;1980年以后,径流变化过程中个别年份偏枯,但总体趋势在缓慢上升。径流的这种不规则的长持续性变化,一方面是大尺度大气环流特征的影响,另一方面是区域性径流长、中、短周期变化的影响。

3　河道水流传播规律

3.1 水流传播时间

根据对莺落峡—正义峡河段水流传播过程历年资料分析,当莺落峡流量为100~150 m^3/s 时,传播时间为50 h左右;当流量为200~250 m^3/s 时,传播时间为44 h左右;当流量为300~350 m^3/s 时,传播时间为33 h左右;当流量为

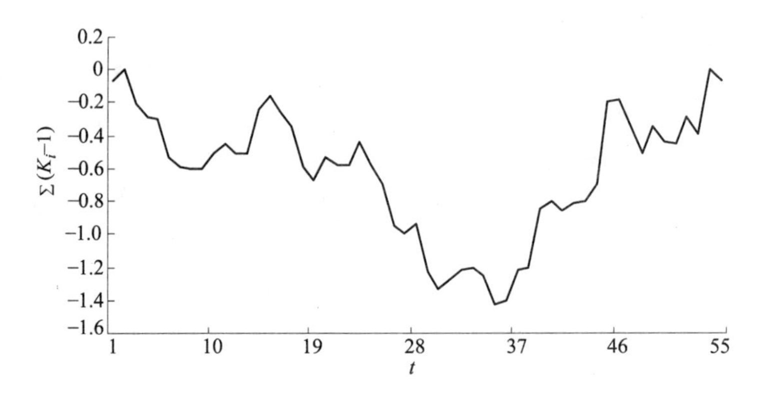

图 2　黑河莺落峡站年径流模比数差积曲线

400～500 m^3/s 时,传播时间为 25 h 左右。莺落峡断面 600 m^3/s 为黑河干流的漫滩临界流量,在该流量级下,洪水传播最快,一般只需 20～25 h 就可从莺落峡传播到正义峡,超过该流量级,传播时间反而会增加。

经对 2004～2006 年历次调水各河段水流传播速度统计分析表明,莺落峡—哨马营河段水流传播速度相对比较稳定,哨马营以下河段水流传播速度变化较大。各河段水流传播速度和历时见表 3。

表 3　各河段水流传播速度和历时

河段序号	莺落峡流量(m^3/s)	莺落峡—正义峡(185 km)		正义峡—哨马营(98 km)		哨马营—狼心山(66 km)		狼心山—居延海(189 km)	
		历时(h)	流速(m/s)	历时(h)	流速(m/s)	历时(h)	流速(m/s)	历时(h)	流速(m/s)
1	100	60	3.09	130	0.75				
2	100～150	46	4.02	74.3	1.32	19.2	3.44	132.8	1.42
3	100	51	3.61	80.5	1.22	32.0	2.06	149.5	1.26
4	100～150	38	4.87	60.5	1.62	36.5	1.81	120.2	1.57
5	100	61	3.02	94.4	1.04	23.0	2.87	77.1	2.45
6	100	56	3.32	80.2	1.22	30.5	2.16	208.8	0.91
7	100～150	44	4.25	62.5	1.57	41.3	1.60	73.6	2.57
平均		51	3.72	83	1.25	30.4	2.32	127	1.70

由表 3 可以看出,当莺落峡流量为 100 m^3/s 左右情况下,集中调水时莺落峡—正义峡河段水流传播时间为 50 h 左右,正义峡—哨马营河段水流传播时间为 80 h 左右,哨马营—狼心山河段水流传播时间为 30 h 左右,狼心山—居延海河段水流传播时间为 120 h 左右。但由于正义峡以下部分河段宽浅散乱,渗漏损失大,水头在河道中传播速度的影响因素较为复杂,如上游来水量的大小、前期河道过水情况、区间引水量等,使水头的传播速度有很大差异。由于水量大小、河道前期干旱程度不同,传播时间的差异为 2 倍左右。

3.2 输水损失分析

黑河干流河道宽浅散乱，水量损失严重，特别是黑河下游，蒸发渗漏损失极为严重。莺落峡—正义峡河段输水损失率一般为25 %左右，集中调水期如果流量偏小，输水损失率可达35 %左右，正义峡—狼心山河段输水损失变化较大，集中调水期大流量下泄，河道输水损失明显减少，其输水损失率变化在20% ~ 70%之间。不同来水量情况下各河段输水损失及损失率见表4。

表4 不同来水量情况下各河段输水损失及损失率

项目序号	莺落峡水量(亿 m^3)	区间损失量(亿 m^3)		区间损失率(%)	
		莺落峡—正义峡区间	正义峡—狼心山区间	莺落峡—正义峡区间	正义峡—狼心山区间
1	1.81	0.41	0.69	23	49
2	2.65	0.61	0.51	23	21
3	0.69	0.21	0.32	30	67

4 调蓄工程在水资源配置中的作用

4.1 能有效提高完成分水指标的保障程度

由于中游特定的灌溉引水方式，来多引多的局面难以根本改变，水资源浪费现象依然存在，丰水年完成正义峡指标存在突出困难。通过对莺落峡年径流变化趋势分析可知，总的趋势处于上升阶段，来水偏丰的几率增大。从近几年水量调度情况来看，关键调度期，7 ~ 10 月份灌溉间歇期间采取“全线闭口，集中下泄”措施，闭口时间达 70 天左右。即便如此，不同保证率年份三个时段正义峡能够下泄的水量分别为3.63 亿、4.41 亿、5.09 亿 m^3 左右，多年平均和25 %保证率来水年份，全年正义峡断面分水指标仍将分别出现 -0.79 亿、-1.51 亿 m^3 的欠账。因此，仅靠集中调水期的水量，无法确保完成正义峡下泄指标，只有通过调蓄工程把灌溉期多余的水量调蓄起来，在调水期集中下泄，这样既能减少水资源浪费，又能有效提高完成正义峡指标的保障程度。

4.2 能有效提高向下游的输水效率和效益

黑河干流下游河道宽浅散乱，向下游输水跨度较大，水量损失严重，从目前河道水流传播速度和水量损失情况看，一次集中一般需要 10 ~ 15 天时间，莺落峡断面的累计水量要达到1.2 亿 ~ 1.5 亿 m^3 时，才能保证全干流过水，输水到东居延海。而要考虑保障下游各用水户基本用水需求、沿河绿洲灌溉用水以及东居延海要维持一定的水面以维持尾闾地区生态用水，一次集中调水的水量应不少于3.5 亿 m^3。而由于黑河干流水量年内分布不均，集中调水期水量严重不足，时间有限(10 天左右)，加之小流量输水损失较大，在沿河不分流的情况下都无法送到居延海,集中调水常常在中途夭折,因此只有通过调蓄工程,集中大流量向下游输水,才能提高输水效率,提供集中调水所必需的水量。

4.3 能有效提高中游灌溉保障程度,减少水资源浪费

由于干流缺乏骨干调蓄工程,5~6月灌溉关键期缺水严重,往往造成“卡脖子”旱。为缓解灌溉关键期的缺水问题,中游灌区修建了27座平原水库,有效库容4 869万m^3,增加了水资源的无效蒸发渗漏损失量,灌区引水口门多,引渠长,渠系紊乱,水资源浪费严重。另外,由于集中调水期流量小,集中调水时间长,与灌溉矛盾日益突出。黄藏寺水库建成生效后,可缩短闭口时间,减缓中游灌溉用水和调水的矛盾,适时向中游供水,替代中游大部分平原水库,改善中游灌区的引水条件,促进灌区的节水改造,提高水资源的利用效率。

4.4 可适时向下游供水,实现水资源合理配置和高效利用

黑河下游主要为天然植被,对用水过程的要求相对不太严格,但也有其用水的关键期。天然植被的灌溉期可以分为春灌(3~4月)、夏灌(7~8月)和秋灌(9~10月),其中春灌对下游天然植被最为关键,此时适时足量地进行灌溉,对天然植被的生长发育具有重要的作用。由于春季水量有限,且恰逢中游用水高峰期,无法向下游输送生态所必需的水量。骨干调蓄工程建成后,可以充分发挥其控制黑河干流主要径流来源的优势,通过对天然来水过程的调节,增加春灌季节进入下游绿洲区的有效水量,最大限度地满足下游天然植被生长发育关键期的需水要求。

5 结语

黑河流域中下游地区极度干旱,生态环境脆弱,区域水资源难以满足当地社会经济发展和生态平衡的需要,历史上水事矛盾已相当突出。由于黑河中游地区农业灌溉用水大量挤占下游生态用水,导致下游生态环境恶化加剧,省际水事矛盾非常突出。从实现黑河流域生态建设和保护目标、协调流域生产生活生态用水关系和解决流域水资源统一管理调度存在问题等方面的要求考虑,迫切需要建设黑河干流骨干工程,完善黑河水量调度的手段,逐步建立和完善黑河水量调度管理的工程体系。待建的黄藏寺水库建成以后能有效调节水资源,适时向中下游供水;替代中游平原水库,减少蒸发渗漏损失;改善中游地区引水条件,促进灌区节水改造等。通过实施水库调度,合理配置各用户分配水量,确保进入额济纳绿洲的生态用水。

跨流域调水工程对黄河流域水资源配置格局的影响分析

景来红 曹廷立

（黄河勘测规划设计有限公司）

摘要：1987 年国务院批准的黄河可供水量分配方案，确立了南水北调工程生效前黄河水资源分配的基础，南水北调东、中、西线工程与长江、淮河、黄河和海河共同构成了“四横三纵”、“南北调配，东西互济”的水资源配置总体布局。本文通过对黄河流域水资源状况、各调水方案供水范围和供水目标的分析，论述了南水北调工程在黄河流域水资源配置格局中的地位和作用，提出在东、中线已开工建设的条件下，要统筹解决黄河流域的缺水问题，仍需加快实施南水北调西线工程。

关键词：水资源配置 黄河 跨流域调水 南水北调西线工程

1 黄河流域水资源状况及其特点

黄河流经青、川、甘、宁、蒙、陕、晋、豫、鲁等九省（区），流域面积 79.5 万 km^2（含内流区 4.2 万 km^2）。按 1919～1975 年来水系列，黄河多年平均天然径流量 580 亿 m^3，兰州断面以上是主要的清水来源区，天然径流量占全河的 55.6%，中游的河口镇至三门峡区间，是主要产沙区，产沙量占全河的 90% 以上，径流量仅占 32.0%。下游地区仅有金堤河、大汶河等极少量支流汇入，径流量仅占 3.6%，由于泥沙淤积，大部分河段已成为“地上悬河”。

黄河流域水资源具有水资源贫乏、地区分布不均、径流年际变化大、年内分配不均、连续枯水段长等特点。水少沙多，时空分布不均，水沙关系不协调，是黄河难以治理的症结所在。黄河水沙特点和流域资源、经济、人口分布情况，决定了在利用和配置黄河水资源时，必须兼顾上下游、左右岸不同地区，不同行业部门的用水需求，协调好经济社会发展用水和不同河段、不同时段河流输沙、生态环境用水的关系。

黄河流域为资源性缺水地区，人均水量 488 m^3，为全国人均水量的 22%；耕地亩均水量 220 m^3，仅为全国耕地亩均水量的 12%。随着流域经济社会的发展，黄河流域水资源供需矛盾十分突出。根据黄河流域水资源综合规划初步成果，在考虑地表供水工程、适当开采地下水并充分节水的情况下，2000 年、2020 年和 2030 年水平黄河流域缺水量分别约为 66.8 亿 m^3、114.5 亿 m^3 和 149.5 亿 m^3。其中河道外缺水分别约为 49.2 亿 m^3、80 亿 m^3 和 109.3 亿 m^3。可见，在没有外流域调水的情况下，未来黄河流域的水资源供需形势十分严峻。

2 现状黄河流域水资源配置格局

黄河是我国西北、华北地区的重要水源，经济社会发展对黄河水资源的依赖程度很高。同时，黄河又是一条多泥沙河流，为了黄河治理和防洪的需要，在水资源开发利用规划中，还必须留出一定的输沙入海和生态环境水量。为了协调各地区、各部门的用水要求，加强宏观调控，做到计划用水，根据统筹兼顾、全面安排的原则，1987 年国务院批准了南水北调生效前的黄河可供水量分配方案（简称“87 分水方案”），该方案以黄河多年平均天然径流量 580 亿 m^3 为基础，并考虑为河道内预留 210 亿 m^3 的输沙及生态环境水量，拟订了黄河可供水量为 370 亿 m^3 的水量分配方案，见表 1。由于黄河来水量年际间变化较大，为了保证枯水年份河道内生态环境用水需求，在具体的实施过程中采用了“丰增枯减”的调度原则。

表 1 黄河可供水量分配方案

省(区)	青海	四川	甘肃	宁夏	内蒙古	陕西	山西	河南	山东	河北、天津	合计
年耗水量(亿 m^3)	14.1	0.4	30.4	40.0	58.6	38.0	43.1	55.4	70.0	20.0	370.0

“87 分水方案”是我国在大江大河中首次制订的分水方案，是黄河水资源短缺、供需矛盾突出情况下的产物。实施以来，在统筹协调上中下游水资源开发利用，推动计划用水、节约用水方面取得良好效果，为支撑沿黄省（区）经济社会的迅速发展做出了巨大贡献，也为黄河治理开发提供了保障。在南水北调工程通水以前、没有外来水源的情况下，“87 分水方案”仍将作为黄河正常来水年份水量分配的重要依据，在黄河水资源管理与调度中发挥重要的指导作用。

随着经济社会的发展和人类活动的加剧，近年来，黄河水资源总量呈减少的趋势。根据黄河流域水资源综合规划初步成果，1956 ~ 2000 年 45 年系列，黄河利津断面以上多年平均河川径流量为 534.8 亿 m^3，较“87 分水方案”批复时采用的 1919 ~ 1975 年 56 年系列减少 45 亿 m^3，“水少”的问题更加突出。

3 南水北调工程总体布局及其供水目标

根据 2002 年 12 月国务院批复的《南水北调工程总体规划》，南水北调工程由东线、中线、西线等三条调水线路组成。

南水北调东线工程规划总调水量148亿 m^3，其中一期调水88.4亿 m^3。从长江下游扬州江都抽引长江水，利用京杭大运河及与其平行的河道，向黄淮海平原东部和胶东地区供水。主要供水目标是解决调水线路沿线和胶东地区的城市生活、环境用水和工业用水，改善淮北地区的农业供水条件，并在北方需要时，提供农业和生态环境用水。

南水北调中线工程规划总调水量130亿 m^3，其中一期调水95亿 m^3。从汉江丹江口水库引水，沿规划线路开挖渠道，经黄淮海平原西部边缘在郑州以西孤柏嘴处穿过黄河，继续沿京广铁路西侧北上，自流输水。供水目标主要为京、津、冀、豫、鄂等五省(市)的城市生活和工业供水，兼顾部分地区农业及其他用水。

南水北调西线工程规划总调水量170亿 m^3，其中一、二期工程总调水90亿 m^3。在长江上游通天河、支流雅砻江和大渡河上游筑坝引水，以304 km隧洞穿过长江与黄河的分水岭，自流入黄河上游。西线工程的供水范围覆盖黄河全流域及邻近的河西内陆河地区。主要供水目标是为黄河上中游地区国民经济发展供水，遏制黄河上中游和邻近河西内陆地区的生态环境严重退化趋势，补充黄河河道内生态用水，改善黄河河道基本功能。

南水北调工程东线、中线和西线三条调水线路，供水范围和目标明确，重点突出，与长江、黄河、淮河和海河四大江河相互连接，构成了系统、合理的水资源配置网络，南北调配、东西互济，可有效地缓解黄淮海流域、胶东地区和西北内陆河部分地区的缺水问题。

4 南水北调工程对于黄河流域水资源配置格局的影响分析

南水北调工程东、中线规划中没有向黄河河道内补水的任务，但工程实施后，向黄河下游两岸广大地区增供水量，减轻了经济社会发展用水增长对黄河水资源的依赖，客观上起到了改善当前黄河水资源配置格局的作用。西线调水从上游进入黄河，作用范围大，调蓄条件好，不仅可为上中游地区经济社会可持续发展和生态环境良性维持增补水源，并可改善河道基本功能，提高下游地区的供水保障程度。

4.1 东、中线工程的实施对改善当前黄河水资源配置格局有积极作用

4.1.1 东、中线工程对维持黄河中、下游水资源配置格局的作用

黄河下游向流域外供水的河南、山东、河北和天津等省(市)，大部分位于海河流域和淮河流域。黄淮海三大流域均是我国的贫水区，国民经济发展较快，依靠对水资源的过度开发维持了现阶段社会经济的高速发展。黄河流域在存在下游断流风险的情况下，每年向相邻流域供水达90亿 m^3 左右，这种从贫水流域向

贫水流域调水的做法，是黄淮海流域整体水资源极度短缺条件下的无奈之举。东、中线工程实施以后，为与黄河邻近的淮河和海河流域注入了新的水源，提高了受水区的供水保证程度，降低了从黄河超指标引水的风险，相应地对维持黄河中、下游水资源配置格局起到积极的作用。东中线实施后，可相应减少黄河向河北、天津的供水量，对于缓解黄河流域水资源供需矛盾起到积极的作用。

4.1.2 东、中线工程可能置换黄河下游向流域外供水量分析

黄河下游河道由于泥沙淤积，使河床高于两岸的地面，为向流域外供水提供了便利的条件，据1980～2000年资料统计，黄河年均向下游流域外供水97.63亿m^3，其中河南8.67亿m^3、山东88.2亿m^3、河北和天津3.97亿m^3。

黄河向流域外供水量中，河南和山东以农业灌溉供水为主，河北和天津主要以城市工业生活供水为主。由于山东、河南在确定东、中线受水区的需调水量时，已将黄河供水量作为现有水源考虑，因此东、中线调水工程生效后，并不能显著减少黄河向山东和河南的供水量。而南水北调东、中线向天津供水后，由黄河向河北、天津的供水指标可以进行核减，初步考虑原向河北、天津分配的20亿m^3水量指标，调整为仅向河北衡水、沧州地区供水5亿m^3，其余水量分配给其他省（区）使用。

4.1.3 东、中线工程可相机向黄河河道内补水

东、中线工程分别在黄河的东平湖和孤柏嘴附近穿过黄河，采用隧洞式倒虹吸的方式穿过黄河，不直接向黄河供水，但存在相机向黄河供水的可能。东线工程可利用现有的东平湖退水闸向黄河补水，中线工程可利用穿黄工程南岸退水闸，遇汉江、淮河丰水年向黄河补水。

2004～2005年黄河勘测规划设计有限公司与有关高校和科研单位合作，对东、中线向黄河相机补水问题进行了研究。根据分析，东线三期工程总调水量148亿m^3，按照向黄河补水时机为7～9月分析，多年平均可向黄河补水5.5亿～12.4亿m^3；按照向黄河补水时机为全年分析，多年平均可以向黄河补水9.3亿～24.6亿m^3。中线工程在现有的工程规模下，2010年水平多年平均可向黄河补水2.13亿m^3，2030年水平多年平均可向黄河补水2.79亿m^3。

东线相机向黄河补水可以对山东河段减淤起到积极的作用，同时对黄河东平湖以下河段河道维持基本流量和河口地区生态环境的改善发挥积极的作用。而中线工程受水源条件和汉江与黄河丰枯遭遇情况的限制，相机向黄河补水量较少，对于下游河道减淤作用有限。

4.2 西线工程可从根本上改善黄河流域上中游地区水资源配置格局，并对黄河下游水资源开发利用产生积极作用

从黄河径流的空间分布看，兰州以上断面是黄河径流的主要来源区，似乎可

满足上中游地区经济社会发展用水需求，但从黄河治理、流域及邻近地区经济社会发展全局分析，要维持黄河宁蒙河段、小北干流河段、下游河段一定的输沙及生态水量，并为下游两岸提供经济社会发展用水，上中游地区用水必然受到较大限制，这在“87 分水方案”中已有充分的体现。在上中游地区经济社会快速发展、经济总量及发展水平大大提高的条件下，“87 分水方案”所确定的配置格局显然已不再适应新形势下的用水需求。在全面节约用水，大力建设节水型社会的条件下，破解这一难题的关键在于从源头地区增加水资源量，即建设南水北调西线工程。

4.2.1 缺水已对黄河上、中游地区经济社会发展形成制约

黄河上中游地区的甘、宁、蒙、陕、晋等省(区)土地、矿产资源十分丰富，是我国最主要的煤炭基地，煤炭品种全、储量集中，大规模发展煤电联营、煤制油、煤化工等产业，建立大规模的煤—电—油—煤化工综合能源化工基地，具有显著优势，而其前提是有充足的水资源供应。目前黄河上中游省(区)的耗水量已达到甚至超过水量分配指标，许多计划新开的能源工业项目因受水资源的制约而被搁置，虽实行水权转让，通过灌区节水措施可置换出部分工业供水指标，但总节水量有限，且非长久之计。

黄河的上中游地区降水稀少，气候干燥，属于我国北方对气候变化特别敏感的生态脆弱带。长期以来，随着人口的增长，大部分地区在无灌溉的条件下大量开垦土地，草场超载放牧，致使土地沙化、植被退化，生态环境问题十分突出。在宁、蒙、陕交界地区规划建设的大柳树生态建设区，总规划面积约 500 万亩，以安置生态移民、发展林草灌溉和改善生态环境为主要目标，项目的实施需新增黄河取水量约 15 亿 m^3。同样受到黄河缺水和供水指标的制约，规划的生态建设区无法大规模实施。

4.2.2 西线工程可从根本上改善黄河上中游缺水形势，并对下游水资源开发利用产生积极作用

根据西线工程调入水量配置初步成果，若西线一期工程调水 80 亿 m^3，35 亿 m^3 可配置在河道内，用于黄河输沙和生态水量需求，45 亿 m^3 配置在上中游地区的城市生活和工业、大柳树生态建设区等。调水工程实施后，可确保上中游沿黄主要城市的生活用水，从根本上改善工业和能源基地用水紧张现状，有效地改善当地生态环境，并从根本上解决中下游干流河道断流问题。

黄河各河段的用水是相互紧密联系的，上中游的超指标用水必然对下游用水造成不利影响，特别是在黄河的枯水年份，上、中、下游的用水矛盾十分突出，上中游的超指标用水，往往造成下游用水困难，河道断流，河口生态环境恶化。实施黄河水量统一调度以后，黄委加强了对沿黄省(区)的用水监管，虽然采用

行政强制手段保证了黄河不断流，但遇黄河特枯来水年份，下游用水危机依然存在。

西线调水后，一方面增补了黄河水量，可大大改善黄河上中游沿黄地区的供水条件，提高供水保障程度；另一方面，通过黄河干流水库的调节进一步调丰补欠，给黄河水资源统一调度和管理以更大调控空间，从而对黄河下游水资源开发利用产生积极作用。

4.3 西线工程为黄河河道补充被挤占的输沙和生态水量，有利于维持河道基本形态和河流健康生态

4.3.1 维持河道基本形态和健康生态是黄河水资源开发利用的前提

目前黄河水资源开发利用程度属较高水平，已经超过黄河水资源的承载能力，因此带来一系列严重问题。在水资源有限、经济社会发展对黄河水资源依赖程度很高的条件下，黄河的治理开发与管理，一方面要千方百计地以黄河水资源支持流域及相关地区经济社会的发展，另一方面维持河道基本形态和健康生态是黄河水资源开发利用的前提。维持河流健康生命，是保障经济社会可持续发展的基础。

4.3.2 河床淤积抬高、河道断流、水污染严重是黄河呈现"病态"的突出表现

20 世纪 80 年代中期以来，黄河来水量持续偏少，加上流域经济社会发展用水的增加，使进入黄河下游的水量急剧减少，水沙不协调的问题更加突出，致使黄河下游泥沙淤积严重，主槽萎缩，小水上滩，给滩区人民的生产生活造成很大影响；与此同时，"二级悬河"形势加剧，给下游防洪安全带来极大的隐患。在上游宁蒙河段，由于泥沙大量淤积，部分河段河床淤高达 2 m 多，已形成悬河之势；小北干流自 20 世纪 80 年代以来，河槽平均淤高 1 ~ 2 m，河防工程临背差逐年加大，工程出险频繁。

黄河河道断流始于 1972 年，从 1972 ~ 1998 年的 27 年中，黄河下游利津站有 21 年发生断流，累计断流 1 050 天。1999 年，实行黄河干流水量统一调度以来，黄河断流持续恶化势头有所遏制，利津断面基本保持了不低于 30 ~ 50 m^3/s 的最小基流量，虽然避免了断流现象的发生，但入海水量维持在低限水平。在无外来水源补充黄河水资源的情况下，黄河资源性缺水的实质仍不能得到解决，黄河断流的潜在可能性和功能性断流问题依然存在。

近年来，随着经济社会的发展，黄河两岸的污染源不断增多，污水排放量迅速增加。据统计，20 世纪 80 年代初期，全流域污水年排放量为 21.7 亿 t，到 2005 年已达 43.5 亿 t，比 80 年代增加了一倍多。2005 年，黄河干流水质为Ⅳ类 ~ 劣Ⅴ类河长占评价河长的 54.2%。水质恶化不仅直接影响人民生活和身体健康，而且由于可供水量减少，进一步加剧了水资源的供需矛盾。

4.3.3 西线调水向河道补水,有利于维持河道基本形态和河流健康生态

南水北调西线工程通过向河道内配置部分水量,利用干流水库的联合调度运用,进行全河调水调沙,塑造相对协调的水沙关系,可逐步扩大黄河干流主河槽过洪能力,减少河道淤积。根据计算,西线一期向黄河河道补水35亿 m^3,通过水库调节,黄河干流年均总减淤量约0.92亿t,宁蒙河段、小北干流河段和下游河段年均减淤量分别为0.35亿t、0.30亿t和0.27亿t。

调水80亿 m^3,相当于为黄河干流增加流量254 m^3/s,在分配下游输沙和河道生态供水35亿 m^3 情况下,如果非汛期生态供水10亿 m^3,汛期输沙用水25亿 m^3,则相当于黄河下游非汛期增加流量48 m^3/s,汛期增加流量237 m^3/s。加上干流水库的调节作用,可以保证利津站来水流量50 m^3/s 以上。这样,可从根本上解决黄河的断流问题,改善黄河河口地区不断恶化的生态环境。

调水80亿 m^3,向河道外供水后,使兰州、河口镇及花园口的水量分别增加76亿 m^3、44.9亿 m^3、35亿 m^3,相当于实测径流分别增加29.9%、15.5%、14.8%,增加的清洁水源对稀释河流污染、提高黄河的水环境容量将发挥积极作用,将有效地改善黄河水质。

综上分析,南水北调东、中、西三条线,共同维系并改善当前的黄河水资源配置总体格局,是以水资源的可持续利用支撑经济社会可持续发展的战略举措。东、中线工程的实施对维持当前黄河水资源配置格局有积极作用,西线工程可从根本上改善黄河流域上中游地区水资源配置格局,并有利于维持河流健康生命。在南水北调东、中线已开工建设的条件下,要统筹解决黄河流域的缺水问题,仍需加快实施南水北调西线工程。

5 结语

(1)黄河水少沙多、水沙关系不协调的特点,决定了黄河水资源的开发利用必须兼顾上下游、左右岸的关系,协调好河道外国民经济发展用水和河道内生态环境用水的关系。

(2)国务院"87分水方案",是现有条件下黄河水资源配置的基础。随着经济社会的发展,黄河流域的缺水形势将更加严峻,南水北调东、中、西三条调水线路,均是维持并改善黄河水资源配置格局的必要措施。

(3)南水北调东、中线工程的实施对改善当前黄河水资源配置格局具有积极作用。西线工程可从根本上改善黄河流域上中游地区目前不利的水资源配置格局,并有利于维持河道基本形态和河流健康生态。

(4)各种向黄河供水的跨流域调水方案对于缓解黄河流域的缺水都是有利的。从有利于解决西北地区经济社会发展的缺水问题,有利于改善并维持黄河

不同河段的河道基本功能,以水资源的优化配置和可持续利用保障经济社会的可持续发展等多角度综合分析,应尽早实施南水北调西线工程。

参 考 文 献

[1] 黄河水利委员会.黄河近期重点治理开发规划[M].郑州:黄河水利出版社,2002.
[2] 景来红,张玫.南水北调西线工程建设的必要性和紧迫性//西北地区水资源问题及其对策高层研讨会论文集[C].北京:新华出版社,2006.

南水北调西线一期工程对国民经济发展的贡献及作用分析

景来红　崔　荃

（黄河勘测规划设计有限公司）

摘要：南水北调西线一期工程可向黄河调水 80 亿 m^3，使受水区国民经济供水保证程度得到提高，对流域及区域经济社会的可持续发展有着积极的促进作用，在对流域经济现状、特点分析的基础上，运用黄河流域水资源与国民经济协调发展整体分析模型，分析了南水北调西线一期工程调水对黄河流域经济发展的贡献及作用。

关键词：南水北调西线一期工程　黄河流域　经济发展　作用分析

1　流域经济发展现状及特点

1.1　社会经济发展现状

据2000年统计资料，黄河流域人口为10 971万，占全国的8.6%；城镇化率为32.8%，比全国平均水平36.2%低近3.4个百分点。国内生产总值为6 216亿元，仅占全国的7%左右；人均GDP约5 666元，比全国平均水平低26%左右，流域经济社会发展总体水平相对较低。

黄河流域上游的宁蒙河套平原、中游关中平原和汾河谷地以及下游引黄灌区是我国重要的农业生产基地。2000年黄河流域农田有效灌溉面积为7 563万亩，粮食产量3 531万t，人均粮食323 kg，比全国平均水平低43 kg。黄河流域初步形成了产业结构齐全的工业生产格局，建立了一批能源工业、基础工业和新兴城市，为进一步发展流域经济奠定了基础。2000年黄河流域工业总产值为7 566亿元，与全国相比，黄河流域工业发展仍然比较落后，人均工业产值低于全国平均水平，高用水工业和火电工业占的比重较大。

黄河治理开发还关系到下游防洪保护区的经济和社会发展。2000年，黄河下游防洪保护区面积12万 km^2，人口8 755万，耕地面积1.1亿亩，粮食产量4 455万t，是我国重要的粮棉基地之一，区内还有石油、化工、煤炭等工业基地。

1.2 流域经济特点

1.2.1 水资源对国民经济贡献量大

根据黄河流域水资源投入产出占用表,基于计量经济学模型,对黄河水资源利用对国民经济发展的边际贡献进行了测算,2000 年黄河流域农业单方用水量对农业增加值的弹性系数为 0.254,即水资源对农业增加值的贡献率为 25.4%,农业用水的边际效益为 0.69 元/m^3;非农业用水对非农业增加值的弹性系数为 0.148,即水资源对非农业增加值的贡献率为 14.84%,非农业用水的边际效益为 12.01 元/m^3。结果表明黄河水资源对黄河经济作用巨大。

黄河、淮河、海河流域地理位置相邻,黄河流域用水效益和淮河流域、海河流域及全国用水情况进行比较。情况见表 1。

表 1　部分地区国民经济和非农产业用水效益比较情况

	地区	GDP(亿元)	用水量(亿 m^3)	单方水产出率(元/m^3)	水资源产出弹性	用水边际效益(元/m^3)
国民经济用水总体效益	黄河	6 216	386	16.1	0.138 7	2.23
	淮河	12 284	555	22.1	0.197 1	4.36
	海河	9 470	388	24.4	0.148 1	3.61
	全国	82 182	5 183	15.9	0.127 5	2.02
非农产业用水效益	黄河	4 382	60	81.0	0.148 3	12.01
	淮河	9 353	111	83.91	0.183 2	15.38
	海河	8 156	75	108.4	0.160 2	17.36
	全国	67 274	1 241	54.2	0.136 5	7.40

注:黄河为 2000 年数据,其他为 1999 年数据。

从国民经济用水效益的比较情况来看,三个流域中黄河流域 GDP 和用水量占全国比重最小;单方水产出率和用水边际效益低于其他两个流域,略高于全国平均水平;水资源产出弹性低于淮、海两个流域,同时高于全国平均水平。从非农产业用水效益的比较情况来看,黄河流域非农产业单方水产出明显高于全国平均水平,用水边际效益为 12.01 元/m^3,说明水资源对黄河流域非农产业产出的贡献量远远超出对整个国民经济贡献的平均水平。

1.2.2 经济发展总体水平不高,且地域分布不平衡

1980 ~ 2000 年黄河流域 20 年经济发展速度低于全国平均发展速度,GDP 年增长率为 10.05%,低于全国平均增长率 10.76%。黄河流域地跨我国东、中、西部三个经济地带,各地区的经济发展受所属经济带的影响较大,目前基本形成了以农牧业、资源开发为主的上中游区和以加工工业为主的下游和三角洲地区。两区域间发展差距较大,位于我国东部的黄河流域的下游各省的经济发展水平

较快,位于上中游的中西部各省区的经济发展相对较慢,对资源的依赖性很强。

1.2.3 经济结构布局不合理,调整任务较重

流域内少量较为先进的产业同大量落后产业、一部分较为富裕的地区同另一部分贫困地区同时并存的“二元”结构十分明显。三大产业间及各产业内部结构也不尽合理。主要表现为,一是农业增长不稳定与农业结构升级缓慢,农业劳动生产率低下,面临增产、增收和调整内部产业结构的双重任务。二是基础工业与加工工业增长不协调,交通通信、能源、原材料和城市建设等基础设施、基础部门的“瓶颈”约束长期未得到缓解。三是第三产业数量不足,在增加值中的比重较低,内部结构不尽合理,发展层次低,为第一、第二产业服务的社会服务体系尚未完全建立。四是高新技术产业成长不快,在国民经济中比重小。

流域内经济发展以能源、原材料工业为主体,高用水工业比重大,分布较为集中。2000 年流域高用水工业和火电工业增加值占工业增加值的 34% ,较全国平均水平高出 5 个百分点,其中 50% 集中在中游地区。黄河地区社会经济发展现状无法充分发挥地域和资源优势,且已经使水土资源和生态环境承受了巨大的压力,产业布局和结构调整的任务还很艰巨。

1.2.4 物产资源丰富,但受水资源的制约

黄河流域土地、水能、煤炭、石油、天然气、矿产、旅游等资源丰富,特别是煤炭、石油和天然气等能源资源,具有显著优势,其中原煤产量占全国的半数以上,石油产量约占全国的 1/4,已经成为流域内最大的工业部门。铅、锌、铝、铜、钼、钨、金等有色金属冶炼工业,以及稀土工业有较大优势,但是水资源稀缺。黄河虽为我国的第二条大河,但河川径流量仅为全国河川径流量的 2% ,目前经济生活用水已严重挤占生态用水,黄河的健康生命受到威胁,有限的水资源无法适应经济发展用水日益增长的需求,水资源已经成为制约黄河地区经济发展的瓶颈。

2 南水北调西线一期工程对经济发展的贡献量分析

2.1 国民经济协调发展整体分析模型及研究思路

运用黄河流域水资源与国民经济协调发展整体分析模型,运用黄河水资源与国民经济协调发展整体模型,采用“有 - 无”情景对比分析法,即通过对比分析各方案的宏观经济效果,对调水方案的宏观经济效益进行估算。即没有调水的方案定义为零方案。通过调水方案与零方案的宏观经济效果进行比较,来评价第一期工程各配置方案对黄河经济的宏观影响。

2.2 黄河水资源与国民经济协调发展整体模型的构建

水资源与国民经济发展之间存在着相互促进与相互制约的极其复杂的关系,且存在着时空分异的特点。对这些关系及其特性的描述又存在着不可量化

的定性分析与定量分析的复杂性。为了实现水资源与国民经济协调发展的定量研究,采用当前世界水资源研究的一种新技术——整体模型技术,研制了基于复杂适应系统理论的水资源与国民经济协调发展整体模型。该模型解决了常规的局部模型的集成问题,通过构建一个整体的模型框架,将水资源系统中各种元素的相互作用通过内生变量进行联结,实现了水文模拟和经济优化的统一。

2.3 用于模型计算的调水量配置方案

为解决黄河流域的生态、生活及生产用水短缺问题,在充分节水的条件下,还必须实施南水北调西线工程。南水北调西线工程受水区范围为黄河流域及其邻近的内陆河地区,重点受水区为黄河干流河道及上中游地区,涉及青海、甘肃、宁夏、内蒙古、陕西、山西等6省(区)。第一期工程调水80亿 m^3 水量配置的基本方案为:河道内用水35亿 m^3,用于补充黄河干流河道内生态环境水量,包括生态基流和河道输沙用水;向河道外供水45亿 m^3,包括重点城市和能源化工基地建设的生活、生产用水,并为重点生态建设区供水。目前的模型计算,暂没有考虑河道内的配水量,主要对河道外配水10亿 m^3、20亿 m^3 和35亿 m^3 的水量配置方案用模型计算分析。

2.4 模型计算的经济发展效果

模型计算的结果表明,无论何种配置方案,南水北调西线工程宏观经济效果都相当显著。在与黄河水资源统一调度的条件下,以向河道外供水35亿 m^3 的方案为例,2020年的黄河流域国内生产总值期望值可达1 223亿元,与无调水情况相比增加4.77%,单方水效用达35.0元/m^3。2030年黄河流域国内生产总值期望值可达2 452亿元,与无调水情况相比增加4.87%,单方水效用达70.1元/m^3。

3 对国民经济发展的支撑作用分析

3.1 促进西部大开发战略的实施,支撑区域经济可持续发展

黄河流域优越的地理位置、丰富的矿产资源优势和较为雄厚的经济基础,在全国宏观生产力布局和区域经济发展中的地位突出。流域地跨我国的东中西部三大区,覆盖了全国七大经济区中的环渤海地区、华北地区、西北地区,同时陇海-兰新铁路和黄河中上游地带又是《全国国土规划纲要》中∏字型点轴开发战略中的一条一级发展轴,具有联东促西、优势互补、功能协调、协同发展的有利条件。不仅是我国西部大开发战略实施的“桥头堡”和前沿阵地,又是西部大开发的可靠后方。

南水北调西线一期工程实施后,通过黄河贯通东西的区位优势,使中西部地区更多的能源矿产资源得以开发利用,为东部地区发展提供稳定的能源、原材料

供应，有助于东部地区经济的稳定发展。中西部地区经济得到发展，居民收入水平提高，消费能力增强，这将为东部地区产品开辟广阔市场，有助于东部地区制造业的发展和产业结构升级。因此，南水北调西线一期工程的兴建，不仅促进中西部发展战略，而且支撑区域经济社会的可持续发展，对全国总体经济发展目标的实现都有很大的促进作用。

3.2 保障国家粮食安全与农牧业可持续发展

黄河流域土地面积广大，耕地资源丰富，光热条件适宜，是农业发展极具潜力的地区之一。为了保证我国的粮食安全，通过对黄河老灌区的改造，可提高粮食单产，黄河流域部分宜农荒地和大面积期待改造的中低产田，为保证我国的粮食安全提供了可靠的土地资源保障。

西线一期工程调水入黄河后，为老灌区的改造和开发新灌区提供了水资源保障。若遇特枯年份或连枯年份，既可通过干流水库联合调节，调丰补欠；也可适当减少河道内生态环境水量，增加河道外生产生活供水，从而提高农业供水保证率，提高流域粮食安全保障。

3.3 对能源和工业基础资源生产具有决定性作用

黄河流域是我国能源矿产资源最密集的地区，以资源开发和加工为导向的重工业化发展模式决定了这一地区能源、原材料工业所占比例大，从而形成了一大批在全国都具有重要战略地位的能源、工业基础资源生产加工基地。如宁夏的宁东能源基地、内蒙古能源工业基地、陕西的陕北榆林能源工业基地和山西的离柳煤电基地、临汾新型能源化工基地和运城新型能源化工基地，该部分能源工业基地是未来黄河流域经济发展和西部大开发战略的重点，但能源资源优势受到水资源的制约。

通过西线调水，使能源资源优势得以发挥，必将促进该地区经济社会的快速发展。同时大量能源、原材料产品的输出，也将为我国其他地区工业发展注入强大的动力，带动周边地区和相关行业的繁荣和兴盛，从而为全方位促进西部大开发战略的顺利实施和当地经济社会的持续发展，为全面建设小康社会做出积极的贡献，在加快我国工业化进程中发挥重要作用。

3.4 推动流域城市化的进程

2000 年黄河流域人口城镇化率为 33%，低于全国平均水平 3 个百分点。黄河流域的城市的格局主要沿河流及交通干线分布，如沿黄河干流的西宁—兰州—银川—包头—呼和浩特城市带、沿渭河和陇海铁路的天水—宝鸡—西安城市带。以中心城市为辐射发展都市圈，以新兴工业基地为核心构建新城镇，流域在城市化方面仍具有较大的发展空间。但是目前城镇用水，要么大量超采地下水，要么超量引用黄河水，挤占其他部门或地区的用水指标，随着城市化进程的加快和城市用水的增加,将导致黄河水资源供需矛盾更加尖锐。

南水北调西线一期工程向沿黄 26 个重要城市供水,可基本满足其 2030 年水平新增用水需求,增强辐射力和吸引力,为加快黄河流域城市化进程提供水资源保障。城镇化率的提高,强化了人口的集中居住,有利于资源的高效利用,在一定程度上可以缓解生态环境压力,特别是农业生态压力,有利于土地资源的利用效率和农业资源的保护。同时城市群的形成有利发挥以点带面的辐射带动作用,利用中心城市强大的经济实力推动周边地区经济的发展。

参考文献

[1] 中国水利水电科学研究院,黄河水资源对国民经济贡献量研究.2005 年 7 月.

南水北调西线工程主要特点

谈英武[1] 曹海涛[2]

(1. 黄河水利委员会南水北调西线工程办公室;2. 黄河勘测规划设计有限公司)

摘要:南水北调西线工程是我国特大型的跨流域调水工程,是水资源优化配置的重大举措,是南水北调工程的重要组成部分。南水北调西线工程主要特点,从不同的层面,表明了调水的合理性和科学性,突出了调水的前瞻性和适应性,阐述了建设的必要性和紧迫性。

关键词:南水北调 水资源 西线工程 主要特点

南水北调西线工程(西线工程),位于青藏高原东南侧,海拔3 500 m左右地区,从长江上游调引部分水量开凿长隧洞穿越分水岭巴颜喀拉山输水入黄河上游,向严重缺水的黄河和西北地区补充水源,具有规模宏大、建设难度大、作用巨大等特点,这里仅扼要论述部分主要特点。

1 从湿润、半湿润区向干旱、半干旱区调水

1.1 地理概况

南水北调西线工程,位于青藏高原东南侧,引水工程区处于东经97°30′~102°20′,北纬31°45′~33°30′之间,东部接近四川红原,西侧到金沙江,南北长近100 km,面积约3万km^2。

西线工程的调水河流为,大渡河、雅砻江、金沙江的上游,引水坝址在海拔3 400~3 600 m。坝址上游地区基本上以浅切割高山区为主,一般在海拔4 400 m左右,地形起伏平缓,切割轻微,相对高差一般小于400 m;坝址下游地区,基本为中等切割的高山宽谷区,海拔高程2 800~4 500 m,相对高差增大,地形呈波状起伏,主河谷切割较深。

1.2 气温降水

本区降水量的大小主要取决于季风影响的强弱。年降水量由东向西逐渐减少。从邻区气象站和计算获得的降水量,大渡河工程区近800 mm,雅砻江工程区约600 mm,金沙江工程区约500 mm,多年平均降水量543~747 mm,其中600~700 mm超过50%,均值为653 mm。3条引水河流降水量从上游向中、下游逐渐增大到1 000~2 000 mm。本区多年平均气温为2.9~5.6 ℃。

1.3 植被干燥度

植被。大渡河工程区植被较好,大部分被茂密的原始森林覆盖;雅砻江工程区山的阴坡分布有森林区和块状林区,阳坡主要为灌丛草地;金沙江工程区主要为高寒灌丛草甸和块状林区。

干燥度。这是衡量一个地区气候湿润或干旱程度的指标,亦称湿润度。当某地降水量大于蒸发量时,表示该地降水量在满足蒸发需要的同时还有富余,气候湿润;反之则气候干燥。我国干燥度的划分:干燥度小于1,为湿润区;1.00~1.49之间,为半湿润区;大于1.5为半干旱区和干旱区。青藏高原东南部干燥度小于1,是我国湿润区。具体划分,大渡河工程区为湿润区,雅砻江工程区为湿润区和半湿润区,金沙江玉树干燥度为1.39,属半湿润区。

调水工程区的降水、植被、干燥度等因素表明,调水地区为湿润、半湿润区;而调水河流引水工程下游皆为湿润区,水量丰沛。流域多年平均径流量:雅砻江600亿m^3,大渡河475亿m^3。两河的水量相当于两条黄河。因此,从湿润、半湿润区向干旱、半干旱区调水是一个显著特点,是科学合理的。

2 工程分期分步实施是实现工程总体目标的实践基础

分期实施是人类文明发展的一项重要社会实践。社会的发展、经济的发展,甚至一个人的发展,都显现了分期、分阶段、分步实施的重要性和必要性。发展是过程,分期是步骤,为战术上达到预期的不同目标,以期战略上达到一定的总目标。

2002年12月23日,国务院批示同意的《南水北调工程总体规划》,其中明确西线工程分三期实施,第一期工程从雅砻江、大渡河5条支流调水40亿m^3,第二期工程从雅砻江调水50亿m^3,第三期工程从金沙江调水80亿m^3,共调水170亿m^3。按照上级指示,2005年以来开展了第一、二期工程水源合并方案研究,水源合并的规划调水量90亿m^3。经研究,为减少调水对调水河流的社会环境影响,调水规模由90亿m^3初步调整为80亿m^3。

2.1 高原施工技术要求高,探索实践工程技术的可行性需要分期分步实施

西线调水通过建设多座引水水库、开挖近千公里的长隧洞,穿越江黄分水岭巴颜喀拉山输水入黄河上游。这是一项规模庞大的调水工程。在青藏高原东南侧建设如此宏大的、前所未有的挑战性工程,投资大、工期长、工程技术的难度较大,高原施工存在一些特殊问题,技术要求高,又没有类似工程实例可以借鉴。虽然当今科学技术,特别是长隧洞施工技术已趋成熟,但是,结合当地寒冷、缺氧特殊的自然地理环境,调水80亿m^3方案,作为一个整体研究,仍需要分步实施、连续建设。包括长320 km的隧洞和几座引水枢纽,其工程规模相当于我国山西

引黄入晋跨流域调水工程。通过积累设计、施工经验，为后续工程建设打下基础。

2.2 涉及调出区的社会约束，探索实践减缓调水对调出区不利影响措施的适应性需要分期分步实施

从国家战略全局看，西线工程的作用是全局性、综合性和不可替代的。对调出区而言，调出的水量占调出河流河川径流量的5%～14%，所占比例不大。然而，河流自然状态下的部分水量调出了，改变了河流原有的生态状态；引水坝址海拔3 500 m左右，属于高水高调，会对工程区下游社会、经济、环境产生不利影响；调水工程区居住着以藏族为主的少数民族，普遍信仰藏传佛教，水库要淹没少量人口和少数寺庙，社会影响复杂。虽然这些不利影响是局部的，但从长远看，既要考虑受水区严重缺水的需要，更要考虑调出区的利益，采取措施，促进调出区和受水区共同的经济社会可持续发展和生态环境良性循环。从减缓调水对调出区不利影响措施的协调过程和适应过程，同样需要工程分期分步实施的实践经验。

2.3 鉴于黄河水资源配置与管理的复杂性，探索实践调水入黄河缓解缺水的前瞻性和有效性需要分期分步实施

受水区缺水和调出区引水量都是一个不断增长的动态过程。根据2006《黄河流域（片）水资源综合规划》初步成果，黄河流域多年平均缺水量，2020水平年112.4亿m^3；2030水平年145.6亿m^3。显然，缺水是一个逐步增长的过程，调引水量同样是逐步加大的过程。何况缺水量的预测方法，系采用定额法，按照经济发展、人口的增长，综合生产需水、生活需水和生态需水的总和，减去区域内可供水量计算得出的。由于预测涉及的因素较多，并具有不确定性，需水预测可能存在误差。从需水和调水的增长过程，同样需要工程分期分步实施的实践经验。

西线调水输入黄河上游河道，江水与黄水混合，要采用新的机制、体制，实行黄河水资源的统一调度和管理，进行水资源的优化配置，建立合理的水价制度，促进节水；再者，配套工程建设任务相当繁重，否则，调过来的水有的地方用不上。黄河水资源配置与管理的复杂性，配套工程建设的艰巨性，也同样需要工程分期分步实施的实践经验。

上述说明，西线工程建设本着“由近及远、先易到难”的工作思路，统筹规划、分期分步实施、逐步扩大调引的水量、逐步解决黄河和西北地区的缺水问题，滚动发展，并不断调整，以保持其前瞻性和连续性。

3 受水区为全黄河流域，并以高水高用为主

西线调水注入黄河河道的特点，一是受水区为全黄河流域，覆盖面广；二是

以高水高用为主。

3.1 受水区为全黄河流域,覆盖面广

西线调水入黄河源头河段,利用贯穿我国东西的黄河河道输水。通过黄河上游龙羊峡和刘家峡等大型水库的调蓄,配置一部分水量,居高临下,供给中游水沙调控体系,为塑造理想的水沙过程产生积极作用;从而为下游河道减淤冲沙、遏制河床的不断抬高做出贡献,并从根本上解决黄河干流的断流问题。西线调水覆盖面广,既覆盖黄河上中游地区,又能覆盖下游地区。西线工程的受水区为全黄河流域。

3.2 以高水高用为主

西线调水注入海拔 3 442 m 处的黄河河道。这是西北内陆腹地的唯一外来水源。从充分利用高水的作用考虑,向地处海拔 3 000 m 以下的黄河上中游青、甘、宁、内蒙、陕、晋 6 省区严重缺水地区和河西走廊内陆河地区补水,供水的高程之高、范围之广是西线工程难得的一大特色;从开发西北地区辽阔的土地资源、丰富的矿藏资源和石油化工等能源资源,促进西北地区经济社会快速发展考虑,都应以高水高用为主,即以向西北受水区补充水源为主。

南水北调工程由西、中、东 3 项工程组成。中线和东线工程在海拔 109 m 和 43 m 处立交穿过黄河,向华北平原西部和东部主要城市供水。西、中、东 3 项工程的整体布局与我国地势西高东低的青藏高原、黄土高原和华北平原 3 个阶梯相应,即高水高用、低水低用。这种布局是合理的,并具有各自的适应性。3 项工程形成缓解北方缺水的总体格局,既互相联系,又各有其主要的供水目标和供水范围,可以互相补充,不能互相代替。

4 调水补充黄河水源,以受水区加大节水力度、充分利用当地水资源为前提

西线工程分为三期。规划 2050 年前建成三期工程,共调水 170 亿 m^3 入黄河,为黄河多年平均河川径流量 580 亿 m^3 增加了近三分之一的水量,弥补黄河流域资源性缺水的不足,改善供水条件,基本解决未来 50 年黄河的缺水问题。开源节流,是在节流挖潜基础上的开源。调水只起补充水源的作用。实施补充水源的前提有两个,一是加大节水力度,建设节水型社会;二是充分利用当地水资源,发挥水的利用效率。

4.1 加大节水力度

缓解黄河流域缺水的根本措施是加大节水力度,建设节水型社会。据分析,在充分挖掘节水潜力的条件下,2030 年的节水量为 78 亿 m^3。这一节水目标的实施需要通过工程和非工程措施,特别是实施 2006 年国务院颁布的《黄河水量

调度条例》等,才能予以保障。建设节水型社会是一项庞大的系统工程,需要重新合理规划水资源的开发、利用和调配,制定措施,以实现上述的节水量,否则,缺水形势将更为严峻。

4.2 充分利用当地水资源

实现西北地区的可持续发展,在水资源开发利用方式方面要进行一系列转变,从生产力的布局、产业结构和发展模式加以调整,要以水为基础,“量水而行”、“以供定需”,以水定区域发展规模,以水定资源和土地开发利用,以水定生态保护规模,以水定林草。提高用水效率,加强污水回用,利用雨水资源,合理开采地下水,充分利用当地水资源。

5 向黄河受水区补充生态水,保护和改善生态环境

5.1 黄河和西北地区生态环境问题

由于干旱气候和长期以来人类活动影响,黄河流域引用水量超过了黄河水资源的承载能力,在维持了经济社会发展的同时,生态环境遭到严重破坏。集中表现为:河道外,湖泊萎缩,地下水漏斗面积扩大,植被退化,荒漠化扩大,沙尘暴频繁,有些地区丧失了人类生存条件,居住在这些地区的不少群众成为“生态难民”;河道内,河床淤积抬高,上游宁蒙河段出现“地上悬河”形势,下游“地上悬河”河道横比降加大,“二级悬河”形势不断加剧,水体污染等一系列问题,对人类生存环境构成威胁。

5.2 向黄河和西北地区补充生态水

黄河水环境恶化和西北地区生态环境恶化的根源是水源不足,因此保护和恢复生态环境的关键也在于水。西线工程运用后,配置部分水量,向西北地区和黄河河道补充生态水。补充生态水包含两种方式,既具有长期性,又兼有应急性。

实施西线工程,可长期地、历史性地补充水源。将在一定范围和一定程度上有效遏制黄河河道萎缩和西北地区土地荒漠化,修复破坏的生态环境,恢复和建立新的生态系统,提高黄河水资源的承载力,维持黄河的健康生命;提高西北地区的环境容量,实现人水和谐。

实施西线工程可应急地、紧迫拯救性地补充水源。西北地区干旱的自然地理气候,旱灾出现的频率高、持续时间长、影响范围大、恶化生态环境,危害严重。历史上曾发生过持续特大干旱,民众饿殍载道。从1951~1999年统计看,西北地区多旱现象的频率在60%左右,陇中北部和宁夏10年间6~8年为旱年,大旱2.5~6.5年一遇。西北地区旱灾又和黄河连续枯水年有关。据实测资料,1922~1932年、1990~2000年黄河出现两个连续枯水时段均长达11年,西北地

区都不同程度出现旱灾。当某个地区出现严重旱灾,影响当地人的生存环境时;当黄河下游出现严重断流时;为防止生态环境面临毁灭性的破坏,运用西线工程,这唯一外来水向黄河输水的通道,应急补充水源,承担起解燃眉之急的生态拯救。

6 结语

上述主要特点:从具有丰沛水源的长江上游湿润、半湿润区向严重缺水的黄河和西北干旱、半干旱区调水;工程方案分期分步实施;受水区为全黄河流域,并以高水高用为主;调水补充黄河水源,以节水和充分利用当地水资源为前提;以及对黄河受水区进行生态补水。从不同的层面表明,西线工程不仅规模宏大、效益巨大,而且环境特殊、技术复杂;建设西线工程不仅科学合理、非常必要,而且势在必行、十分紧迫。概括地说,南水北调西线工程是我国跨流域调水的特大型工程,是水资源优化配置的一项重大举措,是重大供水工程和生态工程,是以水资源可持续利用支撑西部大开发战略实施和经济社会可持续发展的重大基础设施,体现了科学发展观和人与自然和谐相处的理念。南水北调西线工程已历经55年的研究,目前,正抓紧前期工作,力争第一期工程2010年前后开工建设。

参考文献

[1] 李国英. 对南水北调西线工程的认识与评价. 人民黄河,2001,10.

[2] 黄河勘测规划设计有限公司. 南水北调西线工程建设的必要性及凋入水量配置初步成果. 郑州:2006.

[3] 许新宜. 分期实施是南水北调总体规划的实践基础. 中国水情分析研究报告,总第47期.

减少黄河下游不平衡水量的途径

刘晓岩[1]　李　想[2]　李　东[1]

(1. 黄河水利委员会水文局;2. 西安理工大学水利水电学院)

摘要:1999 年 3 月,国家统一调度黄河水量以来,通过科学调度和加强用水管理,确保黄河连续 7 年没有断流。但分析资料发现,黄河下游水量存在严重不平衡,且呈现出随引水量增加而增加的规律。本文作者在分析了水量不平衡的主要原因后提出:强化涵闸引水监测管理、正规化管理滩区取水、依法严惩引水违规案件,是减少下游水量不平衡的主要途径。

关键词:水量调度　水量损失　水资源　河道　黄河下游

1999 年 3 月,国家统一调度黄河水量以来,通过科学调度和加强用水管理,遏制了沿黄省(区)用水量居高不下的势头,缓解了上下游省(区)用水矛盾,结束了 20 世纪 90 年代以来黄河连年断流局面,实现了黄河连续 7 年没有断流,取得了显著的社会经济效益,河口生态环境逐步步入良性循环轨道。但是,由于种种原因,黄河下游水量平衡差值居高不下,最高年份水量平衡差值超出 50 亿 m^3(已扣除河道自然损耗量),约占黄河天然径流量的 9%。大量的水量损失,不仅使原本紧缺的黄河水资源雪上加霜,也给水量分配、调度带来一定困难。

1　黄河下游河道水量不平衡情况

1.1　河道水量平衡计算方法

水量平衡是质量守恒原理在水文学研究中的一种表现形式,用文字表达就是:任意时刻,输入某一区域的水量和输出的水量之差,等于该时段内区域蓄水量的变化;用公式则可表述为下式:

$$W_{入} - W_{出} = \pm \Delta W \tag{1}$$

式中:$W_{入}$ 为输入水量,亿 m^3;$W_{出}$ 为输出水量,亿 m^3;ΔW 蓄水变化量,亿 m^3。

黄河下游小浪底水库以下至利津河段,多数河段为“地上河”,其水量平衡的要素主要为上断面输入径流量 $W_{入}$、下断面输出径流量 $W_{出}$、区间加入水量 $W_{区}$、蒸发量 $\omega_{蒸}$、渗漏量 $\omega_{渗}$、工农业引黄水量 $W_{引}$,据此建立黄河下游河段理论水量平衡方程式如下:

$$W_{出} = W_{入} + W_{区} - W_{引} \pm \Delta W - \omega_{蒸} - \omega_{渗} \tag{2}$$

事实上,用上述平衡方程式计算下游水量,其水量平衡不起来,因为在实际计算中还存在一个非自然损失量 $\omega_{损}$,加进去这一项才能使下游水量平衡起来:

$$W_{出} = W_{入} + W_{区} - W_{引} \pm \Delta W - \omega_{蒸} - \omega_{渗} - \omega_{损} \tag{3}$$

1.2 黄河下游河道水量不平衡情况

据水文资料统计,1999 ~ 2005 年,黄河花园口至利津河段不平衡水量年平均约为 43 亿 m^3,占 7 年花园口断面实测径流量均值的 1/5。扣除河道蒸发、渗漏等自然损失 10 亿 m^3 外,尚有 33 亿 m^3 水量不能平衡。从河段分布看,90% 的不平衡水量集中在除夹河滩至高村以外河段;从年内各月分布看,70% 的不平衡水量来自 3 月、4 月、5 月、6 月、9 月五个月,呈现出引用水量愈多,不平衡水量就愈多,反之则愈少。比如 2002 年,是水量统一调度以来引用黄河水量最多的年份,下游不平衡水量是 7 年均值的 1.45 倍;而 2003 年上半年黄河流域发生大旱,4 ~6 月实际引黄用水量是统一调度以来同期最少月份,与其相对应的不平衡水量也仅为同期均值的 0.7 倍左右。

2 水量不平衡的原因分析

2.1 引水监测不规范

引水监测不规范引发的多数是系统偏小误差。据对某一河段引黄涵闸同步监测资料对比分析,系统偏小误差在 4.5% ~33% 之间,平均误差为 15%。主要原因:

(1)水量监测设备不完备,监测仪器使用不规范。主要体现在:一是多数涵闸测验断面没有设立起点桩和终点桩,测验起点距零点不固定,在对一个闸的比测中发现,由起点距零点不固定带来的系统偏小误差最小为 1.4 m,最大为 3.5 m。二是多数铅鱼触底回声装置失灵,施测水深时,一些测工都是凭经验判断铅鱼是否触到河底,测得的水深精度差,有一个涵闸测深合格率只有 42%,还有个涵闸单条测深垂线测量值偏小 20 cm。三是流速仪使用不规范,多数不按《河流流量测验规范》(GB 50179—93)的规定比测。

(2)测流推流方法不规范,计算出错率高。主要体现在:一是多数涵闸测验断面测速测深垂线布设不足。特别是主槽及两岸边附近,水深、流速变化急剧,测深测速垂线布设偏少,难以控制岸边地形和流速分布的主要转折点。二是测速垂线流速测点数目偏少。三是几乎所有的涵闸站对流量测验成果不作检查分析,测验错误和误差不能被及时发现纠正;一些利用水位流量关系曲线推求流量的涵闸,推流公式多年不率定,闸上、闸下水位长期不比测;还有一些测站,实测流量计成果不履行"三遍手"的手续,出错率较高,个别站最多时出错率达 1/4,单次流量错误达 5.9 m^3/s。

2.2 滩区和河道未控引水未计入用水量

黄河下游滩区广袤,其面积占河道面积的 84%。1988 ~1996 年期间,在国家农业综合开发专项基金的支持下，经过三期滩区水利建设，滩内无论是有效耕地面积还是取水设施都有了长足的发展，用水需求和引水量剧增，每到春灌高峰期的3～5月份，走到黄河滩或大堤上，就可以看到众多固定引水设施和临时引水泵站在引取黄河水，累积取水量非常大。2001年4月，黄委曾作了一次拉网式调查，检查当天引水110 m^3/s。根据实际调查情况，综合分析各河段滩区灌溉习惯，按面积定额法计算，下游滩区年平均耗水量不低于6亿 m^3。另外，河道内一些积淤固堤工程施工期也消耗了部分水量，但这些用水没有人专门统计，也无法计入豫鲁两省用水量。

2.3 个别涵闸存在漏水及偷水情况

黄河下游引黄涵闸建于不同年代，尽管大部分工程作了维修或改建，但仍有个别涵闸因维修改造没跟上，存在不同程度的漏水情况。在黄河水量调度中心，通过视频监视，经常发现有的涵闸没引水而闸下有小股水流的情况，检查到的漏水最大流量达4 m^3/s。另外，还有个别闸有偷水的情况，偷水的手段也很高超：白天不引水，到夜幕降临时，开足马力，大量偷着引水，临近天明时关闭闸门；还有些涵闸在白天按计划引水，到了晚上就肆无忌惮地超计划引水；更恶劣的是多引少报，有一个涵闸，在近一年的时间里上报的引水流量是实际引水流量的1/3略多；还有的涵闸上报引水流量之前（9时之前）按计划引水，之后超计划引水。这些情况，都加剧了河段水量的不平衡。

3 减少不平衡水量的主要途径

3.1 贯彻落实《中华人民共和国水文条例》，强化涵闸引水监测管理

渠道流量监测属水文监测活动之一，因此必须遵从《中华人民共和国水文条例》（以下简称《条例》）有关规定，按照国家水文技术标准、规范和规程开展监测工作，强化涵闸引水量监测管理，接受流域水行政主管部门直属水文机构的行业指导，提高涵闸引水监测精度，减少水量损失。

（1）统一编制涵闸监测设施设备更新改造方案。《条例》十九条规定："水文监测所使用的技术装备应当符合国务院水行政主管部门规定的技术要求"，"水文监测使用的计量器具应当依法经检定合格"，从这条规定里可以看出技术装备对水文监测的重要程度。鉴于目前引黄涵闸技术装备存在的问题，建议有关主管部门联合专业部门，组织开展涵闸监测设施设备的检查，对不达标的涵闸监测设施设备分门别类，根据涵闸不同的出流条件、流量大小，闸门类型等提出有针对性的监测方案和更新改造计划，逐步规范测验设施设备，使之符合国家有关技术要求。

（2）定期率定涵闸推流曲线。黄河是动床，涵闸又是侧向引水，闸门起闭对断面的冲淤影响非常大。如果测流断面水位流量关系不能随冲淤变化及时修

正，就会影响到流量推求精度。据对2002年引黄济津时期位山闸（西渠）资料分析，该年度向天津送水85天，共定出29条相关推流曲线，划分了75个推流时段，才较好地控制了水位流量变化过程。由此可见，涵闸推流曲线不是一成不变的，而是要不断根据断面冲淤变化作出实时修正。对于一个涵闸，实时修正推流曲线可能有些牵强，建议每年春、秋两个引水季节之前由权威部门帮助率定推流曲线，以便使用。

(3)对监测人员贯规和监测能力培训。涵闸流量监测之所以出现误差大、精度低的情况，除硬件存在问题外，主要一点就是监测人员专业技术水平达不到基本要求，在测验中执行有关水文标准和规程的意识尚待提高。基于这种情况，有关单位应不断加强对监测人员水文相关规程、标准、测验知识的学习，定期聘请专业人员为其进行技术培训，建立严格的上岗考核制度，只有这样，涵闸的测验精度和监测水平才能提高。

3.2 将滩区取水纳入正规化管理，用水量计入两省指标

黄河下游滩区面积3 544 km^2，涉及豫鲁两省15地（市），42个县（区），滩区有效耕地面积约为334万亩。据不完全统计，滩区各类取水设施916处（引水闸、固定扬水站、扬水船、临时水泵等），17 876台，总引水能力547 m^3/s。由于目前尚有180多万人居住在滩区，生活和生产用水量非常大，而且季节性强，流动性大，用水计量观测有一定的困难。但是可以分门别类地管理。对固定取水设施的管理主要通过发放取水许可证，用水采取订单管理，配水与引黄涵闸等同，并实行引水量日报（或周报、旬报）制度；对移动泵站的管理，主要采取日巡查制度，及时掌握台数和引水时间的动态变化情况，以推算引水量，并按旬定时上报主管部门，使其及时掌握各河段量的变化，为算清水账提供数据支持。

3.3 实施有效监督检查，严惩引水违纪案件

用水监督检查是确保调度指令得以贯彻落实的关键，其前提是实施有效的监督检查。通过实践证明，突击检查就是最有效的措施，因为在被检查单位毫无防备情况下，才能检查出来真正的结果。水量统一调度以来，查出的多起超计划引水、偷引水和引多报少都是在突击检查时被发现的。但是，由于没有相应的处罚措施，对查出来的现象最多也就是不点名通报一下，所以无关闸管单位痛痒，结果是该超用水时还超水，超计划引水、偷引水和引多报少时有发生。2006年8月1日，国务院颁布的《黄河水量调度条例》开始施行，对超计划取水的单位和责任人员将追究法律责任。建议有关单位和部门实施有效监督检查，严肃查处和震慑违规引水案件，减少人为引起的水量不平衡，保护国家水资源。

南水北调西线工程调水量配置的初步研究

王　煜　杨立彬　陈红莉

（黄河勘测规划设计有限公司）

摘要：根据黄河流域水资源特点和未来经济社会发展的布局，充分考虑维持河流生命健康必须的生态环境水量，分析未来黄河流域水资源供需形势及缺水分布，确定南水北调西线工程的受水区范围和供水对象。按照以人为本、人水和谐、水资源高效和可持续利用的原则，提出西线工程调水量的配置方案，并初步分析了调水的作用和效益，为南水北调西线工程的决策实施提供技术支撑。

关键词：南水北调西线工程　受水区　水资源配置

1　黄河流域水资源情势分析

1.1　水资源量及其变化趋势

黄河水资源具有总量缺乏、时空分布不均、含沙量大、水沙异源、连续干旱、丰枯交替等特点。近20年来，由于农业生产发展、水土保持生态环境建设，雨水集蓄利用以及地下水开发利用等活动，改变了下垫面条件，使降水和径流关系发生明显改变，同等降水条件下河川径流量较以前明显减少，黄河中游尤其突出。据分析，1956～2000年45年系列黄河流域多年平均降水量为447 mm，利津水文站多年平均天然径流量为535亿m^3，较1919～1975年56年系列的580亿m^3减少了45亿m^3。下垫面条件变化导致的水资源量减少，是一种难以逆转的趋势性变化，黄河流域水资源量还将进一步衰减。据估算分析，2030年水平径流量将进一步衰减20亿m^3，相应的天然径流量为515亿m^3。

1.2　水资源需求

1.2.1　河道外经济社会发展需水预测

黄河流域能源、矿产资源丰富，但现状经济社会发展相对滞后，未来发展潜力巨大。国家提出的西部大开发战略和促进中部地区崛起战略，以及全面建设小康社会的宏伟目标，都将大大促进黄河流域，特别是上中游地区经济社会持续、快速、健康的发展。据预测，黄河流域2030年水平，GDP将达到73 500亿元，一般工业增加值将达到22 731亿元，火电装机达15 731万kW。同时，黄河流域农业开发有着悠久的历史，是我国重要的农业生产基地，农牧业在生产规模和生产能力等方面占有重要的地位。预计黄河流域农田灌溉面积将由2000年的7 563万亩增加至2030年的8 652万亩，林草面积将由2000年的756万亩增至2030年的1 193万亩。经济社会的迅速发展，必然需要更多的水资源为支撑，2000年黄河流域实际用水量为506.8亿m^3（其中向流域外供水88亿m^3）。据预测，在充分考虑节约用水的条件下，2030年水平黄河流域经济社会发展需水量达647亿m^3（其中向流域外供水99亿m^3），详见表1。流域国民经济需水量的增长主要集中在城镇生活和工业需水的增长，这主要与流域城镇化水平的不断提高以及工业结构特点和快速发展等密切相关，而农业需水还有所下降。

表1　黄河流域河道外需水量表　（单位：亿m^3）

河段	生活	工业	农业	生态环境	合计
龙羊峡以上	0.2	0.1	3.4	0.0	3.7
龙羊峡至兰州	3.9	17.2	29.0	0.6	50.7
兰州至河口镇	7.4	27.2	169.2	3.5	207.4
河口镇至龙门	3.1	10.4	15.8	0.4	29.8
龙门至三门峡	22.4	41.8	91.5	1.9	157.6
三门峡至花园口	6.2	15.5	18.5	0.5	40.7
花园口以下	5.1	10.4	35.9	0.3	51.7
内流区	0.2	0.8	5.0	0.2	6.2
流域内合计	48.7	123.4	368.3	7.4	547.8
流域外合计	0	19.3	74.0	6.0	99.3
总计	48.7	142.7	442.3	13.4	647.1

1.2.2　河道内生态环境需水预测

黄河是世界上泥沙最多的河流，多年平均输沙量高达16亿t，长期以来，由于生态环境用水被大量挤占，河道内水量锐减，导致河道断流、河床淤积抬高、水质污染加重等一系列问题，河流健康受到严重威胁。因此，黄河水资源的配置必须考虑汛期输沙和非汛期生态基流等生态环境用水需求，经济社会的发展必须以维持黄河健康生命为前提。目前，黄河干流淤积较为严重、洪水威胁较大的河段主要为下游河段和宁蒙河段，因此重点分析这两个河段的生态环境需水量。

1）汛期输沙水量

根据长系列水沙资料，在考虑支流来水来沙、沿黄引水引沙的基础上，分析黄河宁蒙河段和下游河段的汛期输沙水量。

据分析，宁蒙河段在巴彦高勒站来沙量1.12亿t，巴彦高勒—河口镇河段多年平均淤积量0.465亿t的条件下，河口镇断面全年输沙用水量为232亿m^3，其中汛期为127亿m^3。下游河段在下游来沙10亿t条件下，若要维持下游淤积比20%～25%，即年均淤积2亿～2.5亿t，汛期利津需要输沙水量150亿～170亿m^3；若要维持下游淤积平衡，利津站汛期输沙水量为248亿m^3。

2）非汛期生态基流

从保证河口不断流、维持河口三角洲湿地，以及河口近海生物和景观需水等方面综合分析，利津断面非汛期生态环境需水量为50亿m^3左右。从维持宁蒙河段和小北干流河段河道基本功能、以及宁蒙河段防凌等方面综合分析，河口镇断面非汛期生态水量为77亿m^3。

1.3 供需形势

黄河流域水资源贫乏，供需矛盾突出。据1956～2000年45年天然径流系列，按照2030年水平的用水需求和可供水量，进行黄河水资源供需平衡分析，结果见表2。2030年水平黄河流域及有关地区多年平均河道外国民经济需水647亿m^3，供水538亿m^3，缺水109亿m^3，缺水率16.9%；河道内生态环境需水按220亿m^3计算，缺水40亿m^3；河道内外缺水总量达149亿m^3。从河道外缺水的地域分布看，缺水主要集中在兰州—河口镇河段，缺水量为49亿m^3，占河道外缺水量的44.4%；其次是龙门—三门峡的汾渭河支流，缺水28亿m^3，占河道外缺水量的25.7%。龙门至三门峡区间主要表现为渭河和汾河流域缺水，其中渭河缺水19亿m^3，汾河缺9亿m^3。

表2　黄河流域水资源供需平衡分析　　（单位：亿m^3）

河段	2030年水平		
	需水量	供水量	缺水量
龙羊峡以上	3.7	3.6	0.1
龙羊峡至兰州	51.1	40	11.2
兰州至河口镇	215.0	166.5	48.6
河口镇至龙门	35.40	32.55	2.85
龙门至三门峡	157.6	129.5	28.2
三门峡至花园口	41.4	39.0	2.5
花园口以下	136.7	121.9	14.8
内流区	6.2	4.9	1.3
河道外合计	647.1	537.9	109.5
河道内合计	220.0	180.0	40.0
总计	867.1	717.9	149.5

可以看出，随着经济社会的快速发展，黄河未来缺水形势日趋严峻，只有实施外流域调水，补充黄河水资源总量的不足，才能维持沿黄地区经济社会的可持

续发展和黄河本体生命的健康。从经济社会发展布局和缺水分布看，黄河上中游的西北地区集中了流域未来发展最迅速的主要能源基地和城市，也是缺水集中分布的区域。因此，实施南水北调西线工程，统筹协调解决上中游地区供水、黑山峡河段两岸、河西内陆河以及黄河干流河道内的用水问题，才是解决黄河缺水的最有效途径。

2 调入水量配置方案

综合考虑黄河水资源特点、缺水分布及性质，并考虑供水效率和效益的高低，用水的难易程度等，初步确定西线工程的供水范围为黄河全流域及邻近的河西内陆河地区，供水对象包括黄河河道内生态环境用水，沿黄城市、重要能源基地和生态建设区供水等。

2.1 配置原则

黄河流域水资源贫乏，缺水形势严峻，在充分考虑节水的条件下，水资源的供需缺口仍很大，而南水北调西线第一期工程调水规模有限，为充分发挥调水的作用和效益，调入水量配置按照黄河流域水资源统一调配和统一管理的原则，针对黄河流域及邻近地区可持续发展中面临的紧迫问题，分轻重缓急，突出重点，尽可能解决或较大程度地缓解受水区的水资源短缺形势。调入水量配置主要遵循以下原则：

(1)统筹考虑河道外生产生活用水和河道内生态环境用水，保证河流生态环境低限用水要求，兼顾经济效益、社会效益和生态效益；

(2)统筹考虑不同河段、不同省区、不同部门的用水要求，按照公平、高效和可持续利用的原则，既要考虑各地区各部门的缺水程度，又要考虑供水效率和效益。优先保证生活用水和重要工业、能源基地的用水要求；

(3)统筹配置干流和支流水资源，体现高水高用的原则，在考虑河道内生态环境用水前提下，支流可优先利用当地水，西线增供水量补充干流减少的水量。

2.2 配置方案

根据确定的受水区和供水对象，结合南水北调西线一期工程可调水量，按照不同调水量、河道内外不同的配水比例、河道外不同供水对象等，进行了多个配置方案的研究。本文仅以调水量80亿 m^3，河道内配水35亿 m^3，河道外配水45亿 m^3 为代表方案，进行分析研究，配置结果见表3。

2.2.1 河道内水量配置

黄河干流河道内配置35亿 m^3 水量，主要用于弥补天然径流量的减少和低限生态环境水量的不足。在确保黄河干流河道不断流的基础上，通过龙羊峡、李家峡、黑山峡，古贤、三门峡、小浪底等黄河干流骨干工程的联合调节，塑造合理的水沙过程，以减轻黄河宁蒙河段、小北干流和下游河段的泥沙淤积。

表3　南水北调西线工程调入水量80亿 m^3 河道外水量配置方案表

（单位：亿 m^3）

供水对象	配置水量
重点城市	20.7
能源基地	12.5
黑山峡生态建设区	7.8
河西内陆河	4.0
总计	45.0

2.2.2　河道外水量配置

河道外配置45亿 m^3，其中向流域内的西宁、兰州、白银、银川、包头等10多座城市供水20.7亿 m^3；向宁夏宁东、陕西陕北、内蒙古鄂尔多斯、山西离柳等能源化工基地供水12.5亿 m^3；黑山峡生态建设区供水7.8亿 m^3；河西内陆河供水4.0亿 m^3。从供水部门看，城市和能源化工基地供水量约占河道外总供水量的74%，其中城市约占46%，能源化工基地约占28%，这将有力地支撑西部大开发战略的有效实施，推进西北地区经济社会的持续发展。另向黄河黑山峡河段和河西内陆河供水约占26%，可为该地区的生态环境修复改善和当地居民的脱贫致富创造条件。

3　调水作用的初步分析

3.1　增加国民经济供水量，有效缓解水资源供需矛盾，支撑经济社会可持续发展

确保生活用水：根据预测分析，南水北调西线一期工程向重要城市供水20.7亿 m^3，可大部分满足其2030年水平新增用水需求，为加快黄河流域城市化进程提供水资源保障。向黑山峡附近地区供水7.8亿 m^3，可根本改变当地饮水条件，解决其人畜饮用水问题，消除氟病的危害。向河西地区的石羊河下游供水4亿 m^3，在改善当地生态环境状况的同时，也可改善当地的饮用水条件，保障人畜饮用水安全。保证重要工业用水：向宁夏宁东、内蒙古鄂尔多斯、陕西陕北榆林和山西离柳等能源工业基地供水12.5亿 m^3，可基本满足其2030年水平新增用水需求。提高农业供水保证率：通过向城市和能源基地供水，可以减少其挤占农业的水量，从而提高农业供水保证率，为提高流域粮食安全提供水资源保障。有效缓解黄河缺水：南水北调西线及引汉济渭等外流域调水工程的生效实施，

2030 年水平,多年平均情况下可减小河道外缺水 67.8 亿 m^3,大大缓解黄河的缺水形势。

3.2　遏制相关地区生态环境严重退化的趋势

黑山峡河段:向黑山峡附近地区增供 7.8 亿 m^3 水量,通过建设大面积新型人工绿洲,可有效改善该地区的生态环境状况,大大缓解当地生态环境承载压力。石羊河:向石羊河供水 4.0 亿 m^3,保证进入下游民勤的水量,缓解下游缺水形势,减缓土地沙化进程,促进当地生态环境的恢复和改善。

3.3　补充河道内生态环境用水,改善黄河干流河道基本功能

向河道内配置 35 亿 m^3 水量,利用干流水库的联合调度运用,进行全河调水调沙,塑造黄河干流协调的水沙关系,逐步扩大黄河干流主河槽过洪能力,减少河道淤积。据初步分析,在考虑上游龙羊峡、刘家峡和黑山峡三水库联合运用,中游古贤、三门峡、小浪底三水库联合运用的条件下,可使黄河干流宁蒙河段、小北干流、下游河道共减淤约 0.92 亿 t 泥沙,并输送入海。

4　结语

黄河流域水资源贫乏,开发利用过度,水资源已难以支撑流域及邻近地区经济社会的可持续发展,供需矛盾十分尖锐,水资源严重短缺,生态环境状况日益恶化。随着流域经济社会的发展,流域水资源供需矛盾将进一步加剧,成为制约当地经济社会持续发展的最主要因素之一。尽快实施南水北调西线工程,是解决黄河流域水资源短缺、生态环境恶化的最有效途径。在调水 80 亿 m^3,河道内配置 35 亿 m^3,河道外配置 45 亿 m^3 的条件下,可基本满足 2030 年水平黄河上中游地区重要城市、能源基地和河西内陆河地区的用水需求;有效改善黑山峡生态农牧业基地的生态环境状况;可使黄河干流宁蒙河段、小北干流、下游河道共减淤约 0.92 亿 t 泥沙,并输送入海。可大大缓解黄河流域的缺水问题,具有巨大的经济、社会和环境效益。

黑河下游生态环境对调水的响应

蒋晓辉[1] 时明立[1] 郝志冰[2] 江 珍[3]

（1. 黄河水利科学研究院；
2. 华北水利水电学院；3. 黄河水利委员会）

摘要：针对黑河下游存在的生态环境问题，黑河流域管理局2000年开始组织对黑河下游进行调水。为了客观评价黑河下游生态环境对调水的响应，本文通过实地调查、遥感等手段，分析了黑河下游地下水埋深、典型植被、景观类型及东居延海在调水以来的变化情况。研究结果表明，黑河下游生态环境对调水响应明显，下游生态环境向良好的方向转变。

关键词：黑河下游 调水 生态环境 响应

黑河发源于祁连山北麓，流域总面积14.29万 km^2，流经青海、甘肃和内蒙古3省（区）共11个县（旗、市），干流长821 km，是继塔里木河后中国的第二大内陆河，被河西人民誉为“母亲河”。黑河出山口莺落峡以上为上游，莺落峡至正义峡为中游，正义峡以下为下游，河道长333 km，流域面积8.04万 km^2，从正义峡下行176 km至狼心山，在狼心山分水闸以下，分为东、西两河，分别注入东、西居延海（索果诺尔和嘎顺诺尔）。在沙漠与戈壁深处形成了围绕其东西两条河的额济纳三角洲，成为我国西北乃至华北地区一条重要的生态防线。

据史料记载，黑河下游地区曾水草丰茂，绿茵遍野，自汉代至元代1 000多年间，哺育了历史上著名的古居延—黑城绿洲文化。1928～1932年，中瑞西北考察队考察时，东居延海、西居延海水域面积分别为35 km^2 和190 km^2。到1958年（丰水年），东、西居延海水域面积，分别仍有35.5 km^2、267 km^2。当时，额济纳河两岸、东、西居延海四周和古日乃湖地区，胡杨、沙枣、红柳、梭梭、白刺、甘草、芦苇等林草生长繁茂，郁郁葱葱。近半个世纪以来，由于上中游拦蓄河流水源，工农业用水大量增加，以及区内不合理的土地利用，使这片绿洲荒漠化迅速发展，生态环境急剧退化：①湖泊干涸，水质恶化；②绿洲萎缩，草场载畜量下降，珍稀动物消失；③荒漠化迅速扩张，风沙危害加剧。造成上述生态问题的原因是多方面的，但根本原因是水资源问题，特别是中游地区农业灌溉用水大量挤占了生态用水。

为遏制下游生态环境不断恶化的趋势和解决突出的水事矛盾，国家决定对黑河流域水资源实施统一管理和调度,1999 年批复成立水利部黄河水利委员会(以下简称黄委会)黑河流域管理局)。1999 年末开始对进行水资源统一调度。通过 5 年调水,流域水资源时空分布发生了重大变化。中游下泄水量逐年增加,按黑河分水曲线关系,折算当莺落峡断面多年平均来水 15.8 亿 m^3 条件下,正义峡断面进入下游地区水量由实施调度前(1997 ~1999 年)的平均 7.3 亿 m^3 增加到 2000 年的 8.0 亿 m^3、2001 年的 8.3 亿 m^3、2002 年的 9.0 亿 m^3 和 2003 年的 9.5 亿 m^3。2001 年黑河水到达额济纳旗首府——达来库布镇,2002 年黑河水进入干涸 10 年之久的东居延海,水域面积最大达到 23.5 km^2,2003 年黑河水又进入了干涸 40 年之久的西居延海。

通过几年调水,黑河下游水资源时空分布发生了重大变化,给下游生态环境带来积极的响应,本文运用实地调查和遥感资料对黑河下游生态环境对调水的响应进行分析,为黑河下游进一步调水、治理及生态修复提供科学依据。

1 调水对黑河下游地下水埋深的影响

1.1 调水对地下水埋深的影响

黑河下游现有地下水长观井从 1988 年开始建设,主要分布于东、西河沿河地带的绿洲区,在绿洲边缘区或荒漠区的地下水长观井很少。其中东、西河上游狼心山附近,东河下游吉日格朗图,西河下游赛汉桃来附近地下水长观井分布较为集中。图 1 是东、西河上游,东河下游吉日格朗图,西河中游赛汉桃来附近几个典型长观井及额济纳绿洲 1995 ~2004 年地下水变化情况。从图 1 可以看出,经过 5 年的调度,黑河下游地下水埋深缓慢下降的趋势得到明显遏制。尤其是 2002 年以来,黑河下游各个区域的地下水都有不同程度的回升,2004 年地下水水位达到或接近 1995 年以来的历史最高值。2004 年与 2002 年相比,东、西河上游地下水位回升了 0.22 m,东河下游吉日格朗图地下水水位回升了 0.79 m,西河下游赛汉桃来地下水位回升了 0.50 m,整个额济纳绿洲地下水水位回升了 0.42 m。

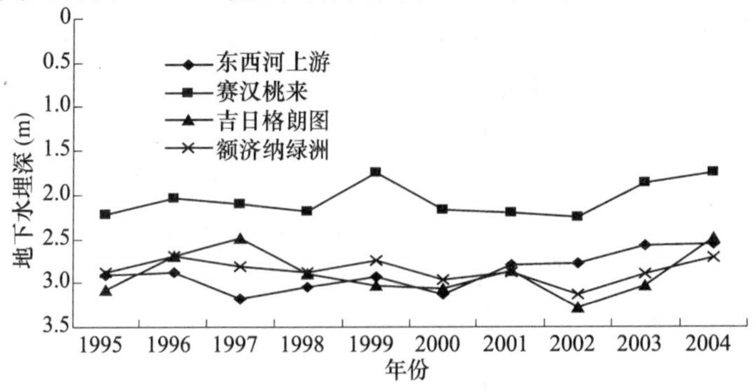

图 1　黑河下游主要区域地下水埋深年际变化图

1.2 地下水埋深与植被的响应关系

大量的调查研究表明,受降雨稀少的影响,黑河下游天然林草植被的演化与地下水水位之间具有显著相关关系(见表1),且维持正常生长的地下水水位因天然林草植被种类的不同而不同,维持天然林草植被的正常生长必须解决地下水的补给问题,通过科学调水,在保证地下水水位埋深能够满足天然林草植被正常生长要求的前提下,黑河下游天然林草植被才能得到有效保护和恢复。

表1 额济纳旗地下水位埋深与植物长势关系

植物群落	地下水埋深与生长状况			
胡杨	<4 m,生长正常	4~6 m,生长不良,秃顶、叶枯,少数死亡	6~10 m,大部分枯死	>10 m,全部枯死
沙枣	2~3 m,生长正常	4~5 m,生长不良,枯梢,少数死亡	5~6 m,大部分枯梢衰败	>6 m,大部分枯死
柽柳、白刺	<5 m,生长正常	5~7 m,退化,枯梢,少数死亡	7~8 m,严重退化,大部分死亡	>8~10 m,全部枯死

2 调水对典型植物的影响

2.1 胡杨对调水的响应

根据调查,实施黑河统一调水5年来对胡杨的横向影响已达到离河道800 m范围,且离河道距离不同,胡杨对调水时段的响应程度也不相同。其中,调水的第2年(2001年),离河100 m范围内,胡杨的平均高、胸径等指标明显增长;调水的第3年(2002年),离河100~200 m之间,胡杨的平均高、胸径等指标增长峰值出现;调水的第4年(2003年),离河200~300 m之间,胡杨出现较快增长的趋势。表2~表6是2005年8月在东西河不同断面实地调查胡杨在调水前后生长情况。生长量大小是衡量胡杨恢复程度的重要量化指标,根据断面调查结果分析,胡杨生长量响应均以2000年为拐点;离河道越近生长量越大,生长量增幅大小与地下水埋深相关,从调查结果看到,在离河1 000 m的距离外,胡杨的生长对调水的响应不明显。

表2 调水前后东风场区卫通桥附近横向断面胡杨生长指标调查结果

距河道距离(m)	胡杨树龄(年)	调水前5年生长量(mm)	调水后5年生长量(mm)	伴生植物
100	11	14.2	16.1	芦苇、柽柳、芨芨草、苦豆子
260	8	—	2000年 2.5 2001年 3.2 2002年 3.1 2003年 3.5 2004年 3.2	柽柳、芨芨草、苦豆子
500	16	12.3	13.2	柽柳、苦豆子
1 000	13	10.8	10.9	柽柳

表 3　调水前后达西敖包附近一道河左岸横向断面胡杨生长指标调查结果

距河道距离（m）	胡杨树龄（年）	调水前 5 年胸径生长量（mm）	调水后 5 年胸径生长量（mm）	调水前地下水位（m）	调水后地下水位（m）
0	85	11.5	15.0	2.27	1.32
100	26	10.5	14.2	2.64	1.87
200	24	7.5	10.0	3.18	2.55
300	12	8.3	9.5	3.52	3.05
500	22	9.8	10.2	4.11	3.98
1 000	35	7.4	7.5	4.67	4.55

表 4　调水前后六道河中游右岸横向断面胡杨生长指标调查结果

距河道距离（m）	胡杨树龄（年）	调水前 5 年胸径生长量（mm）	调水后 5 年胸径生长量（mm）	调水前地下水位（m）	调水后地下水位（m）
0	14	9.6	12.3	2.83	1.54
100	31	8.2	10.5	3.14	2.01
200	18	10.4	11.3	3.31	2.89
300	20	9.3	9.8	3.85	3.64
500	62	7.9	8.1	4.53	4.32
1 000	84	6.5	6.5	5.36	5.28

表 5　调水前后东河上游右岸额背查干附近横向断面胡杨生长指标调查结果

距河道距离（m）	胡杨树龄（年）	调水前 5 年胸径生长量（mm）	调水后 5 年胸径生长量（mm）	调水前地下水位（m）	调水后地下水位（m）
0	15	14.3	16.1	1.32	1.28
100	13	12.5	13.4	1.98	1.88
200	21	13.7	14.3	2.54	2.46
500	30	8.5	9.0	3.15	3.12
1 000	52	7.8	7.9	3.63	3.58
1 500	62	7.2	7.2	4.69	4.64

表 6　调水前后西河赛汉桃来附近左岸横向断面胡杨生长指标调查结果

距河道距离（m）	胡杨树龄（年）	调水前 5 年胸径生长量（mm）	调水后 5 年胸径生长量（mm）	调水前地下水位（m）	调水后地下水位（m）
0	20	13.2	16.9	2.15	1.28
100	25	11.8	13.9	2.88	1.88
200	19	9.7	11.6	3.52	2.46
500	32	10.5	11.8	4.05	3.12
1 000	24	8.5	8.8	4.38	4.02
1 500	58	6.2	6.3	4.99	4.64

2.2 柽柳

根据实地调查,调水 5 年来对柽柳的横向影响也较明显,离河道距离不同,柽柳对调水的响应程度也不相同。调水前后东河、一道河横向断面柽柳生长指标调查结果见表 7、表 8。

表 7 调水前后东河横向断面柽柳生长指标调查结果

距河道距离(m)	柽柳树龄(年)	调水前 5 年地径生长量(mm)	调水后 5 年地径生长量(mm)	植被覆盖度(%)	伴生植物
100	10	11.3	11.5	70	苦豆子
200	17	10.8	12.1	50	—
300	11	10.5	11.9	47	—
400	12	10.8	11.7	50	苦豆子
500	11	11.0	11.7	40	苦豆子
600	14	10.1	10.6	43	苦豆子
1 000	10	10.2	10.3	35	—

表 8 调水前后一道河横向断面柽柳生长指标调查结果

距河道距离(m)	柽柳树龄(年)	调水前 5 年地径生长量(mm)	调水后 5 年地径生长量(mm)	伴生植物
0	10	11.3	12.5	胡杨
100	14	8.9	10.0	胡杨、胖姑娘
200	12	8.6	9.5	胡杨
300	12	8.9	9.5	胖姑娘、苦豆子
500	15	9.6	10.0	胡杨
1 000	19	7.9	8.1	胡杨

从表 7、表 8 可以看出,调水期末与调水前相比较,相对位置在上游的东河断面柽柳胸径生长量略大于下游的一道河断面柽柳胸径生长量,就同一断面而言,离河距离越远胸径生长量差异则越小。

3 对东居延海植被的影响

东居延海自 1992 年干枯后,湖内及周边植被严重退化,至 2002 年 7 月进水前,湖内仅存少量生长不良的芦苇,周边分布的柽柳大部分枯死。自 2002 年 7 月 17 日首次通过人工调水进入东居延海后,连续 3 年,东居延海先后进水 6 次,最大水面面积近 40 km^2,属下游植被受影响最大的区域,根据实地调查,调水期末与调水前相比,东居延海及周边植被景观发生明显变化,调水前与调水期末植被调查结果见表 9、表 10。

由表 9、表 10 可以看出,调水前东居延海及四周植被覆盖度低,植物种类少,普遍生长不良,经过连续 3 年进水,至调水期末湖内及四周植被覆盖度明显增大，植物种类增加，生长较好。其原因是调水进入东居延海后，由于侧渗和下渗的作用，周边土壤含水量增加和地下水水位升高，能够满足植物正常生长对水分的要求，植被呈现向良性演替方向发展的趋势。

表9　调水前东居延海及周边植被调查结果

样方位置	优势植物	覆盖度(%)	伴生植物	说明
湖内(干枯)	芦苇	1	—	平均高6 cm
四周	柽柳	13	白刺	65%枯死

表10　调水期末东居延海及周边植被调查结果

样方位置		优势植物	覆盖度(%)	伴生植物	说明
西偏南岸	距湖边100 m内	盐爪爪、柽柳	10		平均高11 cm
	距湖边100 m外	柽柳	8	碱蓬	
南岸	距湖边60 m范围内	盐爪爪、柽柳、芦苇	37	胖姑娘、碱蓬、羊奶角子等	
	60~120 m	柽柳、盐爪爪	8	芦苇、白刺、碱蓬	平均高13 cm
	120 m外	柽柳	18	白刺	平均高28 cm
湖岸向湖心方向30 m范围内		芦苇		—	平均高54 cm
南偏东岸	湖边60 m范围内	盐爪爪、碱蓬	17	柽柳、白刺、胖姑娘	
	60 m外	柽柳	35	骆驼刺、白刺、碱草	平均高17 cm
进水口两侧100 m内		柽柳	56	碱蓬	平均高86 cm

4　调水对生态影响的遥感分析

卫星遥感作为监测地球环境变化的重要手段，近年来在地球环境监测中发挥着越来越重要的作用。为了深入分析调水对流域下游绿洲生态环境的影响，采用遥感技术分析下游不同分区不同覆盖度的草类、胡杨林类、灌木类面积、覆盖度以及戈壁滩、沙化地、盐碱地等在调水前后的面积变化。

利用遥感调查统计资料发现，黑河下游调水和治理前后草地面积及覆盖度、灌木类植被面积及覆盖度、戈壁滩、沙化地、盐碱地面积等2004年的统计数据与1998年相比有很大变化。见表11。从表11可以看出：①鼎新灌区在调水和治理后，由于引黑河水量减少、渠道衬砌等原因，林草地的生长条件变差，同时，由于地下水水位下降，盐碱地面积有所减少。②由于黑河调水实施以来，东风场区的引水没什么变化，场区的治理也还没实施，因此，除沿河的林草地因黑河水量增加生长状况有所改善外，其他区域基本变化不大。③黑河调水和治理以来，东西河地区的生态环境有了较大的改善，胡杨林、草地、灌木林的面积都有所增加，长势也比调水前有了一些改善，戈壁滩、沙地面积也比调水前有所减少。黑河下游的东西河区是黑河下游绿洲的核心区,绿洲生态环境的改善说明调水使下游生态环境继续恶化的趋势得到了遏制。④两湖地区生态受益最明显,尤其东居延海地区,不但在2004年常年保持较大的水面面积,四周的生态环境也有了极大改善,枯死多年的芦苇、芨芨草等长势良好。总的来看,黑河下游以草地、胡杨林和灌木林为主的绿洲面积增加了40.16 km^2,其中草地为8.16 km^2,胡杨林为4.84 km^2,灌木林为25.33 km^2,说明在调水以后荒漠化面积在缩小,绿洲面积在扩大,调水和治理遏止了下游绿洲不断萎缩的趋势。

表11　黑河下游各区2004年遥感统计资料与1998年相比增加值统计

(单位:km^2)

类别	鼎新区	东风场区	东西河区	两湖区
高覆盖度草地面积	1.75	0.19	2.15	1.19
中覆盖度草地面积	6.45	0.04	2.96	7.15
低覆盖度草地面积	3.34	-0.1	1.71	7.29
高覆盖度灌木林面积	—	1.7	22.07	5.9
中覆盖度灌木林面积	—	-1.45	-6.05	-0.39
低覆盖度灌木林面积	0.01	-0.1	-11.6	-0.82
高覆盖度胡杨林面积	—	0.05	6.35	—
中覆盖度胡杨林面积	—	-0.06	-0.82	—
低覆盖度胡杨林面积	—	-0.1	0.89	—
其他林地的面积	0.8	0	0.05	—
戈壁滩面积	-0.42	-0.03	-10.77	-9.99
沙化地面积	-5.53	-0.03	-1.67	-12.92
盐碱地面积	-1.03	0	—	—

5　结论

由上所述可以得出以下结论:

(1)黑河流域水量统一调度以来,黑河下游额济纳旗地下水埋深多年来持续下降的趋势得到初步遏制,并在局部地区略有回升,尤其是2002年以来,黑河下游各个区域的地下水都有不同程度的回升,2004年地下水水位达到或接近1995年以来的历史最高值。2004年与2002年相比,东、西河上游地下水水位回升了0.22 m,东河下游吉日格朗图地下水水位回升了0.79 m,西河下游赛汉桃来地下水水位回升了0.50 m,整个额济纳绿洲地下水水位回升了0.42 m。

(2)胡杨和柽柳个体对调水的响应明显,生长速度加快通过对调水影响范围内胡杨和柽柳调水前后生长量的调查,胡杨和柽柳生长速度量明显大于调水前。并且离河道越近,胡杨和柽柳的生长情况越好。

(3)黑河下游额济纳绿洲萎缩的趋势得到遏制,生物多样性增加。黑河下游东西河地区胡杨林的面积由调水前的366 km^2 增加到调水后的375 km^2, 草地、灌木林的面积分别增加6.8 km^2、5 km^2,戈壁滩、沙地面积也比调水前分别减少1.67 km^2、10.77 km^2。特别在东居延海地区,生态变化最为明显,东居延海不但在2004年常年保持较大的水面面积,四周的生态环境也有了极大改善,草地面积2004年比1998年增加了15.6 km^2,灌木林面积2004年比1998年增加了14.5 km^2,戈壁、沙地面积2004年比1998年分别减少了9.99 km^2、12.92 km^2,很多野生动物又回到东居延海,提高了生物多样性。

(4)黑河下游实施调水以来,取得了一定的成效,初步遏制了额济纳绿洲生态环境不断恶化趋势,但额济纳绿洲生态环境的改善与恢复是一项长期而艰巨的任务,要从根本上遏制额济纳绿洲生态环境不断恶化趋势,巩固并恢复额济纳绿洲这一重要的生态屏障,实现居延海波涛滚滚壮美景象,必须在巩固和完善现有治理成果的基础上进一步加大对黑河下游的综合治理力度。

参考文献

[1] 钟华平,刘恒,王义,等.黑河流域下游额济纳绿洲与水资源的关系[J].水科学进展,2002,13(2):223-228.

[2] 杨国宪,何宏谋,杨丽丰.黑河下游地下水变化规律及其生态影响[J].水利水电技术,2003,34(2):27-29.

[3] 曹文炳,万力,周训,等.黑河下游水环境变化对生态环境的影响[J].水文地质工程地质,2004(5):21-24.

国际河流调水工程介绍及与南水北调东线工程的比较

Augusto Pretner[1] Nicolò Moschini[1]
Luz Sainz[1] Mao Bingyong[1] 甘 泓[2] 游进军[2]

(1. SGI 工程咨询公司,意大利帕多瓦;2. 中国水利水电科学研究院)

摘要:从水资源较为丰富的流域引水来解决一个或多个地区的缺水或水质问题的做法由来已久,这就是人们所说的跨流域调水。世界各国以不同规模、不同缘由进行跨流域调水工程的规划和建设,水利工程建设的历史中交织着人类努力后的成功与失败。而衡量失败与否不仅依据跨流域调水工程工程结构的运作情况,而且在大多数情况下,还依据这一基础设施部分或全部实现它最初设计目标的情况。

对跨流域调水工程项目失败的预测从来不是一件轻而易举、一目了然的事情,其复杂程度也随工程规模的增大而越来越复杂。将一个提议或正在实施的项目与其他同规模或具有相同特征的工程项目作一下比较,将有助于避免一些共性问题的出现,并为同类工程的建设和管理提供指导。

关键词:跨流域调水 社会经济影响评估 经验学习矩阵(LLM)

从根本上讲,跨流域调水项目是解决缺水地区对水资源需求的技术手段。围绕跨流域调水项目展开的讨论,考虑了社会学、伦理学、经济学和法律技术各个层面,并按此重要性的顺序展开讨论。

尽管远距离调水经验过去已做出了仔细的总结,而今,许多其他的焦点问题又出现了。大量调水仅从引水的直接费用来考虑项目的合理性问题。很少考虑水资源输出地区因可用水量减少而放弃的水的服务功能,没有对其他可行的跨流域调水方案进行调研。在工程和经济学专家之间有一种倾向,喜欢从技术上解决问题,而“软”的方面常被忽略(Biswas, 1979)。自从这两方面的知识在水资源管理中处于主导地位后,在探索出其他可行的方案之前,如对可利用的水更有效的利用,废水再利用,对流域更好地管理,改进地表水、地下水的综合利用,改变种植结构等,总趋于考虑技术上是否配套。

通常农业行业是调水项目的主要受益部门。因此,大多数的分析集中在农业效益，而并没有考虑社会目标如收入再分配、改变区域（经济）增长率和模式、减小失业率和环境保护。从一定程度上讲，这是由于对社会及环境效益及成本量化比较难。

跨区域和跨国间调水所涉及的法律问题十分复杂。关于这一开发问题所需的充分法律和制度框架很少，目前还没有一个快速解决这一冲突的模式。地区与地区之间、国与国之间存在的跨地区和跨国界河流及湖泊的用水之争可很快使人们认识到这一点（Biswas，1983）。因此，有许多与从一个地区到另一个地区大范围调水有关的问题，问题的大小在不同的工程项目之间存在差异，而一些应该考虑的主要问题如下：

（1）物理系统。①水量：水位、流量、流速、地下水、水量损失；②水质：泥沙、营养物、盐碱化、温室效应、有毒化学物质；③对土地的影响：侵蚀、泥沙、盐碱化、水涝、土地利用结构变化、土壤营养成分和矿物质的变化、引发地震、其他水文地质因素；④大气：气温、蒸发、微气候变化、大气变化。

（2）生物系统。①水生物：海底生物、浮游生物、浮游植物、鱼和水生脊椎动物、植物、疾病媒介物；②陆地：动物、植被、栖息地消失、栖息地功能强化。

（3）人类活动系统。①生产：水产业、水力发电、运输（航运）、加工业、悠闲旅游业、矿产开采；②社会－文化：社会成本，包括移民、基础设施开发、人类活动影响、政治意义。

1 跨流域调水工程的评估

本文的目的之一是对国际上跨流域调水项目的经验进行比较，并为中国南水北调东线工程实践与国际上其他类似项目的比较提供一个背景框架。

首先，要选择考虑的最为相关的工程项目。其次，准备评估所分析的每一个不同项目的实践活动的方法。项目评估的标准将考虑依据所设定的一套评估标准每项目工程实施的状况如何。

跨流域调水工程的评估标准是由 W. E. Cox 教授开发的。这一标准须当做一种建议而非一套绝对的规则，可以作为跨流域调水工程评估的工具或引水项目之间比较的工具。

W. E. Cox 的论点如下：

（1）技术和经济上的可行性。除了技术和经济上的可行性外，这些项目需要在一种综合的框架内来评估，这一框架考虑了诸如环境、法律、伦理道德等方面的问题。提供用水服务的投入需回收回来。

（2）环境影响评估。环境方面的考虑应是项目一个有机的组成部分，而不应是项目的附属部分。仅就项目本身进行环境评估的一些局限性可以通过战略性的环境评估(着眼于较长时间范围看待可能的干预措施,达到某一目标)而得以克服。

(3)伦理概念。赞同调水的伦理方面的论点涉及不同的方面:在缺水时有水可用是一项基本的人权,而供水是一种团结的行为,是邻里之间一种友善的标志,有时甚至是一种慈善的象征。

(4)法律条件。随着提议的跨流域调水规模的不断扩大,特别是从为官员(议会)讨论所建议的项目的优缺点和公开性的决策提供一个机会,规范跨流域调水的法律(或计划、条约等)越来越必要。跨流域调水所涉及的法律方面的问题受调水流域的法律状况的影响。

(5)社会方面,信息与交流。如今,社会学方面的要求责成跨流域调水项目的倡导者开展综合、透明和参与式的决策过程。在跨流域调水规划的各个阶段的参与和信息公布非常重要。

(6)机构模式。因跨流域调水机构的繁杂程度随着所涉及的政治和行政辖区的数量增多而增加。在一个国家或州内的大型调水项目可能会没有麻烦,因为有一个主要的政府负责机构管辖着供水和受水区两方。从行政管理的角度来看,地区或国际组织(如欧盟)所推崇的跨国解决方案可能会很复杂,必须按照各个流域的实际情况设计。

(7)决策支持。跨流域调水可以通过多标准决策模型工具的模拟得到各种有效支持。这些模拟最重要的特点之一是使对不确定性及评估和社会与经济方面标准的价值的估算成为可能。专业性的分析应支持决策过程并给决策者和公众提供公正客观的信息。

基于这样一些论点,Cox 教授给出了证明跨流域调水项目合理或拒批跨流域调水项目的如下标准:

经济生产率的影响。标准 1:跨流域调水受水地区必须面对造成生产率下降和人们生活条件下降的用水缺短问题,而且这一问题不能以减小水需要量和开发其他供水方式的形式来防止。标准 2:供水地区水资源的水资源量须满足调水需求,而不影响该地区今后的发展。

环境质量影响。标准 3:调水项目需要综合性的环境影响评估,评估结果须在一定的合理可信度上指明水源地区和用水地区的环境质量不会持续性地下降。但在对环境受到损害有补偿措施的地方,调水是可以的。

社会、文化影响。标准 4:调水项目需要综合性的社会、文化影响评估,评估结果须在一定的合理的可信度上指明对水源地区和用水地区的社会、文化不会造成大的破坏。但在对社会、文化可能造成的损害有补偿措施的地方,调水是可以的。

利益分配考虑因素。标准5:项目的效益必须在供水地区和受水地区间平等地分配。

跨流域调水的主要原则是水资源综合管理及对环境的尊重。

2 主要的调水项目的识别

关于跨流域调水的案例研究在国际专家共同参与下通过网络开展。与跨流域调水信息不足相关的主要问题之一是由于一些研究还没有开始或还处于初级阶段这样一个事实,同时,一些老工程的信息不能完整地获取。

每个项目按照这些项目评估标准进行评估,结果展示在"经验学习矩阵表"中(LLM)。这包括一个矩阵表,表中是在实施这些项目中获得的经验的摘要,而这些经验可为今后实施开发和运作积极性的形成提供有价值的指导。为了确定跨流域调水项目各个方面对制作经验学习矩阵表有用的信息的充分或缺乏程度,每个案例单独评估。

在下面的章节中,选取一个跨国调水项目的研究案例做一简要介绍。限于篇幅,没有将"经验学习矩阵表"中(LLM)所分析的11个案例全部做介绍。介绍的目的并不在于对每个项目的工程、技术方面做出描述,而是总体介绍一下用于评估围绕各种条件下的跨流域调水项目的可靠性评估标准。

2.1 莱索托——南非共和国的项目(南非案例研究)

项目介绍:该项目从莱索托的高原(Senqu/Orang 河)向水资源短缺的高廷省(Gauteng)的瓦尔(Vaal)河流域引水。包括7座坝和120 km长的渠道。项目目标是年调水5 677 m^3(82 m^3/s)。一期工程于2003年结束。工程投资44亿欧元。缺水的基本情况:高廷省(Gauteng)缺水。项目效益:对南非来说,亚区可用上水力发电;国内供水,促进经济发展。对莱索托来说,建设(拓宽)新的基础设施(道路、交通和电力系统);健康设施,就业机会;改善水供给状况和社区卫生状况。

社会、经济影响。正面影响:改善灌溉用水;给RSA提供新的供水源;增加新的基础设施(见效益)。负面影响:耕地、牧场、建设用地减少。

环境影响。正面影响:没有正面影响。负面影响:渔业产量降低;夏季水库水温分层,严重影响下游鱼产卵,鱼栖息地和渔业生产;给野生动、植物的生存带来极大的压力。

减轻与补偿。通过调整下泄水流减轻对下游的影响。实施给社区损失赔付的项目(对所有社区损失的固定资产如公有土地资源用其他资源补偿替代,不用现金补偿)。

2.2 从罗讷河(Rhone)到加泰罗尼亚(Catalonia)地区的引水渠工程(法国－西班牙案例研究)

项目介绍:该工程通过从蒙培拉(Montpelier)到卡地都(Cardedeu)320 km长的地下引水渠从 Rhône 河向西班牙的加泰罗尼亚(Catalonia) 地区引水(见图1)。预计将要建设2座泵站。项目设计年调水3亿 m^3,工程现在实施一期,预计2025年竣工。项目投资:9.03亿欧元。缺水现状:加泰罗尼亚(Catalonia)地区夏季缺水;城市用水缺口大。项目效益:向加泰罗尼亚(Catalonia) 地区供水;减轻对 Ter 和 洛培里干(Llobregat) 河的过度开采;减轻从艾贝(Ebre) 河取水的数量;有利于长期发展(保护水资源和动、植物);有利于欧洲南部的一起化。

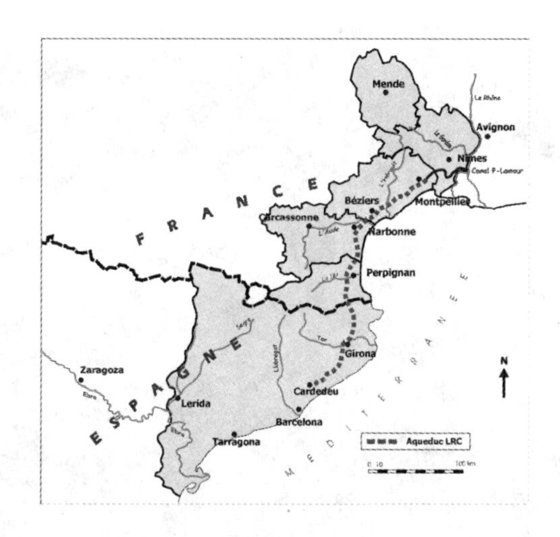

图1 从 Rhone 到 Catalonia 的工程项目

社会经济影响。正面影响:解决加泰罗尼亚(Catalonia)地区的饮用水问题。负面影响:法国农民因担心与西班牙农产品展开竞争而引起的社会、经济纷争(而引水主要是为了解决饮用水问题而不是解决农业用水问题)。

环境影响。正面影响:预计不会对罗讷(Rhone) 河产生影响(包括考虑了气候变化的因素);减轻对特尔(Ter) 和 洛培里干(Llobregat) 河的过度开采并改善其水质;减轻从艾贝(Ebre) 河取水的数量;保护海岸线免于因盐溶解不断发展造成的萎缩;保护地下资源。负面影响:岩土开挖。

减轻与补偿:所引水的质量将通过监测与管理计划的实施而得以确保。这一管理计划必须使法国与西班牙的农产品生产商直接竞争的农民放心,所引水仅用于解决饮用水问题而不用于农业生产。

2.3 加里福尼亚调水工程(中部流域项目——CVP)

项目介绍:这一工程从萨拉门托 - 圣华金(Sacramento - San Joaquin)河的三角洲地区向南部的 CA 调水(见图 2)。包括 18 个属于联邦的水库,4 座与州水利项目共有的水库,11 座发电场,3 座渔业繁殖基地和 1 300 km 长的渠道。工程设计调水 86.3 亿 m^3,于 20 世纪 40 年代开始建设。项目投资:投资额不详。缺水现状:南部地区干旱;对地下水层水的消耗压力大(引起地面沉陷,对城市和农村基础设施破坏严重)。项目效益:可供农田灌溉和给城市 200 万人口供水;对河流水进行调节,对洪水可进行控制,航运、发电和休闲观光;改进州从事农业生产的社区的福利状况,支持城市和工业的增长;减轻对地下水层的开采,减少地面沉降。

图 2 中部流域项目方案

社会经济影响。正面影响:解决社会和经济发展问题(工业和农业)。负面影响:北部,海水侵入,向原城市社区所供水的含盐量高。

环境影响。正面影响:降低对地下水的开采;减小地面沉降。负面影响:生态发生大的改变;在北部,海水侵入,所供水使野生生物的用水含盐量增高,湿地改成农田,鸟和水禽迁徙;吸食硒的水蛭向池塘流动加快(死亡和分解);在南部,从位于欧文(Owen)流域的 Mono 湖支流(洛杉矶)引水造成湖水水位下降,含盐量上升(给鸟和虾带来威胁,使高碱性的河床裸露,对呼吸系统和公共健康造成损害)。

减轻与补偿:1978 年“水权决议”。1985 年,建立了流量和水质标准以保护城市与工业用水、农业、鱼类和野生动植物。1987 年实施综合生态系统计划以保护境况不佳的萨拉门托 - 圣华金(Sacramento - San Joaquin)河河口地区,1992 年,中部流域项目改造法案改变了 CVP 项目用于鱼类和野生动植物保护与休养生息的运作模式及用水分配量。20 世纪 80、90 年代,减小欧文(Owen)流域调水量以恢复 Mono 湖的水权法。

2.4 伊拉克——美索不达米亚沼泽地造田项目——从底格里斯河和幼发拉底河引水

项目介绍:由前伊拉克政府设计的项目目标是经过海上通过底格里斯河和幼发拉底河引走沼泽地中的水,项目目的是支持农业发展。2003 年,伊拉克水利部与伊朗国土与环境部合作开始恢复伊拉克沼泽地。项目投资:不详。工程范围:底格里斯河,引水渠道开凿(昌盛河)将底格里斯河支流的水引走,不再流入沼泽地中部;幼发拉底河,关闭下游纳西里耶(Nassiriyah)原来的渠道。开凿引水渠道将幼发拉底河的水流直接引入海中(见图 3 及表 1)。

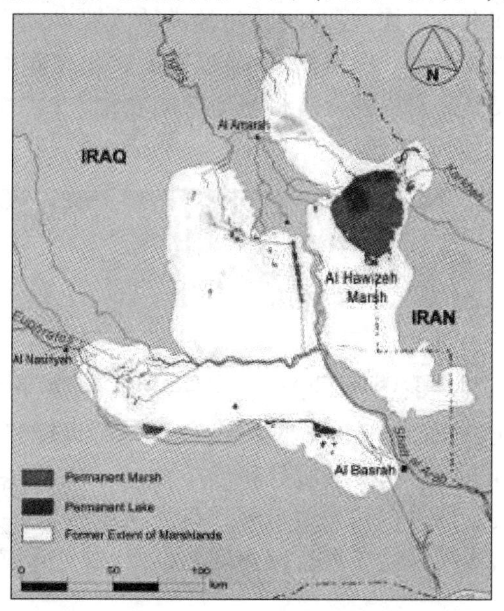

图 3 沼泽地造田体系 - 引水渠道

表 1　沼泽地造田项目工程量

河流	枯水年(BCM)	平水年(BCM)	丰水年(BCM)
底格里斯河	19	49	97
幼发拉底河	9	28	63

社会、经济影响。正面影响:农业开发;保护油田。负面影响:改变了居住在沼泽地的人口的生活方式;造成 20 万难民;破坏了当地的与渔业和芦苇手工制品业相关的经济;生态灾难(将湿地变成了沙滩);改变了气候。

减轻与补偿:原来萨达姆政府没有考虑任何减轻与补偿措施。沼泽地造田采取一种强制性的管理模式。

恢复项目:2003 年萨达姆政府倒台后,新的旨在恢复伊拉克沼泽地的 Eden 项目启动。这一由意大利环境部资助的项目全力支持伊拉克当局恢复以前湿地的可持续性的水资源管理项目。项目计划与多个国际机构共同来完成。为全面综合认识这一项目在技术、社会、水文和环境方面各个组成部分内容,开发了模型对项目进行模拟。

2.5　尼罗河——北西奈(Sinai)农业开发项目(北非——中东的案例研究)

项目介绍:该项目从尼罗河向北西奈(Sinai)地区调水。这一项目分成 5 块跨 3 个行政区:塞得港市、Ismailiya 市(20%)、北西奈市(Sinai)(70%)(见图 4)。部分项目已于 1987 年完成。项目投资:投资额约 15 亿美元。缺水基本情况:因天气变化和人口增加,西奈(Sinai)沙漠地区缺水;地下水数量有限且为咸水;人口和经济发展受限。项目效益:通过发展农业和养畜增加农业生产,改善分配结构;通过安置来自埃及人口稠密地区的农村人口中拥有土地面积较小的家庭和大学毕业生创造就业机会。

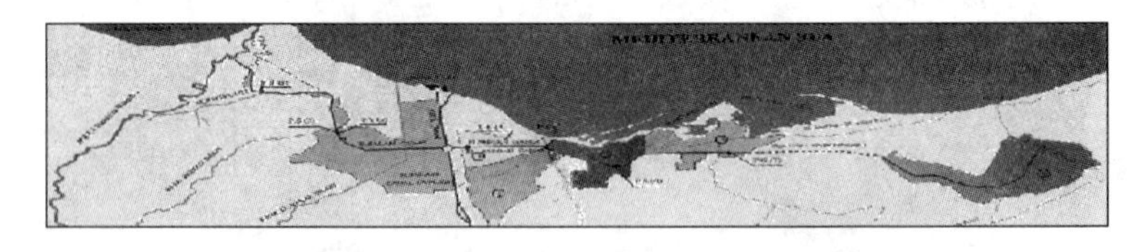

图 4　北西奈(Sinai)农业开发项目五块区域方案布设图

社会、经济影响。正面影响:农业生产,移民基础设施建设(更多的教育设施,健康服务设施,电力供应,交通服务和道路)。负面影响:引入的水可能增加疾病感染的病例,使定居人口和当地土著人口处在存在着可引起过敏症和致癌污染物的环境之中;水短缺会导致盐碱化问题,降低农业产量,并最终使农民收入降低。

环境影响。正面影响:吸引许多候鸟来此栖息;减少沙丘入侵并稳定沙丘的移动。负面影响:损失许多重要的动、植物群落和古迹;地下水受污染(水含杀虫剂,富含营养物)并盐化。

减轻和补偿:总计提出了26项补救和补偿措施,其中4处与工程位置有关,11处与设计有关,1处与施工建设有关,10处与运行管理相关。

3 经验学习矩阵表(LLM)

在LLM表中(见表2),每项工程列入一栏,在这一栏中给出按照各个评估标准评估该项目实施效果的“分数”。这些评估标准源于W. E. Cox教授以前所提及的评估标准。LLM表中标准的选择从基于这一点考虑出发的,即所选项目与标准1——调水是唯一缓解缺水问题的方法是一致的。

表2 教训

	项目			
评估标准	1	2	…	n
技术和经济上的可行性				
新的基础设施的投资				
项目效益				
成本回收				
主要的技术难题				
环境影响评价				
水质管理				
生态环境正、负面的评价				
补偿				
道德观念				
团结,慈善				
资源的可持续管理				
对生物多样性影响的风险				
决策的透明程度				
法律情况				
使用的法律工具				
项目/国际法的状况				
社会学方面,信息,沟通				
决策过程的透明透与参与性				
与利益相关者的沟通				
决策支持				
使用决策模型的必要性				

对各项工程的评估考虑了选取此类工程项目中在发展和管理方面的最佳实践模式。为了找出哪些方面的经验教训可供南水北调项目借鉴并用于南水北调项目,做了与南水北调项目的比较。中国的工作也为充实更新国际上关于跨流域调水的知识提供了宝贵的经验。

经验学习矩阵表是为所选的所有11个国际案例建立的(前面没有将所有的工程项目列出)。因几个工程在某一方面的信息缺乏统一性,因此不能做较为详细的比较。但在经验学习矩阵表中每个工程均做了说明:①莱索托——南非共和国调水项目(南非案例);②从罗纳河(Rhone)到加泰罗尼亚(Catalonia)地区的引水渠工程(法国-西班牙案例研究);③德克萨斯州水计划(北美项目);④加里福尼亚调水工程;⑤伊拉克沼泽地造田项目;⑥西伯利亚SIBARAL调水工程(西伯利亚-咸海调水工程;中亚案例研究);⑦巴西,Sao Fransisco河跨流域调水项目;⑧以色列国家输水项目(中东案例);⑨约旦东 Ghor 运河项目(中东案例);⑩尼罗河—北西奈(Sinai)项目(北非—中东的案例)。评估以前面所描述的评估标准为基础,大多集中在项目影响和减轻与补偿效果,监评计划所考虑的内容,所调水的管理的决策模式。

同时,如果存在州内和州际水利机构的国际合作,LLM 对项目在经济上的可行性也做了评价。LLM 还同时考虑了一个项目是否是从多方案中选择出来的,比如更好地管理和使用当地资源的方案。LLM 的另外一个标准是项目是否考虑或没有重视信念、文化背景和道德观,这些方面可能会随地区(州)之间的不同而发生变化。LLM 所确定的评估标准对项目在环境、社会经济方面的影响和减轻与补偿措施关注较多,对 LLM 所列项目的比较是建立在做了环境、社会经济方面的影响评估和减轻与补偿计划评估的基础之上的。为了管理既定目标所取得的成就,以及保证不仅是现今而且包括后代能平等地利用所提供的水资源,考虑的其他重要的方面是引入监测计划和水资源管理计划。

表 3 须按如下方法阅读:符号√表示此问题该工程已考虑,×表示给出结论的信息不够充分,×表示此问题该工程没有考虑。经验学习矩阵表,是一个对多个国际跨流域调水项目按照多项标准分析的结果,提供了一个非常有用的评价此类工程的工具。在对中国的案例分析中用到了这一工具。

表 3　国际调水项目 LLM 表

南水北调东线工程(中国案例研究)

项目介绍:1 150 km 长的运河将 4 个湖连接起来,从长江向北方地区调水(山东省)。工程设计建造 60 座泵站,设计调水 1 000 m^3/s,计划于 2020 年完成。项目投资:37.4 亿欧元。缺水基本情况:北方地区干旱;生活、工业、农业用水短缺(导致人们的健康问题,限制工业和农业发展;生活用水水质差;环境质量下降(水污染、沙漠化,地下水过采,地面沉降,长期的生态灾难,海水入侵)。项目效益:防止南方地区洪灾,北方地区干旱(防洪效益);扩大和改善农业灌溉面积(43 万 km^2);补充工业、城市、生活和航运用水 2.7 km^3;发展水产业;改善生活用水质量;改善环境退化的现状(图 5)。

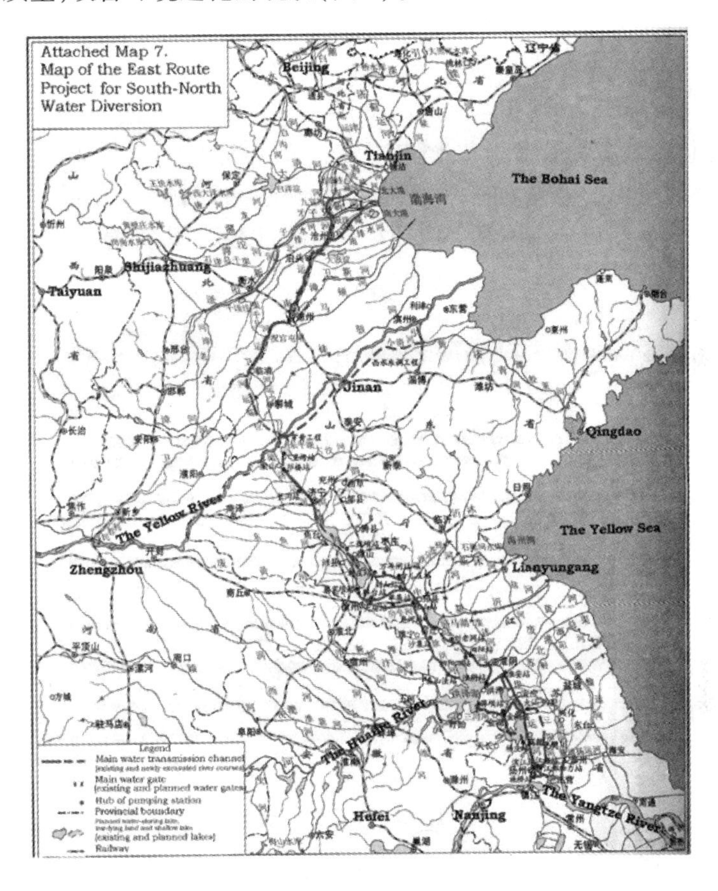

图 5　南水北调东线工程

社会经济影响。正面影响:解决社会和经济发展问题;使大段大段的航运河道干涸。负面影响:血吸虫病爆发的面积迁移;工程建设对人们的生产和生活带来影响(企业公司和房屋拆迁)

环境影响。正面影响:增加水环境的容量(补充湖水,保护湿地生态环境循环);解决干旱和对有机物多样破坏及物种灭绝问题;降低对地下水的开采。负面影响:调水对长江河口地区产生影响;对湖中的有机物产生影响;污水滞留及引水对周边临近地区产生影响;在项目建设期对环境产生的影响(水土流失)。

减轻与补偿。社会、经济方面:农业人口移民和民居建设规划(对移民进行的补偿,使这些移民将拥有维持生活的基本的土地),这些规划与经济和社会发展计划相关联;对移民居住地、城市建设、高度公路、港口和交通建设补偿。环境方面:对生态敏感地区和稀有或生存条件严峻的物种有保护措施;对长江河口地区有防止海水入侵的保护措施;对建设工人有健康保护措施(水、空气、噪音和固体废弃物处理)。

4 结论

可通过使用 LLM 了解南水北调东线工程(见表 4)。LLM 表明中国的这一案例研究是所考虑的研究内容中最完整的,但这一项目通过制定一个平衡的将经济方面与环境和社会方面相关联的规划,还可以进一步完善。

表 4

评估内容	南水北调东线工程
[illegible]	
[illegible]	✓
效益/成本模式	✓
政策的有效评估	?
对其它比较可选方案/更新管理的评估	?
预期的大气变化情况下对未来水资源需求量的预测	✓
[illegible]	
项目进展得到了保障?	进度有
[illegible]	
水务/城市部门之间的合作	✓
[illegible]	✗
[illegible]	
系统管理	✓
生态系统负面影响	✓
生态系统正面影响	✓
[illegible]	✓
补救	✓
社会-经济影响的评价	
使用模型进行社会经济影响的评估	?
社会-经济方面负面影响	✓
社会-经济方面正面影响	✓
补偿	✓
[illegible]	
遗产,文物	✓
[illegible]	?
[illegible]	✓
[illegible]	
决策过程中的透明与参与性	?
与利益相关者沟通	?
[illegible]	
[illegible]	✗
[illegible]	✗
[illegible]	
环境	✓
社会-经济	✗

有必要强调一下仔细进行环境与社会方面评估的重要性:因在南水北调东线工程中人口密度和农业用地的紧张程度要比其他国际案例中的情况大得多,在沿调水线路和华北输水地区,可供比较的环境方面影响比其他的工程对中国社会和经济的反作用可能会大得多。而且,作为中国的调水区域,一个在国民经济中工业与农业交织在一起的举足轻重的地区,与其他"小"的工程项目相比,任何一项调水的影响都有可能会被放大:成功的调水会给国家的发展做出巨大的贡献,而不成功的调水可能会造成更大的危害。

最为重要的是,德克萨斯州的水务计划所揭示的重要教训,提议的调水方案须有一个考虑平衡规划。德克萨斯州的水务计划在初设阶段没有考虑所有环境方面的影响和与之相关的社会、经济方面的内容。后来,他们采取了一系列的行动来恢复受到破坏的环境。因此,可持续性的规划须将经济、工程系统与潜在的环境和社会系统的各个方面因素共同考虑。从社会学观点来看,南水北调东线工程须确定沿东线的最佳的放水路线,以不仅满足受水地区的需求,还要满足输水沿线地区的需求。

参考文献

[1] Abu - Zeid M. 尼罗河:埃及主要的调水工程以及对埃及农业的影响.

[2] Biswas A. K. 远距离调水:问题与项目措施.

[3] W. E. Cox. 联合国教科文组织巴黎跨流域调水国际研讨会,1999:25 - 27.

[4] 意大利环境、土地与海洋部,中国水利部,中国社科院. Swimer 第一期最终报告. 2005.

[5] 意大利环境、土地与海洋部,中国水利部,中国社科院. Swimer 终期报告. 2006.

[6] 意大利环境、土地与海洋部,中国水利部,中国社科院. Swimer 终期报告,第一年. 2007.

[7] Philip P. Mickin. 1988. 咸海的干涸: 苏联水管理的灾难. 科学,241 期: 1170 - 1176. http://www. ciesin. org/docs/006 - 238/.

[8] Raed Mounir Fathallah. 1996 中东地区水事纷争: 用国际法分析以色列约旦和平协议 www. law. fsu. edu/journals/landuse/Vol121/Fathallah. pdf.

[9] 阿拉伯峰会向约旦调水决议,1964. http://www. jewishvirtuallibrary. org/jsource/History/watsum. html.

[10] 加里福尼亚调水问题. 调水工作组给加里福尼亚州水资源管控董事会的最终报告. 2002.

[11] 莱索托. 莱索托高原水利工程. http://www. fivas. org/pub/power_c/k11. htm.

[12] 德克萨斯州萨宾河管理机构,Neches 河流域下游管理机构,San Jacinto 河管理机构,等. 1998. 水资源保护. 跨德州水利工程 - 南部地区. 技术备忘录.

[13] 德克萨斯州水利开发董事会. 德克萨斯州水利,2002. 第Ⅰ,Ⅱ,Ⅲ卷. http://www. twdb. state. tx. us/publications/reports/State _ Wa 特尔(Ter) _ Plan/2002/FinalWa 特尔(Ter) Plan2002. htm.

[14] Karin Kemper, Gabriel Azevedo, Alexandre Baltar. 巴西 São Francisco 河跨流域调水项目. 水论坛演讲稿 - 华盛顿, 2002.

[15] In 特尔(Ter) Basin Wa 特尔(Ter) Transfer Link Project of India. 印度跨流域调水连接工程. http://www. sdnpbd. org/river_basin/whatis/whatis. htm.

南水北调东线工程水量分配及其社会经济影响研究

甘　泓　贾仰文　游进军*

（中国水利水电科学研究院水资源所）

摘要：南水北调东线工程对其受水区的社会经济发展具有多重复杂影响作用。本研究中提出集成了水利、社会经济和气候变化三方面因素的综合管理模型，并作为南水北调东线一期工程可持续发展综合模型研究项目（SWIMER）的决策工具。按照总体目标该综合模型的研究分为水利、社会经济和气候变化三个相对独立但相互关联的专业模型组，并通过项目的整体框架实现三类模型的相互支撑和数据交互。各专业模型的选择与开发均以满足研究目标和不同专业模块间的数据交互为原则，本文介绍了研究中各专业模型开发与模型间耦合反馈的主要方法和成果。

关键词：南水北调工程（SNWTP）　水量配置　水力学模拟　社会经济影响　气候变化　多准则分析

1　概述

中国的人均淡水资源仅占世界平均水平的1/4，各类水资源问题是快速发展的中国所面临的一项重大挑战。中国水资源的一个重要特点是区域天然分布不均，且降水分布的不均导致了水资源分布的不均匀。北方平原地区人口占全国人口总数的37%，耕地占45%，但水资源仅占全国总量的12%。而南方地区降雨和水资源占全国80%，耕地却只占40%。

由于水资源短缺所引起的环境生态问题已经成为华北地区可持续发展的重大障碍。为了缓解华北地区的水资源短缺，中国政府对长江流域到北方地区的

---

* 参加本研究工作的还有 Augusto Pretner、Nicolò Moschini、MAO Bingyong（SGI工程咨询公司）；金碚、张其仔、汪晓春（中国社会科学院工业经济研究所）；李平、樊明太、李文军（中国社会科学院数量经济与技术经济研究所）；Julien Lecollinet、Paolo Mastrocola（地中海工程公司）；Fabio Zagonari（博洛尼亚大学）；董文杰、赵宗慈、张雁（中国气象局国家气候中心）；Sergio Castellari、Silvio Gualdi（意大利国家地球物理和火山学研究所）；沈宏、李燕（中水淮河公司）。

跨流域调水工程—南水北调工程,进行了长期的论证和分析。该工程规划从长江流域的上、中、下游三条线分别引水到北方的黄淮海流域。东线工程即为其中一条调水线路,其任务为从长江下游的江都调水,通过以京杭大运河为主干的输水系统由多级泵站提升后将长江水输送到北方地区。东线工程将在已有的水利工程设施基础上兴建,受水区包括江苏北部以及山东、安徽等地区,输水线路将通过洪泽湖等几个大湖泊以增强其水量调节能力。

东线工程干线长度超过1 000 km,并包括各种类型的附属设施,对受水区有较为复杂的综合影响。东线工程的兴建对超过4亿人口的区域具有影响,必须以可持续发展的思路考虑其建设和未来的管理。根据2000年达成的合作框架,中国社会科学院(CASS)联合水利部在意大利环境与领土部(IMET)的资助下开始组织实施“南水北调东线工程水资源可持续管理研究(SWIMER)”。该项目的总体目标为提出能实现东线水量优化调度的策略,同时提出可供实际调度管理借鉴的外调水调度方案,并评价工程对受水区的社会经济发展的综合影响。此外,通过项目采取的中外专家合作研究的方式可以实现对国际相关先进技术方法的消化吸收和双方的技术交流。

项目的核心是开发一个可以进行多重影响因素评估(社会、经济、环境及气候变化)的集成模型,提出合理的调水分配和运行方案。不同水文条件下调水方案的社会经济影响将通过模型运行得到分析评估,并在此基础上提出能协调不同利益相关者的调水方案和总体策略。本文将对研究的整体框架、技术方法和主要成果作简要介绍。

2 总体框架

SWIMER项目包括两个阶段。第一阶段主要是基本情况调查,包括相关信息的收集和数据可获取性的评估,以及在此基础上对研究范围的初步定义。第二阶段主要是构建相关的水利模型、社会经济模型和气候变化分析模型,并对不同模型进行耦合,实现集成模型。

根据项目的总体目标,项目共设立了三个相对独立但相互关联的技术工作组,即水利工作组、社会经济工作组和气候变化工作组,各专业技术组根据研究目标和相关技术组的要求构建开发响应模型。图1给出项目的总体框架。其中,水利工作组主要开发水量配置和水力学模拟两个模型;社会经济组提供经济用水需求并根据水利工作组的水量调配方案给出其社会经济影响评价结果;气候变化工作组主要给出未来长时段尺度下研究区域的气候及降水变化趋势,并为水利工作组评价气候变化对调水量影响的评价分析提供基础。

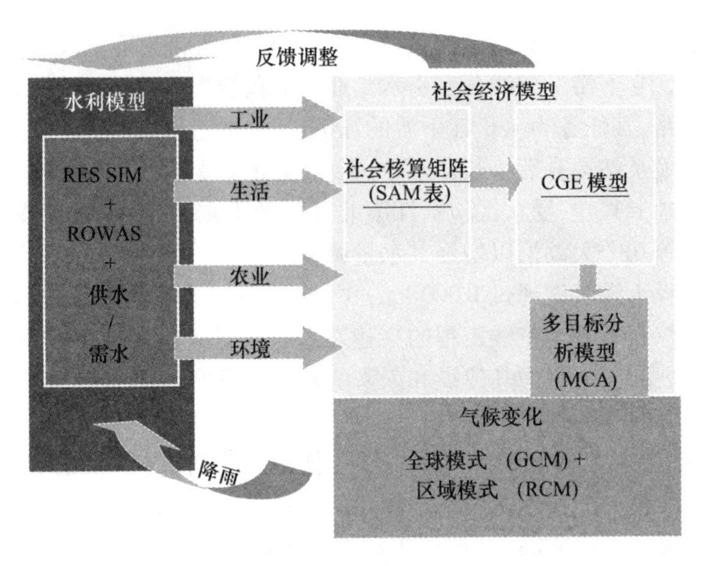

图1 SWIMER 项目模型组总体框架

3 研究方法

3.1 水利组模型

3.1.1 模型选择

为确定调水分配及工程运行方案,两个模型被应用于研究中。第一个模型为旨在计算水量配置和水平衡模拟的 ROWAS 模型,另一个为寻求工程调度方案的水力学模型。水量平衡模型主要为模拟东线工程调水量在不同需水等方案下在各区域之间的分配方案。在此基础上应用 Res-Sim 作为水力学模拟模型,检验调水方案的工程运行可行性以及其优化运行方案。两个模型之间的相互关联耦合关系见图2。

3.1.2 ROWAS 模型

ROWAS 是由中国水利水电科学研究院(IWHR)开发的针对不同水源到各类型用水户之间水量合理配置的模拟模型。该模型根据对水循环的宏观过程进行概化后得到,通过一定假设条件下的系统概化实现从实际过程到模型模拟过程的映射,并以此为基础构建模型整体性的计算框架。在该框架中,不同水源的运移转换均通过系统概化给出定义。建立系统框架的首要条件是通过选择实际系统中影响水循环过程的主要元素作为基本元素,并通过分析抽象其对于水量循环过程的影响作用[10]。在系统概化中,不同实际元素由不同的对象表达,通过参数可以控制这些对象的属性和作用。

系统概化包括点和线两类元素。点元素包括水利工程、用水户、调水工程、分水点或者汇流点及各类控制断面等。线元素是连接不同节点元素之间的水量

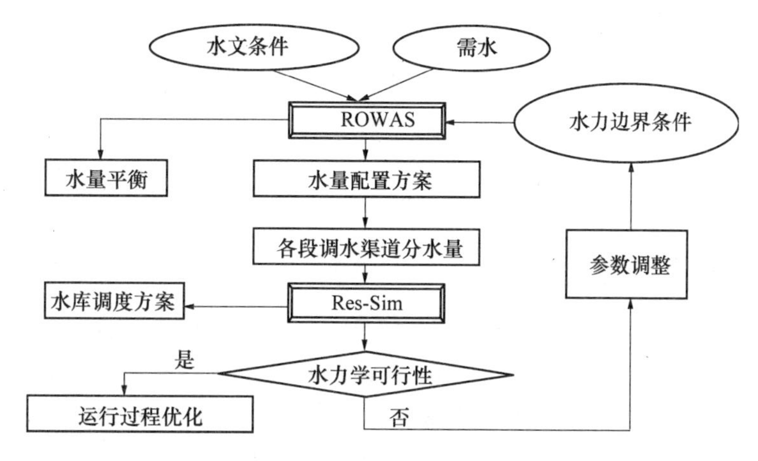

图 2　ROWAS 与 Res-Sim 耦合示意图

传递关系。不同的水源通过线元素可以在不同的点对象之间运动和转化。通过这种概化框架,可以得到代表不同类别水量运动的网络关系,包括地表水、地下水、污水、外调水等。以这些网络层为基础,辅以结合实际状况定义的规则,模型可以实现对水量过程的模拟计算,包括天然水循环和人工供、用、耗、排水的二重过程均可以在计算中得到体现。

天然水循环、供水、排水及污水再利用、跨流域调水等各类水量运动过程可以通过水量平衡关系和各类约束条件在模型中表达。在该框架定义的网络关系中,由流域分区和行政分区嵌套形成的计算单元被规划处理为基本计算单元,该类单元包含了需水、本地水资源量及本地中小型工程等各类属性和基本计算方法。通过计算单元、水利工程等不同元素的组合计算,水循环过程在水平衡约束条件下得到模拟,并可以通过调整各类控制参数反映对计算过程的调控和决策思路。

3.1.3　Res-Sim 模型

Res-Sim 模型是美国陆军工程师团水利设计中心的工程师为实现水库系统的模拟而设计和开发的,其目的是为了满足水库系统实时调度中决策支持系统的需要,同时也可以为水库工程相关的研究提供工具。Res-Sim 模型里面有三个独立的功能模块,为流域提供各种具体的信息分别是流域生成模块、水库网络模块和模拟模块。每个模块都有独特的用途,通过菜单、工具条、图形等要素可以进入相关功能。流域生成模块的作用是提供构建流域基本框架的通用性元素和定义其基本属性,实现不同目标的模拟应用。通常依据流域的地理范围、区域下垫面属性进行流域创建。水库网络模块的用途是从系统中独立地考虑水库网络关系。在该模块中,首先构造河道网络框架,再定义水库的物理属性和调度规则,最后设置预分析的方案情景。模拟模块的目的是在模型计算基础上独立地进行结果分析。一旦水库属性和方案确定,模拟模块就可以开始模拟,计算结果可以在该模块中看到。

在 SWIMER 工程中,用 Res-Sim 模型模拟东线的不同情景。Res-Sim 模型的应用特别强调对调水网和 ROWAS 模拟中调水分配方案的管理。它反映了整个系统的运行并根据系统可行性检验水分配方案的可行性。此外,Res-Sim 模型将有助于分析不同水文条件下调水工程的情况。这一模型将作为完成水量分配结果分析的验证工具。

3.1.4 模型耦合交互

在 SWIMER 项目中通过水量平衡和水力学模型两个模型的交互应用实现对东线合理调水运行方案的识别。ROWAS 主要寻求研究区内不同地域的水量配置方案(包括地表水、地下水、外调水、处理后污水等),并给出实现缺水最小化下各区域的对外调水的需求。在此基础上,Res-Sim 通过更细尺度的水力学模拟检验水量分配方案的物理可行性,包括调度过程的可操作性。总体而言,ROWAS 寻求总水量平衡而 Res-Sim 计算水力过程并给出外调水总体分配方案下的工程优化运行方案。因此,通过两个模型的联合运行,可以寻求到东线调水的合理调水分配和工程运行方案。根据总体设计,研究区域可以通过两个模型分别表达(见图 3)。

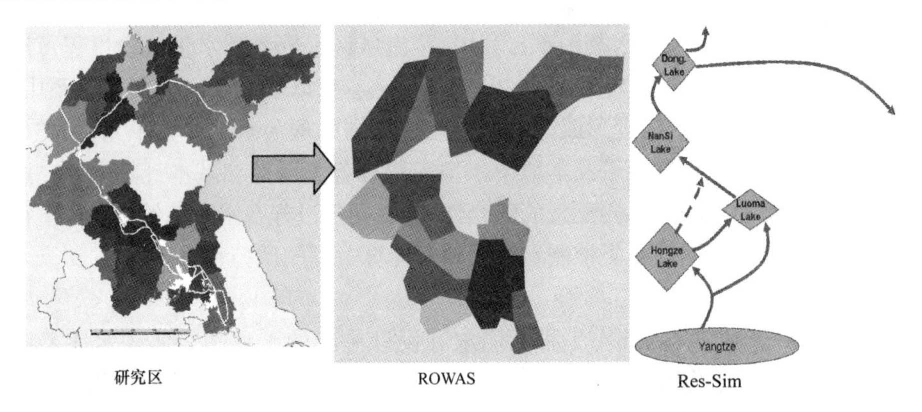

图 3 研究区域模型化处理耦合方法示意

由图 3 可以看出,ROWAS 主要是针对区域进行面上的平衡分析,通过模拟可以给出各个区域的外调水供水量。而 Res-Sim 主要以外调水工程和相关的湖泊水库为线进行模拟,ROWAS 中得到的外调水供水量可以作为 Res-Sim 中的外调水工程的输入,通过更精细时空尺度下工程运行模拟检验各区域对调水需求的可行性。同时,借助模型内嵌工具对工程的运行调度给出优化方案。两个模型耦合的关联点即为 ROWAS 模型中每个计算单元对应的调水渠道。ROWAS 中区域的调水需求将根据在实际情况上分析得到的对应关系转化到 Res-Sim 中的各段渠道上。ROWAS 采用月为计算时段,而 Res-Sim 以天为计算时段,因而二者还需要进行时间尺度的转化。

3.2 社会经济影响分析

3.2.1 总体设计

社会经济影响分析的目标是从经济、社会和环境等多个角度评价东线工程对受水区形成的多重影响。在已有研究基础上,一般均衡模型(CGE)和多准则分析模型(MCA)被选择作为社会经济影响分析的计算工具。

总体而言,CGE 模型被用作为评价工具,可以在考虑区分城乡差别均衡条件和核算约束条件下,用来刻画东线调水产生的经济、社会和环境影响。进一步可采用 MCA 作为多目标分析工具,并与 CGE 的计算相结合辨识不同影响因素下的水量优化分配方案。通过两类模型的联合应用,可以得到东线调水社会经济影响和不同指标下的水量优化分配方案。

一般建立 CEG 模型需要以下几步:①设定行为方程;②收集需要的信息;③求解用水的行为方程。

建立 MCA 模型需要以下几步:①定义总体目标函数;②确定在每个城市的约束最大化问题;③确定在每个省的约束最大化问题。

3.2.2 CGE 模型

CGE 模型是一个包括了家庭和企业的行为方程、每个市场的均衡条件以及公共和外部部门的核算约束的经济模型。本模型一旦在基础年数据基础上得到校准,就可以用来分析外生变量(如水供给)的变动对经济、社会和环境的影响。

应用 CGE 模型首先需要设定行为方程,这使我们可以设定生产函数、消费函数和均衡条件。其中,生产函数确定了实现产出所需要的投入,反映投入产出关系;消费函数确定了在一定价格和收入条件下的产品与服务的消费,反映收入和支出关系;均衡条件指供需平衡的条件。

每一个部门的生产函数具体假设为:①劳动和资本两生产要素之间存在替代;②水和其他生产要素之间不存在替代。

至于所需信息,原则上应该编制每个相关城市的社会核算矩阵(SAM)。但是由于资料和时间限制,我们选择了另外一种方法,即选择两个城市来分别代表相应的城市组,先根据这两个代表性城市的经济、社会和环境指标,来估计这两个代表性城市的社会核算矩阵,然后根据其他城市可得到的信息对其相关指标进行校正。社会核算矩阵包括以下 6 方面:

(1)农业、工业和服务业的中间投入,要素投入(水、资本和劳动力)和产出;

(2)农业、工业和服务业的间接税收、资本折旧和投资;

(3)农业、工业和服务业的国内外进出口;

(4)城乡居民的消费(农业、工业和服务)、税收、转移支付和储蓄;

(5)企业的利润、税金、补贴和储蓄;

(6)地方政府的消费(农业、工业和服务)、税收、转移支付和储蓄。

至于求解行为方程,只要假设实际工资固定,就可以对由27个方程组成的系统进行求解,并将其表示为分行业(农业、工业和服务业)用水的函数。

通过求解这一分析模型,允许我们衡量与评估前述水配置情景对经济、社会和环境的影响。换言之,这一分析模型可以用做评估工具。

3.2.3 MCA模型

设计MCA模型的目的是获得最佳的水资源配置方案。因此,了解优化目标和约束条件是模型的基础工作。优化目标应该涉及以下几个方面:地区GDP、农村和城镇的收入比、移民率、就业率、用水效率以及水污染情况。依据多指标评价体系中的多属性决策分析理论,对模型中每一目标的目标函数进行确定,以得到总的目标函数。然后,计算决策变量与目标值之间的方差(以百分数表示)并标准化之后,利用它来评价每一个目标的目标函数。

约束条件被分为两类:地市级的和省级的。市级的带约束最大值问题解允许和区域水资源配置(最大化每个涉及市的总目标函数)保持一致。省级的约束,用分析模型作为优化工具,确定了一个带约束最大值问题。

为了表现省级的社会福利函数,特别设置了置换函数的一个弹性常数,用于一个省中每个市地的总目标函数。Atkinson不平等系数和置换函数的弹性常数之间一致的可靠性(取决于最大化过程中对不变要素的简化),允许在省级目标函数中引入一个不平等转移系数。

3.3 气候变化模式

多个气候模型在本研究中得到了比较和实用。由于必须考虑全球和地区两者气候变化的影响,这一事实要求采用不同的模型。研究中采用的全球模式是SINTEXG和NCC/IAP T63,区域模式是RegCM3模式,表1给出了研究中采用的不同气候模式。

表1 项目中不同的气候模式

模式	水平分辨率	情景	说明
SINTEXG	100 km	20C3M	20世纪气候情景
		A1B	21世纪IPCC气候情景
NCC/IAP T63	200 km	A1B	21世纪IPCC气候情景
		A2	21世纪IPCC气候情景
RegCM3	20 km	A2	21世纪IPCC气候情景

此外,为了评估必需的参数和数据,除了气候变化模式,也运用了一些其他子模型。尤其是,采用了一种由于气候变化评估径流量以及评估植被—陆面—大气交互影响的模型。

SINTEX-G (SXG)是最近几年由意大利国家地理与火山研究所 (INGV)提出的,目的在于研究气候可变性和变化的特征与机制。该模式是 SINTEX 和 SINTEX-F 模式的一种演化。

NCC/IAP T63 由中国气象局国家气候中心提出,大气和海洋具有 1.875 × 1.875 的水平分辨率。大气具有 16 层的垂直分辨率,海洋具有 30 层的垂直分辨率。NCC/IAP T63 参与了 IPCC AR4(第四次科学评估报告)气候模式间的比较计划。模式模拟的 20 世纪季节和逐年的气温与降水的值,已经与全球和中国的实际观测值进行了比较[9]。其他 7 种全球气候模式的预测值也被选用,以向中国东线工程提供更多的证据。比如, CCC,加拿大; CCSR,日本; CSIRO,澳大利亚; DKRZ,德国;GFDL,美国; HADL,英国;NCAR,美国[9]。

中国区域气候模式 RegCM3 具有很高的水平分辨率,能达到 20 km 网格距。为了分析土地使用的变化,不同水平分辨率的影响,以及人类活动的影响,自 2000 年以来,已经通过 RegCM3 模型预测中国的气候变化。结果表明,RegCM3 在气候变化预测方面具有较好的模拟能力[4,9],并且已经提供给 IPCC 2007 报告 (IPCC 2007) 和中国国家报告。具有 20 km 的水平分辨率的 RegCM3 模式已经运行了 30 年(1961 ~ 1990 年)。东线地区月、季节、年的平均气温和降水的模拟值与观测值十分接近。

3.4 模型耦合

3.4.1 气候变化与水资源

气候变化对水资源及其开发存在两方面影响。一方面,降水量的增加使水资源增加;另一方面,由于对降水直接利用的增多,农业需水下降。这里,我们主要集中研究气候变化对水资源变化的影响。

气候变化对水资源的影响是一个非常复杂的非线性过程。通常,强降水的径流系数要大于弱降水的径流系数。如果我们研究气候变化对水资源的影响,我们应当建立一个能反映这种趋势的分布式水文模型。为了更加方便和快捷,我们采用了一种简单的近似方法。该方法基于以下两个假设:①同一计算单元产流特性相同;②未来气候条件下的产水系数不变。

两类模型的耦合在中国气象中心 (NCC) 提出的区域气候变化模式 NCCT63-A2下进行,气候资料包括 1960 ~ 1990 年和 2000 ~ 2030 年两个系列。前一个系列可认为没有气候变化条件下的降水量,后一个系列则可认为是气候变化时的降水量。气候变化时降水量的变化比率可以通过对比没有气候变化时的降水量获得。假设各计算单元的产水系数不变,水资源量变化比率应等于降水量的变化比率。

3.4.2 水力模型和社会经济模型的整合

从经济、社会和环境的角度来分析对东部水域的影响,主要有两个方法:一是评估法,可以评估所有水资源分配方案对经济、社会和环境的影响指数;二是优化法,可以确定哪种水资源分配方案是最佳的。评估法将水资源分配到特定的三个生产部门,并按照水力模式的方法评估经济影响。优化法考虑将总的水资源通过水力模式分配到每个城市特定的三个生产部门,然后寻求最佳水资源分配方案。

假如这种方案是市级的,则对每个城市而言,通过优化法分配的水资源总量等于使用水力模式分配到该城市特定三个生产部门的水资源总量。如果这种方案是省级的,通过优化法分配的水资源总量等于使用水力模式分配到该省所有目标城市的水资源总量。同时,对每个城市而言,与使用水力模式将水资源分配到每个城市特定的三个生产部门相比,使其分配结果的综合效益最大化。

4 成果和结论

4.1 主要成果

针对水文、气候变化问题与社会经济和环境各方面,完成了一些设定情况的计算。有东线工程时,水平年的缺水率将从13%降到4%,同时缺水将会集中于农业领域。而在干旱年份东线的作用更为明显,大约22%的需水可以由调水满足。

在南水北调实施之前,缺水对应的是地下水资源的过度使用。东线调水将会允许受水区保存地下水资源;同时,由于拥有更多的可支配水资源,当地的环境用水将会得到更好的满足。

东线工程在经济上的影响(表现为GDP的增加)看起来很显著。社会经济模型显示水能在每个市创造更高的增加值。而且,通过在省层面上决定每个市的配水方案,增加值可以进一步增大。一个敏感性分析表明,在每个省定额不变的情况下,如果每个市的配水能够有10%或-10%的改变,总的GDP大概可以增加5%。

东线工程的环境影响:一方面,由于要求投资减少环境伤害,调水可以实现显著的社会福利影响,受益于调水,农村每个劳动力收入平均增长6.9%,城市增长7.1%;另一方面,全面的配置水量增长会产生全面的工业水污染增长;对比工业,服务业和农业的污染增长不那么明显。

气候模拟表明全球平均降水的趋势为北部高纬度地区增加而中纬度地区将

可能减少。进一步分析指出气候变化将会加重当前中国南北水量差异。使用全球和区域循环模型,CO_2 doubling 情景预示北方水量将会减少 2% ~15%。另外,气候变化对工程涉及地区经济的影响很小,只占总 GDP 增量的 0.11%。

4.2 结论

根据 SWIMER 项目水资源分析,可以得到如下结论:①实施南水北调工程将极大地缓解受水区的水短缺压力,使缺水程度得到改善,地下水得到保护。②在正常年份和特干旱年份的优化调水是与调水工程河网的结构性和运行性约束相一致的。③东线调水的综合管理需要一个中央工具以模拟控制水资源调动的影响,SWIMER 项目提供的工具可以成为其基础和出发点。

社会经济方面的主要发现可以总结如下:①南水北调决策科学化要求采用一些决策支持系统,在确认进行省级和市级调水决策使水资源在部门间进行配置的水利工程可行性基础上,通过评价和优化手段来评估调水项目不同方案下的影响。②调水项目的影响应包含经济、社会和环境三方面。关于经济、社会和环境的目标函数的设定应优先促进和谐发展。换言之,应根据相对重要性,在评估积极影响和消极影响的同时,评估南水北调调水的综合性影响。

利益分析表明,政府将在施工过程中起决定性的、不可替代的作用。经验证明,政府决策是重大基础设施建设项目成败的关键。

在不同情景下通过 INGV 和 NCC 的全球模式与 NCC 区域模式得到的结果清楚地表明,未来 100 年,中国大部分地区尤其是东线调水地区地表温度具有持续上升的趋势;同时,中国北部地区降水具有降低趋势,而调水工程东线地区,尤其是东线南部降水则具有略增加趋势。但气候变化对水资源分配的影响并不大,它不会影响工程设计。

在对东线工程可能产生的积极和消极影响进行评估后,中国南水北调工程(东线)可持续水资源综合管理研究项目得出结论认为,尽管东线工程存在不足,但它满足了北方的水需求,也将缓解北方水资源过度开采的压力,实际上也为北方地区生态恢复增加了水量,具有巨大的生态效益。

研究表明,由于东线工程的复杂性,需要综合性的水资源管理,并通过相关的决策支持系统实现,从而将有关经济、社会和环境目标的信息都在集成的平台中与水文信息联合起来,通过以水利计算为基础的水量分配调度方案辅以社会经济分析得到合理的水量配置结果和评价分析。

致谢:本研究由意大利环境领土与海洋部(IMET)、中国社会科学院(CASS)、中国水利部(MWR)联合资助。

参考文献

[1] Daene C M, Cai X M, David R M. (1997) A Prototype GIS – Based Decision Support System for River Basin Management, 1997 (ESRI International User Conference, San Diego Convention Center San Diego, California, 8 – 11 July).

[2] Fan M, Zheng Y. (2000) China's trade liberalisation for WTO accession and its effects on China: a CGE analysis, paper presented to the 13th International Conference on Input-output Techniques, Macerata, Italy, August 21 – 25.

[3] Fischer A, Terray P, Guilyardi E, et al. 2005: Triggers for the Indian Ocean Dipole/Zonal Mode and links to ENSO in a constrained coupled GCM. J. Clim, 18, 3428 – 3449.

[4] Gan H, You J J, Wang L, et al. (2004) Water resources system simulation based on object-oriented technology. In: 4th Int. Symp. on Environmental Hydraulics and 14th Congress of Asia and Pacific Division IAHR (Hong Kong, China, 2004), 2, 1305 – 1310.

[5] Kazumasa I, Toshiharu K, Tomoharu H, et al. (1996). Decision Support System of Reservoir Operation with Object-Oriented Programming and Multi-Media Technology, International Conference on Water Resources & Environment Research: Towards the 21st Century, Vol. II, 103 – 110.

[6] Madec G, Delecluse P, Imbard M, et al. (1999), OPA 8.1 Ocean General Circulation Model reference manual, Internal Rep. 11, Inst. Pierre – Simon Laplace, Paris, France.

[7] McKinney D C, Cai X. (2002) Linking GIS and water resources management models: an object-oriented method. Environ. Modelling & Software 17, 413 – 425.

[8] René F R, John C C. (1997) Object – oriented simulation and evaluation of river basin operations. J. Geograph. Inform. & Decision Analysis 1, 9 – 24.

[9] Xu Ying, Zhao Zongci, Luo Yong, et al. 2005b, Climate change projections for the 21st century by the NCC/IAP T63 model with SRES scenarios, Acta Meteorologica Sinica, 19, 407 – 417.

[10] You J J, Gan H, Wang L, et al. (2005) A rules-driven object-oriented simulation model for water resources system. In: Proc. XXXI IAHR Congress (Seoul, Korea, 11 – 16 September), 4493 – 4502.

黄河下游引黄供水中存在的问题及对策研究

王宏乾

（黄河水利委员会供水局）

摘要：黄河是中华民族的母亲河，黄河治理事关我国现代化建设全局，引黄供水是黄河治理开发中的重要环节，也是黄河水利委员会（简称黄委）经济发展的朝阳产业。供用水和谐发展不仅关系到黄委自身的经济发展，也必将对下游区域经济的发展起到巨大的推动作用。文章分析了引黄供水的现状和存在的问题，并提出了相应的对策和建议，对今后引黄供水业的健康快速发展具有指导意义。

关键词：引黄供水　经营管理　水价　供水结构

黄河是我国西北、华北地区的重要水源，承担着流域内及下游沿黄地区1.4亿人口，2.4亿亩耕地，50多座大中城市和能源基地的供水任务，黄河流域人均水资源占有量572 m^3，仅为全国平均水平的1/4，属于水资源严重贫乏的地区，经济和社会发展对黄河水的依赖性较大，引黄供水的发展极大地促进了区域农业生产和城乡人民生活水平的提高，取得了巨大的社会效益、经济效益和生态环境效益。

1　黄河下游引黄供水现状

1.1　黄河下游引黄灌区现状

黄河下游引黄灌区是指从桃花峪到入海口之间以黄河干流水量为灌溉水源的灌区，涉及河南、山东两省沿黄地区。位于东经113°24′～118°59′、北纬34°12′～38°02′之间，在黄河两岸沿河道走向呈条带状分布，是我国重要的粮棉油生产基地。

目前，黄河下游河南、山东两省共建成万亩以上引黄灌区98处，其中百万亩以上特大型灌区11处，30万～100万亩大型灌区26处，30万亩以下中型灌区61处。引黄灌区规划总土地面积64 076 km^2，耕地面积5836万亩。总设计灌溉面积5 369万亩，其中正常灌溉面积3 678万亩，补源灌溉面积1 691万亩。有效灌溉面积 3 221 万亩，实灌面积达到 1 975 万亩。

1.2 渠首引黄工程现状

引黄涵闸是从黄河里引水的涵闸建筑物，是引黄供水工程的主要供水口门，目前引黄涵闸多为 20 世纪 80 年代兴建（改建、扩建），设计水位为建造前三年的黄河设计流量相应的平均水位，引黄渠首工程承担着向河南、山东沿黄地市以及青岛、河北、天津等地（市）工农业供水任务外，还向中原、胜利两大油田供水。黄河下游现有引黄渠首水闸工程 94 座，其中，河南境内 31 座，山东境内 63 座，设计引水能力 4 400 m^3/s。

1.3 供水管理现状

2006 年黄委根据国务院《水利工程管理体制改革实施意见》的要求，按照产权清晰、权责明确，管理规范的原则，制定并下发了《黄河水利工程管理体制改革指导意见》，构建了黄委供水局，山东、河南黄河河务局供水局及所属 14 个供水分局和 34 个闸管所的供水生产管理体系。各供水局及供水分局基本完成了内设机构的组建，34 个闸管所实现了与同级河务单位的剥离。黄委批准的黄委供水人员编制 965 人，实际上岗 1 000 人。

1.4 引黄供水渠首水价及生产经营情况

根据有关规定，黄河下游引黄渠首水价以及跨省的引黄专项工程的供水价格，由国务院价格主管部门商水行政主管部门审批。其他引黄工程供水价格由河南、山东两省人民政府价格主管部门商水行政主管部门审批。

国家发改委于 2005 年 4 月 8 日下发了《关于调整黄河下游引黄渠首工程供水价格的通知》，黄河下游引黄渠首工程水价调整为：非农业用水价格，4 ~ 6 月份每立方米 9.2 分，其他月份每立方米 8.5 分，农业用水仍然执行 4 ~ 6 月份为 1.2 分/m^3，其他月份为 1 分/m^3；

2001 ~ 2006 年黄河下游引水的统计资料表明，黄河下游年平均引水量 68.44 亿 m^3；2006 年引黄量 84.56 亿 m^3，实现水费收入 1.25 亿元。

2 黄河下游引黄供水存在的问题

2.1 水价形成机制不合理，水价偏低

通过水价的多次调整，引黄渠首水价逐步得到提高，但还是不能满足引黄工程运行维护和管理的需要，引黄渠首工程水价依然偏低，导致供水单位严重亏损，也不利于节约水资源。

按照国家发改委、水利部《水利工程供水价格管理办法》规定水价核定原则和方法，经测算，黄河下游引黄渠首工程供农业用水成本 4 ~ 6 月份为 4.6 分/m^3，其他月份为 4 分/m^3；供非农业用水价格 4 ~ 6 月份为 12 分/m^3，其他月

份为10.1分/m^3。现行水价不足合理水价的一半,与补偿成本合理收益的标准相比还有很大差距。供水收入支付人员工资费用后,供水工程只能进行零星的养护维修。涵闸维修养护欠账多、隐患大,在一定程度上危及了防洪安全,也影响了引黄供水的安全生产和可持续发展。

末级灌溉渠系水价秩序混乱,缺乏配套的定价政策,末级渠系水价管理缺位,水价管理混乱,水价标准缺乏政策依据和有力监督,水价计收公开性与透明性差,乱加价、乱收费的现象比较严重,加重了用水农户的不合理负担,挤占了水价的正常调整空间,影响到水管单位的运行和发展。农户终端水价体系未真正建立。水价管理缺位是造成村社管水组织在灌水收费时乱加价、乱收费的现象时常发生的重要原因之一。由于末级渠系的管理存在一定的多样性,又涉及基层村社的管理,仅靠水行政主管部门、价格部门和水管单位来解决存在的问题有一定的难度,及时出台权威性高、操作性强、规定严密的政策,才是有效解决农业灌溉用水收费中存在的问题的有效方法。

2.2 供水结构不合理、非农业供水比例较低

根据2001~2006年黄河下游引黄渠首引水量分析,近年平均引水量为68.44亿m^3,农业62.14亿m^3,占总供水量的90.8%;工业及城市生活供水量6.30亿m^3,仅占9.2%。与全国25%的非农业供水相比,黄河下游非农业供水比例还有较大的差距。引黄工程供农业用水比例较高,供非农业用水比例较低,是引黄供水经济效益低、供水亏损的主要原因之一。

2.3 农业与非农业用水混供,经济效益受损

黄河下游引黄供水渠首闸有94处,渠首以下的渠道和灌区是由地方部门管理。黄河下游引黄渠首大都是承担供农业水和非农业水的双重任务,基本上没有单独供非农业用水的水闸,非农业水的供给大都通过灌区渠道实现。由于引水渠系不分,导致黄河水资源难以优化配置,水资源紧张状况进一步加剧,多年的"两水"不分导致农业供水和非农业供水无法精确计量,非农业用户按农业用水价格交纳水费,损害了黄委合法的经济利益,也在一定程度上影响了供水的积极性。

2.4 供水计量设施落后,计量不精确

黄河下游引黄涵闸没有统一的引水量测验标准,观测人员为非水文专业人员,加上没有统一的观测规范遵循,引水量测验、资料整编不规范,任意性大,造成引黄涵闸测验误差大。目前黄河下游引黄水闸普遍采用流速仪、溢流堰等传统的水力学计量方式,受河床及引水闸上下游冲淤的影响,计量精度不高。

这种情况不仅影响黄河下游水量统一调度,对黄河下游水资源量的准确计算、优化配置、合理利用造成很大困难,也直接影响了引黄供水的精确计量,给黄委造成较大的经济损失。

2.5 供水工程老化失修,更新改造困难

截至目前,黄河下游现有的94座引黄渠首水闸中,运行20年以上的52座,15~20年的29座。引黄水闸工程是引黄供水赖以生存和发展的物质基础,工程状况的好坏直接影响着供水生产的可持续发展。由于引黄供水价格长期较低,水费收入少且多数用于人员工资和弥补各级单位事业费不足的开支,工程状况较差,普遍存在一些问题,威胁供水安全,防汛安全,势必影响引黄供水的可持续发展。

2.6 供水保证率低,影响供水可持续发展

引黄供水涉及河道来水、供水、输水、配水、用水等环节,因此供水量的变化也受多种因素的影响。主要包括河道供水条件、工程供水条件、当地降水条件、节水技术应用程度、相关政策、管理运行方式等。河道来水、边界和供水工程条件决定了供水的保证程度,其他相关条件则决定了供水市场的需求。河道来水量大小和河道边界变化,直接影响供水水位的高低,从而影响了引黄水闸的供水能力,降低了引黄供水的保证程度。如2002年以来,下游河道连续五年的调水调沙试验,下游河道大幅度下切,引起了河道边界的调整变化,导致引黄供水能力大幅下降,有些涵闸甚至丧失引水能力。2006年调水调沙后,3 000 m^3/s流量时,水位平均下降0.8 m,致使大部分水闸引水困难。如花园口引黄闸,大河流量为100 m^3/s时,引水能力下降49%,在大河流量为800 m^3/s时,引水能力下降28%。引水工程条件则受脱河、引渠淤积或引渠口淤塞等影响,造成引黄涵闸引水困难。

黄河下游引黄供水保证率的降低,严重影响了引黄用水户的积极性,导致用水需求转移,需求减弱。尤其是农业用水户,在农业急需灌溉时,不能及时、适量地提供黄河水,农户转而采用保证率较高的井灌方式,大量开采和使用当地地下水。受此影响,一些原有的配水渠系会因长期不用而逐渐废弃,进而限制引黄水的使用,长期如此,将严重危及引黄供水市场,制约黄河下游引黄供水,因此提高供水保证率已成为保证引黄供水事业健康发展的关键。

2.7 经营管理人才不足

长期的治黄实践培养造就了一大批高素质的水利工程技术人才,但由于实行计划经济体制下的事业管理,经营管理人才、复合型人才及其他相关专业人才却相当匮乏,由事业型机制延续下来的人员编制对人才的引进有一定制约。根据统计,2006年黄委供水管理体制改革完成后,实际上岗1 000人,人员年龄结构为:平均年龄40.2岁,30岁以下133人,30~40岁236人,40~50岁439人,50岁以上192人。人员学历结构为:高中及以下514人、大中专348人、本科132、硕士研究生及以上6人。存在职工年龄偏高、知识层次偏低问题,对相当多一部分经营岗位难以胜任。

3 促进引黄供水健康发展的对策及建议

针对目前黄委供水存在的主要问题，结合规划目标，“十一五”期间引黄供水应当重点做好深化供水管理体制改革，建立健全各项规章制度，积极推动水价调整，创新思维开发供水市场、优化供水结构等工作，并加大科研开发力度，研制引黄供水管理系统，提高供水计量精度和供水保证率。

3.1 建立健全各项规章制度

建立健全各种供水生产管理规章制度是规范供水生产管理的重要方式之一，加强内控制度建设，完善相关的规章制度，做到凡事有章可循、有法可依。规章制度建设是一项长期的事情，建立健全必要的规章制度办法，明确供水机构在供水生产、财务、资产、工程、行政、人事管理等方面的隶属关系和管理关系，建立有效的运行机制。供水制度建设应当能使供水生产运作平稳、流畅、高效，并可基本上防患于未然。

3.2 建立科学合理的引黄供水价格形成机制，逐步推行科学的水价制度

水价是水资源管理中的重要经济杠杆，对水资源的配置和管理起重要的导向作用，目前，由于引黄渠首水价仍然偏低，水资源的合理配置难以实现。要认真分析引黄供水价格的内容，正确核算供水生产的成本费用，根据不同情况确定不同的供水价格，要进一步完善科学的水价制度，大力推行基本水价和计量水价相结合的两部制水价，对各类用水应尽快实行定额管理，确定合理用水定额，实行超定额用水加价，要积极探索水价制度的新形式，努力实现水资源的优化配置和效益的最大化。

3.3 积极拓展供水市场，调整供水结构

2001～2006年平均黄河下游非农业供水仅占供水总量的10%左右，而现行农业供水价格与非农业供水价格相比有较大差距，因此要使引黄供水经济效益明显提高，今后要紧紧围绕“维持黄河健康生命”的治河理念，强化水资源的统一管理和开发利用，着力调整供水结构。一要大力推动“两水分供、两水分计”工作，提高供水计量精度，增加引黄渠首工程供非农业用水的比例；二要充分发挥黄河自身水资源优势，积极开发引黄供水市场，特别是工业及城市生活供水项目，提高供成品水或半成品水的比例。重点做好郑州、开封、新乡、濮阳、聊城、滨州、东营等沿黄城市的供水研究，积极关注在建和拟建火电、金属冶炼、石油化工等用水项目，主动与地方相关部门开展供水开发合作，拓展供水市场，提高引黄供水经济效益。

3.4 加强供水工程建设与管理

加大对引黄水闸维修养护和更新改造力度，分期分批维修严重老化失修的引黄涵闸，每年6～10座，河南、山东各局分别3～5座，基本消除水闸隐患。大

修工作实行招标投标和施工监理制度，保障引黄水闸维修养护质量。大修费用由各省供水局从集中的收入中安排。黄委供水局负责牵头制定《引黄水闸日常维修养护标准》，并在每年汛前由黄委供水局及省供水局对引黄水闸的日常维修养护工作中进行检查验收，保证引黄水闸维修养护工作质量。

3.5 建立黄河下游数字供水管理系统

随着“数字黄河”工程建设深入和广泛的展开，目前有70座引水闸实现了远程监控，信息实现了上传下达，同时，黄委机关与各地市局的信息传输网络也已逐步完善，黄河数据中心一期也已建成投运，良好的基础设施以及黄河水资源的日渐短缺为黄委的供水管理提出了更高的要求，尽快实现供水管理现代化也显得尤为迫切。建立“黄河供水管理系统”是深化供水管理体制改革，健全供水管理机构，建立符合黄河实际的自动化供水管理体制和运营机制，促进引黄供水事业的可持续发展的重要举措。加快建设具有实现引黄供水生产、引水精确计量、水费征收、供水工程统一管理等功能的“黄河下游数字供水管理系统”，建立引黄供水基础信息数据库，及时反映水情水质相关资料和有关的政策价格信息，及时反映工程基本情况、引水量、人员情况等，实施水务公开，提高日常管理和供水生产的数字化、自动化水平，全方位提高黄河供水管理水平，促进引黄供水事业的可持续发展。

3.6 做好提高供水保证率研究工作

目前，供水保率低是引黄供水发展的一大制约因素，黄委应当在加强黄河水资源统一调度与管理的基础上，提高供水保证率。一是要研究下游用水高峰期，通过水库合理调度，提高下游用水保证率的水库调度。二是水量短缺情况下灌区灌溉方式研究。当黄河水量不能满足下游全部引黄口门引水量要求时，研究不同引水闸轮流引水的方式，提高水的利用率。为提高引供水保证率，解决黄河下游引黄取水口门关键时期发生引水受阻和“卡脖”问题，应当摸清引黄供水各环节存在的主要问题，分析黄河下游不同时段河道断面变化、水位流量变化以及引黄涵闸的运用状况，研究引黄工程不同时段、不同河道流量下的引水能力；分析供水市场需求，根据引黄供水需求规律，摸清影响引黄供水保证率的关键因子，研究解决办法途径，并提出相应的措施，提高引黄供水保证能力，最大限度地满足下游沿黄地区经济与生态用水，提高供水效益，保证下游引黄供水事业的长足发展，为黄河下游引黄供水管理提供宏观指导和科学依据。

3.7 加强重大问题和政策的研究

要根据出现的新情况、新问题，不断创新、调整管理的方式方法，通过不断创新管理，解决新问题，调动积极性，促进工作的开展。加强对影响供水工作重大问题的政策研究，抓住国家“南水北调”和山东省“西水东调”的机遇，结合东平湖重大问题的解决,实现水资源开发的新突破。加强滩区引水的研究,开拓新的经济增长点。

3.8 实施人才开发规划,加强经营队伍建设

针对经营队伍高素质人才缺乏、人才结构不合理和整体素质不高的问题,必须加大人才资源的开发和管理力度,制定和实施人才开发规划,培养造就一批高素质的人才队伍,提高经营队伍整体竞争力。要抓好管理和技术人员的继续教育,采取在职培训、自学脱产培训等多种方式实施继续教育工程;加强技术工人队伍培训,建立以技师高级工为骨干,中级工为主体,工种配套的技术工人队伍;要加大人才引进力度,采取公开招聘等方式引进必要的人才。建立以品德、能力和业绩为导向的考核评价体系和选用标准,建立和完善区别于党政机关干部的人才评价体系,建立健全以考核评价为基础,责任、风险与业绩挂钩,短期与中长期、物质激励与精神鼓励相结合的激励约束机制,努力使供水系统成为优秀人才的聚集地。

4 结语

引黄供水是黄委的优势产业,为促进黄河水资源的统一管理、高效利用,充分体现水资源的商品和资源属性,应尽快引入市场机制,运用市场调节优化配置水资源,实行以供定需,充分发挥价格杠杆的作用,用合理的水价调节保护水资源。尽快建立比较完备的水要素市场,构建合理的水价形成机制:一是将水资源费纳入供水成本;二是适时调整水价;三是逐步推行基本水价和计量水价相结合的两部制水价。努力推进供水产业向纵深发展,争取引黄供水有新的突破。

参考文献

[1] 齐兆庆. 黄河下游引黄供水的回顾与展望[J]. 人民黄河,1991(8):48－50.

[2] 李国英. 维持黄河健康生命[M]. 郑州:黄河水利出版社,2005.

[3] 赵小平. 价格管理务实[M]. 北京:中国市场出版社,2005.

[4] 员汝安,宫永波. 山东科学引黄供水的研究与实践[J]. 人民黄河,1997,(9):32－34.

[5] 后同德. 引黄供水资源市场配置初探[J]. 中国水利,1993(2):9－11.

黄河下游引黄供水可持续发展能力评价研究

王宏乾[1] 李振全[1] 李巧鱼[2]

(1. 黄河水利委员会供水局;2. 华北水利水电学院)

摘要:引黄供水可持续发展是一个复杂的综合系统,引黄供水可持续发展是维持黄河健康生命的重要组成部分。文章从多目标角度,建立了黄河下游引黄供水可持续发展评价指标体系。为合理确定各评价指标的权重,探讨了把层次分析法(AHP)作为确定指标权重的实现过程,并运用加速遗传算法(AGA)修正判断矩阵的一致性,同时计算判断矩阵各要素排序权值,即 AGA - CAHP 法。研究结果表明,AGA - CAHP 方法直观、简便,计算结构稳定,精度高,可在各种实际评价中应用。

关键词:引黄供水 可持续发展能力 评价指标 层次分析法 遗传算法

黄河是中华民族的母亲河,黄河治理事关我国现代化建设全局,引黄供水是黄河治理开发中的重要环节,也是黄委经济发展的朝阳产业。供用水和谐发展不仅关系到黄委自身的经济发展,也必将对下游区域经济的发展起到巨大的推动作用。但是目前黄河引黄供水发展中还在存在一系列的问题。

引黄供水可持续发展问题已成为黄河下游区域经济共同关注的问题。引黄供水业作为黄委将来的支柱产业,也是关系到下游区域社会经济发展能否和谐发展的重要产业,能否持续发展,对下游地区的可持续发展起着至关重要的作用。本文运用层次分析方法对引黄供水可持续发展问题进行了系统分析。

1 引黄供水可持续发展系统及其内涵

引黄供水业可持续发展系统是在可持续发展思想的指导下,将水源条件、工程条件、用水方式、供水管理等诸系统看做一个整体,以资源环境和技术发展为约束条件、以人为主体、以实现可持续发展为目标的复合系统。

对引黄供水业是否达到可持续发展的评估可包括两个方面的内容:一是对过去不同历史阶段引黄供水的发展作出可持续性的评估;二是要对未来引黄供水的发展是否能够达到可持续性进行预测。

2 引黄供水可持续发展评价的改进层次分析法(AGA - CAHP)

层次分析法(Analytical Hierarchy Process,AHP)在实际应用中存在的主要问题是如何检验和修正判断矩阵的一致性问题及计算AHP中各要素的排序权值,已提出的现行处理方法的主要问题是主观性强、修正标准对原判断矩阵而言不能保证是最优的,或只对判断矩阵的个别元素进行修正,因此至今仍没有一个统一的修正模式,实际应用AHP时多数是凭经验和技巧进行修正,缺乏相应科学的理论和方法。本文运用层次分析法(AHP)作为确定指标权重的实现过程,并运用加速遗传算法(Accelerating Genetic Algorithm,AGA)修正判断矩阵的一致性,同时计算判断矩阵各要素排序权值,即AGA - CAHP法。把该方法用于黄河下游引黄供水可持续发展能力系统评价中,其具体步骤如下:

第一步:根据问题的性质和要求对所评价系统建立结构模型,模型由上到下的目标层A、领域层B和项目层C组成。A层为系统的总目标,只有一个要素,即引黄供水可持续发展。B层为描述总目标的n个领域$B_1,B_2,\cdots,B_n$,C层为要描述系统总目标和各领域的m个项目$C_1,C_2,\cdots,C_m$。这里,各层次中的目标、领域和项目统称为系统要素。

第二步:对B层、C层的要素,分别以各自的上一级层次的要素为准则进行相对重要性的两两比较,通常采用1~9级评定标度来描述,得到B层的判断矩阵为:$B=\lfloor b_{ij} | i,j=1\sim n \rfloor_{n\times n}$,元素$b_{ij}$表示从总目标$A$角度考虑要素$B_i$对要素$B_j$的相对重要性。对应于$B$层要素$B_k$的$C$层的判断矩阵为$\lfloor c_{ij}^k | i,j=1\sim m; k=1\sim n \rfloor_{m\times m}$。

第三步:确定同一层次各要素对于上一层次某要素相对重要性的排序权值,并检验和修正各判断矩阵的一致性。设B层各要素的单排序权值为$w_k,k=1\sim n$,且满足$w_k>0$和$\sum_{i=1}^{n} w_k=1$。根据B的定义,理论上有

$$b_{ij}=\frac{w_i}{w_j} \quad (i,j=1\sim n) \cdots \tag{1}$$

这时矩阵B具有如下性质:①判断矩阵的单位性:$b_{ii}=\frac{w_i}{w_i}=1$;②判断矩阵的倒数性$b_{ji}=\frac{w_j}{w_i}=\frac{1}{b_{ij}}$;③判断矩阵的一致性条件:$b_{ij}b_{ji}=\frac{w_i}{w_j}\cdot\frac{w_j}{w_k}=\frac{w_i}{w_k}=b_{ik}$。

由已知判断矩阵$B=\lfloor b_{ij} \rfloor_{n\times n}$来推求各要素的单排序权值$[w_k | k=1\sim n]$。若判断矩阵$B$满足式(1),决策者能精确度量$w_i/w_j$,$b_{ij}=w_i/w_j$,判断矩阵$B$具有完全的一致性,则

$$\sum_{i=1}^{n}\sum_{j=1}^{n} | b_{ij}w_j - w_i | = 0 \tag{2}$$

式中:由于实际系统的复杂性、人们认识上的多样性以及片面性和不稳定性,系统要素的重要性度量没有统一和确切的标尺,在实际应用中判断矩阵 B 的一致性条件得不到满足是客观存在的,层次分析法只要求判断矩阵具有满意的一致性,以适应实际中各种复杂系统。若判断矩阵不满足一致性,则需要修正。设 B 的修正判断矩阵为 $X = \lfloor x_{ij} \rfloor_{n\times n}$,$X$ 个要素的单排序权值仍记为$[w_k | k = 1 \sim n]$,则称使下式最小的 X 矩阵为 B 的最优一致性判断矩阵:

$$\min CIC(n) = \sum_{i=1}^{n}\sum_{j=1}^{n} | x_{ij} - b_{ij} | /n^2 + \sum_{i=1}^{n}\sum_{j=1}^{n} | x_{ij}w_j - w_i | /n^2 \tag{3}$$

s. t. $\quad x_{ij} = 1 \quad (i = 1 \sim n)$

$1/x_{ij} = x_{ji} \in \lfloor b_{ij} - db_{ij}, b_{ij} + db_{ij} \rfloor \qquad (i = 1 \sim n, j = i + 1 \sim n)$

$w_k > 0 \qquad (k = 1 \sim n)$

$\sum_{k=1}^{n} w_k = 1$

式中:目标函数 $CIC(n)$ 为一致性指标系数(Consistency Index Coefficient);d 为非负参数,可以从[0,0.5]中选取,其余符号同前。

式(3)是一个非线性优化问题,其中单排序权值 w_k 和修正判断矩阵 X 的上三角矩阵元素为优化变量,对 n 阶判断矩阵 B 共有 $n(n+1)/2$ 个独立的优化变量。显然,式(3)左端的值越小则判断矩阵 B 的一致性程度就越高,当取全局最小值 $CIC(n) = 0$ 时 $X = B$ 及式(2)和式(1)成立,此时判断矩阵 B 具有完全的一致性,又根据约束条件 $\sum_{k=1}^{n} w_k = 1$ 知,该全局最小值是唯一的。加速遗传算法是一种通用的全局优化方法,用其求解式(3)所示的问题简便而有效。当 $CIC(n)$ 值小于某一标准值时,可以认为判断矩阵 B 具有满意的一致性,据此计算的各要素单排序权值 w_k 是可以接受的,否则提高参数 d,直到具有满意的一致性为止。同理,由 C 层各判断矩阵$\lfloor c_{ij}^k \rfloor_{n\times n}$,可确定 C 层各要素 i 对于 B 层 k 要素的单排序权值,以及相应的一致性指标系数 $CIC^k(m)$,$k = 1 \sim n$ 。当 $CIC^k(m)$ 值小于某一标准值时,可认为判断矩阵$\lfloor c_{ij}^k \rfloor_{n\times n}$具有满意的一致性,据此计算的各要素的单排序权值 w_i^k 是可以接受的,否则就需要调整判断矩阵,直到具有满意的一致性为止。

第四步:确定同一层次各要素对于最高层(A)要素的排序权值并进行各判断矩阵的一致性检验,这一过程从最高层次到最低层次逐层进行。B 层各要素的单排序权值 $w_k(k = 1 \sim n)$ 和一致性指标系数 $CIC(n)$ 同时也是 B 层总排序权值和总排序一致性指标系数。C 层各要素的总排序权值为 $w_i^A = \sum_{k=1}^{n} w_k w_i^k (i = 1 \sim m)$，总排序一致性指标系数为 $CIC^A(m) = \sum_{k=1}^{n} w_k CIC^k(m)$。当 $CIC^A(m)$ 值小于某一标准值时，可认为层次总排序结果具有满意的一致性，据此计算的各要素的总排序权值 w_i^A 是可以接受的；否则，就需要反复调整有关判断矩阵，直到具有满意的一致性为止。

第五步：根据 C 层各要素的总排序权值 $w_i^A(i=1 \sim m)$，进行分类排序，为黄河下游引黄供水可持续发展能力评价提供依据。

3 黄河下游引黄供水可持续发展能力评价研究

3.1 评价指标的选择和指标体系的建立

引黄供水可持续发展评价指标体系的设置应当从引黄供水可持续发展战略目标和指导思想出发，结合自身特点选取适当的评价指标。

3.1.1 评价指标的选取原则

(1)坚持特殊性。

(2)坚持综合性。

(3)坚持实践性。

3.1.2 指标体系的建立

根据引黄供水可持续发展能力的内涵和评价指标选取原则，建立如下评价指标体系，该系统包含水源条件、工程条件、用水方式和供水管理四个子系统。具体指标设置及分系统情况见图 1。

3.1.3 引黄供水可持续发展能力评价

针对黄河下游引黄供水情况，经过专家咨询，按 1 ~9 所示标度对重要性程度赋值(其中 1 ~9 的含义见表 1)，得出相应于图 1 的 5 个判断矩阵为：

$$A = \begin{bmatrix} 1 & 3 & 5 & 4 \\ 1/3 & 1 & 4 & 3 \\ 1/5 & 1/4 & 1 & 2 \\ 1/4 & 1/3 & 1/2 & 1 \end{bmatrix}, B_1 = \begin{bmatrix} 1 & 3 & 3 & 5 \\ 1/3 & 1 & 3 & 6 \\ 1/3 & 1/3 & 1 & 3 \\ 1/5 & 1/6 & 3 & 1 \end{bmatrix}, B_2 = \begin{bmatrix} 1 & 3 & 5 \\ 1/3 & 1 & 4 \\ 1/5 & 1/4 & 1 \end{bmatrix}$$

$$B_3 = \begin{bmatrix} 1 & 2 & 2 & 2 \\ 1/2 & 1 & 2 & 2 \\ 1/2 & 1/2 & 1 & 2 \\ 1/2 & 1/2 & 1/2 & 1 \end{bmatrix}, B_4 = \begin{bmatrix} 1 & 2 & 1 \\ 1/2 & 1 & 1 \\ 1 & 1 & 1 \end{bmatrix}$$

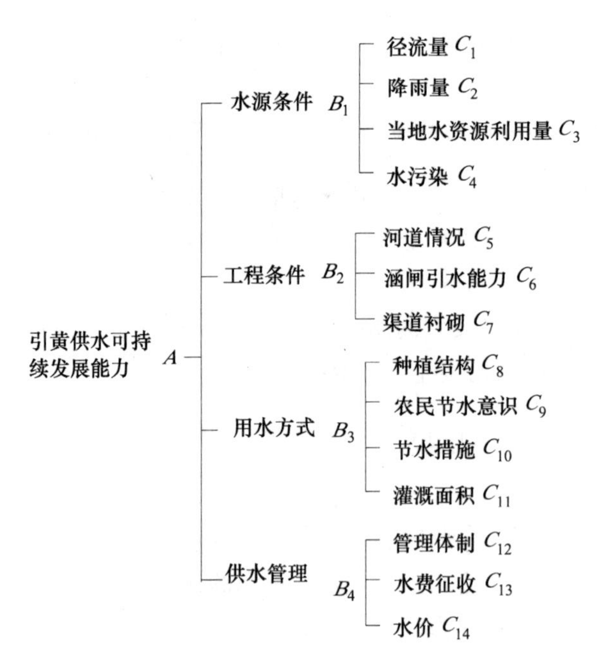

图 1　引黄供水可持续发展能力评价指标体系

表 1　1～9 标度的含义

标度	含义
1	表示元素 i 与元素 j 具有同样重要性
3	表示元素 i 比元素 j 稍重要
5	表示元素 i 比元素 j 较重要
7	表示元素 i 比元素 j 非常重要
9	表示元素 i 比元素 j 绝对重要
2,4,6,8	表示上述两判断之间的中间状态对应的标度值

采用 AGA－CAHP 法计算上述判断矩阵的权值，结果见表 2。

表 2　用 AGA－CAHP 法计算判断矩阵排序权值的结果

判断矩阵	排序权值							一致性标系数值
	w_1	w_2	w_3	w_4	w_5	w_6	w_7	
A	0. 534 0	0. 271 4	0. 107 9	0. 086 7				0. 075 9
B_1	0. 494 2	0. 298 6	0. 145 0	0. 062 3				0. 080 8
B_2	0. 626 7	0. 279 7	0. 093 6					0. 073 9
B_3	0. 390 5	0. 276 1	0. 195 3	0. 138 1				0. 044 9
B_4	0. 412 6	0. 259 9	0. 327 5					0. 046 2

由表 1 可知这些判断矩阵的一致性系数均小于 0. 10,具有满意的一致性,进一步可得到 C 层各评价指标 $C_1 \sim C_{14}$ 的总排序权值依次为(0. 267 3,0. 161 5,0. 078 4,0. 033 7,0. 163 4,0. 072 9,0. 024 4,0. 043 1,0. 030 5,0. 021 6,0. 015 3,0. 036 2,0. 022 8,0. 028 8),总排序一致性指标系数值为 0. 072 7,小于 0. 1,说明各判断矩阵均具有满意的一致性,上述计算的总排序权值可以作为各评价指标对黄河下游引黄供水可持续发展的权重。

3.2 结果分析

由以上的层次总排序结果可以看出:对水源条件影响最大的径流量和降水量;对工程条件影响最大的前 2 个指标为河道情况和涵闸引水能力;对用水方式影响最大的是种植结构和农民节水意识;对供水管理影响最大的是管理体制和水费征收。总排序结果表明,对黄河下游引黄供水可持续发展影响最大的前 7 个指标为径流量、河道情况、降水量、当地水资源利用量、涵闸引水能力、种植结构和管理体制。

4 结语

引黄供水可持续发展评价是一个由许多指标组成的具有层次结构的复杂系统,评价的难点是如何合理的确定这些评价指标的权重。为此,本文探讨了用层次分析法确定这些评价指标权重的实现过程,并用加速遗传算法修正判断矩阵的一致性,同时计算判断矩阵各要素的排序权值的改进层次分析法。研究结果表明,改进层次分析法(AGA - CAHP)的计算精度高,结果稳定,在其他系统评价领域具有应用价值。

参考文献

[1] 金菊良,杨晓华,丁晶. 标准遗传算法的改进方案——加速遗传算法[J]. 系统工程理论与实践,2001(9):38 - 49.

[2] 金菊良,张礼兵,张少文,等. 层次分析法在水资源工程环境影响评价中的应用[J]. 系统工程理论方法应用,2004,13(2):187 - 192.

[3] 后同德. 引黄供水资源市场配置初探[J]. 探索和思考,1993(2):9 - 11.

[4] 冯峰,邢广彦. 黄河下游引黄灌区可持续发展评价指标体系构成分析[J]. 黄河水利职业技术学院学报,2005(3):15 - 17.

黄河水量精细调度灌区需水量估算模型研究

薛云鹏[1] 刘学工[2] 程献国[3] 韩 琳[2,4] 景 明[3]

(1.黄河水利委员会;2.黄河水利委员会信息中心;
3.黄河水利科学研究院;4.西北工业大学)

摘要:宁夏、内蒙古、河南、山东4大引黄灌区农业用水是黄河流域用水大户,是进行黄河水量精细调度的重点,建立灌区需水量分析估算模型,进行灌区需水量预测对于实现黄河水量精细调度具有重要作用。本文通过对灌区水稻和旱作物生长过程需水分析,探讨了灌区需水量计算的关键因素,提出了基于遥感监测技术的集作物需水量、土壤表面含水量监测、土壤湿度垂向分布为一体的灌区需水量估算模型。该模型综合考虑了气象因素、作物因素及陆面水文过程对灌溉需水量影响,在灌溉期间对于不同气象条件、不同灌溉水量条件下,农田灌溉需水量进行模拟计算,预测出灌区需水量和灌区墒情,并可通过对未来天气的预测和作物需水量分析,计算需要调度的黄河水量。该模型将为黄河水量精细调度灌区需水量遥感监测提供研究思路。

关键词:黄河水量调度 灌区 需水量模型 遥感监测

1 引言

为了优化黄河水资源配置,提高水资源利用效益和效率,缓解水资源承载压力,黄河水利委员会提出了对黄河水资源实施精细调度。黄河流域80%以上的用水为农业用水,宁夏、内蒙古、河南、山东4大引黄灌区农业用水是黄河流域用水大户,是进行黄河水量精细调度的重点。

灌区农业用水受降水、气候等自然因素影响较大,与灌区墒情密切相关。灌区需水量取决于气象因素和作物要素,灌区水量精细调度取决于灌区需水量和上游来水情况。目前黄河水量调度具有调控能力的水库为龙羊峡、刘家峡、万家寨、三门峡、小浪底水库等,上游调水历时长,需要准确预测各大灌区未来需求情况,若预测灌区需水量大于实际灌区需水量,则产生调度弃水,造成水资源浪费,若预测灌区需水量小于实际灌区需水量,则产生用水紧张,不能满足用水需求。研究黄河灌区农业用水,建立灌区需水量分析估算模型,进行灌区需水量预测是黄河水量精细调度的关键问题。

2 引黄灌区概况及需水量研究现状

2.1 引黄灌区概况

黄河河套平原是我国北方最大的自流引黄灌区,历史上素有“黄河百害,唯富一套”之称。河套平原分黄河上段宁夏河套(宁夏灌区)和下段内蒙古河套(内蒙灌区)两部分:现宁夏灌区引水主干渠17条,设计灌溉面积409万亩,有效灌溉面积442.57万亩,多年平均引黄水量为75.67亿~80.13亿 m^3,实际净耗黄河干流径流量为32亿 m^3/a。内蒙古灌区有主干渠13条,多年平均引黄水量为61.95亿 m^3,年耗用水量为50.03亿 m^3,灌期集中于4月中旬至11月,扣除乌梁素海年排入黄河干流的2.59亿 m^3,净耗引黄水量47.44亿 m^3/a。

黄河下游引黄灌区(河南灌区、山东灌区)是我国最大的连片自流灌区,规划土地面积64 076 km^2,耕地面积5 836万亩。20世纪90年代以来多年平均实灌面积3 143万亩,河南、山东灌区涉及豫、鲁两省16个地(市)87个县(区),受益人口达5 541万人。黄河下游引黄灌区是我国重要的粮棉油生产基地,多年来在保证豫鲁两省粮棉油稳产高产方面发挥着重要作用,为黄河下游两岸经济发展起到了巨大的推动作用。

2.2 灌区需水量研究现状

灌区需水量是灌区水量分配的重要依据之一,是黄河实现水量精细调度的基础。目前灌区需水量研究主要分为两大类,一类是作物需水量法,是依据气象资料,结合灌区作物种植情况,计算参考作物蒸发蒸腾量(ET_0),获得作物需水量(李取生等,2004)。另一类是灌区水均衡法,根据灌区作物生育过程需水、耗水机理和灌区的水循环规律,建立基于灌溉动态需水量计算的灌区水均衡模型(秦大庸等,2003; 武夏宁等,2006)。

作物需水量法,又称FAO56方法(Allen R G, etc., 1998),根据联合国粮农组织(FAO)推荐的Penman-Monteith公式,表示为:

$$E_{Tc} = (K_{cb} + K_e) E_{To} \tag{1}$$

式中:E_{Tc}为作物需水量,mm/d;K_{cb}为基础作物系数;K_e为土壤蒸发系数;ETo为参考作物蒸散量,mm/d。

该方法认为,在自然条件下,作物需水量主要受气象条件、土壤水分条件和作物因素的综合影响,E_{To}反映了气象条件,K_e反映了土壤水分条件,K_{cb}反映了作物及生长因素。目前研究表明,该方法应用的关键问题是需要获得大量的灌区土壤水分观测数据。

灌区水均衡法,对不同作物单位面积净灌溉需水量、毛灌溉需水量、作物直接利用地下水量、降雨入渗补给量、田间入渗补给量、渠系入渗补给量、潜水蒸发量和田间表水蒸发量等进行计算，建立灌区水均衡模型，该模型具有明确的物理意义，但是计算十分复杂，需要资料多。

目前对灌区农田需水量计算已有了较为成熟的理论方法，但是由于计算过程需要大量的土壤湿度和蒸腾量观测资料，在应用于实际生产中还需要作大量的研究工作。本文以作物需水量为基础，考虑灌区陆面水文过程，提出了一种基于遥感监测的黄河灌区农田需水量研究思路。

3 灌区需水量估算分析

黄河灌区主要种植水稻和旱作物，水稻和旱作物在不同生长阶段对水的需求差异性大，需要同时考虑两类不同的计算方法。水稻灌溉一方面要满足泡田期的要求，另一方面还应满足插秧后生育期的需要。旱作物灌溉，需考虑播种前期灌溉需水量和生长期作物需水量。

3.1 灌区灌溉需水量

本文讨论的灌区需水量主要指灌区灌溉需水量，黄河灌区灌溉需水量主要来源于黄河引水量和当地地下水可利用量，灌区灌溉需水量 W_Y 表示为：

$$W_Y = \frac{Q - W_L \eta_L}{\eta_0} \tag{2}$$

式中：W_L 为当地水资源利用量，一般可以根据有关单位统计资料获得；Q 为灌区田间灌溉需水量；η_L 为当地水资源的灌溉水利用系数，由经验率定；η_0 为灌区引黄灌溉水利用系数，由经验率定。

灌区田间灌溉需水量决定于水稻泡田期的需水量、插秧后生育期的需水量，以及旱作物播种前期需水量、生长期作物需水量，可表示为：

$$Q = F(m_r, m_{rt}, m_b, m_{at}) \tag{3}$$

式中：Q 为灌区灌溉需水量；m_r 为水稻泡田期需水量；m_{rt}为水稻生育期需水量；m_b 为旱作物播种前期需水量；m_{at}为旱作物生长期需水量。

3.2 水稻灌溉水量

3.2.1 泡田期灌水量

水稻灌溉包括泡田期灌水和插秧后生育期灌水，泡田期灌水可按下式计算。

$$m_r = h_0 + S_1 + e_e t_1 - P_1 \tag{4}$$

式中：m_r 为泡田期灌水量；h_0 为插秧时田间所需水层深度；S_1 为泡田期渗漏量；t_1 为泡田期天数；e_1 为 t_1 时段内水面日平均蒸发强度；P_1 为 t_1 时段内降雨量。

通常，泡田定额按土壤、地势、地下水深度和耕犁层深度相类似田块上的实测资料决定。

3.2.2 生育期灌水量

生育期任一阶段,水稻田间灌水量可按照水量平衡方程求得,即:

$$m_{rt} = (h_2 - h_1) + W_C + d - P \tag{5}$$

式中:h_2 为时段末田间水层深度;h_1 为时段初田间水层深度;W_C 为时段内田间耗水量;d 为时段内排水量;P 为时段内降雨量。

3.3 旱作物灌水量

3.3.1 播前灌水量

旱作物播前灌水的目的是满足作物发芽和出苗所必需的土壤水分条件。播种前一般只进行一次灌水,其灌水时期与当地农作习惯、气候条件以及土壤状况有关。

$$m_b = H(\theta_{max} - \theta_0)n \tag{6}$$

式中:m_b 为播种前灌水定额;θ_{max}一般为田间持水率,亦可根据有关试验资料选取;θ_0 为播种前 H 土层内的平均含水率;n 为土壤孔隙率,以占土壤体积的百分数计。

3.3.2 生育期灌水量

旱作物生育任一阶段灌水量 m_{at}可按土壤水量平衡方程计算:

$$m_{at} = \Delta W_t + ET_t - W_r - p_0 - K \tag{7}$$

式中:ΔW_t 为 t 时段内土壤储水量变化值,由土壤水分监测资料计算得出;ET_t 为时段 t 内作物需水量 E_{Tc},或该时段内作物实际腾发量;W_r 是由于计划湿润层增加而增加的水量;p_0 为保存在土壤计划湿润层内的有效降雨量;K 为时段 t 内地下水补给量。

3.3.3 作物需水量 ET_t

某一时刻作物需水量 ET_t,取决于该时段的参考作物需水量 ET_0。ET_0 是指土壤水分充足、地面完全覆盖、生长正常、高低整齐开阔地块长度和宽度都大于200 m 的矮草地(草高 8 ~ 15 cm)的蒸发量。因为这种参考作物需水主要受气象条件的影响,所以根据当地气象条件分阶段(月或旬)计算。ET_0 计算见下式。

$$ET_0 = \frac{0.408\Delta(R_n - G) + \gamma \dfrac{900}{t + 273}u_2(e_s - e_a)}{\Delta + \gamma(1 + 0.34u_2)} \tag{8}$$

式中:ET_0 为参考作物需水量,mm/d;Δ 为饱和水气压与温度曲线的斜率,kPa/℃;R_n 为作物冠层表面的净辐射,MJ/(m^2 · d);G 为土壤热通量,MJ/(m^2 · d);γ 为干湿表常数,kPa/℃;u_2 为 2 m 高度处的日平均气温,℃;$e_s - e_a$ 为饱和气压差,kPa。

当获得参考作物需水量 ET_0 后,可采用作物系数 K_c 和土壤系数 K_s 对 ET_0

进行修正，即得到作物需水量 ET_t。

$$ET_t = (K_s + K_c)ET_0 \tag{9}$$

$$\begin{cases} K_s = \dfrac{\ln(A_v + 1)}{\ln(101)} \\ A_v = \dfrac{W - W_m}{W_f - W_m} \end{cases} \tag{10}$$

$$K_c = \alpha \times LAI^{\beta} \tag{11}$$

式中：W 为计算时段内土壤平均含水率；W_m 为作物凋萎系数；W_f 为田间持水量；LAI 为叶面积指数；β 为经验系数。

研究表明，式(5)、式(9)、式(10)中，叶面积指数 LAI、土壤平均含水量 W、土层内平均含水率 θ_0 是求解灌区需水量的关键，在实际应用中较难获得，本文将在基于遥感技术的灌区需水量模型研究中提出获取这些数据的途径。

4　灌区需水量估算模型

通过上述对灌区水稻和旱作物灌溉需水量分析，建立基于遥感技术的黄河灌区需水量估算模型，结合气象水文方法进行土壤水分条件的模拟计算，实现对黄河灌区需水量的估算。灌区需水量估算模型构成如图 1 所示，主要由作物需水量、土壤表面含水量、土壤湿度垂向分布等部分组成，该模型在灌溉期间不同气象条件、不同灌溉水量条件下，对农田灌溉需水量进行模拟计算，预测灌区需水量和灌区墒情；通过对未来天气的预测和作物需水量分析，计算需要调度的黄河水量。黄河灌区需水量计算模型可用于黄河灌区水量分配和水量调度方案制定，同时能够结合当时的气象状况，快速进行灌溉方案调整。

多源遥感数据、土壤湿度地面观测数据、灌区降雨及其他气象资料等是模型运算的基础数据。运用遥感技术，能够快速的为模型计算提供参数数据。通过与黄河灌区地面观测资料和气象站观测数据的结合，进行模型参数率定和模型验证，从而进一步提高模型的反演精度。遥感影像包括多光谱、SAR 和气象卫星影像。基于多光谱影像进行灌区农作物长势的监测与分析；而气象卫星、SAR 及多光谱影像均可用来进行土壤表层含水量反演计算，其中低空间分辨率的气象卫星用来宏观区域监测，而较高空间分辨率的 SAR 和多光谱用来对灌区农田尺度上的土壤墒情进行监测。

在灌区需水量估算模型中，参考作物需水量 ET_0 仅与气象条件有关，作物长势(LAI)比较容易由遥感监测资料分析获得，模型的关键是灌区土壤湿度垂向分布计算和土壤湿度分析，下面将着重给出讨论。

4.1　遥感土壤表层含水量计算

应用遥感进行土壤含水量计算是根据可见光波段、热红外波段以及微波监

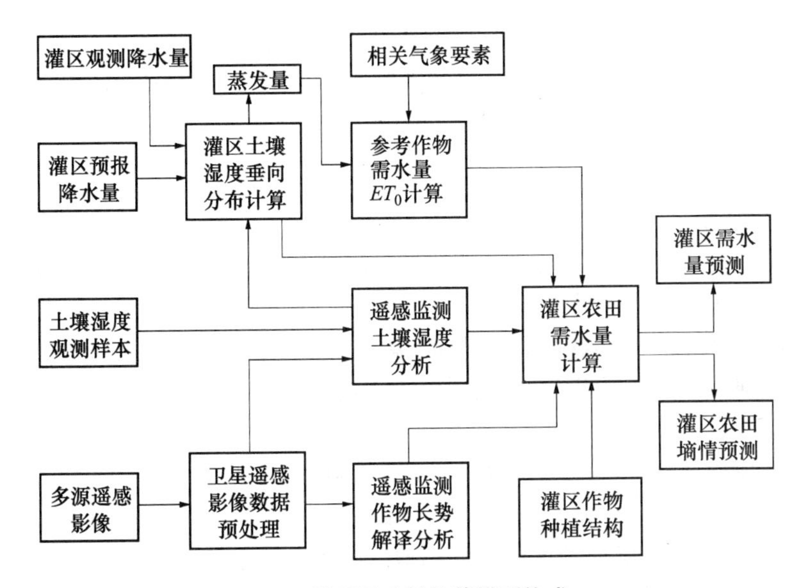

图 1　灌区需水量估算模型构成

测进行的，主要方法有热惯量、作物缺水指数、微波遥感、距平植被指数、热红外等（陈怀亮等，1999）。灌区农田土壤水分遥感监测多采用土壤热惯量法和作物缺水指数法（CWSI）。

土壤热惯量法：土壤热惯量是土壤的一种热特性，它是引起土壤表层温度变化的内在因素，它与土壤含水量密切相关，同时又控制着土壤温度日较差的大小。土壤温度日较差可以由卫星遥感资料，特别是 NOAA/AVHRR 资料获得，使热惯量法研究土壤水分成为可能。在实际应用时，常用表观热惯量 *ATI* 来代替热惯量：

$$ATI = \frac{1-A}{T_d - T_n} \tag{12}$$

式中：T_d、T_n 分别为昼夜温度，可分别由 NOAA/AVHRR 影像 4 通道的昼夜亮温得到，A 为全波段反照率，可由 1、2 通道的反射率得到。有了表观热惯量 ATI 后，常用下列线性经验公式计算出土壤水分 W，即：

$$W = a \times ATI + b \tag{13}$$

作物缺水指数法：是以植物叶冠表面温度（T_c）和周围空气温度（T_a）的测量差值，以及太阳净辐射的估算值计算出来的，实质上反映出作物蒸腾与最大可能蒸发的比值。在较均一的环境条件下可以把作物缺水指数与平均日蒸发量联系起来，作为作物根层土壤水分状况的估算指标。在作物生长期间，应用作物缺水指数法较宜。作物缺水指数 *CWSI* 定义为：

$$CWSI = \frac{\gamma[1 + r_c(r_{ac} + r_{bh})] - r/\Delta + \gamma(1 + r_c)}{(r_{ac} + r_{bh})} \tag{14}$$

$$r = \gamma[1 + r_{cp}/(r_{ac} + r_{bh})] \tag{15}$$

式中:γ 为干湿球常数,Pa/℃;r_{ac}为修正空气动阻力,s/m;r_{bh}为剩余阻力,s/m;r_c为作物冠层阻力,s/m;Δ 为饱和水汽压与温度关系的斜率;r_{cp}为潜在蒸散时的冠层阻力,s/m。

4.2 灌区土壤湿度垂向分布计算

土壤湿度垂向分布是评判不同作物是否缺水的一个重要指标,土壤湿度垂向分布是由土壤入渗条件决定的,通常影响土壤水分入渗的因素有土壤质地、土壤初始含水率、地表板结、降雨、下垫面、灌溉方法及温度等(苏凤阁等,2001)。

在黄河灌区灌溉季节,一般采用漫灌方式对农田进行灌溉,根据灌溉过程中水的运动特点,一部分产生地表径流,另一部分入渗产生壤中流,因此采用土壤水分产流模型计算土壤水分运动较宜(刘贤赵等,1999)。目前,比较有影响力的两个模型为新安江模型与垂向混合产流模型。新安江模型是一个降雨径流流域模型,适用于中国湿润地区与半湿润地区的水文预报工作,黄河灌区宜采用垂向混合产流模型(瞿思敏等,2003)。

垂向混合产流计算,地面径流取决于雨强和前期土湿,为超渗产流模式;地面以下的径流,包含壤中流和地下径流,取决于前期土湿和实际下渗水量,在下渗水量补足土壤缺水量的地方产流,否则不产流,则为蓄满产流模式。在垂向混合计算中,流域蓄满、超渗的面积比例是随前期土壤含水量和实际下渗量而随时改变的,其比例改变式为:

$$a = 1 - \left[1 - \frac{F_A + a}{W_{\mathrm{mm}}}\right]^B \tag{16}$$

式中:a 蓄满产流的面积比例系数;F_A 实际下渗量;W_{mm}流域最大蓄水量;B 流域蓄水量分布曲线指数;相应于初始土壤平均含水量为 W 时的纵坐标值。

垂向混合产流模型结构分地面径流和地面以下径流产流计算两部分。地面径流 R_S 为超渗产流计算,采用具有流域特征的格林-安普特下渗曲线进行计算,计算公式为:

$$F_M = F_C\left[1 + K_F\frac{W_M - W}{W_M}\right] \tag{17}$$

$$\begin{cases} F_A = F_M & P \geq F_M(B_F + 1) \\ F_A = F_N\left[1 - \dfrac{P_E}{F_M(B_F + 1)}\right]^{B_F + 1} & P_E < F_M(B_F + 1) \end{cases} \tag{18}$$

式中:F_M 为流域平均下渗能力;F_C 为稳定下渗率;W_M 为流域平均蓄水容量;W 为流域实际土壤含水量;K_F 为土壤缺水量对下渗率影响的灵敏度系数;B_F 为反映下渗能力空间分布特征的参数;P_E 为扣除雨间蒸发的降雨量。

地面以下的径流 R_R 为习惯上所说的壤中流与地下径流之和,采用蓄满产流结构计算,其计算式为:

$$a = W_M(B+1)\left[1-\left(1-\frac{W}{W_M}\right)^{\frac{1}{B-1}}\right] \tag{19}$$

$$\begin{cases} R_R = F_A + W - W_M & F_A + a \geqslant W_M(B-1) \\ R_A = F_A + W - W_M + W_M\left[1-\frac{F_A+a}{W_M(B-1)}\right]^{B+1} & F_A + a < W_M(B+1) \end{cases} \tag{20}$$

根据上述原理,可计算地表径流、壤中流和地下径流,同时可获得不同层蓄水量。

5 结语

黄河灌区需水量估算是黄河实现水量精细调度的关键,建议开展灌区农田墒情遥感监测模型研究,利用遥感技术进行灌区土壤墒情快速监测与预估,并开发黄河水资源精细调度灌区需水量分析系统,进行各灌区逐时段需水量分析计算,实现黄河水量精细调度。

参 考 文 献

[1] Allen R G, Oaes D. Smith M. Crop evapotranspiration - Guidelines for computing crop water requirements - FAO Irrigation and drainage paper 56[M]. FAO of the United Nations, Rome, 1998.

[2] 陈怀亮,毛留喜,冯定原. 遥感监测土壤水分的理论、方法及研究进展[J]. 遥感技术与应用,1999,14(2):55-65.

[3] 李取生,李晓军,李秀军. 松嫩平原西部典型农田需水规律研究[J]. 地理科学,2004,24(1):109-114.

[4] 刘贤赵,康绍忠. 降雨入渗和产流问题研究的若干进展及评述[J]. 水土保持通报,1999,19(2):57-62.

[5] 秦大庸,于福亮,裴源生. 宁夏引黄灌区耗水量及水均衡模拟[J]. 资源科学,2003,25(6):19-24.

[6] 翟思敏,包为民,张明,等. 新安江模型与垂向混合产流模型的比较[J]. 河海大学学报(自然科学版):2003,31(4):374-377.

[7] 苏凤阁,郝振纯. 陆面水文过程研究综述[J]. 地球科学进展,2001,16(6):795-801.

[8] 武夏宁,王修贵,胡铁松,等. 河套灌区蒸散发分析及耗水机制研究[J]. 灌溉排水学报,2006,25(3):1-4.

从宁蒙河段浅谈南水北调西线建设必要性

张会言　李福生　周丽艳

（黄河勘测规划设计有限公司）

摘要：宁蒙河段位于黄河上游下段，是黄河上游的主要用水区，正常年份分配耗水指标98.6亿m^3，现状耗水已超过100亿m^3。目前宁蒙河段存在的突出问题是河道淤积加重，防凌、防洪形势严峻，水资源供需矛盾突出。问题的根本原因在于水沙关系不协调，水资源总量不足。本文初步分析了宁蒙河段存在问题和产生原因，简要论述了可能采取的对策措施，说明尽快建设黑山峡水利枢纽，实施南水北调西线跨流域调水工程，从黄河源头增加黄河水资源量，是解决宁蒙河段问题的重要战略措施。

关键词：宁蒙河段　淤积　防凌　黑山峡　南水北调西线

1　宁蒙河段存在问题及原因初步分析

1.1　河道淤积严重

1.1.1　水沙特性及泥沙淤积变化

宁蒙河段具有水沙异源、水沙集中的特点。水量主要来自上游吉迈至唐乃亥、循化至兰州区间，该区间汇集了洮河、大通河、湟水等20多条支流，年来水量占下河沿年径流的60%以上；沙量主要来自兰州—下河沿区间支流及本河段的支流，如宁夏境内有清水河、红柳沟和苦水河等主要支流，内蒙古境内有西柳沟等十大孔兑。

宁蒙河段水沙特性在龙羊峡、刘家峡水库建成后发生了很大变化。1961年盐锅峡投入运用至1968年，河道基本冲淤平衡。1968年后刘家峡水库建成生效，1968～1986年下河沿站年平均来水来沙量分别为318.8亿m^3和1.07亿t，汛期水量169.1亿m^3，占53.0%，汛期沙量0.89亿t，占83.2%。该时期宁蒙河段年均淤积0.224亿t，其中下河沿—青铜峡微淤，青铜峡—石嘴山冲刷，冲刷原因主要是刘家峡、青铜峡水库拦蓄了大量来沙，下泄清水使下游发生冲刷。内蒙古河段淤积，昭君坟—蒲滩拐由于毛不浪孔兑与十大孔兑的泥沙汇入，淤积严重。龙羊峡水库生效后，水库的蓄水运用使水沙条件、河道冲淤特性发生变化，主河槽淤积加重。据分析，宁蒙河段1986～2004年年均淤积泥沙0.836亿t，淤积主要在内蒙古河段。1993～2000年内蒙石嘴山—蒲滩拐年均淤积达0.702亿t；2000～2004年内蒙段年均淤积达0.567亿t，造成河道宽浅散乱，摆动加剧，滩岸坍塌严重。

1.1.2 河道淤积的原因

宁蒙河段淤积加重的关键原因在于水沙条件发生变化，主要表现在以下三个方面：

一是上游天然来水减少。据统计分析，唐乃亥水文站年均降水量为480 mm左右，基本处于稳定状态。但由于下垫面条件的变化，使河川径流量发生了较大的变化。据统计，唐乃亥1950～2005年多年平均径流量为200亿m^3，1986后年均水量为180亿m^3，比多年平均减少了20亿m^3，减少了10%。

二是刘家峡、龙羊峡水库调蓄影响，以及工农业用水的增加，使进入宁蒙河段的汛期水量大幅度减少。天然情况下（以下河沿站1950年11月～1968年10月实测系列为代表）宁蒙河段年平均水沙量分别为321.4亿m^3、2.130亿t，汛期水量占61%，沙量占87.6%。1968年11月～1986年10月为刘家峡水库运用期，该期间上游水库拦沙，下河沿年来沙量1.07亿t，为天然来沙量的44.4%，但汛期来水比例比天然情况下降了9.7%，而来沙量只下降了6.8%。1986～1998年汛期水沙状况进一步恶化，汛期水量占42.1%，沙量占78.4%。

三是龙羊峡、刘家峡水库大量拦蓄汛期水量，洪水流量被大幅度削减，造成1986年以来宁蒙河段大流量出现的机遇大幅度减少。据统计，下河沿汛期流量大于2 500 m^3/s、3 000 m^3/s的天数分别由天然情况下的29.2%、14.2%下降到1986年以来的2.5%、1.9%，其他大部分时间流量小于1 000 m^3/s。在宁蒙河段支流、孔兑、风积来沙没有减少甚至还有所增加的情况下，汛期大流量的减少，使水流输沙能力大幅度降低，河道主槽淤积后得不到有效冲刷，从而造成了河道主槽严重淤积的局面。

1.2 防凌、防洪问题严峻

黄河出黑山峡河段后，自西南流向东北，下游河段气温比上游河段低，形成该河段封河自下而上、开河自上而下的规律。封河阶段，下游段先封河，上游段晚封，极易形成冰塞壅水，造成漫溢、决口；开河阶段，上游段先开河，槽蓄水量释放，而下游还处于封河，冰下的过流能力不足以通过上游的凌峰，极易形成冰坝，威胁堤防安全，甚至造成凌汛灾害。1986年以后由于宁蒙河段主槽严重淤积，河道形态恶化，造成封河期卡冰、壅水严重，冰塞灾害增多，出现了5次凌汛决口，为新中国成立以后最频繁的时段，每年的凌汛威胁非常严重。如1988年封河期在巴彦高勒发生严重冰塞，十余万亩耕地、牧场、林地被淹，40多个村庄被水包围或淹没。此后的1990年、1993年、2001年等多年凌灾,给沿黄广大人民群众造成了巨大的经济损失。

由于水沙关系不协调,宁蒙河段主槽严重淤积,河道排洪能力下降,平摊流量由天然情况下的2 500 m^3/s左右下降到1 500 m^3/s(部分河段最小为1 000 m^3/s),严重威胁防洪安全。遇支流发生高含沙量洪水,淤堵黄河的机会增多,造成严重损失。如1989年为丰水枯沙年,但由于十大孔兑来沙在支流口淤积形成沙坝,淤堵黄河,导致滩面和主槽淤积,昭君坟水位壅高2.18 m,造成严重防洪威胁。

1.3 水资源供需矛盾突出

宁蒙地区降水量极少,当地水资源十分贫乏,农业灌溉和社会经济的生存与发展,几乎全靠黄河供水支持。根据国务院批准的《黄河可供水量分配方案》(国办发[1987]61号文),在南水北调工程生效前,宁夏和内蒙古两省区分配耗用黄河水量指标为98.6亿m^3。据统计分析,宁蒙河段灌区引(耗)水量基本上随年代呈逐步增多趋势,从20世纪70年代的80亿m^3,增加到目前的100多亿m^3,且用水主要集中在5~7月,占全年用水量的65.4%,使汛期河道径流量减小,水沙关系不协调更加突出,河道淤积加重。

宁蒙地区煤炭资源十分丰富,是我国重要的能源和重化工基地。今后随着西部大开发战略的实施,宁夏、内蒙古西部地区的工业和城市将加快发展,其需水量将迅速增加,水资源供需矛盾将日益突出。

1.4 对存在问题的认识

由于水资源量不足,供需矛盾日益突出,国民经济用水大量挤占生态环境用水,导致水沙关系不协调,不仅使宁蒙河段主槽严重淤积萎缩,主槽过流行洪能力下降,河道形态严重恶化,河段防凌、防洪形势严峻,而且也造成黄河下游、小北干流河段主槽严重淤积,河段形态恶化,加重了防洪、防凌负担。因此,解决宁蒙河段目前和未来面临的问题,必须大力推进节水,并实施跨流域调水,增加黄河水资源量,保证河道内生态环境用水,协调水沙关系。

2 宁蒙河段生态环境用水量初步分析

河道内生态环境用水指维持河流一定形态和一定功能所需要保留在河道内的水量,针对宁蒙河段情况,概括为汛期输沙水量和非汛期生态基流。

2.1 汛期输沙水量

2.1.1 头道拐断面输沙用水量

宁蒙河段泥沙输送主要在汛期。根据沙量平衡法冲淤量计算结果,宁蒙河段多年平均淤积量为0.513亿t,宁夏河段冲淤基本平衡,年平均淤积量为

0.034 亿 t，占总淤积量的 6.6%；泥沙淤积主要集中在内蒙古河段，其中又以巴彦高勒—头道拐为甚，占宁蒙河段总淤积量的 86.0%。因此，仅分析巴彦高勒—头道拐河段的输沙用水量。

根据分析计算，巴彦高勒—头道拐河段 1961 年 11 月 ~1986 年 10 月，年平均淤积量 0.088 亿 t，淤积厚度为 0.017 ~0.014 m；而 1986 年 11 月 ~2004 年 10 月年平均淤积量为 0.68 亿 t，淤积厚度达 0.058 m。为逐步恢复、维持内蒙古河段的主槽过洪能力，年平均淤积厚度应维持在 0.01 m 左右，则年平均淤积量应维持在 0.12 亿 t 左右。

根据 1966 年 11 月 ~2004 年 10 月实测资料，并考虑支流来水来沙、河段引水引沙，建立头道拐输沙塑槽用水量与来水来沙的关系如下：

$$W_{汛} = \kappa_1 W_{s汛} + \kappa_2 \Delta W_{s汛} + c$$

式中：$W_{汛}$ 为头道拐汛期塑槽输沙水量，亿 m^3；$W_{s汛}$ 为头道拐汛期沙量，亿 t；$\Delta W_{s汛}$ 为汛期巴彦高勒至头道拐河段汛期冲淤量，亿 t；κ_1、κ_2 分别为系数；c 为常数。

预测未来巴彦高勒年沙量为 0.91 亿 t，其中汛期 0.66 亿 t；巴彦高勒至头道拐河段区间汛期来沙量为 0.312 亿 t。在河道汛期允许淤积量为 0.12 亿 t 时，头道拐汛期输沙塑槽水量为 127 亿 m^3。

2.1.2　小北干流输沙用水对头道拐输沙水量的需求

根据龙门、河津站 1950 年 7 月 ~2003 年 6 月实测资料统计，多年平均水沙量分别为 282.9 亿 m^3、8.16 亿 t。1986 ~2004 年小北干流河段的来水来沙量明显减少，年内分配比例发生了变化，年平均来水来沙量分别为 197.9 亿 m^3 和 4.50 亿 t。小北干流天然状态下，年平均淤积在 1 亿 t 左右，1986 ~2003 年小北干流年平均淤积 0.54 亿 t。由于近年来大流量出现的几率较小，泥沙基本上都淤积在主河槽，过洪能力下降。若要恢复主河槽的过洪能力，减少主河槽的淤积，经综合分析年淤积水平确定为 0.2 亿 t 比较适宜。

利用 1974 ~2004 年断面法冲淤量资料，与汛期单位输沙水量建立关系，如下式：

$$W_{龙+河汛} = W_{s汛}\left(\frac{c}{\Delta W_s}\right)^{\alpha}$$

式中：$W_{龙+河汛}$ 为龙门 + 河津汛期输沙水量，亿 m^3；$W_{s汛}$ 为小北干流汛期来沙量，亿 t；ΔW_s 为小北干流河段相应淤积水平的淤积量，亿 t；c 为常数；α 为指数。

2030 年水平，龙门断面的多年平均汛期沙量为 5.11 亿 t，若维持小北干流汛期淤积 0.8 亿 t，年平均淤积量为 0.2 亿 t 的情况下，汛期龙门输沙水量为 147 亿 m^3 左右。据多年平均实测资料统计，河龙区间汛期来水量约为 19 亿 m^3，扣除河龙区间来水量，则需头道拐断面汛期下泄水量为 128 亿 m^3。

综合上述分析,从宁蒙河段本身推求输沙用水量和从小北干流龙门断面上推头道拐断面输沙用水量,头道拐断面汛期输沙塑槽水量应在 120 亿 m^3 左右。

2.2 非汛期生态基流

根据黄委会国科局完成的《黄河河道内环境需水研究》成果,从河道不断流、水体自净需水等方面考虑,头道拐断面非汛期环境流量应不小于 250 m^3/s,头道拐断面非汛期河道内生态环境需水量为 52 亿 m^3;从宁蒙河段非汛期防凌流量要求分析,11 月~翌年 3 月需水量 57 亿 m^3,4~6 月需水量 20 亿 m^3,则头道拐非汛期 11 月~翌年 6 月生态需水量为 77 亿 m^3。因此,在满足防凌要求和生态环境要求的情况下,头道拐断面非汛期生态需水量为 77 亿 m^3。

综合上述,宁蒙河段河道内生态环境用水应不小于 200 亿 m^3,其中汛期输沙用水量在 120 亿 m^3 左右,非汛期生态水量为 80 亿 m^3 左右。

3 对策和措施分析

3.1 节水型社会建设

宁蒙地区属于典型的干旱、半干旱地区,水资源十分匮乏。目前,两区耗用黄河水量已超过分配指标,将来随着西部大开发进程、工业发展步伐加快,国民经济快速发展,用水量将进一步增加。在南水北调西线生效以前,为了使黄河有限的水资源能够维持流域社会经济的可持续发展,根本措施是建设节水型社会,加大节水力度。目前,两区已经逐步开展水权转换,以农业节水解决部分工业发展用水问题,可在短期内部分缓解工业用水缺口,但水量有限,不能解决长期发展问题。

3.2 调整龙、刘水库运用方式,改善宁蒙河段淤积状况的可行性分析

龙羊峡水库是黄河上游的龙头水库,具有多年调节性能,与刘家峡水库联合运用对水量进行多年调节,蓄存丰水年水量,补充枯水年的不足,拦蓄汛期水量,增加枯水期流量,提高梯级电站保证出力;同时调控凌汛期下泄流量,减轻宁蒙河段防凌负担,在用水高峰期加大泄量,提高灌溉供水保证率。

根据前述分析,宁蒙河段泥沙淤积加重,一方面原因是上游来水总量减少,用水量增加,另一方面是汛期水量占全年比重下降,且水库调节使洪峰时段大流量出现几率明显减少,从而造成宁蒙河段水沙关系更加恶化。因此,要减轻宁蒙河段泥沙淤积,首先要有足够的水量,汛期水量要占较大比重,还必须具备一定的大流量洪峰时段。因此,在可能的条件下,应积极调整龙、刘水库运用方式,尽可能塑造相对合理的水沙过程,以缓解宁蒙河段泥沙淤积。

根据设计条件,龙、刘梯级除发电任务外,刘家峡水库还承担宁蒙河段的防凌任务。在考虑防凌和河口镇最小流量要求前提下,按龙羊峡、刘家峡水库设计

运用方式进行调节计算(1919 年 7 月 ~1998 年 6 月 79 年系列),河口镇多年平均天然径流量为 323 亿 m^3,扣除以上用水 127 亿 m^3,河口镇多年平均下泄水量为 195 亿 m^3,其中非汛期 100 亿 m^3,汛期仅剩 95 亿 m^3。

根据前述宁蒙河段生态环境用水量分析,要满足河口镇汛期下泄 120 亿 m^3 的水量要求,需调整龙羊峡、刘家峡运用方式,增加汛期下泄水量约 25 亿 m^3。由于总水量有限,汛期水量增加,必然造成非汛期水量减少。其结果首先会给宁蒙河段防凌安全带来不利影响;其次影响宁蒙河段供水量及保证率;第三,非汛期下泄水量减少,将严重影响梯级保证出力,汛期下泄水量增加并以大流量过程下泄,也将产生大量的弃水电量,影响梯级电站的发电效益。初步计算,多年平均发电量减少 92.84 亿 kW·h,保证出力减少 1 499 MW。

随着西部大开发战略的实施,宁蒙河段的用水需求增加是必然的,用水紧张的局面特别是非汛期将更加严峻;在未来一定时间内,宁蒙河段的悬河之势依然存在,防凌问题依然严峻。同时,调整运用方式减少龙羊峡、刘家峡等电站保证出力和发电量,将涉及国民经济发展对电力的需求和西部电网电力系统运行安全等问题。因此,从宁蒙河段两岸经济社会发展、河道防凌安全、电力系统运行和河段输沙减淤等多方面的用水需求考虑,应首先增加上游来水总量,结合水库调节,塑造协调的水沙关系,才能有效解决宁蒙河段泥沙淤积问题,并保证宁蒙河段国民经济用水,才能很好地发挥龙羊峡、刘家峡水库的作用。在黄河上游来水量不增加的条件下,仅依靠改变龙羊峡、刘家峡水库运用方式来改善宁蒙河段的淤积状态,不仅涉及面广,而且代价巨大。

3.3 加快建设黑山峡水利枢纽

黑山峡河段是黄河上游最下一个可建高坝大库的河段,具有承上启下的战略地位,河段开发必须适应黄河治理开发总体部署要求,以解决宁蒙河段防凌问题为首要任务,以协调黄河水沙关系、改善河道形态为重点。从宁蒙河段综合治理分析,龙羊峡、刘家峡水库建成后,提高了河段工农业用水保证率,有力地支持了经济社会发展。刘家峡水库在宁蒙河段防凌方面发挥了重要作用,但水库距内蒙古河段较远,库容较小,不能做到调度灵活自如,防凌调度与发电之间矛盾大,加上河段形态恶化等因素,防凌问题已成为今后宁蒙河段综合治理最迫切需要解决的问题。

黑山峡水库在满足协调宁蒙河段水沙关系、与中游骨干工程联合调水调沙、宁蒙河段防凌要求的条件下,对黄河上游梯级的发电径流过程进行调节,满足宁蒙河段生活、工业和农业用水要求,充分发挥黄河干流工程的工农业供水效益。同时,由水库供水开发生态灌区,改善当地人民的饮水条件和居住环境,且有利于减轻环境超载压力,对恢复地区生态环境具有重要作用。

黑山峡水利枢纽的建设无疑将改善宁蒙河段乃至整个黄河干流的水沙关系，并给防凌、防洪、国民经济用水等提供强有力的支撑，但鉴于河道输沙用水等生态用水和国民经济用水的矛盾，要充分发挥黑山峡水库的作用，应通过南水北调西线工程，从源头区增加黄河水资源量，通过水库的调节，才能更好地协调汛期输沙用水和非汛期国民经济用水的矛盾。

3.4 加快南水北调西线工程建设

黄河是资源型缺水河流，流域用水已超出水资源承载能力，实施外流域调水是解决水资源矛盾的战略措施。南水北调西线入黄水量具有居高临下的显著特点，入黄位置高，覆盖范围大，完全覆盖黄河上、中、下游的缺水地区。调水量自上而下进入黄河干流大中型水库构成的水沙调控体系，利用较大规模调节库容，可以实现与黄河水资源统一调配，协调黄河来水过程和西线入黄水量过程与经济社会发展用水、河道输沙用水过程不一致的问题，统筹考虑河道内外用水需求，实现水资源的优化配置，充分发挥调入水量的作用，实现不同河段、不同功能、不同时段的需水要求。向河道外配置的水量，流经黄河上中游的主要城市、大中型灌区、生态脆弱带、黄河流域能源富集区、黄河干流水电基地，可为黄河流域及相关地区经济社会发展提供水资源保障，缓解黄河水资源供需矛盾；向河道内配水可结合黄河干流由龙羊峡、刘家峡、黑山峡、万家寨、碛口、古贤、三门峡、小浪底等骨干水库的调蓄，确保黄河枯水年干流河道不断流，塑造协调的水沙关系，逐步改善宁蒙河段、禹潼河段和黄河下游河道的基本功能。南水北调西线工程是实现我国水资源可持续利用的重要战略工程，其建设是非常必要和迫切的。

4 结语

宁蒙河段淤积加重，防凌、防洪问题严峻，水资源供需矛盾问题突出。从可持续维持宁蒙河段基本功能、满足国民经济发展需要，必须加快南水北调西线工程的建设，从源头增加黄河水资源量，结合黑山峡等干流水库的调节，协调黄河水沙关系，促进流域水资源、经济社会可持续发展。

南水北调西线工程宁夏黑山峡生态建设区供水生态环境效益评估

杨立彬　彭少明　王　莉

（黄河勘测规划设计有限公司）

摘要：应用经济学效用原理，研究了生态环境改善的消费者剩余理论。根据黑山峡生态环境建设区的生态环境效益类型和特点，结合国内外生态环境用水效益的研究成果，提出了黑山峡生态环境建设区生态环境效益计算方法，并在调查的基础上提出了效益计算的有关参数，分别研究了各种生态环境改善直接效益与间接效益，计算了供水的生态环境效益价值量。

关键词：黑山峡生态建设区　消费者剩余　生态环境效益　效用　评估

黑山峡宁夏生态建设区总土地面积 11 819 km^2，地表水资源人均及耕地单位面积平均占有量仅分别为黄河流域平均值的 1/4 和 1/6，为黄河流域最缺水的地区之一，主要自然灾害是干旱、风沙、氟中毒和水土流失。南水北调西线工程将向宁夏黑山峡生态建设区补水 3 亿 m^3，改造治理沙化土地 3 084 km^2，使 13.33 万 hm^2 的农田得到有效防护，通过围栏草场、防风固沙林、生态经济林、固沙中药材等项目的建设，增加农民收入，生态效益和经济效益显著。

1　生态效益的经济学原理

福利经济学的一条基本原理是：所有成本最终都以人们福利效用减小的形式表现出来，而收益最终都体现为福利效用的增加。生态价值体现在其直接提供的产品以及间接提供的生态服务功能上，包括生态因子的改善影响生产函数，环境质量改善带来的服务功能提高，这些均会以人类福利改变的形式体现出来。

西方经济学将消费者效用最大化问题的产品需求定义为马歇尔需求 $x(P,M)$，表达式为：

$$\left.\begin{array}{ll}\text{效用最大化的目标} & \mathrm{Max}\,U(x)\\ \text{约束条件} & P_1x_1+\sum\limits_{i\neq 1}P_ix_i\leqslant M\end{array}\right\}\qquad(1)$$

式中：$U(x)$ 为消费者效用函数；P 为价格向量；M 为预算支出。

而将既定效用水平下的最小支出问题定义为希克斯需求 $x^h=x^h(P,U)$，表达式为：

$$\left.\begin{array}{ll}\text{支出最小化的目标} & e = \min P_1 x_1 + \sum_{i \neq 1} P_i x_i \\ \text{约束条件} & u(x) \geqslant U\end{array}\right\} \quad (2)$$

式中：e 为消费者费用支出函数；U 为消费者要获得的效用水平。

生态环境条件变化的价值体现在所提供服务和产品数量、价格变化上，消费者获得的剩余 S，以补偿剩余 CS（保持初始的效用水平和维持无差异曲线 u_0，消费者获得剩余）的形式表现，即消费曲线以下和需求曲线以上的区间面积。在消费者效用最大化条件下，马歇尔需求和希克斯需求所获取的剩余基本相同。

$$CS = -\iint x(P,M)\,\mathrm{d}p\mathrm{d}r = -\iint x^h(P,U)\,\mathrm{d}p\mathrm{d}r \quad (3)$$

据谢泼德引理 $x^h(P,U) = \partial e(P,U)/\partial p$，因此消费者剩余可通过下式给出：

$$CD = \iint \partial e(P,U)/\partial p\mathrm{d}p\mathrm{d}r = e(P,r^0,u^0) - e(P^1,r^1,u^0) \quad (4)$$

式中：CS 为消费者剩余；$e(P,r^0,u^0)$ 为在原来数量、价格水平下获得效用 u^0 的最小支出。由此可通过计算消费者剩余 CS 来估算生态环境所提供生态服务和产品的价值。

2 生态价值的计量方法

消费者剩余的直接计量十分不易，对价值评估方法进行了大量的研究和分类，第一类能够直接得出货币化的价值，采用直接市场评价；第二类是通过一些人行为和选择模型为基础的间接技术推断货币价值。

2.1 直接市场评价

2.1.1 产出价值法

将生态系统作为生产中的一个要素，生态系统的变化将导致生产率和生产成本的变化，进而影响价格和产出水平的变化，或者将导致产量或预期收益的损失。如大气污染将导致农作物的减产，影响农产品的价格等。生态产品的价值为：

$$V = P_1 Q_1 - P_0 Q_0 \quad (5)$$

式中：V 为生态产品的价值；P_0 为产品的原价格向量；P_1 为产品变化后的价格向量。

2.1.2 机会成本法

资源具有稀缺性和多用性，选择了一种方案就意味着放弃了其他方案的机会，也就失去了获得相应收益的机会，把其他方案中最大收益视为该资源选择方案的机会成本。如将一个湿地生态系统开发为农田，那么开发成农田的机会成本就是湿地处于原有状态时所具有的全部效益之和。机会成本表达为：

$$C_k = \max(E_1, E_2, \cdots, E_n) \tag{6}$$

式中:C_k 为 k 方案的机会成本;$E_1, E_2, \cdots, E_n$ 为 k 方案的互斥方案的效益。

2.1.3 人力资本法

通过市场价格和工资多少来确定个人对社会的潜在贡献,并以此来估算生态环境变化对人体健康影响的损益。这种损失,通常可以用个人的劳动价值来等价估算。

2.2 间接推算价值

2.2.1 防护支出法

根据人们为防止环境退化所准备支出的费用多少推断人们对环境价值的估价。防护支出法可以有效地应用于揭示人们对空气和水质量、噪声,以及土地退化、肥力流失和土壤侵蚀与污染等方面的支付意愿。

2.2.2 条件价值法

条件价值法(CV)通过对消费者直接调查,了解消费者的支付意愿。CV 的核心是直接调查咨询人们对生态系统服务的支付意愿,并以支付意愿和净支付意愿来表达生态系统服务的经济价值。

2.2.3 土地价值法

土地价值法常用于二、三产业造成的耕地损失及森林资源损失,土地是一种持续利用的资源,应从复垦基金、土地补偿、土地占用税等方面综合考虑。

2.2.4 替代市场价值法

生态环境质量的变化,不会导致商品和劳务产出量的变化,但有可能影响商品其他替代物或补充物和劳务的市场价格,利用市场信息间接估计生态环境质量变化的价值,如水土流失中养分流失损失、森林破坏释氧能力损失等。

2.2.5 影子工程法

影子工程法,也叫替代工程法。常应用于环境的经济价值难以直接估算时,可借助于能够提供类似功能的替代工程来表示该生态环境的价值。比如,森林生产有机物的价值、涵养水源的价值、防止泥沙流失的价值均可采用此法。计算公式如下:

$$V = f(x_1, x_2, \cdots, x_n) \tag{8}$$

式中:V 为被求测的生态环境价值;$x_1, x_2, \cdots, x_n$ 为替代工程中各项目的建设费用。

3 生态效益评估

根据景观生态学的方法,将黑山峡宁夏生态建设区受水区生态环境主要分为林地生态环境、草地生态环境、农业生态环境和移民生态环境四种类型,分别进行生态环境效益评估。

3.1 林地生态供水效益分析

3.1.1 林地涵养水源效益

涵养水源是森林的重要生态功能之一,表现在森林具有截留降水、蒸腾、增强土壤下渗、抑制蒸发、缓和地表径流等功能。森林涵养水源效益采用替代工程法估算,假设存在一个蓄水功能与森林涵养水源量相同的工程,工程的价值就是替代森林的涵养水源效益。森林降水贮存量可用下式计算:

$$Q_2 = J_1 R = J R_1 R \tag{9}$$

式中:Q_2 为森林的降水贮存量;J_1 为有林地降水量;J 为林区总降水量;R 为森林涵养水源量占有林地降水量的百分比;R_1 为森林覆盖率。

按照受水区规划,黑山峡生态区森林覆盖率达到38%,生态区林地建设土壤总贮水量为0.61亿 m^3,以水库蓄水成本3.87元/m^3,考虑阶段发展系数取0.21,林地涵养水源效益为0.42亿元。

3.1.2 土壤保持效益

森林的土壤保持效益包括三个方面:一是减少表土损失的效益;二是减少养分损失的效益;三是减少淤积损失的效益。前两种效益通过农田的增产效益和林、副产品的产出效益来计算,而后一种可采用影子工程法计算减少淤积损失的效益。

(1)防护林的增产效益。农田防护林的增产效益,需按防护林的一个生长周期内通过被保护的农作物得到增产效益来表示。该部分效益在农业生态效益中计算。

(2)林、副产品产出效益。林、副产品产出效益包括三个方面:一是木材效益,即各种木材的产出效益;二是其他林副产品,如枝桠、树叶等可作为燃料、饲料、肥料,通常称为“三料”的产出效益;三是林中的副、特产品,如药材等的产出效益以及经济林的产出效益等(见表1、表2)。

表1 黑山峡生态建设区木材、林副、特产品及“三料”的产出效益

林、副产品种类	木材	林副、特产品	三料
种植面积(万 hm^2)	2.05	0.31	2.26
销售价格(元/(hm^2·a))	78 000	27 600	495
营林成本(元/(hm^2·a))	74 500	22 300	315
采运成本(元/(hm^2·a))	260	300	55
产出效益(亿元)	0.66	0.15	0.03

表2　黑山峡生态建设区经济林产出效益

作物种类	枸杞	葡糖	药材	红枣
种植面积(万 hm^2)	0.15	0.11	0.25	0.09
产量(kg/hm^2)	3 000	22 500	1 800	10 500
单价(元/kg)	10.0	1.75	8.0	1.2
增产效益(亿元)	0.45	0.43	0.36	0.11

由表1、表2可知,生态建设区木材利润为0.66亿元;林副、特产品产出效益为0.15亿元;“三料”产出效益为0.03亿元;由于生态建设区属于待开发的土地,经济果林的产出效益计算应为是其全部产出效益,为1.36亿元;林、副产品的产出效益合计为2.20亿元。

(3)减少泥沙淤积效益。按照黄河及其支流主要流域的泥沙运动规律,黄河流域土壤侵蚀流失的泥沙有32%淤积于水库、河槽。减少泥沙淤积的效益用清淤成本来计算:

$$E_s = 32\% \times A_c \times C \tag{10}$$

式中:E_s 为减少泥沙淤积效益;C 为清淤工程费用;A_c 为土壤保持量。

黑山峡宁夏生态建设区治理前的土壤流失量为2 000～5 000t/(km^2·a),按3 500 t/(km^2·a)计算,治理水土流失面积20.6万 hm^2,按减少土壤流失量50%计,则水土保持量为360.05万t,按照黄河宁蒙河段泥沙清淤费用6.13元/t,则减少泥沙淤积效益为0.02亿元。

3.1.3　净化空气环境效益

森林净化空气的功能包括:①森林吸收 CO_2、制造 O_2 的功能。②森林吸收 SO_2、NH_3 和一定量的Cu、Zn等有害气体与重金属物质。③吸滞烟尘和粉尘、滞尘作用。林带对降尘的阻滞率为23%～52%,对飘尘阻滞率为37%～60%。

(1)固定 CO_2 效益。固定 CO_2 效益计算可采用下面的公式:

$$V_c = \sum_{i=1}^{n} Q_i \times A_i \times S_i \times P_c \tag{11}$$

式中:V_c 为固定 CO_2 效益;Q_i 为 i 种林分单位面积植物年净生长量;A_i 为 i 种林分种植面积;S_i 为单位体积 i 种林分所固定的 CO_2 量;P_c 为固定单位 CO_2 的价格,国际上通常按照瑞典碳税法计算,按IPCC得到的温带森林的碳率(14.25美元/t)作为 CO_2 的碳税标准(Watson et al,2002),黑山峡生态建设区的树木主要是防护林和经济林,如表3所示,防护林固定 CO_2 的效益为0.76亿元,经济林固定 CO_2 的效益为0.04亿元,总效益为0.80亿元。

表 3　黑山峡生态建设区林地固定 CO_2 的效益

树木种类	年净增长量 (m^3/hm^2)	种植面积 (万 hm^2)	固定的 CO_2 量 (t/m^3)	固定 CO_2 效益 (亿元)
防护林	100	1.83	0.36	50.76
经济林	45	0.25	0.298	0.04

(2)吸收 SO_2 效益。吸收 SO_2 的效益可用下式计算：

$$V_s = q \times A \times P \quad (12)$$

式中：V_s 为吸收 SO_2 的效益；q 为研究区域森林吸收 SO_2 的平均值；A 为研究区域面积；P 为削减单位重量 SO_2 的投资成本。

(3)滞尘效益。滞尘效益计算采用下式：

$$V_d = Q_d \times S \times C_d \quad (13)$$

式中：V_d 为滞尘效益；Q_d 为森林滞尘能力；S 为研究区面积；C_d 为削减粉尘成本。

研究表明(Watson et al,2002)，吸收 SO_2 能力：阔叶林为 88.65 kg/(hm^2 · a)，杉类为 117.6 kg/(hm^2 · a)，松类为 117.6 kg/(hm^2. a)，平均为 215.6 kg/(hm^2 · a)；滞尘能力：云杉为 32 t/hm^2 · a，松树为 34.45 t/(hm^2 · a)，阔叶林为 10.11 t/(hm^2 · a)。黑山峡生态建设区林地面积 2.06 万 hm^2，经济林以枣树为代表，防护林以速生杨树为代表。吸收 SO_2 的量为 1 828.23 t，人为削减 SO_2 的投资成本为 600 元/t，则吸收 SO_2 的效益为 0.01 亿元；吸收粉尘的量为 20.85 万 t，人为削减粉尘成本为 170 元/t，滞尘效益为 0.35 亿元。

黑山峡生态环境建设区林地净化空气环境效益为 1.16 亿元。

3.2　草地生态环境供水效益分析

3.2.1　牧业效益

草地供水的经济效益主要是牧业效益，指种草养羊、养畜的效益。牧业效益可按照小尾寒羊饲养效益采用下式计算：

$$V_s = \frac{Q_g \times A_g}{q_a}(B_a - C_a) \quad (14)$$

式中：V_s 为牧业效益；B_a 为平均每只羊的年产值；C_a 为平均每只羊的年均生产成本；q_a 为平均每只羊年均食草量；Q_g 为单位面积草地年均产草量。

根据有关小尾寒羊的饲养资料(肖寒,2001)，饲草标准为每只羊年食鲜草 1 150 kg，饲料标准为大羊每日 0.2 kg，群羊按 100 只计，生产成本为 4.45 万元，产值为 7.94 万元，年净效益为 3.49 元，平均每只羊的净效益为 349 元。如果人工产草量以 45 t/hm^2 计，则每公顷草地养羊的净效益为 1.37 万元/a，则黑山峡生态建设区人工种草的经济效益为3.65亿元。

3.2.2 生态效益

生态效益主要反映在调节气候、提供生物栖息地、改善区域生态环境质量等方面,区域草地生态总效益可以通过下式估算:

$$V = \sum_{i=1}^{n} \sum_{j=1}^{m} A_j P_{ij} \tag{15}$$

式中:V为区域草地生态总效益;P_{ij}为草地单位面积生态效益;i为不同类型的生态效益;j为草地类型。

据谢高地等(2001)对蒙宁甘温带半干旱区草地生态系统的研究,单位面积生态效益值113.1美元/(hm^2·a),如人民币与美元的比值为7.98∶1.0,则黑山峡生态建设区草地生态效益为0.24亿元/a。

综上所述,黑山峡生态建设区草地供水的总效益为3.89亿元。

3.3 农业生态供水效益分析

3.3.1 农业经济效益

农业经济效益指农业产品直接产出效益。黑山峡生态建设区基本上都是未开发利用的土地,因此其防护林所获得增产效益则是全部种植农作物后的产值。

表4 黑山峡生态建设区农产品直接产出效益

项目	玉米	小麦	胡麻	瓜菜	小计
种植面积(万hm^2)	0.56	0.83	0.44	0.11	1.94
产量(kg/hm^2)	4 750	4 500	1 875	39 000	
单价(元/kg)	1.2	1.6	4.2	0.9	
增产效益(亿元)	0.32	0.60	0.35	0.39	1.66

3.3.2 农业生态效益

农业生态效益主要体现在土壤保持、涵养水分、固定CO_2、释放O_2、维持营养物质循环、净化环境等间接效益。可按下式计算:

$$V_s = E_s + E_w + E_a \tag{16}$$

式中:E_s为土壤保持效益;E_w为涵养水分效益;E_a为净化空气环境效益。

土壤保持效益从以下两个方面计算:

$$E_s = E_{s1} + E_{s2} \tag{17}$$

式中:E_{s1}为土壤肥力保持效益;E_{s2}为减少泥沙淤积的效益。

其中土壤肥力保持效益E_{s1}的计算可采用下面的公式:

$$E_{s1} = \sum_{i=1}^{n} A_c \times C_i \times P_i \tag{18}$$

式中:A_c 为土壤保持量;A_i 为土壤中氮、磷、钾纯含量;P_i 为氮、磷、钾的价格。

根据我国目前化肥平均价格为 2 950 元/t 计算,黑山峡生态建设区农田土壤肥力保持效益为 12.07 万元,见表 5。

表 5 黑山峡生态建设区农田土壤肥力保持效益

项目	土壤保持量(t/hm^2)	氮纯含量(t/t)	磷纯含量(t/t)	钾纯含量(t/t)	农田面积(万 hm^2)	土壤保持效益(万元)
数量	0.545	0.000 7	0.001 2	0.001 97	3.4	112.07

减少泥沙淤积的效益 E_{s2} 的计算采用式(10),减少泥沙淤积的效益为 31.487 万元。

农田涵养水分效益 E_w 可采用式(9)计算,生态建设区农田种植面积为 3.4 万 hm^2,农田平均持水量为 3 630.0m^3/(hm^2 · a),则农田涵养水分效益为 0.39 亿元。农田种植面积为 1.94 万 hm^2,农田净生长量为 6.5 t/(hm^2 · a),我国造林成本(碳率)260.90 元/t(欧阳志云等,1999),则农田净化空气环境效益 E_a 为 0.09 亿元。

3.4 生态移民供水效益分析

宁夏建设区土地集中连片,地势平坦,是接纳外来移民理想的场所。南水北调西线工程实施供水后发展人工绿洲建设用地 4.43 万 hm^2,灌区可容纳生态移民 20 万人,增加南部山区退耕还林种草 12.4 万 hm^2 和荒山造林种草面积 12 万 hm^2。

据宁夏灌区和非灌区林木年净生长量来看,有水灌区是非灌溉区的 10~20 倍。因此,依据前述林地生态效益计算方法,以供水区单位面积上林地生态供水效益的 6% 来估算,生态移民的林地生态效益为 0.18 亿元;灌区草地产草量是非灌区的 20~30 倍,依据前述灌区草地生态效益计算方法,单位面积牧业效益可按灌区单位面积牧业效益的 4% 来计算,则牧业效益为 1.26 亿元,提供生物栖息环境的生态效益按单位面积效益 113.1 美元/(hm^2 · a),生态效益为 1.85 亿元,则南部山区生态移民区草地生态效益为 3.13 亿元。

西线供水可解决宁夏黑山峡生态移民 20 万人的饮水问题,改善水量和水质,既可以减少当地居民因污染致病的健康损失价值,也可以减少因污染导致过早死亡或丧失劳动能力而造成的价值损失。对于移民所减少的劳动力损失价值,以农村适龄劳动力年龄 20~50 岁来计算,由于饮用当地水源或长期饮水困难而造成各种疾病不能劳动或提前死亡而带来的人数平均每年以 2% 来计算,在此年龄段的移民人数以占总移民人口的 50% 来估算,则有 10 万人,造成劳动力丧失的人数有 2 000 人,每人每年所创造的劳动价值以 1 500 元计,则减少劳动力损失的价值约为0.03亿元。如果仅对患氟骨病的患者做健康效益评估,则约有1 500个潜在氟骨病患者得到治疗,如以每人每年平均医疗费用800元计,则生态移民供水的居民减少疾病诊治损失价值为0.012亿元。

综上所述,生态移民区生态效益为3.33亿元,其中草地生态效益3.29亿元,移民健康效益为0.04亿元。

4 结论

在研究生态效益的消费者剩余理论的基础上,探讨了生态效益估算方法。南水北调西线工程向黑山峡补水3.0亿m^3,对黑山峡林地、草地、农田、生态移民区等不同类型生态供水效益的分析与计算,西线工程供水的年生态效益为13.23亿元,其中,间接提供的生态服务效益为7.44亿元,直接产品经济价值为5.85亿元,移民健康效益为0.042亿元。在生态效益中,林地生态效益3.58亿元,草地生态效益0.24亿元,农业生态效益0.49亿元,生态移民区所带来的生态效益3.13亿元;经济价值中,林木产品价值为2.20亿元,草地牧业产品价值为3.65亿元。

参考文献

[1] Caissie D, El-Jabi N, Bourgeois G. Instream flow evaluation by ydrologically - based and habitat preference (hydrobiological) techniques[J]. Rev Sci Eau, 1998, 11(3): 347 -363.

[2] Costanza R, Arge R D, Groot R D, et al. The value of the world's ecosystem services and natural capital[J]. Nature, 1997, 387:253 -260.

[3] WatsonRT, NobleIR, BolinB, etal. Landuse, land use change and forestry [M]. London: Cambridge University Press, 2002:316 -326.

[4] 肖寒. 区域生态系统服务功能形成机制与评价方法研究[D]. 中国科学院生态环境研究中心, 2001.

[5] 谢高地, 张钇锂,等. 中国自然草地生态系统服务价值[J]. 自然资源学报, 2001, 16(1): 47 -53.

[6] 欧阳志云, 王如松,等. 生态系统服务功能及其生态经济价值评价[J]. 应用生态学报, 1999, 10(5):635 -640.

[7] 李金昌. 生态价值论[M]. 重庆: 重庆大学出版社, 1999.

[8] 李金昌. 自然资源价值理论和定价方法的研究[M]. 北京:中国环境科学出版社, 1994: 244 -250.

[9] 李文华, 欧阳志云, 赵景柱. 生态系统服务功能研究[M]. 北京: 气象出版社, 2002: 72 -74.

南水北调东中线可持续水资源综合管理决策支持系统

蒋云钟[1] 王海潮[1] 游进军[1] Alessandro Bettin[2]
Bingyong Mao[2] 董延军[1] Simona[2] 鲁 帆[1]

(1. 中国水利水电科学研究院水资源研究所;
2. SGI Studio Galli Ingegneria SpA, Padova Italy)

摘要:作为跨世纪四大工程之一,南水北调工程将在科学改善我国不合理的水资源分布格局、缓解我国尤其是北方干旱地区日益严重的水资源危机、加快我国区域经济发展步伐、推动我国经济社会全面健康发展等方面有着非常巨大的意义。南水北调工程建成后的水量调配决策管理对实现工程的可持续发展具有重要意义。随着经济社会的持续发展,对水资源管理水平要求的不断提高,如何更好地从经济、环境、社会等各方面展开水资源可持续综合管理,为水资源合理管理提供智力支持,进一步促使水资源成为驱动北方干旱地区经济和社会发展的动力因素,成为未来水资源管理的必然要求。本文依据南水北调东中线特点,将水资源综合管理与社会经济、环境相结合,建立了南水北调东中线可持续水资源综合管理决策支持系统,旨在为南水北调水资源管理提供科学合理的决策依据,为经济、环境、社会可持续发展提供有力保障。

关键词:南水北调 可持续 水资源 综合管理 决策支持系统

1 引言

南水北调工程是迄今为止世界上最大的水利工程,它力图缓解国家的水危机,减轻目前和将来经济增长带来的需水压力。南水北调工程将通过三条线路从南方亚热带地区年调水 448 亿 m^3(1 400 m^3/s)到北方的黄河及海河等流域。其中,东线工程规划抽江水规模 800 m^3/s,经 1 200 km 可到达北方的天津市。这一调水线路将穿越严重缺水和受水污染影响的人口密集区,以促进这些地区社会经济的可持续发展。中线工程规划近期从长江的支流汉江丹江口水库陶岔渠首闸引水(年调水 130 亿 m^3),可基本自流到北京、天津,受水区范围 15 万 km^2;远景从长江中游引水。中线一期工程(年调水 90 亿 m^3)已经开工建设,预计于2010年左右完工。

本文依据南水北调东中线特点，开发南水北调东中线可持续水资源综合管理决策支持系统，通过政府宏观调控和市场机制合理配置水资源，协调各地区、各部门、多目标之间的水资源供求关系，进行科学、合理、高效的调度，充分发挥工程的经济效益、社会效益和生态环境效益，提高南水北调东中线工程运行管理水平，为南水北调东中线一期工程水资源调度决策提供了方便实用的科学分析工具和仿真平台。

2 东线决策支持系统

2.1 主要问题分析

南水北调东线工程调水的主要供水对象为苏北地区农业、山东省的工业和城镇工业，由于长距离输水导致的水价过高，调水工程在山东以及黄河以北的其他受水区将不供给农业。因此，调水在不同地区和用户之间的水量优化配置是东线工程的复杂而重要的问题。此外，预定的水量优化配置分配方案的可行性检验和基于工程运行方案的实施过程。

就经济角度而言，由于跨流域调水的水价更高，用户一般倾向于优先利用本地水资源，而外调水则被视为枯水时段或用水高峰时期的补充水源。因此，本地水和外调水的联合优化配置是实现东线工程管理和调度的重大挑战。而从宏观层面到底层管理手段的实施也是东线工程能顺利发挥效应的必要条件，也即是中长期调度计划（如年计划）到短期乃至实时调度的衔接方式需要深入研究。目前，针对不同问题的研究均有所涉及，但尚缺乏一个整体性的决策支持工具。

水量配置模型的主要目标是依据本地水资源量实现本地水和外调水合理的配置。针对这一目标，本文研究提出了相应的方法并与管理相结合，通过模型工具可以为东线全线的水量调配管理和工程运行调度提供实用工具。

水污染也是影响东线工程运行调度的另一重要因素。由于东线工程与受水区河道湖泊相连通，调水途经工农业生产发达地区，并且缺少相关的污水处理设施，因而存在调水被污染的风险。针对这一状况，自2000年以来提出了污染防治措施以改善东线受水区的水质状况，并做了大量工作。然而，水质问题依然十分严峻，监测系统需要进一步完善以检验各类措施的实施效果，同时分析东线通水后对受水区水环境等方面的影响效果。

2.2 总体目标

南水北调东线可持续水资源综合管理决策支持系统总体目标是开发南水北调东线可持续水资源综合管理决策支持系统，提高南水北调东线工程运行管理水平，为南水北调东线一期工程水资源调度决策提供了方便实用的科学分析工具和仿真平台。通过该决策平台,针对东线的调度管理措施可以在水文计算和水力关系分析的基础上进行,进而得出不同时空尺度上的配置方案分析,以及重点区域的水质分析。

2.3 研究框架

决策支持系统与相应界面系统基于数据库与模型开发进行整合,DSS 作为一个软件包对模型和数据库进行集成,为模型间的数据交互和用户操作提供平台。同时,DSS 为水量在区域和用户间的分配定义相关的管理措施,是模型组的核心引擎,可以实现不同方案下的水文和水力模拟,以及相应的水量配置方案和水环境状况分析。其总体架构如图 1 所示。其中,数据收集及数据库开发是整个任务的基础,为关键技术研究和模型调试运行提供数据信息。关键技术研究主要针对存在问题进行分析,并为模型开发提供基础。模型开发任务中各专业模型相互关联。

2.4 模型体系

中长期水文预报模型以历史资料和中长期气候预报成果为基础,输出结果可以为年水量配置模型提供输入。年水量配置模型按照“分水原则”生成区域水量配置方案。关键技术研究中得出的不同水文条件下的工程运行规则可以应用于年水量配置模型的模拟计算中。短期水量配置模型也根据相应的关键技术研究成果进行,同时将年水量配置模型的计算成果作为约束考虑。水质模拟模型将相对独立地进行开发。短期水文预报模型计算成果作为短期水量配置模型的输入,同时其输出成果,如水库泄流过程等可以作为水质模拟模型的输入,如图 2 所示。

2.4.1 中长期水文预报

中长期水文预报的范围包括整个受水区以及东线工程所经过的几个大型湖泊,其中洪泽湖的集水面积超过了受水区范围,主要集中在上游的河南、湖北和安徽。根据洪泽湖集水面积和受水区范围的重叠关系分析,选择洪泽湖在受水区的入口作为预报目标。模型方法主要是采用以历史资料序列为基础的回归分析,模拟时段长度为月,具体选用时间序列分析法和人工神经网络方法。

根据目标进行了不同方案的预测计算:①入流均值预报:正常调度方案采用;②最大入流值:汛期采用值;③最小入流值:应急供水采用值。

中长期水文预报模型可以预报东线受水区各计算单元的年和月入流过程。

2.4.2 短期水文模型

短期水文模型模拟南水北调东线流域的降水 - 径流过程。模型的目的是计算东线降水产流量,与短期水资源配置模型结合,为实现南水北调东线水资源适时调度提供模型支持。短期水文模型选用美国陆军工程师团开发的 HEC-HMS

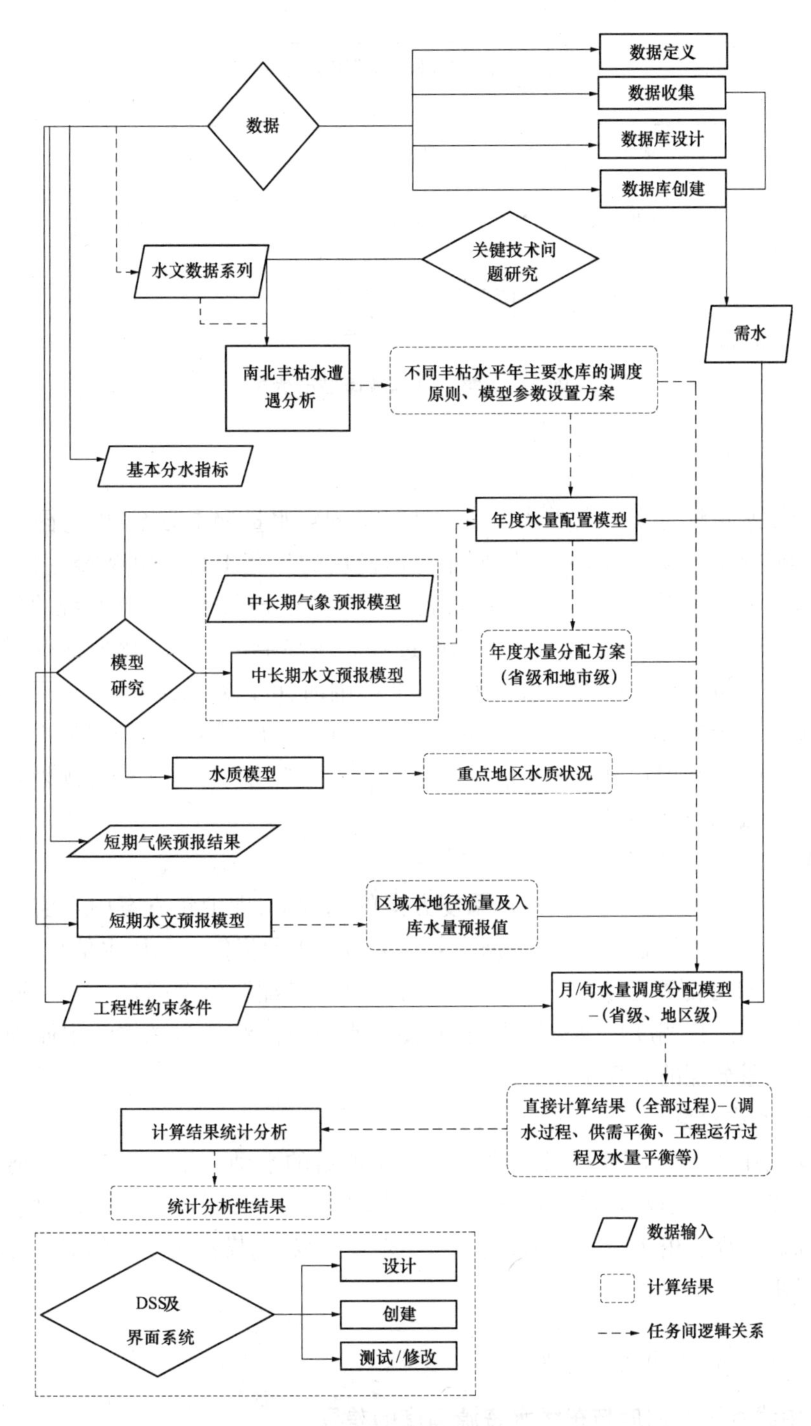

图1　东线决策支持系统总体架构

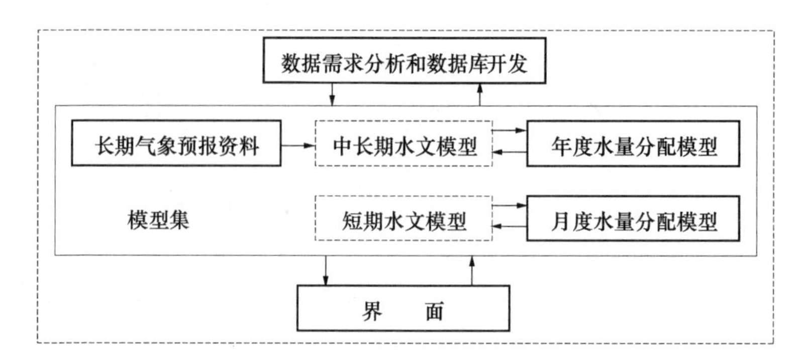

图2　决策支持系统中模型体系

模型。

2.4.3　长期水量配置模型

长期水量配置模型主要计算基于月时段的年水量配置方案，由中国水利水电科学研究院开发的ROWAS模型作为本模块的计算工具。ROWAS主要采用模拟分析水资源系统，根据对系统实际过程的深入分析，模仿实际系统的各种效应，对系统输入给出预定规则下的响应过程。在基于系统概念化处理得到的基于规则的水量配置模拟模型水量传递框架范围内，可以对系统水量供、用、耗、排的相关传输转换过程进行模拟，通过计算给出相应的水资源供需态势、系统的水量平衡及工程利用状况等各类信息。通过模型的应用可以为水资源规划管理工作提供有效的分析手段和工具。

2.4.4　短期配置模型

月调度供水分配方案是在年调度方案的基础上，即把年方案中当前月的分配量作为月调度的总控条件，根据当前月最新来水预报信息和用水信息，将调水量逐旬(周)分配到各个用户(分水口门)。月水量配置模型的目标是对短期和实时的水利工程调度提供指导原则，并使得水量分配结果与总体分水原则相一致。月水量分配的计算步长为旬。

2.4.5　水质模型

模型用于评价河流挟带污染物进入湖泊后的水动力学——对流和离散运动。应该首先考虑水环境中生物状态和污染物转化的评价，其次才是对感兴趣的方面做研究。由于以上原因，模型是一个二维模型，模拟污染物的对流和离散而不是水动力学过程。

3　中线决策支持系统

3.1　中线水资源调度与东线水资源调度的差异

东线和中线这两个调水工程的布局、受水区和运行特点都有很大不同，因此这两个工程水资源调度思路也有较大差别,不能将东线研究的模式完全推广到中线,更不能将东线决策支持系统中的模型直接复制在中线决策支持系统中。两条线的区别表现在以下三个方面:①中线工程的调水量不仅取决于受水区的需求,还取决于汉江来水的丰枯,而东线工程的调水量主要取决于受水区的需求和泵站规模。②东线工程从长江抽水,输水线路经过洪泽湖、骆马湖、南四湖和东平湖与淮河流域沟通,可通过湖泊的调度进行长江水、淮河水及地下水的调度,参与调度的湖泊与输水线路是串联形式;中线工程从丹江口水库引水后,1 400多 km 的输水线路上没有在线调节水库,其系统结构要比东线复杂得多。③东线工程管理有江苏水源公司和山东干线公司,两省可直接进行供水交易,两省对本省境内的东线工程和其他水利工程可以统一调度;而中线工程的管理由中线水源公司和中线干线建设管理局分别管理水源和干线,中线局与受水区各省在分水口门进行供水交易,只能管理中线工程的输水工程,输水工程两侧的配套工程和其他水利工程仍由各省水行政主管部门管理。工程主客水如何配置,需要中线局和受水区各省共同协商,运行调度要比东线工程复杂得多。

3.2 总体目标

南水北调中线可持续水资源综合管理决策支持系统的总体目标是开发南水北调中线可持续水资源综合管理决策支持系统,提高中线一期工程运行管理水平,通过政府宏观调控和市场机制合理配置水资源,协调各地区、各部门、多目标之间的水资源供求关系,充分发挥工程的经济效益、社会效益和生态环境效益。

3.3 研究框架

在中线运行调度相关数据库的基础上,构建丹江口水库分布式流域水循环模拟模型及多层次多准则自适应水量调控模型。通过模型的综合,实现信息收集、修正,支持水资源调度技术。基于受水区实际需要的调水量和水源区水文模型平台,制定中线年、月水资源调度模型。综合不同模型及成果,开发中线可持续水资源综合管理决策支持系统,进行当地水与外调水联合调度。如图 3 所示。

3.4 模型体系

为保证水资源调度成果整体实施的有效性、合理性和系统性,构建南水北调中线分布式流域水循环模拟模型及多层次多准则自适应水量调控模型,实现模型嵌套耦合与信息交互;然后,根据南水北调中线水资源调度的实际需求,在上述分布式流域水循环的模拟平台的基础上,利用不同时间尺度(年、月)调度模型等确定各种复杂情形下的水资源合理调度方案。

3.4.1 丹江口水库入库径流预报模型

丹江口水库中长期径流预报是实施中线水资源调度的重要前提,其预报精度直接影响水资源调度的效果。为保证水资源调度成果整体实施的有效性、合

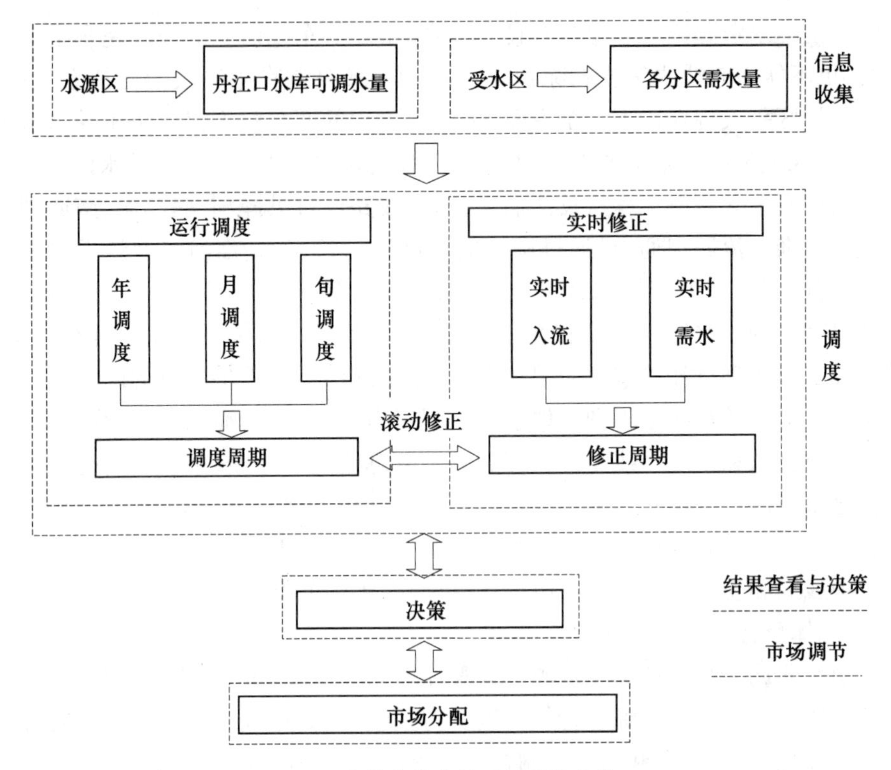

图3　中线决策支持系统总体架构

理性和系统性，需要首先对作为实际调度决策核心“发动机”的中线二元水循环模拟技术进行研究，合理确定丹江口水库的来水径流预报模型。

3.4.2　丹江口水库水资源调度模型

根据当前水库蓄水量、未来时段的入库水量、水库下游的需下泄水量和干线受水区的需调水量，运用前面确定的调度运用规则和供水调度图（图3），确定丹江口水利枢纽不同调度时段下的北调水量。

3.4.3　水资源调度模型

基于中线目标和局限性的分析，中线调度的基本原理可以总结为一句话：“宏观总控、长短相嵌、实时决策、滚动修正”。其中“宏观总控”是指以长期调度方案为控制基础，保证年、月、旬（周）调度合理性；“长短相嵌”是指根据长期气象和来水预报信息制定长时段调度预案，在长期调度预案的基础上，依据预报信息制定短期调度方案，短期调度是以长期调度预案为嵌套条件；“实时决策”就是根据面临时段丹江口水库来水预报信息与受水区需水计划信息，并结合当前工程运行状况，做出当前时段的调度决策；“滚动修正”是根据实际已经发生的水量分配与计划分配之间的偏差对余留期分水计划进行逐时段、逐月、逐年滚动修正，直到调度期结束。

4 结语

随着经济社会的持续发展,对水资源管理水平要求的不断提高,如何更好地从经济、环境、社会等各方面展开水资源可持续综合管理,为水资源合理管理提供智力支持,进一步促使水资源成为驱动北方干旱地区经济和社会发展的动力因素,成为未来水资源管理的必然要求。南水北调工程是迄今为止世界上最大的水利工程,它力图缓解国家的水危机,减轻目前和将来经济增长带来的需水压力。因此,工程完成后的水资源综合管理研究具有更加重要的意义。本文依据南水北调东中线特点,将水资源综合管理与社会经济、环境相结合,建立了南水北调东中线可持续水资源综合管理决策支持系统,在这方面作了有效的尝试。研究表明,在工程建成后的调度管理等综合决策的支撑平台建设方面需要投入更多的努力。

参考文献

[1] 李静,鲁小新. 南水北调中线干线工程自动化调度与运行管理决策支持系统总体框架初讨[J]. 南水北调与水利科技,2005(5):21-25.

[2] 孙建平,刘彬. 南水北调工程建设与运行管理信息化初探[J]. 南水北调与水利科技,2005(6):19-21.

[3] 丁民. 对南水北调工程管理问题的几点思考[J]. 南水北调与水利科技,2003(4):10-11.

[4] 畅建霞,黄强,王义民,等. 南水北调中线工程水量仿真调度模型研究[J]. 水利学报,2002(12):85-91.

为联合使用规划而进行的渠道水优化分配

A. Upadhyaya[1] Robin Wardlaw[2] A. K. Sikka[1] J. Kumar[1]

(1. 印度农业研究委员会东部地区综合研究中心，印度比哈尔省；
2. 爱丁堡大学工程电子学院基础设施和环境研究所，英国苏格兰)

摘要:基于两次方程程序技术的 OPTALL 模型可用以最小化供水和灌溉需求间的缺口,以及在分别考虑印度 Sone 渠道体系巴特那主渠道不同支流的平均来水年、75% 的来水年方案之后制定出优化的、平等的水分配方案以满足灌溉需求。水分配的优化方案比实际方案要好的多,因为供需比例不超过 1,然而对于实际方案,在许多支渠供需比例远远超过 1,显示出水分配的不平等性。为了平等地、有效地、合理地利用渠道水,需要与用水户进行协商而制定出不同可供水量情况下的渠道运行方案。通过渠道管理者和用水户之间的频繁会议和对话,以及通过决策支持工具进行的技术反馈,大多数水冲突可得以解决。渠道水优化分配方案和灌溉需求之间的缺口,显示出促进地下水利用和探索雨水、地表水及地下水的联合使用的可能性对于最大程度地减小供需缺口、提高产量是很必要的。

关键词:优化 渠道水分配 平等的水调度 决策支持系统 联合使用

水是农业生产最重要的因素之一。但由于水的时空变化,当农作物急需用水时,并不总是能得到水。有时,尽管水库中水量比较充足,但是由于技术、水利、社会经济、机构、财务和管理方面存在许多问题,使得水库中的水不能及时地下泄,以及不能在农民之间充分平等地进行调度和分配,2002 年 Upadhyaya 曾提及这一点,2005 年 Upadhyaya 又进行了详细的探讨。这导致了渠道水使用中的供需缺口的加剧,导致了或大水漫灌或农业干旱。这两种情况都对农作物产量有着负面影响。这明显地说明了如果渠道管理者能根据每种农作物的需求适当地规划、管理和放水,农民是能够在合适的时间内得到充分水量的。该论文介绍了应用 OPTALL 模型,制定出不同可供水量方案下的巴特那主渠道支流的水量优化、平等下泄方案,并对实际下泄方案和优化下泄方案之间的缺口进行了评估以进行联合使用规划。

1 OPTALL 模型及其能力

为了在农民之间平等地分配水资源,我们需要有总的可供水量、总的用水需求,以及一个具有优化和平等分配水资源能力的数学模型。有许多途径可解决优化问题。这些包括动态程序、线性和非线性程序。其中,动态程序能较好地解决这些问题,因为此优化途径能在结合系统约束条件下,给出在节水潜力及水分配的平等性方面产生的重大效益。由爱丁堡大学开发的 OPTALL 模型能够对巴特那主渠道不同引水口的水进行优化和平等分配,并能可见系统需求和系统约束条件。解决问题中目标功能的开发是非常重要的。因为要解决的问题关系到灌溉水管理,特别是确保灌溉水的优化和平等分配,下面是 1999 年 Wardlaw and Barnes 提出的最合适的目标功能:

$$\min Z = \sum_{i=1}^{n} \frac{(d_i - x_i)^2}{d_i}$$

其中,n 是灌溉方案的数目;d_i 是第 i 方案的灌溉需求;x_i 是第 i 方案的灌溉供水。上面的方程受渠道能力约束条件、持续性约束条件和供水约束条件的限制。

1996 年,Wardlaw 和 Barnes 应用 OPTALL 模型来模拟非常复杂的调度系统并证明该模型是非常成功的。1999 年 Wardlaw 提出了优化途径和步骤,解决了实时水优化的问题,更好地进行了水分配。2001 年 Wardlaw 和 Bhaktikul 应用遗传算法(GA)来解决水分配问题并得到了可接受的结果,他们得出结论,在解决水分配问题方面,GA 并不比二次方程程序更具有优势。

OPTALL 模型的数据需求包括巴特那主渠道系统的示意图(图 1),此图首先人工准备,然后在软件的帮助下准备。需要不同河段、灌溉方案、取水口、支流,能力、下渗损失及长度等方面信息来准备输入文件。

还需要其他一些输入文件,例如网络文件中定义的所有引水口每周的用水需求(m^3/s),渠道源头每周的实际引水量。

输入数据之后,OPTALL 模型可计算出系统约束下渠道取水口的优化平等的取水量。此优化的取水量不仅能使可供水量和水需求之间的缺口最小化,而且能给出平等分配和有效利用宝贵水资源的途径。此模型是比较成熟和容易使用的,在实时灌溉系统运行中可运作决策支持工具。方案管理者可应用该方法来提高不同可供水量情况下水分布的平等性。

2 结果和讨论

2.1 实际的和优化的渠道供水方案以及与灌溉需求的对比

研究制定了巴特那主渠道不同支流的实际的和优化的供水方案,并分别与巴特那主渠道源头、中游、末端以及整个渠道的 2003 年汛期和非汛期的一般来水、75% 的来水、实际来水情况的灌溉需求方案作了比较。整个巴特那渠道的结果显示在图 1 ~ 图 4 中。

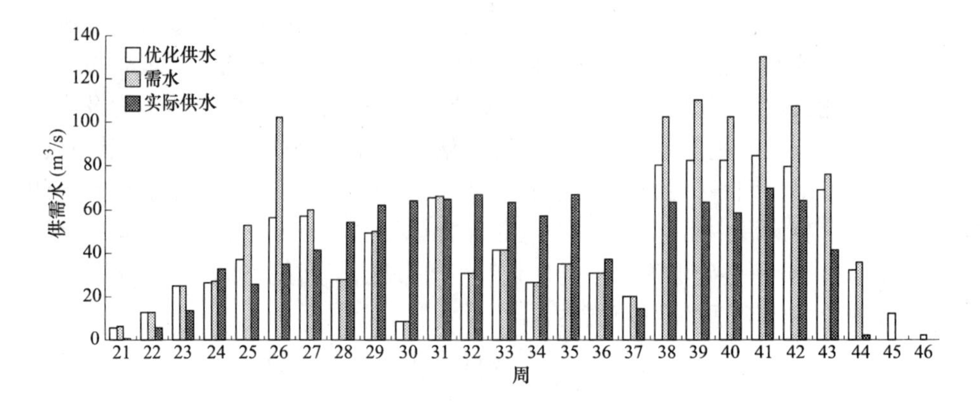

图 1　巴特那主渠道一般来水情况下每周的优化供水、实际供水以及用水需求情况

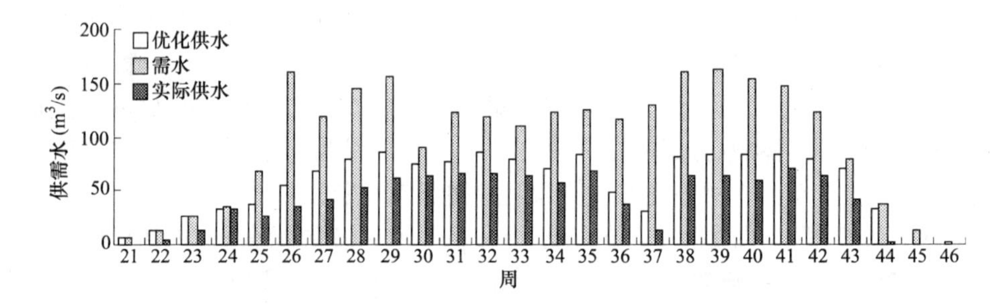

图 2　巴特那主渠道 75% 来水情况下每周的优化供水、实际供水以及用水需求情况

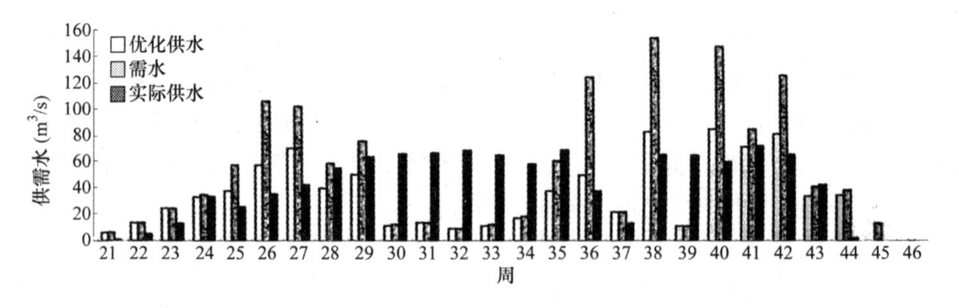

图 3　巴特那主渠道实际来水情况下每周的优化供水、实际供水以及用水需求情况

巴特那主渠道源头、中游、末端以及整个渠道的实际供水和优化供水分别与灌溉需求作了比较，并从图 1 ~ 图 4 中总结归纳出水多和水少的周数，显示在表 1 中。由这些数字可看出，实际供水方案下的供需缺口比较大。一些周的供

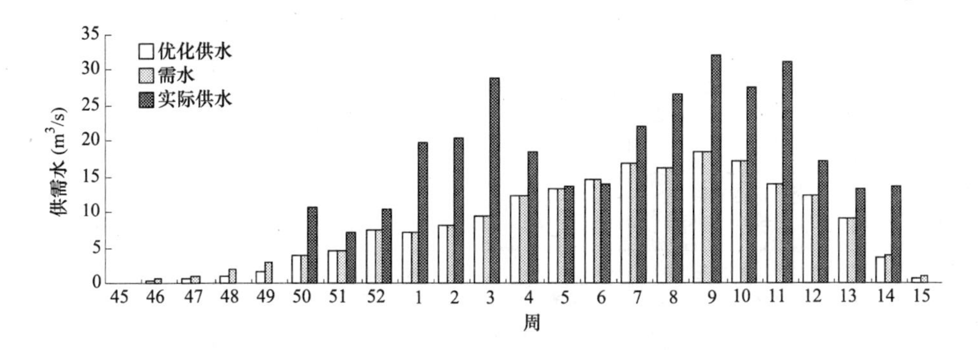

图4　巴特那主渠道非汛期每周的优化供水、实际供水以及用水需求情况

水远远大于灌溉需求，而另一些周的供水远远低于灌溉需求。表1显示出对于实际供水方案，汛期供水大于用水需求的周数少于供水小于用水需求的周数。然而非汛期趋势则相反，供水大于用水需求的周数多于供水小于用水需求的周数。供水不足的周数少于供水富余的周数，这说明在非汛期，仍有增加灌溉面积的可能性。对于优化供水方案，不存在供水富余的情况，绝大部分时间，供水不足的周数少于实际供水方案的。优化方案的供水不足的量级总是少于实际方案的。汛期，相对于75%来水条件下计算出的灌溉需求方案，供水不足是最为严重的，其次是相对于实际来水条件下计算出的灌溉需求方案，最后是相对于一般来水条件下计算出的灌溉需求方案。结果清楚地显示出由OPTALL模型得出的优化供水方案不存在供水不足的情况，大量减少了供水不足的周数和供水不足的量级，使得供需缺口最小化。

2.2　支流实际供水方案和优化供水方案的供需比例

巴特那主渠道所有支渠的实际渠道供水方案和优化供水方案相对于2003年汛期与非汛期一般来水情况下、75%的来水情况下及实际来水情况下的灌溉需求方案的供需比例都被计算出来。表2总结了不同支流在不同周的供需比例。由此表可看出对于实际供水方案，渠道源头、中游和末段的供需比例在许多周内都远远超过1，然而在其他一些周内，供需比例从1变化到小于1。仅仅极少数周内，供需比例等于1。另一方面，对于优化的供水方案，供需比例从不超过1。多数周内等于1。当渠道水很有限时，供需比例也小于1。考虑到系统的约束条件，决大多数时间内，所有支流供需比例是大于0.5和相等的。这显示出OPTALL模型不仅能优化分配水，而且能平等地分配水，从而导致了渠道水的有效利用。

2.3　优化供水方案和需求之间的缺口

虽然相对于实际供水方案，在汛期许多周内和非汛期几乎所有周内，优化供

表1 供水大于灌溉需求和供水小于灌溉需求的周数以及变化水量

河段	汛期一般来水情况下			汛期75%的来水情况下			汛期2003年实际来水情况下			非汛期		
	实际供水方案		优化供水方案	实际供水方案		优化供水方案	实际供水方案		优化供水方案	实际供水方案		优化供水方案
	供水大于灌溉需求的周数和水量(m^3/s)	供水小于灌溉需求的周数和水量(m^3/s)	供水小于灌溉需求的周数和水量e(m^3/s)	供水大于灌溉需求的周数和水量(m^3/s)	供水小于灌溉需求的周数和水量(m^3/s)	供水小于灌溉需求的周数和水量e(m^3/s)	供水大于灌溉需求的周数和水量(m^3/s)	供水小于灌溉需求的周数和水量(m^3/s)	供水小于灌溉需求的周数和水量e(m^3/s)	供水大于灌溉需求的周数和水量(m^3/s)	供水小于灌溉需求的周数和水量(m^3/s)	供水小于灌溉需求的周数和水量e(m^3/s)
源头	11 (31.69 -0.94)	15 (60.38 -0.30)	10 (36.29 -0.30)	1 (6.07)	25 (100.40 -0.15)	22 (78.36 -0.20)	13 (37.72 -0.40)	13 (62.92 -0.46)	10 (42.98 -0.20)	15 (9.37 - 0.51)	5 (0.77 - 0.11)	6 (0.43 - 0.01)
中游	9 (21.90 -0.21)	17 (20.10 -0.22)	13 (15.55 -0.07)	—	26 (39.77 -0.22)	23 (31.95 -0.17)	7 (23.29 -2.43)	19 (27.75 -0.23)	16 (23.36 -0.17)	15 (8.64 - 0.31)	7 (2.12 - 0.16)	6 (0.88 - 0.02)
末端	11 (10.53 -0.87)	13 (17.36 -1.28)	14 (8.56 - 0.04)	5 (6.89 - 0.40)	19 (21.13 -1.28)	23 (13.90 -0.05)	7 (6.89 - 1.18)	17 (25.07 -0.67)	18 (16.32 -0.05)	10 (4.24 - 0.38)	9 (0.80 - 0.02)	9 (0.04 - 0.01)
整个渠道	9 (55.70 -5.86)	17 (67.33 -1.13)	16 (46.25 -0.15)	—	26 (125.80 -1.13)	24 (104.73 -0.37)	8 (56.37 -1.26)	18 (86.07 -1.13)	19 (68.92 -0.37)	16 (19.24 -0.48)	6 (2.98 - 0.16)	13 (1.35 - 0.01)

表 2　供水部分或充分地满足需求的支流数目、周数和供需比例

河段	供需比例	汛期一般来水情况下				汛期 75% 的来水情况下				汛期 2003 年实际来水情况下				非汛期			
		实际供水方案		优化供水方案		实际供水方案		优化供水方案		实际供水方案		优化供水方案		实际供水方案		优化供水方案	
		周数	支流数目（范围）	周数	支流数目（范围）	周数	支流数目（范围）	周数	支流数目（范围）	周数	支流数目（范围）	周数	支流数目（范围）	周数	支流数目（范围）	周数	支流数目（范围）
源头	>1.0	23	1 ~ 13	—	—	15	1 ~ 8	—	—	18	1 ~ 13	—	—	17	4 ~ 10	—	—
	1.0	9	1 ~ 2	16	13	6	1 ~ 2	5	13	4	1	8	13	7	1 ~ 2	20	3 ~ 13
	部分	22	2 ~ 11	7	13	24	2 ~ 13	19	12 ~ 13	15	2 ~ 13	8	13	15	1 ~ 5	—	—
	0	5	1 ~ 9	1	13	8	1 ~ 9	—	—	6	1 ~ 9	8	13	21	1 ~ 13	8	1 ~ 13
中游	>1.0	22	1 ~ 10	—	—	11	1 ~ 9	—	—	19	1 ~ 10	—	—	17	1 ~ 10	—	—
	1.0	7	1 ~ 2	13	10	6	1 ~ 2	3	10	4	1	13	1 ~ 10	2	1	20	4 ~ 10
	部分	19	1 ~ 8	7	1 ~ 10	22	2 ~ 10	21	1 ~ 10	15	2 ~ 10	14	1 ~ 10	8	1 ~ 5	—	—
	0	7	1 ~ 10	—	—	7	2 ~ 10	—	—	8	1 ~ 10	6	1 ~ 10	20	1 ~ 10	7	2 ~ 6
末端	>1.0	15	1 ~ 10	—	—	12	1 ~ 10	—	—	13	1 ~ 10	—	—	17	1 ~ 10	~	—
	1.0	4	1 ~ 2	7	10	4	1	2	2 ~ 3	4	1 ~ 2	9	2 ~ 10	4	1	19	3 ~ 10
	部分	12	1 ~ 10	12	1 ~ 10	17	2 ~ 10	21	2 ~ 10	14	3 ~ 10	16	2 ~ 10	11	1 ~ 4	—	—
	0	7	1 ~ 10	8	1 ~ 10	6	1 ~ 10	6	1 ~ 10	5	7 ~ 10	6	1 ~ 10	16	1 ~ 10	15	1 ~ 10

水方案能平等地、优化地满足需求，然而汛期少数周的需求不能充分满足，这显示在图1～图4中。为满足缺口，需要探索利用地下水和促进雨水、地表水及地下水联合运用以提高产量的可能性。

3 结论

为使供需缺口最小化，我们利用了基于二次方程程序技术的TOPALL模型制定出了平等的、优化的水分配方案以满足巴特那主渠道不同支流一般来水条件下、75%来水条件下和实际来水条件下的灌溉需水方案。水分配的优化方案比实际供水方案要好得多，因为其供需比例不超过1。然而对实际供水方案而言，供需比例远远大于1，显示出水分布的不平等性。为了平等地、有效地、合理地利用渠道水，通过与用户协商研究制定了不同可供水量情况下的渠道运行方案。通过渠道管理者和用水户之间经常的会议与对话，以及决策支持工具的技术反馈，大多数水冲突得以解决。水的优化分配方和灌溉需求之间的缺口说明，促进地下水利用和探索雨水、地表水及地下水联合使用，对使供需缺口最小化和提高产量是很有必要的。

致谢

该项研究是ICAR资助的年青科学家获奖项目。非常感谢新德里ICAR和英国DFID对该项研究的资金资助。

参考文献

[1] Upadhyaya, A. 巴特那渠道水分配问题//以水质和水保护、促进可持续发展为主旨的国际水文和流域管理会议的交流论文. 海得拉巴, A. P. ,18－20,2002,Ⅱ:163－171.

[2] Upadhyaya, A. 比哈尔巴特那渠道有效水分配和调度得运行规划(战略措施)的制定. 提交给新德里ICAR的AP资助的ICAR年青科学家获奖项目最终报告,2005. 76.

[3] Wardlaw R B. 计算机优化的水分配方案. 农业用水管理,1999,40(1):65－70.

[4] Wardlaw R B. ,Barnes J M. 渠道系统的实时运行和管理. 关于21世纪发展中国家工程师面临的新的挑战的国际会议. 印度环境管理协会, 新德里,1996.

[5] Wardlaw R B,Bhaktikul K. 遗传算法在灌溉系统水分配的应用. 灌排. 2001,50:159－170.

[6] Wardlaw R B,Barnes J M. 实时灌溉管理中优化潜能的评估. Proc. 灌排处,ASCE,1999,125(6):345－354.

印度喜马拉雅上游特定小流域可持续山区农业

A K Srivastva J K Bisht Manoranjan Kumar

（印度山区农业研究院）

摘要：喜马拉雅西北部具有高海拔（平均海平面以上 1 000 ~ 3 500 m）、坡度陡（15% ~ 100%）、降雨强度高（大于 100 mm/h）、浅层砂砾土分布广泛、退化严重、森林覆盖率降低和不易进入（印度每 100 km^2 道路长度为 37 km，而喜马拉雅西北部道路总长度仅为 8.6 km）的特点。该地区面积 3 300 万 hm^2，涉及印度的 Jammu、Kashmir、Himachal Pradesh 和 Uttarakhand 州。以 214 万 hm^2 的耕地支撑该地区 2 200 万人口的生活，人均耕地少于 0.1 hm^2。在喜马拉雅西北部的中等山区（海平面以上 600 ~ 1 800 m），种植业集中在阶地山区。对大多数农户而言，可耕种阶地产出的产量仅相当于他们 4 ~ 5 个月的口粮。因此，提高小流域的粮食生产率已成为确保山区粮食安全的主要环节。

土地短缺和生产效率低是造成在陡峭和不稳定的山坡上进行种植的主要原因。Srivastava（1983）等提出相对于具有超出 VI 级别能力的非耕种土地规范，大约 33% 的耕地属于 V、VI 和 VII 类别。然而农民倾向在陡坡上种植以增加产出，这样却导致了土壤侵蚀加剧和产出降低。该地区的农业面临的主要问题是水资源及其管理问题，90% 的面积是雨水补给。由于阶地陡峭和土壤深度浅，大部分的雨水以径流的形式丧失了，造成了水资源问题的进一步加剧。

关键词：水资源管理 小流域 持续 山区农业 印度 喜马拉雅上游

1 方法

一次基本由农户参与的讨论会表明，农户优先考虑合适的、特定位置的农业风险最小化以及有效的方法。为解决这些问题，在此研究中，基于地貌、坡度和土壤特性，选取了 3 个比较普遍的多样性生态系统，用于观测其如何对农业生态系统和生长条件的变化作出反应。在选定的农业生态系统中，选取并研究了 5 个农作物体系。5 个秋收作物分别是玉米、秋葵、旱稻、小米和象草，5 个早春作物分别是小麦、扁豆、豌豆、toria 和杂交象草。观测影响作物产量的不同参数，例如：土壤条件、土壤湿度、土壤肥沃程度以及日照情况等。在雨季，对径流和水土流失情况也进行了观测。表 1 显示了不同秋收作物的试验面积。

表1　运用不同管理方案的秋作物的种植面积　　　　（单位：m^2）

作物	地点		
	Kanigere	Attadhar	Khakal
玉米	710	380	290
大米	360	260	160
小米	550	190	250
秋葵	270	240	140
草	320	170	125

2　结果和探讨

试验地点相对于太阳的方向导致日照的明显变化。在8:00，80%的Attadhar地区接受到日照。相应地仅有68% Khakal地区和28%的Kanigere地区可接受到日照。然而，在16:00，Kanigere 86%的面积可接受到日照，接下来分别是Attadhar和Khakal地区，分别有60%和6%的面积可接受到日照（见表2）。

表2　三个地点地貌对日照的影响

地点	地貌		日照程度（%）			均值（%）
	坡度	方向	8:00	12:00	16:00	
Kanigere	200	南	28	68	86	61
Attadhar	140	东南	80	77	60	72
Khakal	90	东	68	71	06	48

3　土壤特性和土壤湿度

对这三个地点而言，平均坡度都高于30%。然而，Attadhar地区比Kanigere和Khakal地区相对平坦些，Attadhar的坡度是32%，Kanigere和Khakal地区分别是42%和57%。土壤深度从Khakal地区的34.3 cm到Attadhar地区的47.6 cm。Kanigere、Attadhar和Khakal地区的土壤情况分别是多产的、亚多产的和退化的。前两个地点的土壤有少量的砾石，但Khakal土壤有超过40%的砾石。砾石导致有机碳的含量较低，雨季和非雨季的土壤湿度小（见表3）。对于这些地点的微营养物含量，没有观测到明确的趋势（见表4）。

表3　土壤特性和湿度

地点	坡度（%）	土壤深度（cm）	情况	砂砾度	有机碳（%）0～15 cm	密度（mg/m^3）	土壤湿度（%）0～30 cm	
							雨季	非雨季
Kanigere	42	40.5	多产的	少量	0.94	1.40	22.8	16.0
Attadhar	32	47.6	亚多产的	少量	0.85	1.45	21.3	14.1
Khakal	57	34.3	退化的	严重	0.62	1.46	18.2	12.4

表 4　微营养物含量(0 ~ 15 cm)　　　(单位:mg/kg)

地点	锌	铜	铁	锰
Kanigere	1.7	2.4	71.1	36.6
Attadhar	1.1	3.2	48.2	34.1
Khakal	3.1	1.3	43.1	40.9

4　作物的产出效率

Attadhar 和 Kanigere 地区的生产效率比 Khakal 地区相对高些(见表 5)。在雨季,Attadhar 地区的生产效率高于 Kanigere,而在非雨季,Kanigere 地区的生产效率则高于 Attadhar 地区。这是由于 Kanigere 地区的土壤湿度高于 Attadhar 地区(分别是 16% 和 14.1%)。对三个地点而言,小米的生产效率高于所有其他的农作物。然而,在 Kanigere 地区,杂交象草的生产效率非常低。在粮食作物产出效率低的 Khakal 地区,草料的产出效率却相对高些。

表 5　作物的生产效率　　　(单位:kg/hm^2)

地点	雨季			非雨季				
	旱稻	小米	玉米	小麦	扁豆	豌豆	Toria	杂交象草
Kanigere	2 447	3 230	1 750	1 136	440	588	284	1 500
Attadhar	2 866	3 788	1 671	1 330	496	179	180	8 200
Khakal	2 005	2 697	840	763	381	244	148	7 300

冬季,Attadhar 地区绿色草料收成最好,其次是 Khakal 和 Kanigere 地区。Kanigere 地区,虫害比较严重,从而影响了象草的绿色粮草收成。

砂砾石较少,适合的土壤深度以及坡度适合生产像旱稻、小米和小麦的谷类作物。然而,边远的土地适合生产小米、扁豆、toria 以及由桑树、杂交象草、冬草等林草结合体系。表 6 显示了三个地点每个选定作物的能量平衡。

表 6　作物的能量平衡

地点	能量组成	玉米	旱稻	小米	杂交象草
Kanigere	产出	3 006	3 184	2 849	286
	投入	333	538	438	57
	平衡	2 673	2 602	2 411	229
Attadhar	产出	1 754	2 304	1 087	242
	投入	350	356	335	43
	平衡	1 404	1 948	752	199
Khakal	产出	864	1 048	816	156
	投入	101	228	253	31
	平衡	763	820	563	125

5 径流和水土流失

表7给出了雨季期间的径流和水土流失情况。Khakal地区的径流量高于其他两个地区。这在预料之中。因为该地区坡度陡,砂砾石多。造成了在非雨季期间,土壤湿度较低。总之,玉米和秋葵产生的径流高于其他作物。然而,没有观测到明显的趋势。相似地,玉米和秋葵被发现更易引起水土流失。

表7 径流和水土流失

作物	地点					
	Kanigere		Attadhar		Khakal	
	径流 (L/100 m^2)	水土流失 (g/lit)	径流 (L/100 m^2)	水土流失 (g/lit)	径流 (L/100 m^2)	水土流失 (g/lit)
日期:2004-08-26;降雨量:56 mm (24 h)						
玉米	59.9	4.50	95.5	5.50	165.5	6.50
大米	138.1	2.50	93.4	1.50	120.4	5.00
小米	70.4	4.00	146.2	2.00	181.6	4.50
秋葵	171.1	4.00	151.0	8.00	171.4	6.50
草	70.9	2.50	20.6	2.50	140.8	4.00
日期:2004-09-15;降雨量:53 mm (24 h)						
玉米	90.14	9.00	131.6	4.50	172.4	11.50
大米	86.33	3.50	100.2	4.50	184.0	4.50
小米	63.8	3.50	60.5	4.00	33.6	3.50
秋葵	185.2	7.50	143.5	4.50	198.1	4.50
草	21.4	4.50	74.7	4.00	—	8.00
日期:2004-09-22;降雨量:28 mm (24 h)						
玉米	—	—	—	—	87.0	1.20
大米	—	—	173.3	0.40	94.3	0.80
小米	44.3	0.55	60.5	0.35	20.2	0.25
秋葵	—	—	212.1	0.40	104.3	1.00
草	23.6	1.10	—	—	—	

6 从耕地角度看小流域生产效率

特定地区的综合农业系统的组成部分对于山区农业是非常重要的。在VPKAS所做的研究显示出对于上游,改进山区农业的途径是可持续发展的。这种方法可以进一步扩大并运用于确保喜马拉雅的粮食、环境和经济安全中。

7 根据生产效率分组

在 NWHR 的 Kumon 山区,典型的耕地是 0.4 hm^2 并分布在多达 20～30 个阶地上,大小从 0.01 hm^2 到 0.06 hm^2。该地区被划分成高、中、低生产效率小面积,以基于小面积的潜能实施种植多样性作物的战略。土壤湿度、有机碳、每立方米土壤中氮的含量、水土流失以及日照被选定作为分类的标准(见表 8)。

表 8　根据土壤和能量资源进行生产效率分组

因素	高	中	低
土壤湿度(%)	12～16	10～12	6～10
有机碳(kg)	>2	1～2	<1
氮(kg/m^3)	>0.2	0.15～0.2	<0.15
土壤侵蚀($t/(hm^2 \cdot a)$)	<10	10～15	>15
日照(%)	75～100	50～75	<50

粮食作物和草料的生产效率分别是 24.4 q/hm^2 和 20.8 t/hm^2,16.3 q/hm^2 和 18.1 t/hm^2,14.6 q/hm^2 和 15.6 t/hm^2(见表 9)。表 9 显示了非雨季期间(10 月～次年 4 月),当农民采取最优化种植方案时耕地的生产效率。根据从现场试验收集到的信息,对于高、中、低生产效率的地区,粮食作物和草料的种植面积的优化比例分别是 3:1、3:1 和 1:1。低生产效率的地区建议广泛种植类似梨、桃、梅子和柑橘等水果。这些植物第 7 年开始结果,第 5 年产出叶子草料。因此,对土地资源和农作物种植进行生产效率分类是优化土地资源利用和维持生产可持续性的根本需求。

表 9　耕地生产效率(0.4 hm^2),非雨季(如果农民采取最佳种植方案)

作物	高	中	低
粮食作物(小麦, 扁豆, Toria)	24.3 q/hm^2 9.7 $q/0.4\ hm^2$	16.3 q/hm^2 6.52 $q/0.4\ hm^2$	14.6 q/hm^2 5.8 $q/0.4\ hm^2$
草料 (杂交象草 + 冬草)	20.8 t/hm^2 8.3 $t/0.4\ hm^2$	18.1 t/hm^2 7.2 $q/0.4\ hm^2$	15.6 t/hm^2 6.2 $t/0.4\ hm^2$
土地运用方案(粮食:草料)	3:1	3:1	1:1
粮食	7.3 q	4.9 q	2.9 q
草料	2.1 t	1.8 t	3.1 t
第 7 年果实(梨、桃、梅子、柑橘、树)	8.7 q	5.9 q	4.5 q
第 5 年的叶子草料	0.66 t	0.60 t	0.48 t

8 结语

维持边远地区土地高程度的可持续发展是可能的。由于生态系统的约束，种植合适的农作物能减少生产差距。在相似的情况下种植扁豆能达到80%的生产水平，而对小麦而言仅为55%。在基本水准1 t/hm^2的较好生产条件下，对小麦而言，保持较好的土壤湿度和营养物的生产水平大约为70%，而在不利的土壤湿度和营养物情况下生产水平仅为35%。较好的土壤湿度和营养物能提高生产水平。

因此，坡度适当、土壤深度良好、砂砾石少的山区耕地适合种植类似旱稻、小米和小麦等谷类作物。坡度陡峭、土壤深度浅、砾石多的边远土地适合栽种小米、扁豆、toria以及由桑树、杂交象草、冬草等组成的林草结合体系。采用明确地点的农田体系期望可确保喜马拉雅地区的食物、环境和经济安全。

参考文献

[1] Singh R D, Chandra S, Bhatnagar V K, et al. 2001. 重要的山区作物的水管理战略. 技术公报, 18 (1/2001), VPKAS, Almora, Uttaranchal.

[2] Srivastava R C. 1983. 提供山区灌溉，正确的方法. 印度水土保持, 11(2,3), 31 ~ 38.

[3] Srivastava R C. 1988. LDPE Film Lined Tanks. 技术公报. 2/88, VPKAS, Almora, Uttaranchal.

[4] Ved Prakash, Narendra Kumar. 2006. 有效的多样的山区作物体系. 喜马拉雅西北部流域农业的可持续生产(eds.) H S Gupta, A K Srivastava and J C Bhatt. VPKAS, Almora, Uttaranchal.

南水北调西线工程雅砻江生态需水与可调水量研究*

万东辉[1] 夏 军[1,2] 刘苏峡[2]
叶爱中[1] 李 璐[1] 王 蕊[1]

(1. 武汉大学水资源与水电工程科学国家重点实验室;
2. 中国科学院地理科学与资源研究所陆地水循环及地表过程重点实验室)

摘要:本文介绍了南水北调西线工程概况,简单总结了国内外生态需水的研究进展,结合南水北调西线工程调水区雅砻江流域实际情况,按照河道内生态需水计算方法遴选原则,综合选用多种方法计算了雅砻江热巴调水坝址处河道内生态需水量,分析确定了合理的生态流量范围,并得到了南水北调西线工程热巴坝址处的可调水量。计算和分析结果表明,热巴坝址处的最小生态流量为36.3~46.8 m^3/s,对应的最小生态需水量为11.50亿~14.82亿m^3;可调水量为42.30亿~45.62亿m^3,占多年平均径流量的69.6%~75.1%;所选方法针对明确的生态保护对象或目标设定参数,旨为调水规模论证提供科学的参考依据。

关键词:生态需水 南水北调西线工程 可调水量 生态保护目标

我国水资源空间分布不均,南多北少。黄河和西北地区严重缺水,不仅制约了当地经济的发展,而且引发了一系列生态环境问题,如江湖干涸、水土流失、植被退化、土地荒漠化等。水已成为黄河和西北地区的生命线。南水北调西线工程调引长江上游部分水量,以补充黄河水量的不足并解决其上游青海、甘肃、宁夏、内蒙古、山西、陕西等西北6省(区)的严重缺水问题,意义重大。但是,西线调水区位于青藏高原东端,地貌类型复杂,气候多变,生物种类繁多,为典型的地理区域生态过渡带,生态系统极易遭受破坏。调水工程实施后,调水坝址下游临近河段水量将大幅度减少。因此,为既能最大限度地保护调水区的生态环境和当地发展利益,又能最大限度地发挥工程效益,必须研究并估算调水区河道内的生态需水,分析和计算可调水量,为工程调水规模论证提供重要的参考依据。

* 感谢黄河勘测规划设计有限公司对本文研究工作的大力支持。

1 概述

1.1 南水北调西线工程

南水北调西线工程是从长江上游通天河、支流雅砻江及大渡河调水入黄河，以解决我国西北地区和华北部分地区干旱缺水的战略性工程。按照规划，西线工程分三期实施：一期工程从雅砻江、大渡河 5 条支流调水 40 亿 m^3，二期工程从雅砻江干流调水 50 亿 m^3，三期工程从金沙江调水 80 亿 m^3。三期工程共调水 170 亿 m^3，规划 2050 年前实施完成。本着由低海拔到高海拔、由小到大、由近及远、由易到难的规划思路，一、二期工程合并后的新第一期工程自雅砻江干流的热巴引水，通过引水枢纽和隧洞串联雅砻江支流达曲的阿安、雅砻江支流泥曲的仁达、大渡河支流色曲的洛若、杜柯河上游的珠安达、玛柯河扎洛（亚尔堂附近）上游的霍那、阿柯河的克柯，穿过大渡河与黄河的分水岭到黄河支流贾曲，输水到黄河。新的一期工程计划年调水量 80 亿 m^3，其中雅砻江干流热巴坝址处调水 42 亿 m^3。

从生态和环境的角度来看，西线工程不仅仅是一项规模宏大的跨流域调水工程，而且还是一项十分复杂的生态系统工程。影响西线工程可调水量的主要因素除了河道天然来水量和调水区用水以外，生态需水是一个不可忽视的约束条件。调水工程对生态与环境的不利影响也越来越成为公众和学者讨论的焦点问题。

1.2 生态需水研究进展

国外从 20 世纪 40 年代就开始注意生态需水问题，此后相继研究并提出了各种生态需水量计算方法，但没有形成统一的概念，也没有明确的定义。世界各国学者出于各自的研究对象和对概念理解的差异，分别提出了生态系统需水、环境流量、河道内流量、低流量等不同的概念类型。并且有关生态需水的研究主要集中在河流生态系统，由此出现了各种针对河流生态保护目标的生态需水计算方法。

国内在近 20 年来，由于经济快速发展，对河流的干扰程度大大超过了世界上同类自然条件的国家和地区，水资源合理利用与生态保护日渐成为突出的水问题，人们开始对生态需水有了更多的重视，开展了大量关于生态需水量的工作。但总的来说，我国生态需水研究仍处在初步发展阶段，许多关于生态与环境需水、用水或耗水的概念混用，内涵不清。汤奇成于 1989 年在分析塔里木盆地水资源与绿洲建设问题时首次提出了生态用水的概念。1990 年的《中国水利百科全书》将环境用水定义为："改善水质、协调生态和美化环境等的用水。"1993 年水利部将生态环境用水正式作为环境脆弱地区水资源规划中必须予以考虑的用水类型写入《江河流域规划环境影响评价》(SL45—92)行业标准中。汤奇成于1995年就新疆绿洲水资源合理利用问题再次论述了生态环境用水的必要性。进入21世纪,国内关于生态需水的研究日渐活跃。李丽娟等在海滦河流域的生态环境需水的计算中对其内涵进行了探讨。严登华等对东辽河流域河流系统生态需水进行了研究和计算。刘昌明从水资源开发利用与生态、环境相互协调发展角度出发,提出了计算生态需水量应该遵循的四大平衡原则:水热(能)平衡、水盐平衡、水沙平衡以及区域水量与供需平衡。夏军等根据国际上新兴发展的生态水文学理论,认为生态需水量是基于水文循环的概念,从维系生态系统自身生存和生态功能的角度,相对一定生态环境质量要求(或目标)下的客观需求水量。时至今日,关于生态需水理论和方法的研究成果大量涌现,成为当今国际和国内研究的热点问题之一。

2 雅砻江生态需水量计算和可调水量分析

2.1 研究区概况

雅砻江流域位于青藏高原南部,界于北纬26°32′~33°58′与东经96°52′~102°48′之间,东西宽100~200 km,南北长900余km,形状狭长,流域面积约12.8万km^2,在四川境内的部分约11.63万km^2。雅砻江流域东西两侧分别与大渡河、金沙江相邻,北与黄河上游分界(见图1)。

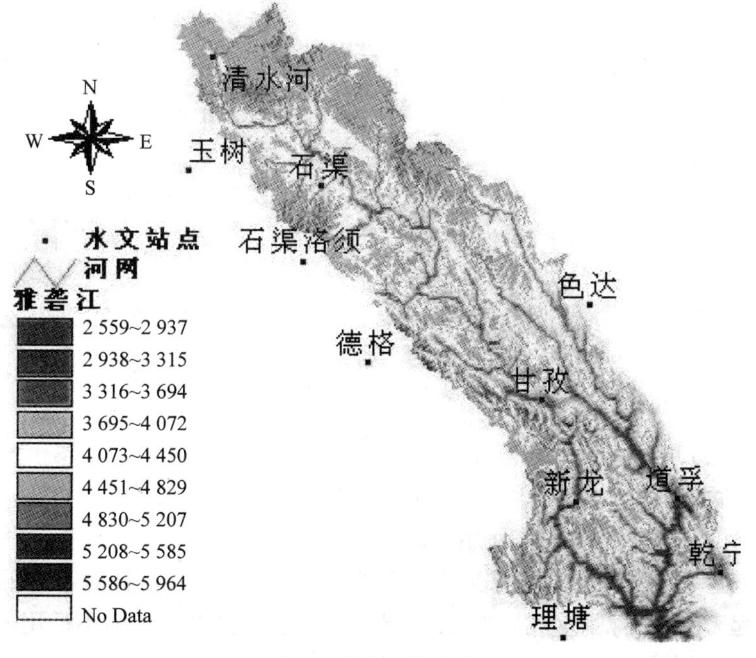

图1　雅砻江流域图

地形地貌:流域内地势北、西、东三面为海拔 4 500 ~5 000 m 的高山及高原,南端地势向南倾斜,海拔由 4 400 m 降至 1 500 m。河流下切强烈,总落差 4 420 m。

气候水文:属川西高原气候区,气候条件十分复杂,在平面和垂直方向差异显著。干、湿两季分明,干季为 11 月至次年 4 月,雨季为 5 月至 10 月。气温由南向北、由东向西递减。年平均气温甘孜以北地区 -4.9 ~5.6 ℃,以南地区 14 ~21 ℃。多年平均降水量 600 ~1 800 mm,由北往南递增。水量充沛,径流深变化在 300 ~1 000 mm,年内分布和地区分布与降水基本一致。

土壤植被:雅砻江流域内土壤类型大致可分为高山草甸土、亚高山草甸土、高山寒漠土、褐土、高山草原土、山地灌丛草甸土以及棕壤等;受海拔和水热条件影响,土壤分布有较明显的空间性。主要稳定植被类型为森林、灌丛和草甸;植被区块分化显著,各种气候带植被交错分布。

土地利用:根据 1990 年、1995 年和 2000 年三期土地利用图统计可知,草地占流域总面积的 68% 强,林地占 20% 强,耕地、水域和其他用地约占 11%。10 年间土地利用变化相对很小。

鱼类:根据文献记载和野外调查可知,在雅砻江调水工程区内分布的鱼类共 3 目 4 科 29 种,鱼类区系组成特点是以裂腹鱼和高原鳅为优势种群的高原类群,鲱科鱼类也有分布,其他类群缺乏(吴春华. 博士后研究工作报告. 2007)。

2.2 生态需水量计算方法选择

目前,国内外对生态需水概念尚没有统一的定义,基于不同的生态保护对象或目标,各国学者提出了众多的各不相同的河道内生态需水量计算方法。这些方法各有优缺点,适用范围也不尽相同。主要有水文学方法、水力学方法、生态学方法和综合法。而在这四大类方法中,又有许多子方法。刘苏峡等(2007)根据南水北调西线工程调水区的实际情况,设定如下原则遴选河道内生态需水计算方法。

(1)采用尽可能多的计算方法:各种方法所考虑的侧重点不一样,各有优缺点,通过采用多种方法,将使计算的生态需水量考虑的因素更全面,互为取长补短。

(2)偏好对资料依赖程度不高的方法:南水北调西线工程区属于资料缺乏流域,资料系列尚较短或种类不全,无法满足所有生态需水量计算方法。如相关生态资料的积累不足就无法使用生态学方法和综合法。

(3)摒弃与研究区实际情况不符合的方法:某些方法是针对特定的区域特点发展起来的,或者侧重流域内某一特定生态或环境问题,可能不适用于雅砻江流域,如入海水量法等。

依据以上原则,从众多河道内生态需水计算方法中遴选出如下方法:

φTennant(Montana)法,κTexas 法,λ 河流基本生态环境需水量法(最小流量法),μ 湿周法,ν 水力半径法。

2.3 生态需水量计算结果及分析

Tennant(Montana)法以预先确定的年平均流量的百分数为推荐流量,将多年平均流量的10%作为最小的河流生态需水量,而将30%的多年平均流量作为水生生物的满意流量,认为该两种流量可以分别提供鱼类生存所需要的50%的生境和全部生境;Texas 法将50%保证率下月流量(中值流量)的特定百分率作为最小生态流量,其中,特定百分率可根据研究区典型鱼类的需水特性设定,也有学者根据各月的流量序列变异系数确定(刘苏峡,2006);河流基本生态环境需水量法采用各年河流月平均实测径流量的最小值的多年平均值作为河流生态需水量。根据雅砻江热巴站1956~2004年月径流资料,用以上各方法可求得雅砻江热巴调水坝址处河道内最小生态流量(需水量)。

湿周法(wetted perimeter method)依据湿周和流量的变化关系确定河流最小生态流量。首先建立河道断面湿周—流量关系曲线,然后利用斜率或曲率法确定关系曲线中湿周随流量增加而表现的突变点(breakpoint),该点对应的流量即为所求生态流量。湿周法计算生态需水量,需要河道实测大断面、逐月水位、流量等资料。经对比选取热巴站下游处的甘孜站1965~1987年稳定的大断面资料(热巴站大断面资料缺乏),如图2所示为甘孜站实测大断面,用分段累加的方法得到各水位对应的湿周,建立湿周—水位关系;再根据已有的水位—流量关系(见图3)获得湿周—流量关系曲线(见图4),然后采用斜率法找出斜率最接近于1的那一点作为湿周—流量关系曲线的突变点,它所对应的流量为甘孜站的生态流量;将其还原至上游的热巴站,即得到热巴坝址处的最小生态流量37.6 m^3/s。

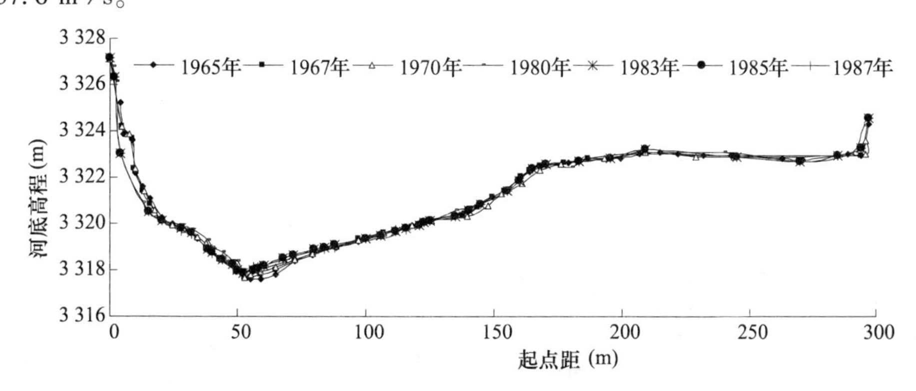

图2 雅砻江甘孜站大断面图

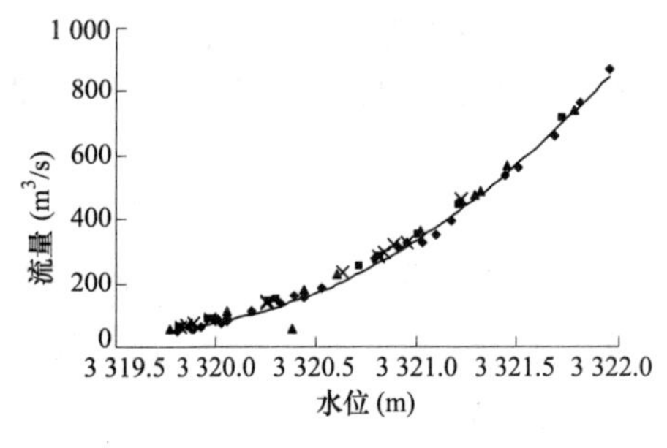

图 3 甘孜站水位—流量关系曲线

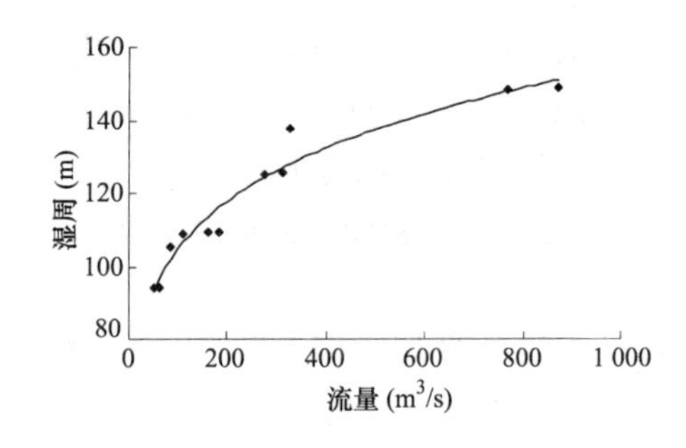

图 4 甘孜站湿周—流量关系曲线

水力半径法是在生态流速和生态水力半径概念提出的基础上，针对天然河道某一过水断面，采用曼宁公式计算生态水力半径，继而推求生态流量的水力学方法（刘昌明，2007）。为了保护一定的生态目标，使河道生态系统保持其基本的生态功能，河道内应该保持最低的水流流速，即生态流速 $\nu_{生态}$。若已知河道糙率 n 和水力坡度 J，则可以计算出河道过水断面的生态水力半径：

$$R_{生态} = n^{3/2} \cdot \nu_{生态}{}^{-3/2} \cdot J^{-3/4}$$

根据水文站点的实测大断面和流量资料，绘制出流量 Q 与水力半径 R 之间的关系曲线，该曲线上 $R_{生态}$ 所对应的流量为 $Q_{生态}$，即为所求的生态流量。据野外调查，雅砻江优势鱼种成鱼适宜流速为 0.45 ~ 1.74 m/s，因此在利用水力半径法计算生态需水量中，取适中的生态流速为 $\nu_{生态} = 1.0$ m/s，糙率 $n = 0.029$，水力坡度 $J = 10/10\ 000$。根据曼宁公式计算该生态流速 $\nu_{生态}$ 下的生态水力半径 $R_{生态}$，查图 5 曲线上该 $R_{生态}$ 对应的流量为 61.81 m³/s，还原至上游的热巴站，即得到热巴坝址处的最小生态流量 36.3 m³/s。

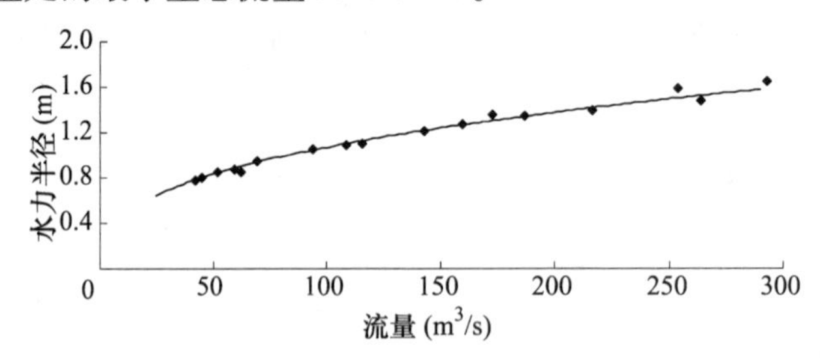

图 5 甘孜站流量—水力半径关系曲线

以上 5 种方法计算得到的南水北调西线工程雅砻江热巴坝址处的多年平均生态流量如图 6 所示。

计算结果显示，5 种方法得到的热巴坝址处的多年生态流量值相近，变化范围介于 36.3 ~ 46.8 m³/s 之间，占多年平均流量（191.8 m³/s）的 18.9% ~ 24.4%。

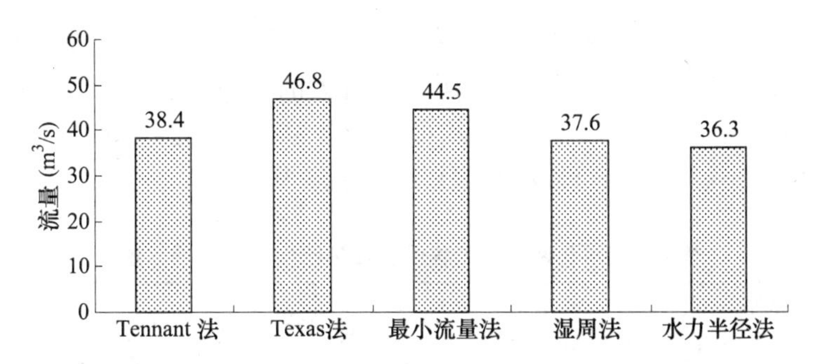

图 6　各方法计算的雅砻江热巴坝址处多年平均生态流量

Tennant 法取 20% 的年平均流量作为最小生态流量，从总体上同时兼顾水生生物（主要为鱼类）一般生长期和繁殖期用水需求。河流基本生态环境需水量法着眼于河流的最枯水量，认为在自然条件下水生生物完全可以适应河道流量的天然消落，而现状调查表明雅砻江流域调水河段受人类活动影响很小，这种采用实测径流量的计算方法适用于本研究区。热巴坝址下游处的甘孜河段断面成宽抛物线形，而且河床形态稳定单一，存在稳定的湿周—流量关系曲线，湿周法可以方便准确地找到湿周随流量增加的突变点。水力半径法具有很好的理论基础，同时考虑了河道本身信息（水力半径）和具体生态保护对象维持生态功能所要求的生境条件（生态流速），如在本研究区中根据裂腹鱼等优势种群确定生态流速，针对性强。Texas 法考虑了季节变化因素，根据雅砻江齐口裂腹鱼 3～4 月繁殖、软刺裸裂尻鱼 8～9 月繁殖的特点，将特定百分率分为 3～9 月、10 月～次年 2 月两种不同需水时段分别设定为 30% 和 10%，表 1 为 Texas 法计算的雅砻江热巴坝址处各月生态流量。

表 1　Texas 法计算的雅砻江热巴坝址处各月生态流量

月份	3 月	4 月	5 月	6 月	7 月	8 月	9 月	10 月	11 月	12 月	1 月	2 月
生态流量 (m^3/s)	16.7	27.6	50.9	90.3	122.6	96.4	104.2	25.3	12.6	6.6	4.6	4.5
百分比	占各月平均流量 30%（鱼类繁殖期）							占各月平均流量 10%（一般生长期）				

上述分析表明，5 种生态需水量计算方法均针对明确的生态保护对象或目标设定参数，结果可信，对南水北调西线工程区生态保护具有一定的参考意义。因此，最终确定雅砻江热巴坝址处的河道内最小生态流量为 36.3～46.8 m^3/s，对应的最小生态需水量为 11.50 亿～14.82 亿 m^3。

2.4　可调水量分析

南水北调西线调水区地理位置特殊，人口密度小，社会经济不发达，现状工农业用水和生活用水量不大，占河川径流量的 5%～7%。因此，在多年平均来水情况下,以6%的人类取用水计算,扣除为维持河流生态系统功能发挥的最小生态需水量,即为现状条件下雅砻江热巴坝址处的可调水量。表2显示,南水北调西线工程雅砻江热巴坝址处年平均可调水量为42.30亿~45.62亿 m^3,调水比例为69.6%~75.1%,可以满足规划的调水规模要求。

表2 南水北调西线工程雅砻江热巴坝址处可调水量

天然来水		最小生态需水		人类用水(亿 m^3)	可调水量(亿 m^3)	调水比例(%)
流量(m^3/s)	径流量(亿 m^3)	流量(m^3/s)	需水量(亿 m^3)			
191.8	60.77	36.3~46.8	11.50~14.82	3.65	42.30~45.62	69.6~75.1

3 结语

本文介绍了南水北调西线工程概况,简单总结了国内外生态需水的研究进展,结合南水北调西线调水区实际情况,按照河道内生态需水计算方法遴选原则,综合选用多种方法计算了雅砻江热巴调水坝址处河道内生态需水量,分析确定了合理的生态流量范围,并得到了南水北调西线工程热巴坝址处的可调水量。计算和分析结果表明,热巴坝址处的最小生态流量为36.3~46.8 m^3/s,对应的最小生态需水量为11.50亿~14.82亿 m^3;可调水量为42.30亿~45.62亿 m^3,占多年平均径流量的69.6%~75.1%;所选方法针对明确的生态保护对象或目标设定参数,为调水规模论证提供科学的参考依据。

由于生态需水研究是一个较新的领域,涉及到生态系统的结构、组成、功能,以及水文循环的各个要素,国内外目前还没有一套成熟的理论和方法体系,加之南水北调西线工程调水区地理位置特殊,气候水文条件复杂,生态问题敏感,资料缺乏,本文的研究还不成熟,在建立生态保护目标体系、发展新的生态需水计算方法(如水文模型方法)、细化分月生态需水计算和调水方案、分析和评价调水风险等诸多方面有待进一步加强和深入。

参考文献

[1] 谈英武,刘新,崔荃. 中国南水北调西线工程[M]. 郑州:黄河水利出版社,2004.

[2] 刘昌明. 南水北调工程对生态环境的影响[J]. 海河水利,2002(1):1-5.

[3] Gleick P H. The changing water paradigm: A look at twenty-first century water resource development[J]. Water International,2000,25(1):127-138.

[4] Henry C P, Amoros C. Restoration ecology of Riverine Wetlands: I[J]. A scientific base. Environmental Management,1995,19(6):891-902.

[5] Whipple W, Dubois J D, Grigg N, et al. A proposed approach to coordination of water resource development and environmental regulations. Journal of the American Water Resources Association, 1999, 35(4):713 - 716.

[6] 李丽娟,郑红星. 海滦河流域河流系统生态需水量计算[J]. 地理学报,2000,55(4):496 - 500.

[7] 王西琴,刘昌明,杨志峰. 河道最小环境需水量确定方法及其应用研究(Ⅰ)——理论[J]. 环境科学学报,2001,21(5):543 - 547.

[8] 王西琴,杨志峰,刘昌明. 河道最小环境需水量确定方法及其应用研究(Ⅱ)——应用[J]. 环境科学学报,2001,21(5):548 - 552.

[9] Tennant D L. Instream flow regimens for fish, wildlife, recreation, and related environmental resources. In: Orsborn J F, Allman C H, eds. Proceedings of Symposium and Specialty Conference on Instream Flow Needs II. American Fisheries Society, Bethesda, Maryland. 1976, 359 - 373.

[10] Martin P, Andras H. Conservation concept for a river ecosystem impacted by flow abstraction in a large post-mining area[J]. Landscape and Planning, 2000, 51(2): 165 - 176.

[11] Mwakalila S, Campling P, Feyen J, et al. Application of a data-based mechanistic modeling approach for predicting runoff generation in semi-arid regions[J]. Hydrological Processes, 2001, 15: 2281 - 2295.

[12] Nathan R J, McMahon T A. Estimation low flow characteristics in ungauged catchments [J]. Water Resources Management, 1992, 6: 85 - 100.

[13] Post D, Jakeman A J. Relationships between catchment attributes and hydrological response characteristics in small Australian mountain ash catchments[J]. Hydrol Progress, 1996, 10: 877 - 892.

[14] 汤奇成. 塔里木盆地水资源与绿洲建设[J]. 自然资源,1989(6):28 - 34.

[15] 汤奇成. 绿洲的发展与水资源的合理利用[J]. 干旱区资源与环境,1995,9(3):107 - 111.

[16] 李丽娟,郑红星. 海滦河流域河流系统生态需水量计算[J]. 地理学报,2000,55(4):496 - 500.

[17] 严登华,何岩,邓伟,等. 东辽河流域河流系统生态需水研究[J]. 水土保持学报,2001,15(1):46 - 49.

[18] 刘昌明. 我国西部大开发中有关水资源的若干问题[J]. 中国水利,2000,8:23 - 25.

[19] 夏军,孙雪涛,丰华丽,等. 西部地区生态需水问题研究面临的挑战[J]. 中国水利,2003,9:57 - 60.

[20] Tharme, R. E. 2003. A Global perspective on environmental flow assessment: emerging trends in the development and application of environmental flow methodologies for rivers. River Research and Applications, No. 19: 397 - 441.

[21] 杨志峰,张远. 河道生态环境需水研究方法比较[J]. 水动力学研究与进展,2003,18

(3):294 - 301.

[22] 杨志峰,崔保山,刘静玲. 生态环境需水量评估方法与例证[J]. 中国科学D辑,2004,34(11):1072 - 1082.

[23] Arthington, A. H. , R. Tharme, S. O. Brizga, et al. Environmental flow assessment with emphasis on holistic methodologies. In Proceedings of the Second International Symposium on the Management of Large Rivers for Fisheries: Sustaining Livelihoods and Biodiversity in the New Millenium, Volume II. Robin L. Welcomme and T. Peter, eds. Washington, DC: FAO and Mekong River Commission. 2004. 37 - 65.

[24] Jiang Dejuan, Wang Huixiao, Li Lijuan. Progress in ecological and environmental water requirements research and applications in China [J]. Water International, 2006, 31 (2): 145 - 156.

[25] 宋兰兰,陆桂华,刘凌. 水文指数法确定河流生态需水[J]. 水利学报,2006,37(11):1336 - 1341.

[26] 夏军,左其亭. 国际水文科学研究的新进展[J]. 地球科学进展,2006,21(3):256 - 261.

[27] 刘苏峡,夏军,莫兴国,等. 基于生物习性和流量变化的南水北调西线调水河道的生态需水估算[J]. 南水北调与水利科技,2007,5(1)(特刊).

[28] Matthews R C, Bao Y. The texas method of preliminary instream flow determination. Rivers, 1991, 2(4): 295 - 310.

[29] Bartschidk. A habital discharge method of determining instream flows for aquatic habitat [A]. In: Orsborn J F and Allman C H (eds). Proceedings of Symposium and Specility Conference on Instream Flow Needs II. Bethesda: American Fisheries Society [C]. Maryland, 1976. 285 - 294.

[30] 刘昌明,门宝辉,宋进喜. 河道内生态需水量估算的水力半径法[J]. 自然科学进展,2007,17(1).

水库调度的流域化、生态化

赵麦换[1] 徐晨光[2] 刘争胜[1]

（1. 黄河勘测规划设计有限公司；2. 华北水利水电学院）

摘要:本文在分析了水资源利用程度提高、水库梯级全面开发和恢复河流生态环境等要求下，水库作用呈现出流域化、生态化的特点，水库要实行有利于生态环境的调度方式。提出了水库生态调度需研究已建水库生态调度方式、建立生态调度补偿机制和水库生态规划等问题。最后提出黄河流域实行生态调度的可行性和需要研究的问题。

关键词:水利管理 水库生态调度 生态化 黄河

1 概述

揭开厚重的人类历史，可以发现人类的发展史就是人类适应自然、改造自然的历史，而水作为生命之源和社会生产力的原动力之一，其作用举足轻重。水利工程是人类适应自然、改造自然、从事水事活动的重要手段，水利工程在人类发展史上具有重要地位，一些影响重大，功绩卓著或是广泛争议的水利工程和其建设者一起被载入史册。4 000 多年前的大禹治水传说令人广为称颂，战国时期的都江堰工程至今仍在川西平原上发挥着巨大的效益。从规划建设到运行改造一直争议不断的三门峡水库，在 2003 年渭河大水之后又一次成为关注的焦点，不同的是这次是关于“废弃”与“保留”的争论。举世瞩目的长江三峡工程和南水北调工程，一个已经初期运行，一个正在紧锣密鼓地规划建设。正当我们为水利建设的雄宏气势和巨大效益欢呼的同时，太平洋对岸的美洲却正在掀起“炸坝风潮”。对于水利工程的争议也许永远不会停止，但人类适应自然、改造自然的步伐也一刻都不会停止。

21 世纪被称为水的世纪，水资源是本世纪最短缺的自然资源，是一个国家或地区发展的重要保障因素。水资源是我国可持续发展的重要因素，水资源管理问题十分复杂，它涉及许多部门和行业，牵扯到不同地方的利益，治污、生态、节水互相交织。水库的调蓄功能在流域水资源统一管理中起着重要的作用。随着水资源需求和供给矛盾加剧，水旱灾害的预期损失加重，水质恶化带来的河流功能丧失等一系列水问题的凸现，水安全、流域可持续发展被推上更高的层次。作为流域水资源调控的重要手段，流域水资源统一调度的管理模式与维护河流健康生命的科学理念，要求水库的作用流域化、生态化。也就是说，水库，尤其是大型水库，其作用已经由原来的发电、防洪、供水等，上升到促进流域可持续发展和维护河流健康生命的层面。

2 水库调度的变化

随着水资源供需矛盾的尖锐化，水库调度更多地参与到全流域水资源统一调配中，其原有的设计运行方式越来越受到统一调度的干预，而水库的作用范围不再局限于原有的综合利用对象，而是呈现出流域化、生态化的特点。水库调度运用不再是以追求自身的利益最大为目标，而是纳入全流域的统一调配，成为流域水资源统一配置的重要手段，水库调度的目标就变为满足全流域的可持续发展。

以黄河上游梯级水库为例，在 20 世纪 90 年代黄河长期枯水的情况下，为缓解下游断流所产生的社会经济发展困难以及生态环境危机，多次从黄河上游大型水库远距离调水，取得了很好的社会效益和经济效益。黄河上游梯级水库电站虽然牺牲了自身的发电效益，但对于保证下游地区社会经济发展和人民生活稳定，以及缓解生态环境危机起到很大的作用。因此，上游梯级水库原有的以发电为主的运用方式，由于水资源的统一调度扩展到了全流域，包括下游的生产生活用水的保证、下游断流河段的生态环境危机缓解等。在 1999 年黄河实行全流域水资源统一调度后，黄河上游梯级水库对于下游的补偿行为由救急型转变为制度化、长期的措施。

目前，按照水库调度发展过程，可以划分为单库调度（防洪、供水、发电等调度）、梯级和联合调度（多水库、水库群调度）、流域统一调度（水库作为流域水资源调度的重要环节参与流域统一管理）和生态调度。汪恕诚部长 2006 年 1 月在水利部科学技术委员会全体会议上的讲话中指出，要研究生态调度问题。生态调度是水库调度发展的最新阶段，是以满足流域水资源调度和河流生态健康为目标的调度，目前正在开展相关研究。

3 水库调度的流域化、生态化原因

水库调度的作用发生变化，主要有 3 方面的原因。

（1）水资源利用程度不断提高促进了水库调度作用的流域化。据统计，全国大江大河的水资源利用程度已经很高，其中海河、淮河、黄河等河流的开发利用程度已达 78%、37% 和 72%，已经接近或超过了国际公认的 40% 的开发上限。水资源开发利用程度的不断提高，加剧了水资源供求矛盾，使水资源优化配置的作用加强，从而提升了水库在流域水资源调控中的作用，水库作用更侧重于流域水资源调控，功能定位发生转变。例如，水利部、中宣部提出的新时期治水新思路中明确提出加强水资源优化配置。因此，在水资源利用程度不断提高，水资源优化配置的作用加强的形式下，水库调度不仅仅局限于原有的发电、防洪、供水等作用，而是呈现出流域化的趋势。

（2）水库梯级开发强化了水库调度作用的流域化。随着我国能源供需矛盾日益显现和由于环境保护而对化工燃料的限制，以及对于能源安全的长远考虑，清洁、低成本、长寿命、综合效益大的水电项目成为我国重要的能源方针，也成为众多企业竞相调研、建设的主要领域。特别是随着我国电力体制改革的逐步展开，水电在“厂网分开”、“竞价上网”方面的优势成为重要突破口，全国范围内兴起了水电建设的新高潮。据水电勘测单位的消息，在水电单位内部，全国的可建站址全部瓜分殆尽，除极个别水库以单库形式存在，绝大多数都形成了梯级开发的模式。典型的有长江梯级、金沙江梯级、澜沧江梯级、乌江梯级、黄河干流梯级、洮河梯级等。河流的梯级开发对于流域的影响是广泛和深远的，梯级开发后水库调度影响流域的能力和强度都会加强。

（3）恢复流域生态环境促进水库调度作用的生态化。国内学者采用水资源供需分析得出工程水利、资源水利和环境水利的提法，工程水利是指水资源供给主要受工程能力限制而不受水资源量限制；资源水利指水资源需求大于供给，而导致水资源稀缺，需通过优化调配和节水满足要求；而环境水利则指水资源消耗威胁流域生态环境健康，造成断流等，需要采取措施以维持流域生态环境健康。国外已经开始以改变水库调度方式来恢复流域生态环境的尝试，例如美国在科罗拉多河利用格伦水库进行人造洪峰改变河道形态，在田纳西河进行包括满足生态环境要求的水库群调度策略的研究和实践，俄罗斯在伏尔加河和德涅斯特河改变水库调度进行鱼类和生态环境保护。国内在利用水库调度改善和恢复河流生态环境方面也开始起步。水利部部长汪恕诚在全国水利厅局长会议上指出，要做好水利工作中的生态与环境保护工作，建立有利于生态保护的调度运行方式，充分发挥水利工程保护生态的作用。2005 年 12 月召开了“通过改进水库调度以修复河流下游生态系统研讨会”，旨在探讨通过改进水库调度和水利设施管理以修复河流下游生态系统和改善人类生活的可行性。目前水利部在保护和修复水生态系统方面做了很多工作，成效显著。例如强化黄河水资源统一调度，为实现黄河连续 6 年不断流，进行了 4 次调水调沙，将约 3 亿 t 泥沙送入大海，提高了河槽过流能力。对黑河、塔里木河等生态脆弱河流实施综合治理并加强水资源的统一管理和调度，促进了下游地区的生态恢复。向南四湖、扎龙、向海、白洋淀等湖泊或湿地实施应急补水，保护和修复生态系统。开展引江济太和淮河闸坝防污调度，改善水体水质，减小水污染损失。启动了桂林、武汉等城市水生态系统保护与修复试点。其中水库调度对于实现以上的水生态修复目标是非常关键的，例如黄河为实现连续6年不断流，进行了4次调水调沙，都与水库调度密切相关。因此，恢复流域生态环境促成水库调度作用的生态化，使水库调度的作用上升到恢复河流生态环境的层面。

4 新挑战

水库调度作用发生转变后，产生了如下几个新的课题。

第一，现有已建水库如何调度，才能满足为流域水资源调度和河流生态健康服务的新要求。

据统计，截至2003年，全世界坝高超过15 m或水库库容超过100×10^4 m^3的大坝有49 697座，建坝最多的国家依次为中国、美国、俄罗斯、日本和印度。我国是一个水库建设大国，过去的水库建设，侧重于防灾和资源利用，而对于河流生态环境考虑较少。因此，水库调度的目标一般是防洪、发电、灌溉、供水和航运等，其工程设计运行也是按照这些目标进行的。但是在当今倡导人与自然和谐相处，水资源促进经济社会可持续发展与维护河流健康生命并重的大环境下，水库如何调度，才能实现这些目标，是迫切需要解决的问题。具体包括：水库如何调度才能协调经济社会和生态环境关系，水库如何调度才能恢复并维持河流生态系统的功能等。满足流域水资源调度和河流生态健康服务的新要求，对现有已建水库调度方式的调整是最直接、最有效的办法，该水库调度方式的调整，即为满足流域水资源调度和河流生态健康为目标的生态调度。可喜的是，国内外已经开展了相关的研究和实践，如前文所述的美国、俄罗斯调整水库运行以满足生态环境要求，国内开展的黄河调水调沙、黑河和塔河生态补水等。不过总体来说，由于水库生态调度的研究刚刚起步，水库调度对于生态环境影响的问题过于复杂，相关的研究基础缺乏。所以如何调度已建水库，以满足流域水资源调度和河流生态健康需要进一步研究。

第二，已建水库调度方式改变，如何重新调整各方利益。

原有水库设计的运行方式大多对于河流生态健康考虑较少，在原有调度方式下各方利益已经得到相应的协调，如果改变水库调度方式，将需要重新调整各方利益。例如，大多数水库具有发电功能，而且形成了有利于发电的运行方式且已经固定下来，即水库发电收益是水库的重要经济来源，如果按照生态环境要求改变水库运行方式，将直接影响水库发电效益。例如，黄河上游流域是我国重要的水电"富矿",梯级水电开发效益显著,在20世纪90年代黄河下游断流期间进行多次远距离调水,梯级水库的发电效益受到影响。在1999年开始全河统一调度后,水库发电效益直接受到全河水量调度的影响,该部分利益变化需要重新调整。又例如水库应对突发污染事件或者河口区海水倒灌等,水库泄水将影响其发电效益。另外,水库采用生态调度方式,可能会产生新的利益相关对象,例如由于水库运行方式的改变,可能引起水库下游防洪投入的增加和洪灾损失风险、增加库区塌岸等。在目前我国逐步走入市场经济的大环境下,涉及到相关对象的利益调整,需要提出合理的解决方式,例如对于水库实行生态调度后,建立补偿机制,对于相关对象进行利益调整。

第三,待建水库改变设计以满足流域水资源调度和河流生态健康要求。

对于待建水库及其他水利工程,在规划设计阶段就需要注重其对河流的作用,一方面是满足流域水资源调度的需要,另一方面是满足河流生态健康的要求。例如,对于待建的水电站,必须限制其最小下泄流量,以避免水电站调峰运行导致下游河道形成脱水河段。

5 对策

当前迫切需要解决的课题即水库生态调度问题,通过优化水库调度方式协调社会经济可持续发展和河流生态健康。前已述及,通过现有水库进行生态调度,是实现社会经济可持续发展和河流生态健康和谐的最直接有效的方式,但现有的研究基础比较薄弱,因此迫切需要开展水库生态调度研究。主要的研究包括:

第一,建立水库生态调度的技术体系。包括水库生态调度的理论基础、技术方法、对策机制、评价体系。其核心是建立一套行之有效的水库生态调度的理论技术体系。其难点是水库生态调度的生态环境响应机制。

第二,建立水库生态调度的补偿机制。主要研究水库实施生态调度前后相关对象利益的变化和补偿机制,研究科学合理的政策和管理机制,并提出对策。

第三,开展水库生态调度的实践。在实践中不断检验研究成果,积累经验,完善水库生态调度。

笔者认为在黄河流域进行水库生态调度的尝试是必要的和可行的。一方面,黄河流域水资源短缺,经济社会发展与河流生态健康矛盾突出,涵盖了几乎所有的河流问题,如水资源、泥沙、防洪、生态环境等,黄河水库众多,实行生态调度既有需求又有条件。另一方面,对于黄河的研究开展早、成果丰富,黄河有"87分水方案",从1999年开始水资源统一调度,由于水库调度研究的深入,黄河已经成功的实施了多次调水调沙,因而为开展黄河生态调度提供理论和实践的基础。因此,需要开展黄河生态调度研究,以此为开端,展开我国生态调度的实践。

参考文献

[1] 陈智梁. 都江堰水利系统的地球科学思想[J]. 第四纪研究,2003,23(2):211 -217.

[2] 张巧显,欧阳志云,王如松,等. 中国水安全系统模拟及对策比较研究[J]. 水科学进展,2002,13(5):569 -577.

[3] 肖笃宁,陈文波,郭福良.论生态安全的基本概念和研究内容[J].应用生态学报,2002,13 (3): 354 -358.

[4] 鲁春霞,谢高地,成升魁,等. 水利工程对河流生态系统服务功能的影响评价方法初探[J]. 应用生态学报,2003,14 (5):803 -807.

[5] 王浩,王建华,秦大庸. 流域水资源合理配置的研究进展与发展方向[J]. 水科学进展,2004,15(1):123 -128.

[6] Dinar Ariel, Mark W, Rosegrant, et al. Water Allocation Mechanisms - Principles and Examples[R]. The World Bank, 1995,15 -21.

[7] 李国英. 黄河治理的终极目标是"维持黄河健康生命"[J]. 中国水利,2004,1:6 -7,5.

[8] 李国英. 黄河治理的终极目标是"维持黄河健康生命"[J]. 人民黄河,2004,1:1 -2.

[9] 王礼育. 现代水利展望述略[J]. 人民珠江,2002(3):1 -3,6.

[10] 姜文来. 资源水利理论基础初探[J]. 中国水利,1999(10):21 -22.

[11] 马万里,王新民. 流域"龙头"大水库应优先开发——龙羊峡水电站概况及运行效益浅析[J]. 水力发电,1997(9):38 -42.

[12] 史震古,徐宁娟. 试论我国水电的经济效益[J]. 人民长江,1994(10):25 -31.

[13] 万景文. 论龙、刘两库补水对缓解下游水量供需矛盾的巨大作用[J]. 水力发电学报,1996,2:22 -29.

[14] 万景文. 黄河下游断流原因及其对策——兼论龙羊峡水库对缓解断流的重大贡献[J]. 西北水电,1997,4:22 -26.

[15] 汪恕诚. 保护生态有序开发要重视研究十大课题[J].水利规划与设计,2006(2):1.

[16] 中国水利水电科学研究院. 黄淮海流域水资源合理配置研究简介[J].中国水利,2003(2):39 -47.

[17] 吴保生,邓玥,马吉明[J]. 格伦峡大坝人造洪水试验[J]. 人民黄河,2004(7):12 -14.

[18] 方子云. 中美水库水资源调度策略的研究和进展[J]. 水利水电科技进展,2005(2):1 -5.

[19] 汪恕诚. 努力推进水资源可持续利用为全面建设小康社会作出贡献——在全国水利厅局长会议上的讲话[J]. 中国水利,2003,1:8 -18.

黄河下游引黄灌区粮食安全与黄河水资源

郑利民　侯爱中　王军涛　卞艳丽

（黄河水利科学研究院）

摘要：粮食安全保障很大程度上依赖于灌溉。黄河流域引黄灌溉调整作物的需水结构，保证了粮食的稳产高产，对流域的粮食安全有着重要的保障作用。本文从黄河下游引黄灌区作物需水量着手，分析了黄河下游水资源与引黄灌溉的关系，以及引黄灌区粮食安全面临的问题，研究提出了保证黄河下游粮食安全需要采取的对策。

关键词：黄河下游　灌溉　需水量　粮食安全

粮食生产受气候、投入、价格政策等不确定因素影响，年际间往往有较大波动，波动幅度大小在一定程度上反映了粮食安全程度。经济学者把粮食安全的概念界定为“国家在其工业化进程中，满足人民日益增长的对粮食的需求和粮食经济承受各种不测事件的能力”。黄河下游地区人、地比例关系紧张，人均粮食占有量长期处于较低水平，下游真正解决吃饭问题是在改革开放以后，人均粮食占有量超过了全国平均水平。在今后，生产结构和社会结构将会发生剧烈变革，这种变革将会对粮食安全产生深刻影响。

1　黄河下游引黄灌区概况

1.1　灌溉面积

黄河下游为我国重要的商品粮生产基地，引黄灌区涉及农业人口 4 381 万，设计灌溉面积 358 万 hm^2（有效灌溉 258 万 hm^2，补源灌溉 113 万 hm^2）。

1.2　作物种类与灌溉制度

黄河下游引黄灌区为我国重要的商品粮生产基地，主要农作物有小麦、玉米、棉花、水稻、油料、蔬菜等，复种指数 1.75。受地理气候条件及种植习惯的影响，引黄灌区管理方式，农作物的灌溉制度也不尽相同。引黄灌区主要需水时间为 3 月 ~6 月的春灌、9 月中下旬的秋灌，以及 12 月上中旬的冬灌。

小麦生长期一般在每年 10 月上旬至次年 5 月中旬，灌溉定额一般为

2 025 ~ 5 670 m^3/hm^2,整个生长期灌水 3 ~ 5 次,灌水定额 450 ~ 1 200 m^3/hm^2。玉米生长期一般在每年 6 月上旬至 8 月中旬,灌溉定额一般为 525 ~ 3 000 m^3/hm^2,整个生长期灌水 2 ~ 4 次,灌水定额 450 ~ 1 050 m^3/hm^2。棉花生长期一般在每年 4 月上旬至 8 月下旬,灌溉定额一般为 900 ~ 3 000 m^3/hm^2,整个生长期灌水3 ~ 5次,灌水定额 450 ~ 900 m^3/hm^2。水稻生长期一般在每年 5 月上旬至 9 月上旬,灌溉定额一般为 4 950 ~ 9 000 m^3/hm^2,整个生长期灌水 4 ~ 7 次,灌水定额 450 ~ 1 500 m^3/hm^2。

1.3 灌溉模式

黄河下游引黄灌区分为正常灌区和补源灌区两种类型。根据不同河段自然地理和河道引水条件,形成了多种灌溉模式。

1.3.1 自流引黄,渠、井结合灌溉模式

指分布在沿黄两岸的灌区上游,且渠系工程配套较好的灌区。这类灌区的灌溉面积占下游总灌溉面积的 20% ~25% ,其中河南引黄灌区有 50% 以上属于该模式,山东引黄灌区比例较小,只占该省灌溉面积的 13% 。

1.3.2 自流引黄,渠、河结合灌溉模式

在高村以下山东河段的菏泽、聊城、德州和滨州等地区,在各灌区内部多分布在灌区的中下游,河道水位与两岸地面高差较小,自流引黄沿途集中沉沙,利用渠道或沟河输水,并可利用已建拦河工程提前调蓄引黄水量,分散提水灌溉,减少黄河枯水期引水,增加灌溉面积。这类灌区投资少、见效快、分布广,灌溉面积占下游总灌溉面积的 50% ~60% 。

1.3.3 以井灌为主,引黄补源灌溉模式

这种灌溉模式是 20 世纪 80 年代发展起来的,由于灌区远离黄河,当地地表水较少,尤其多年连续开采地下水,地下水水位不断下降,引黄补源灌溉模式为满足作物需水,缓解当地水资源严重短缺起到了重要作用。

2 黄河下游粮食安全用水面临的问题

黄河下游地区灌溉农业在保障粮食安全中占有举足轻重的地位。但是该地区的水资源少而且开发利用难度大,黄河过境水资源是当地的重要水源。随着下游农业灌溉的发展,下游引黄灌区灌溉面积由 20 世纪 50 年代的 30 万 hm^2 增大到目前的 258 万 hm^2,引黄水量从 50 年代的 32 亿 m^3,迅速增加到 21 世纪初的 88 亿 m^3,其中 1989 年更是达到 151 亿 m^3,对黄河水量的需求日益增加。

2.1 水资源短缺,影响粮食生产

黄河下游是水资源短缺、水旱灾害频繁发生的地区,水资源时空分布极不均衡,地区汛期 4 个月的降雨量约占全年降雨总量的 70% ,干旱缺水成为黄河下

游地区发展经济的突出问题。

黄河属资源型缺水河流，径流量的年内分布集中，下游干流汛期7~10月的径流量占全年的比例高达60%以上，且汛期径流量主要以洪水的形式出现，径流含沙量较大，利用困难。下游农业用水高峰期的3~5月，天然来水仅占年径流量的10%~20%。进入20世纪90年代以后，黄河水资源供需矛盾越来越尖锐，超过了黄河水资源的承载能力，下游河段频繁断流是水资源供需失衡的集中体现。随着工业化和城镇化进程的加快，工业和城市用水占用农业灌溉用水，导致粮食灌溉用水量减少，加重了粮食生产用水的短缺程度。

由于水资源不足且引用不科学，沿黄地区水资源出现供需失衡，中游各主要支流沁河、伊河、汾河、大汶河、延河、渭河等相继出现断流。1997年黄河下游利津站断流时间累计达226 d，295 d无水入海，断流上延到开封柳园口，长达704 km，影响了沿黄两岸工农业生产和人民生活，导致油田缩小生产规模，居民供水紧张，对黄河下游的粮食生产造成较大影响。

2.2 灌排设施不完善，粮食生产用水效率不高

在黄河供水紧张的同时，引黄灌溉用水仍是简单粗放、低水平的管理。灌区工程不配套，渠道老化，灌水技术落后，使灌溉水的利用系数多在0.5以下，影响和制约了辖区内涉黄农业经济和引黄灌溉事业的发展。如河南省的人民胜利渠及大功、三刘寨灌区，山东省的邢家渡、胡家岸、簸箕李、韩墩、小开河、曹店、王庄等灌区，毛灌溉定额达7 500~10 500 m^3/hm^2，远高于节水灌溉情况下的5 100~6 600 m^3/hm^2；部分灌区灌水期间昼灌夜不灌，退水量多，加剧了下游河段水资源的供需矛盾。

黄河下游农业用水实行农业用水保护政策，对水利基础设施建设和水费方面实行高额补贴。实质上是减轻农民负担，并最终保障我们的粮食安全。但在这种形势下，农民节约意识和投入产出意识都比较淡薄，黄河水资源浪费和效率低下现象没有得到有效遏制。

2.3 泥沙问题突出

黄河下游灌区地形平坦，渠系比降平缓，大量泥沙进入灌区，引起渠道淤积。河南境内渠道比降大，送到田间的泥沙可达43.3%，而山东渠道比降小，送到田间的泥沙只有8.8%；进入排水系统的泥沙分别为11.5%和6.5%，大部分泥沙淤积在渠道内，造成耕地减少，土壤沙化，破坏生态环境，影响灌区的正常运用。

黄河下游来水的含沙量高，颗粒很细，在河道居高临下和河槽逐年淤积条件下，入渠泥沙的含量和粒径粗细几乎与河道来水的泥沙相当。除影响渠道淤积，不能适时引水灌溉和需要投劳清淤，增加生产负担外，大量入渠的泥沙处理不当，对引黄地区内外的生态环境和社会经济等造成严重的不利影响。由于可供

沉沙的低洼地越来越少,大量引黄泥沙淤积在各级渠道及退水河道中,以致不得不每年耗费大量人力、物力进行清淤,而清出的泥沙多堆放于渠道两岸,不仅占压大量耕地,还造成土地沙化和灌区生态环境的严重恶化,制约着黄河下游引黄事业的发展。

2.4 河势变化、渠道淤积,引水能力下降

2002 年以来,黄河先后进行了 5 次较大规模的调水调沙试验,对认识黄河水沙运行规律、提高对水沙的调控能力、验证现代化治黄手段等都有着重要的科学价值。调水调沙使下游河道普遍发生冲刷下切,在黄河流量相同条件下,水位下降 0.87 ~1.93 m,导致引黄涵闸引水能力降低。

渠首低水位,导致引水流速减慢,携带泥沙的能力降低,造成了渠道淤积严重,反过来渠道的淤积又影响了渠首的引水能力,引渠渠道在黄河小流量下引渠淤积十分严重。部分涵闸因近几年河势变化相继出现脱河问题,致使涵闸引水条件恶化,加之未能及时对取水引渠进行清淤开挖,导致下游引黄涵闸供水功能明显萎缩。

3 下游引黄灌区需水量及水资源情况

3.1 下游引黄灌区灌溉需水量

黄河下游灌溉需水量与下游降水、灌区面积、种植结构、灌溉制度、黄河来水量、地下水开采水平等都有关系。设有 K 种作物,则某时段的灌溉用水量为:

$$W_i = \sum_{j=1}^{K} m_{ij} A_j / \eta_{水} \tag{1}$$

式中:W_i 为第 i 时段灌区用水量;

m_{ij}为第 i 时段第 j 种作物的灌水定额;

A_j 为第 j 种作物的种植面积;

$\eta_{水}$ 为灌溉水利用系数。

全生育期或全年用水量:

$$W = \sum_{i=1}^{n} W_i \tag{2}$$

通过计算,下游引黄灌区作物全年生育期需水总量约为 130.83 亿 m^3。

3.2 黄河水资源

1951 ~2003 年,花园口站多年平均径流量为 391 亿 m^3。1991 ~2003 年与 1951 ~2003 年相比,黄河各月来水量普遍偏小,7 ~11 月来水量只有多年平均来水量的 39% ~52% ,其中汛期(7 ~10 月)来水量只有同期多年平均来水量的 47% ;春灌期(3 ~5 月)来水量只有同期多年平均来水量的 80% 。

2001 ~2003 年与 1991 ~1995 年相比,年平均来水量减少 22% 。全年除 6、10、11 三个月来水量增加外,其他各月来水量均有下降,其中 8 月份来水量减少

75%。春灌期(3～5月)来水量减少21%。见图1。

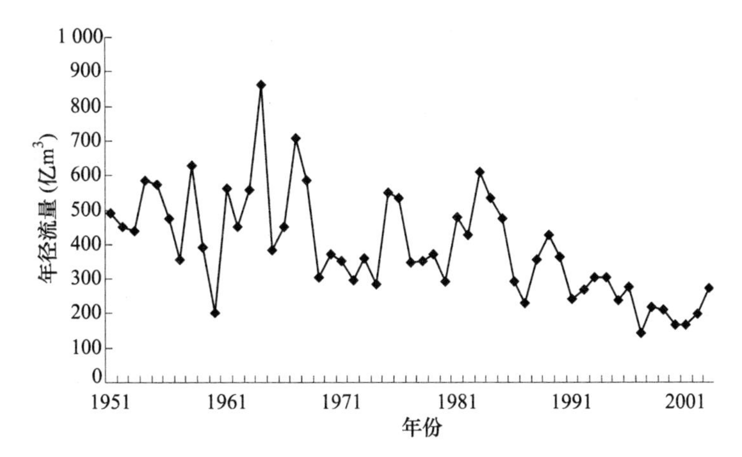

图1　花园口径流量年际变化

3.3　当地水资源

3.3.1　降水

降水是灌区地表水和地下水的重要补给来源,黄河下游引黄灌区降水在560～680 mm之间,多年平均汛期(6～9月)降水量418 mm,占年均降水量的72.6%;春灌高峰期(3～5月)降水量88 mm,占年均降水量的15.3%。多年平均蒸发量1 100～1 300 mm;多年平均气温12～14 ℃,无霜期180～210天。

降水年内分配集中、年际变化大,最大与最小年降水量比值在2.52～4.79之间,在现状条件下难以充分利用当地降水资源,大量降水资源排至境外。

3.3.2　地下水资源

黄河下游引黄灌区地下水资源量主要依靠大气降水补给,另外还有河道渗漏、灌溉入渗等。黄河下游引黄灌区地下水可开采资源总量为109.2亿m^3。地下水开采量呈增加趋势,河南引黄灌区开采总量地区分布不均,山东省除河口地区外,开采程度较低。靠近黄河引黄方便的地区开发利用程度低,而相对远离黄河的地区,开采程度较高。

3.3.3　当地地表水资源

下游引黄灌区的地表径流量大部分为汛期暴雨产流,加上平原地区缺乏调蓄条件,因此地表径流的利用难度较大,75%保证率的天然径流量为19亿m^3。目前,灌区利用地表水面临的突出问题是水污染,地表水的利用受到严重影响。下游引黄实灌面积范围内年均利用当地地表水量约7.6亿m^3。

4 下游引黄灌区用水分析

4.1 引黄水量

黄河下游平均每年引水72.4亿m^3。各年平均引水量呈增长趋势:20世纪50年代为32.0亿m^3,60年代为37.9亿m^3,70年代为81.2亿m^3,80年代为106.4亿m^3,90年代为93.7亿m^3,2000年以后平均为78.5亿m^3。黄河下游引黄水量年际变化见图2。

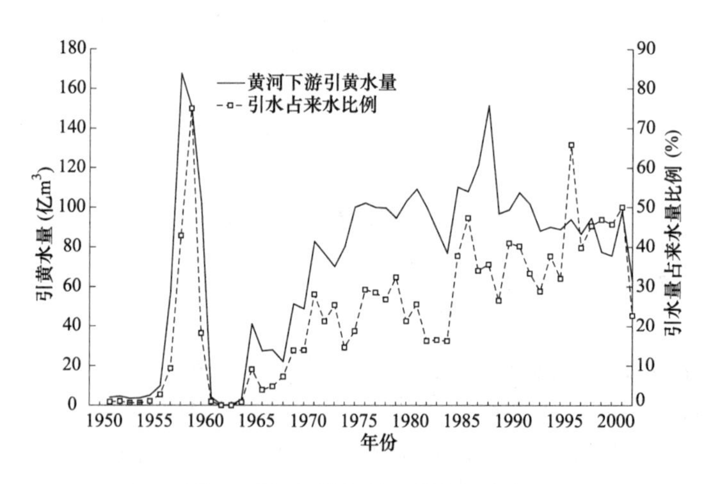

图2　黄河下游引黄水量年际变化

由图2可知:引黄水量占黄河下游来水量的比重也呈逐步上升趋势。1970~1989年,黄河下游引黄水量从1970年的51.4亿m^3增加到1989年的历史最大值151.5亿m^3,增长了近2倍,年均递增近6%。1990年以后,引黄水量缓慢回落,平均年引水量为89.4亿m^3,平均每年递减1.9亿m^3。

引黄水量在一年内呈"M"形双峰状。第一个用水高峰(前峰)在汛前的3~5月份,第二个用水高峰(后峰)在汛期的8~9月份。见图3。

4.2 地下水利用量

1991~2003年,黄河下游引黄灌区提取地下水水量用于农业灌溉年平均为43.7亿m^3,其中2002年最大,为57.6亿m^3;1994年最小,为36.4亿m^3。1991~2003年,河南省平均为22.0亿m^3,山东省平均为21.7亿m^3,见图4。

4.3 当地地表水利用量

1991~2003年,黄河下游引黄灌区用于农业灌溉的当地地表水利用量平均为8.2亿m^3,河南省地表水利用量平均为2.0亿m^3,山东省地表水利用量平均为6.2亿m^3,见图5。

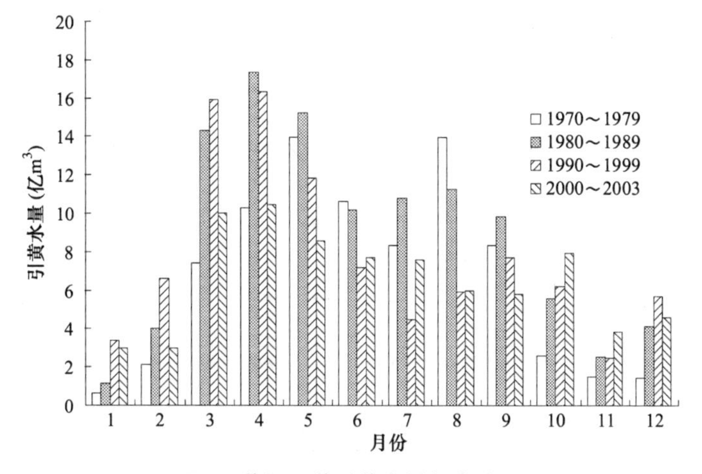

图 3　黄河下游引黄水量年内分配

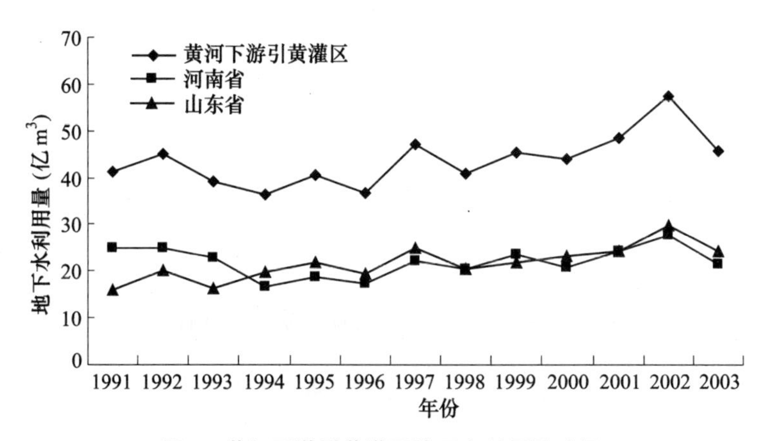

图 4　黄河下游引黄灌区地下水利用量过程

4.4　引黄灌区用水组成

1991 ~ 2003 年，黄河下游引黄灌区平均用水量为 144 亿 m^3，其中引黄水量为 92.4 亿 m^3，地下水利用量为 43.7 亿 m^3，当地地表水利用量为 8.2 亿 m^3，分别占总用水量的 63%、31%、6%。河南灌区以引黄水和地下水为主，分别占总用水量的 46%、50%；山东灌区以引黄水为主，占总用水量的 71%，地下水只占 23%；两省当地地表水利用量所占比例都比较低，在 4% ~ 6%。如图 6 所示。

将 1991 ~ 2003 年划分为 1991 ~ 1995 年、1996 ~ 2000 年、2000 ~ 2003 年 3 个时段，可以看出，黄河下游及豫鲁两省引黄灌区年总用水量整体上呈缓慢下降趋势。下游引黄灌区 3 个时段的年平均用水量分别为 147 亿 m^3、139 亿 m^3、130 亿 m^3，河南引黄灌区分别为 45.5 亿 m^3、42.4 亿 m^3、45.2 亿 m^3，山东引黄灌

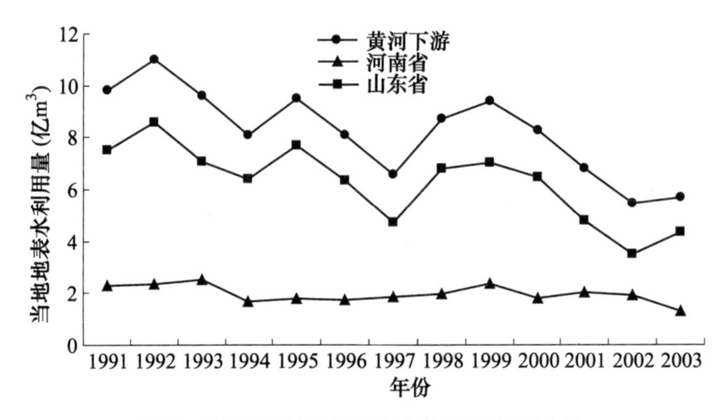

图5　黄河下游引黄灌区地表水利用量过程

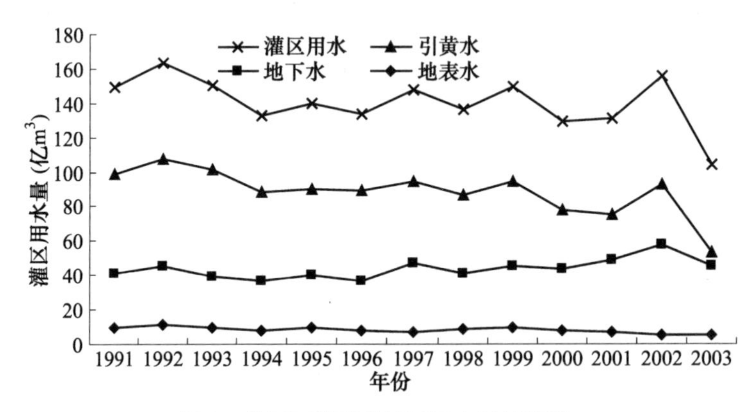

图6　黄河下游引黄灌区用水量过程线

区分别为102亿 m^3、97.0亿 m^3、85.2亿 m^3。不同水源的用水量变化呈现“两低一高”态势:引黄水量、当地地表水利用量逐步减小,地下水利用量逐步增大。黄河下游引黄灌区3个时段引黄水量占总用水量的比例由66%下降到63%、57%,当地地表水利用量占总用水量的比例由7%下降到6%、5%;相反,地下水利用量占总用水量的比例由27%上升到31%、39%。

5　解决黄河下游粮食安全用水的思路与对策

灌溉是保证粮食生产的主要措施之一,离开灌溉其他措施很难发挥作用。黄河下游灌溉历史悠久,随着黄河流域经济的发展和人口的增长,黄河下游引黄灌区耕地资源减少的势头难以逆转,水资源供需矛盾越来越突出。在采取节水措施、调整产业结构、限制高耗水产业发展的情况下,国民经济需水量仍将会有一定的增长。在需水增加的同时,用水结构也将发生较大变化,用水结构的变化意味着在总需水量增加的同时,对供水保证程度的要求也将相应提高。农业是用水大户,保障粮食安全用水需求主要通过农业节约用水、提高用水效率来实现。

根据国家科技攻关项目成果,黄河下游引黄灌区按照井、渠结合灌溉模式下,下游引黄灌区地下水灌溉水量为41.81亿 m^3。地表水灌溉水量、工业生活用水引黄量采用近3年实际用水量的平均值。据此我们计算出黄河下游引黄涵闸引黄需水总量为93.11亿 m^3。见表1。

表1 黄河下游引黄涵闸需水量情况表 (单位:亿 m^3)

灌溉需水量				城市工业及生活用水量	引黄需水总量
小计	地下水量	地表水量	引黄水量		
130.63	41.81	5.91	82.91	10.2	93.11

从黄河下游粮食生产状况与经济发展水平看,粮食生产处于结构性与低水平安全中,区域性粮食安全与不安全并存。面对日益严峻的粮食安全形势和水资源形势的挑战,以水资源的可持续利用来保障下游地区粮食安全,是黄河水资源管理急需解决的问题。

5.1 加强黄河水调工作

国务院在黄河正常来水年份条件下的分配水量中,花园口以下为117亿 m^3,其中河南31.3亿 m^3,山东70亿 m^3(包括大汶河4.3亿 m^3),位山闸引黄济津等20亿 m^3。在降水保证率为75%方案的现状条件和地下水开采方案条件下,下游河南引黄灌区可利用的灌溉水量,可以满足现状灌溉需水要求;而山东引黄灌区可利用的灌溉水量,则不能满足现状灌溉需水要求,2000年以后平均为78.5亿 m^3,超过分配指标中可利用的灌溉水量,供需矛盾十分突出。

黄河水调工作解决了黄河下游水资源时空分布不均的问题,保证了黄河下游引黄灌区的灌溉用水,发挥了灌区在粮食生产中的主体作用。我们应强化适时调度,及时、准确、规范上报引退水及墒情信息;滚动分析沿黄地区用水需求及实际引水情况,并视情况及时调整河段引水流量。我们应提高对水资源在时间和空间上配置的调控能力,为流域内粮食安全和社会发展提供有效保障。

5.2 推进节水型社会建设、由供水管理演变为需水管理

5.2.1 建设节水型社会

通过管理制度建设和变革,建立以水权、水市场理论为基础的水资源管理体制,形成以经济手段为主的节水机制,建立起自律式发展的节水模式,提高水资源的利用效率和效益。

5.2.2 改变管理机制

由于技术和管理水平落后、灌溉设施老化失修等方面的原因，当前灌溉水的利用率只有0.4左右，与发达国家0.7～0.9的利用率相差甚远；农作物水分生产率不足1 kg/m^3（0.87 kg/m^3），以色列为2.32 kg/m^3。灌区对支斗渠以下等田间工程，应将权责落实到具体的用水户协会或个人，建立供水公司＋用水者协会，以实现支渠以下的自我管理、自动维修、自主供水的有效管理机制。

5.2.3 建立合理的水价形成机制

由于水费过低，不少灌区经费短缺，靠多种经营维持，灌区管理却成了副业。还有一些管理机构由于多种经营难度大，水费又很低，为了创收，反而鼓励农民多用水，管理技术落后带来的损失远高于某项技术落后所造成的损失。

水费问题是推行节水农业的关键，关系到全民节水意识的提高，灌区的改造、维修更新和发展。水资源应被看做一种稀缺的经济资源，对水资源的优化利用应着眼于现存的水资源供给。实行基本水价和计量水价相结合的“两部制”水价、超定额累进加价和季节浮动水价等制度，促使用水结构和种植结构的调整，改变供水管理为需水管理。

5.3 改变单项技术为综合技术

提高农业用水效率决非一项或几项工程措施所能实现，而要形成一套节水农业技术体系。采取水利、农业、管理等技术措施，加快引黄灌区节水改造步伐，以灌区农业节水支持经济社会发展对水资源的需求。

（1）在农艺措施方面，进行农业生产结构的调整，采取节水栽培措施；减少农作物蒸发蒸腾。采用地膜覆盖和秸秆覆盖、改土培肥方法；通过先进的灌溉手段和方法，适时适量地对农作物进行灌溉，调节土壤水分，保证作物对水肥气热的综合要求；对农作物的生长发育实施促、控结合，提高农作物产量，优化产品品质，以获得最佳经济产量的灌溉方式。

（2）节水灌溉制度是农业高效用水的基础。充分利用降水、开发利用土壤水，合理调控地下水，达到采补平衡，农水措施紧密结合。改变粗放灌溉为精细灌溉、适时适量地进行科学灌溉，使区域内有限的水资源总体利用率最高及其效益最佳。

（3）根据水资源条件，调整产业结构和用水结构，提高和改善灌区农业生产条件。充分利用天然降雨，加大入渗量，加大植被面积，减少地面蒸发。统一管理地表水和地下水，通过地下水资源与黄河水资源的联合运用，提高水的利用效率。

5.4 洪水利用

根据洪水分期的特点，可以适当抬高9、10月份（后期）小浪底水库的防洪限制水位,使水库多拦蓄汛期的洪水,提高水库非汛期蓄水的保证率,多蓄汛期洪水,增加水资源可调度量,可以用于下游城市供水和农田灌溉,充分发挥水库的综合利用效益。

建设沿黄平原水库,应用汛期多余洪水,把水多和水少、水量和水质的问题结合起来,提前引蓄黄河来水,或用汛期引水等办法弥补春季上游来水量的不足。这是经济社会发展的必然要求,以做到冬蓄春用,丰蓄枯用,引黄补源,实现水资源的合理配置。

5.5 提高技术创新能力

技术进步是粮食增产的动力,保证国家粮食安全和持续发展的要求对粮食科技发展提出了更高的要求。灌溉新技术与精细农业、非充分灌溉和调亏灌溉技术的发展,将在促进粮食节水增产中发挥重要作用。为了在水危机中保护粮食安全,我们必须在科技上取得新的突破。

参考文献

[1] 郑利民. 黄河下游引黄灌区节水灌溉的途径与潜力[N]. 黄河报,2005-12-10.

从“人水斗争”到“人水和谐”

——山东黄河水资源统一管理调度的实践

刘 静 张仰正 孙远扩

（山东黄河河务局）

摘要：山东省当地水资源严重不足，黄河是主要的客水资源。在1972～1999年的28年中，由于过度掠取黄河水资源，山东境内有22年出现断流，对山东沿黄地区工农业生产、人民生活、生态环境、河道防洪都带来严重影响。按照国家授权，自1999年黄委对黄河水资源实施统一管理调度，山东黄河河务局作为山东省境内黄河水资源的主管部门，在黄河水资源管理调度工作中，不断探索创新，采取多种措施，不断强化黄河水资源统一管理和调度，在实现连续8年不断流的同时，基本满足了山东沿黄地区工农业生产、城乡居民生活用水需要，取得了显著的经济、社会和生态效益，促进了人水和谐。

关键词：黄河水资源 管理 实践

1 基本情况

1.1 水资源概况

山东省当地水资源严重不足，全省水资源总量308亿 m^3，人均水资源占有量344 m^3，仅为全国人均占有量的13%，远远低于国际公认的维持一个地区经济社会可持续发展所必需的1 000 m^3 的下限值，属于严重缺水的省份。全省一般年份缺水98亿 m^3，干旱年份缺水175亿 m^3，水资源短缺已成为山东省经济社会可持续发展的“瓶颈”制约因素。

山东省地处黄河最下游，黄河流经山东省9个市的25个县（市、区），河道长628 km，是山东省最主要的客水资源。黄河年平均径流量580亿 m^3，扣除输沙和生态用水量，正常年份最大可供水量为370亿 m^3，国务院分配给山东的引水指标为70亿 m^3。目前，山东省引黄供水范围已达11市的68个县（市、区），引黄水量和引黄灌溉面积约占全省总用水量和总灌溉面积的40%，黄河水资源在全省经济社会发展中占有举足轻重的战略地位。

1.2 黄河断流情况

黄河第一次天然断流始于1972年。据统计，在1972～1999年的28年中，利津站有 22 年出现断流,累计断流 89 次 1 091 天,平均每年断流 50 天(断流年份平均),其中 1997 年断流达 226 天。

20 世纪 90 年代黄河几乎年年断流,并呈现出若干特点。一是断流年份不断增加:70 年代断流 6 年,80 年代断流 7 年,90 年代断流 9 年。二是断流次数不断增多:70 年代断流 14 次,80 年代断流 15 次,90 年代断流 60 次。三是断流时间不断延长:70 年代断流 86 天,年均 14 天;80 年代断流 107 天,年均 15 天;90 年代断流 898 天,年均 100 天。四是首次断流时间提前:70、80 年代一般是在 5、6 月份断流;90 年代提前到 2、3 月份,并且出现了跨年度断流。五是断流河段不断上延:70 年代平均断流河段长度 242 km,80 年代 256 km,90 年代增加到 422 km,断流河段最长的年份是 1995 年和 1997 年,断流至河南开封附近,长约 683 km。

黄河断流给下游工农业生产造成了重大经济损失,对城乡生活用水、生态环境及河道防洪都造成了重要影响。据统计,黄河下游工农业损失:70 年代累计为 22.2 亿元,80 年代累计 29.2 亿元,90 年代(截至 1996 年)累计 216.4 亿元。

1997 年,黄河断流造成山东省直接经济损失高达 135 亿元,其中工业损失 40 亿元、农业损失 70 亿元、其他损失 25 亿元。由于黄河断流,加之遭遇了百年一遇的夏秋连旱,山东沿黄地区受旱面积达 2 300 多万亩,其中重旱 1 600 万亩,绝产 750 万亩,农业直接经济损失达 70 亿元。沿黄地区有 2 500 个村庄、130 万人吃水困难;沿黄多数城市定时定量供水,有的用汽车拉水供居民吃水。

1.3 统一调度前水资源管理情况

山东省开发利用黄河水资源始于 1950 年在利津县綦家嘴兴建的第一座引黄闸,此后经历了试办、大办、停灌、复灌、发展提高、黄河断流、统一调度等曲折历程。据统计,20 世纪 70 年代年均引水量 48 亿 m^3,年灌溉面积 1 100 万亩;80 年代年均引水量 76 亿 m^3,年灌溉面积突破 2 000 万亩,其中 1989 年引水量 123 亿 m^3,灌溉面积 2 738 万亩;90 年代年均引水量 72.8 亿 m^3,年灌溉面积 2 580 万亩。

由于 80 年代以前断流的次数少、时间短,对生产生活的影响尚不严重,黄河部门和当地政府采取了一些限制上游地市引水,或短时间关闸向下游调水的临时应急措施。进入 90 年代由于断流的情况和危害越来越严重,影响越来越大,山东黄河河务局(简称山东局)在省政府和黄委的领导下,一是密切关注黄河水情、沿黄各地旱情和需水情况,及时向黄委汇报,请求上中游水库及时加大下泄流量,支援山东抗旱。二是采取计划用水、分配引水指标、关闸调水、轮流引水灌溉等措施。三是建议有条件的地市修建平原水库,利用水库、河道、坑塘调蓄水量,丰蓄枯用、冬引春用。这些措施虽然在一定时间内、一定程度上缓解了黄河水的供需矛盾,但终因流域水资源尚未统一管理和调度,上中游各省区引水量不断增加,进入山东的水量供不应求,黄河断流及其危害仍不断加剧。

2 统一管理调度后采取的措施

20 世纪 90 年代,随着黄河断流的不断加剧,黄河断流问题引起政府和社会各界高度关注,163 位中国科学院和工程院院士郑重签名,呼吁国家采取措施解决黄河断流问题。1998 年 12 月,经国务院同意,国家计委和水利部联合颁发了《黄河可供水量年度分配及干流水量调度预案》和《黄河水量调度管理办法》,授权黄委负责黄河水量统一调度管理工作,明确山东局负责山东省境内黄河水资源的统一调度管理工作,1999 年 3 月开始黄河水量统一调度。山东局不断探索、创新,采取行政、经济、法律、工程、技术等多种手段,不断强化水资源管理和调度,取得了连续 8 年不断流的成效。

2.1 行政手段

作为山东黄河水行政主管部门,山东局把水量调度作为一项重要任务来完成。一是适时调度,合理引水。根据黄河水情及各地旱情,在确保利津站入海流量的前提下,及时下达水量调度指令,调整各引黄涵闸引水流量,将黄河水送到最需要的地方。二是逐级签订责任书,层层落实责任制。自 1999 年起,省、市、县各级河务部门,逐级签订引黄供水责任书,实行单位一把手负责制,并规定了对违规行为的处理措施。三是加强监督检查。调水期间派出检查组,采取蹲点监督、巡回检查和突击抽查等方式,进行监督检查,检查结果在全局通报。四是在计划用水,科学调度和水资源管理方面,不断探索创新,先后实行了签订供水协议书制度、订单供水制度、水量调度通知单制度、取水许可制度和建设项目水资源论证制度,均取得明显效果。

2.2 经济手段

为利用价格杠杆促进节约用水、合理用水,山东局加大了农业与非农业用水的界定工作,按照国家水费标准和水的不同用途计收水费,对生活及工业用水优先安排。对超计划用水按规定实行加价收费。

2.3 法律手段

为做好黄河水资源统一管理调度工作,山东局除认真执行《水法》、《河道管理条例》和水利部、黄委制定的规章制度外,自 1999 年起相继制定印发了《山东黄河引黄供水调度管理办法》、《山东黄河引黄供水协议书制度》、《山东黄河水量调度工作责任制》、《山东黄河水量调度督查办法》、《山东引黄涵闸水沙测报管理办法》、《山东黄河水量调度规程》等制度、办法,对加强山东黄河水量的统一调度,发挥了重要作用。

2.4 工程手段

山东局对63座引黄涵闸及时进行了维修养护,保证了其启闭灵活、正常运转、按时执行上级调度指令。为提高水资源的利用率,使有限的黄河水资源发挥最大效益,沿黄地区修建了大量调蓄工程,截至2004年底,山东沿黄各市总的引黄蓄水能力达22.74亿 m^3,其中平原水库753座,蓄水能力14.63亿 m^3;河道、坑塘蓄水能力8.11亿 m^3,为丰蓄枯用、冬蓄春用奠定了工程基础。

2.5 技术手段

一是合理编制用水计划,加强用水管理。在考虑河道输沙和生态用水的前提下,根据各灌区农作物种植面积和需水规律,科学编制用水计划并严格执行。二是开展基础性调查研究。山东局及所属单位,多次深入引黄灌区、黄河滩区,就灌区、滩区基本情况、平原水库、农业种植结构、工业及生活用水、节水灌溉等进行调查研究,为黄河水资源的合理配置奠定了技术基础。

不断提高水量调度现代化水平。近年来利用网络计算机技术,开发了相关运用软件,实现了水位、引水引沙量、调度通知单等的网上传输和查阅;采用先进的计算机、自动控制和视频传输技术,先后建成了51座引黄涵闸的远程监控系统,实现了黄委、山东局、市、县河务局和闸管所5级监控,可对涵闸的引水信息和运行状态进行远程监测,对闸门的启闭进行远程控制,对涵闸的运行环境和流态进行远程监视,为科学调度黄河水提供了有力的技术支持。

3 黄河水资源统一管理成效显著

黄河水资源统一管理调度以来,在黄河来水持续偏枯的情况下,1999年断流天数减少到40天,2000~2007年已连续8年实现了黄河不断流,同时基本满足了沿黄工农业生产和城乡居民生活用水需要,取得了显著的经济、社会和生态效益。

3.1 工业及生活用水效益

实行黄河水资源统一调度,由于能够统筹兼顾,合理调配黄河水量,避免了上下游争水、左右岸抢水的情况,优先保证了沿黄636万城乡居民生活用水,基本满足了胜利油田和沿黄工业生产用水。同时引黄济津、引黄济青为青岛、天津及沿途城市1 705万人提供了生活及工业用水。根据黄委测算,黄河水对工业项目GDP的影响程度为211元/m^3,据此测算,黄河水资源年均对山东沿黄工业GDP影响量达1 200亿元左右。

3.2 农业效益

由于充分考虑了农作物的需水规律,在农作物用水的关键季节,适时加大了小浪底水库的下泄流量,使沿黄地区3 000多万亩农作物基本得到及时灌溉。

据测算，山东农业引黄灌溉年增产效益达 30 亿元。

3.3 生态效益

实施统一调度后的 1999 ~ 2005 年，黄河最下游的利津水文站 7 年平均年入海水量 114.8 亿 m^3，保证了生态环境基本用水需要。河口地区生态环境显著改善，淡水湿地面积明显增大，湿地功能得到一定程度的恢复，每年都有近百万只鸟到这里越冬。黄河不断流，为近海鱼类的洄游、繁衍、生息创造了条件，多年未见的黄河刀鱼重现黄河河道。

近年来，山东黄河两岸绿树成荫、水面扩大，生态环境明显改善。特别是泉城济南泉水得以常年喷涌；江北水城 - 聊城东昌湖碧波荡漾；滨州四环五海碧水蓝天；黄河入海口鱼跃鸟飞，均成为山东旅游的新亮点和居民生活娱乐的好场所，这些都受益于黄河水的供给和补充。

3.4 防洪效益

黄河不断流后，河道常年有水携带泥沙入海，对减少河道淤积发挥了重要作用，加之近 4 年黄河调水调沙，山东河道主槽平滩流量由原来的 2 000 m^3/s 提升到 3 500 m^3/s 左右，3 000 m^3/s 同流量水位下降了 0.86 m，使山东河段河道排洪能力普遍提高。

4 存在的问题及对策

黄河水资源统一管理调度给山东沿黄地区经济社会的发展和生态环境的改善带来了巨大的经济、社会和生态效益。但是，目前山东黄河水资源管理与调度仍存在一些问题亟待解决。

4.1 水资源总量不足

黄河水资源的利用以频繁断流为标志，已经超过了河流承载能力的极限。在南水北调工程实施前，山东黄河水资源供需矛盾仍将十分突出，特别是春灌用水约占全年用水量的 60%，但同期来水只占年来水量的 20% 左右，山东黄河水资源短缺的现状短期内难以彻底改变。对策：尽快实施南水北调西线工程，从根本上解决黄河水资源总量不足的问题；春季加大小浪底等水库的下泄流量，缓解春灌用水供需矛盾。

4.2 法律手段不适应

黄河水资源统一管理调度方面的法律、规章制度尚不健全。对策：建议国家尽快出台《黄河法》、《黄河水资源管理调度条例》等法规，把黄河水资源的管理和调度纳入法制化轨道。

4.3 水文测报手段落后

一是黄河干流水文站点少，测验精度低、测次少，不适应水量调度需要；二是引黄闸引水流量测次少、误差大;三是引黄灌区测水量水、配水手段落后,不适应科学配水的要求。对策:一是改善黄河水文站测报设备,增加测报次数;二是引黄闸改造测流设施,尽快实现测流现代化;三是结合灌区改造,增加测验站点,提高测报精度,适应配水需要。

4.4 灌区管理粗放、水资源浪费严重

一是引黄灌区工程不配套、干支渠节制闸老化失修。山东引黄灌区干支渠17 390 km,只衬砌了1 315 km,衬砌率仅7.56%,灌溉多以大水漫灌、串灌为主,水利用系数仅在0.5左右。二是无用水定额。三是灌区工程管理不统一,上下游争水抢水,地下水利用不合理。对策:一是搞好灌区工程配套,特别是干渠衬砌,提高水的利用率;二是对灌区内地下水、地表水、黄河水统一调配;三是科学制定各种用水定额,促进节约用水、科学配水。

4.5 水费价格低,不能有效地发挥经济杠杆的调节作用

一是引黄渠首工程供水价格低,农业用水1分/m^3左右,工业及城市用水4分/m^3左右;二是引黄灌区水费价格低,农业用水在5分/m^3左右,都远远低于供水成本,与水资源紧缺不相适应。对策:建议有关部门按规定尽快核定引黄渠首和引黄灌区的水价,超定额用水实行累进加价,逐步推行两部制水价,充分发挥水价在水资源管理中的调节作用。

5 结语

综上所述,山东沿黄离不开黄河水,近几年对黄河水资源的统一管理调度成效巨大,但实现山东沿黄地区人水和谐的美好目标任重道远,需要黄河部门、各级政府和用水部门的共同努力,采取法律手段、行政手段、经济手段、科技手段、工程手段等综合措施,不断提高黄河水资源的统一管理与调度水平,充分发挥黄河水资源的社会、经济和生态效益,促进山东沿黄地区和谐社会建设。

参考文献

[1] 苏京兰,刘静,赵洪玉. 山东黄河水量统一调度成效分析. 三农问题理论与实践——水利水电水务卷[M]. 郑州:人民日报出版社,2004. 12.

[2] 汪恕诚. 资源水利——人与自然和谐相处[M]. 北京:中国水利水电出版社,2002.

[3] 李国英. 维持黄河健康生命[M]. 郑州:黄河水利出版社,2005.

西北干旱及多沙河流区水资源合理配置

——以延安市为例

肖伟华 于福亮 裴源生 赵 勇

（中国水利水电科学研究院）

摘要:本文在分析西北干旱地区典型代表——延安地区的水资源情势演变(包括降水变化、社会用水结构和水土保持综合影响分析)的基础上,结合经济和生态要求,建立了延安市水资源合理配置模型,对延安市水资源进行了合理配置,给出了相应的结果。并结合气候变化、水土保持和社会用水结构对配置结果影响进行了定性分析和定量计算。根据配置结果和情势演变的影响分析,针对延安市的具体情况提出了水资源合理配置的建议,其结论和计算结果也对干旱及多沙地区的水资源配置提供了参考,并讨论了未来区域水资源配置模型中应注意的问题,包括模型约束和配置单元尺度等。

关键词:水资源 合理配置 干旱多沙区 情势演变

1 概述

在西北干旱地区,一些区域由于暴雨降水造成土壤侵蚀模数偏大,河流输沙比重较高。在我国西北地区,其水资源量多年平均为1 635 亿 m^3,仅占全国总量的5.84%。且人均水资源量偏小,2000 年其人均水资源占有量1 781 m^3。尽管西北地区水资源紧缺,其用水效率却仍然偏低,如存在着人均用水量高、农田灌溉用水定额高、单位 GDP 用水量高等问题。西北地区的水资源开发利用率不断提高,达到了53.3%,而全国平均水平为20%。

延安市地处黄河中游的黄土高原中南部,是我国西北典型的干旱多沙区。境内有5条河流,均属黄河水系。其河流特点是基本呈西北东南流向,基流小,洪水大,含沙量高,输沙量大。该地区也是黄河干流泥沙的主要来源地。根据水资源评价,延安市水资源总量为13.35 亿 m^3,人均水资源量不足700 m^3。延安市人均用水量更低,约为78.2 m^3,仅是全国平均水平的17.5%。2000 年延安市总用水量为1.6 亿 m^3,仅占当地水资源总量的11.2%左右。这说明延安市的用水水平很低,水资源的开发利用程度也不高,对于一个水资源较缺乏的地区,水资源的开发程度与用水水平都与当地的社会经济发展极不相适应。但这主要是由于:①延安市境内年内降水量分布非常不均,从多年平均看,6～9 月的降水量约占全年总降水量的 70.8%;②区域内部分河流水质本底较差;③人类活动等引起的水体含沙量高等原因造成的。这就给水资源的开发利用带来了很大的不便,也形成了资源型缺水的问题。因此,对该地区进行水资源合理配置是非常必要的,而且水资源合理配置也是区域水资源系统可持续发展的关键。

2 演变情势分析

延安地区水资源主要来源于降水,降水量的大小和变化趋势是当地水资源的决定因素。人类的活动对于区域内的水循环过程和土壤侵蚀模数有着重要的影响。这是由于延安市人民的社会经济用水形成了由取水 - 输水 - 用水 - 排水 - 处理 - 回用环节构成的人工侧支水循环,同时水土保持措施效益的发挥和社会经济开发使土壤侵蚀加大的后果并存,对区域河川径流也将产生影响。

2.1 降水变化趋势分析

由于大气气候整体的变化,全球气温升高等引起了全球水文循环的相应变化。对局部区域的降水径流都产生了一系列影响。就延安市来看,对各测站近 40 年的降水系列进行分析,年降水量总体上呈减少的趋势。将单站和区域的(包括流域和行政区的)降水资料按年代分组进行分析,呈现出略微波动。可以看出 60 年代降水量最丰;70 年代相对减少,部分站 80 年代有所回升,90 年代降到近 40 年的最低水平。从表 1 和图 1 可以较明显地看出这个趋势。

表 1 部分流域和测站各年代平均年降水量 (单位:mm)

名称	60 年代	70 年代	80 年代	90 年代	均值
旦八	585.8	474.4	456.9	310.2	461.7
府村	621.2	517.3	546.1	533.3	555.9
上畛子	574.9	535.0	553.5	508.4	548.2
子长	534.4	511.6	503.9	423.1	493.7
街子砭	624.5	563.7	556.4	441.0	554.2
清涧河流域	510.3	489.5	474.2	434.2	457.9
延河流域	558.1	497.2	537.5	429.1	504.6
洛河流域	578.51	542.04	533.52	417.6	483.2

2.2 社会经济用水的影响

发展进程中人们对水资源的开发利用活动,使流域地表水的产汇流特性和地下水的补给排泄特性发生了变化,从而改变了径流对降水的相应关系;也改变

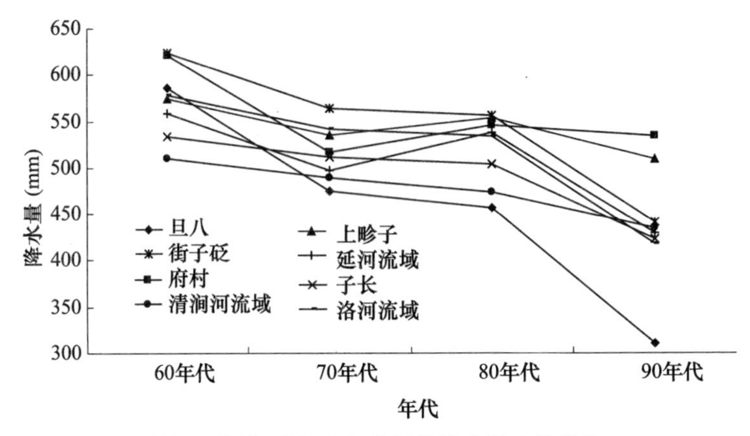

图1 流域、单站各年代平均降水量变化趋势

了江河湖泊关系,地下水的赋存环境,以及地表水和地下水的转化路径,同时在天然水循环的大框架内,产生了由取水—输水—用水—排水—回归5个基本环节构成的人工侧支循环圈。

随着延安市社会经济的快速发展,其社会经济用水也正在经历着一个快速发展的历程。从统计资料来看,其用水量从1980年的6 698万 m^3,增长至2000年的16 071万 m^3,增长了近2.4倍。根据目前延安市发展状况,其总用水量也仅占当地水资源总量的11.2%左右,但是其用水幅度还将进一步的增长,且延安市的用水较大程度地依赖于河道用水,因此其用水将较大地影响到河流的枯季径流。而延安市的社会经济用水过程中存在耗水和回归水,结合取、输和排的过程形成了人工侧支水文循环,增加了循环过程的复杂性。

人工侧支循环改变了水文循环,主要表现在:它改变了传统的降雨产汇流机制,不同于过去的降雨、植物截留、下渗、填洼、蒸发和径流的过程,在水资源开发利用过程中,供输系统改变了原来天然的水力联系;水分主要是在用水中消耗,以产品带走和蒸发双重模式发生;排水和处理后又回归于自然,改变了原有的水流汇入过程。

根据计算预测分析,在2010、2020、2030水平年的多年平均需水量将分别达到23 058万 m^3、27 202万 m^3、31 916万 m^3,其开发利用率将分别达到18.8%,29.0%,37.0%。因此,随着未来规划水平年延安市社会经济用水量逐渐增大,对河道径流量的影响会越来越明显。

2.3 水土保持引起径流变化

水土流失是延安市的头号生态环境问题,水土保持是其生态环境建设的主体。也正因此,延安市水土保持规划在未来水平年实施后将产生重大的生态、经济和社会效益。在延安主要采取的水土保持措施有工程措施、生物措施和农业耕作措施。其中,工程措施有淤地坝工程、坡改梯工程和小型水土保持工程;生物措施是指采用人工造林、封山育林等技术措施,建设生态经济型防护林体系,提倡多林种、多树种及乔灌草相结合,如经果林、水保林和种草等;农业耕作措施有改变坡面微地形、增加地面粗糙度和植物覆盖度等。

从对径流影响的角度分析,主要是规划实施后,可以防治水土流失,减少进入黄河干流及其支流泥沙;涵养水源,缓洪增枯,减轻洪涝和干旱灾害;防治面源污染,改善地表水体水质。因此,水土保持措施实施后有利于水资源的开发利用。经计算,规划实施后,到2010年末,新增水土保持综合措施年可拦蓄降雨径流量15 519.21万m^3,保持土壤(减少入河泥沙)4 221.36万t;2011~2020年期间,总新增水土保持综合措施年可拦蓄降雨径流量33 790.74万m^3,保持土壤9 171.33万t;2021~2030年期间,总新增水土保持综合措施年可拦蓄降雨径流量34 295.58万m^3,保持土壤9 324.21万t。也即是在相应的规划水平年延安市水资源径流量将减少新增水土保持综合措施的生态用水部分,从而区域水资源量减少。

由上述可知,水土保持改变了原来的下垫面条件,产汇流过程发生相应的变化。这是由于森林覆盖率的提高,生态环境的修复和改善,降雨形成的植物截留量增大,汇流过程延时,下渗水量增大,植物蒸发蒸腾量增大。从而使得河川径流量减小。

3 各水平年配置结果分析

区域水资源配置的目的是通过协调区域生态环境和社会经济两大系统之间及系统内部用水关系,实现社会经济持续发展和生态环境良性运转。因此,延安市区域水资源配置问题的核心内容可以概括为:① 区域社会发展模式问题,主要指以区域水资源分配为纽带的社会公平、经济发展和生态保护三者之间的协调方式;② 在某一发展模式下,宏观稀缺水资源支持下的区域社会经济和生态环境各主要指标所能达到的发展程度;③ 在具体发展模式和特定资源条件下的区域水资源的有效配置方式。

3.1 合理配置模型

延安市水资源的主要问题是短缺,各计算单元的需水量往往超过总的可供水量。为了体现合理配置的各原则以及延安市水资源实际特点,本次研究选取各流域综合缺水总量最小以及各计算单元缺水率均衡两个目标进行水资源合理配置。

目标函数之一:缺水总量最小

$$\min Z = \sum_{i=1}^{I} \sum_{j=1}^{12} \sum_{k=1}^{4} S(i,j,k) \tag{1}$$

式中，$S(i,j,k)$ 表示第 i 个计算单元在第 j 时段中第 k 用水类型的缺水量。

目标函数之二：各计算单元的缺水率基本一致

$$|\max\eta_i - \min\eta_i| \leqslant \varepsilon$$

$$\max\eta_i = \max(\eta wd_{ijy} \quad i = 1,2,\cdots,I) \qquad \min\eta_i = \min(\eta wd_{ijy} \quad i = 1,2,\cdots,I) \tag{2}$$

$$\eta wd_{ijy} = \frac{\sum_{k}^{4} S(i,j,k,y)}{\sum_{k}^{4} D(i,j,k,y)}$$

式中，ηwd_{ijy} 为第 i 个计算单元在第 j 时段中第 y 水平年的缺水率；$S(i,j,k,y)$ 表示第 i 个计算单元在第 j 时段中第 y 水平年第 k 用水类型的缺水量；$D(i,j,k,y)$ 表示第 i 个计算单元在第 j 时段中第 y 水平年第 k 用水类型的需水量。

模型中约束条件包括：① 水量平衡约束（计算单元水量平衡约束、河道节点水量平衡约束、水库水量平衡约束）；② 蓄水库容约束；③ 使用当地天然来水量的约束；④ 引提水量的约束；⑤ 地下水使用量约束；⑥ 水环境约束（污水产生量与排放量、回用量之间的平衡约束，各类污染物质的排放总量与其运移、积累及降解自净之间的平衡约束）；⑦ 水库运行规则约束；⑧ 非负约束。

3.2　合理配置结果分析

延安市水资源的主要问题是短缺，各计算单元的需水量往往超过总的可供水量。为了体现合理配置的各个原则以及延安市水资源实际特点，研究选取各流域综合缺水总量最小以及各计算单元缺水率均衡两个目标进行水资源合理配置。对于延安市水资源合理配置依据传统的三次供需平衡理论设定相应区域社会经济发展情景下的配置方案，并在原有平衡理论的基础上做了相应的修正以适应于延安市的实际情况，即在一次平衡时采用了考虑节水后的需水参与供需平衡，用该状态下的缺口充分暴露发展进程中的水资源供需矛盾。

根据延安市社会经济健康合理发展的需要，对延安市的水利工程进行了相应的总体布局和整体规划，以保证水资源的高效利用，使延安市社会经济需水量在一定的水利投资额度下缺水率达到最小。在近期水平年（即 2010 年）主要考虑当地水资源的充分挖潜，提高水资源的利用效率和单位水分生产率，开展再生水利用工程；中期水平年（即 2020 年）根据延安市实际，不断提高再生水的利用率，在本地水源不足且充分挖潜的地区考虑调水工程；远期水平年（即 2030 年）属展望年，主要通过工程的维护、除险加固，结合一些新建工程，支撑延安市的社会经济快速发展。推荐方案下水资源进行合理配置后供需平衡结果见如表 2 所示，从表中可以看出，现状水平年延安市区域缺水总量为 0.265 亿 m^3，缺水率为

15.8%。在2010水平年，在该方案中，近期规划水平年延安市区域缺水总量为0.210亿m^3，缺水率为9.1%。在2020水平年，区域缺水总量为0.092亿m^3，综合缺水率为3.4%。通过农村人畜饮水改造工程，农村生活用水完全满足，更加有力地保障了生活、生产用水。在该方案中计算的结果是在当地挖潜仍不能解决缺水问题，在有条件的地区实施调水工程。在2030水平年，区域缺水总量为0.083亿m^3，综合缺水率为2.6%。在延安市社会经济不断发展的情况下，通过调水和当地挖潜基本解决了缺水问题，保障了生活、生产用水。从各水平年的缺水率变化可以看出，通过一系列配置措施的实施对合理配置水资源和提高水的利用效率起到了作用。

表2　延安市各水平年长系列多年平均供需平衡结果表　（单位：万m^3，%）

水平年	总需水	总供水	缺水量					缺水率				
			农业	农生	城生	工业	总量	农业	农生	城生	工业	综合
2000年	16 254	13 600	1 903	178	99	474	2 654	23.2	9.6	7.3	8.8	15.8
2010年	23 058	20 962	889	83	137	988	2 096	13.4	4.8	5	8	9.1
2020年	27 202	26 287	697	0	0	218	915	9.7	0	0	1.5	3.4
2030年	31 916	31 085	581	0	0	250	831	7.4	0	0	1.5	2.6

注：本次规划主要计算人工生态和河道基流用水，其用水总量较小，在配置中首先满足。

在综合考虑延安市水资源演变趋势的基础上，通过供需平衡分析可以得出规划区域的产业结构是否合理，以及如何依据当地水资源禀赋条件下的调整。表2中的需水结果是合理调整延安市产业结构后得到的。因此，也是在规划中给出的推荐方案的供需平衡结果。在本次规划中总需水不包括河道生态需水和天然生态需水。

4　情势演变对配置结果的影响

在配置结果中，直接给出了考虑水利工程、水源保护规划、水土保持规划实施情况下的供需平衡结果。从计算结果可以分析得出，情势演变对配置结果的影响主要存在以下3个方面。

（1）全球气候影响下的降水量的变化趋势递减，这种趋势在延安市体现为从50年代至90年代降水量的变化在总体上是减少的。降水减少，即使在原有的产流模数下，其河川径流必然相应地减少。这就使得原本紧张的用水局势变得恶化，更加要求延安地区提高用水效率，提高单方水的产出效益。也要求在配置中，在遵循“3E”（Efficiency，Equity，Economy）原则的基础上，寻找新的替代水源，合理配置水资源。根据降水系列的分析，20世纪60年代至90年代延安市各水文测站的降水量总体呈下降趋势，其减少幅度变化范围较大，从11%至

47%。同样，其可利用水资源量相应减少。但是，目前仍不能定量得出全球气候变化的影响量和丰枯季节变化的影响量。

(2)在规划中没有考虑天然生态需水，认为在原有的地面覆盖植物维持不继续破坏，即原有的降雨径流关系不变化。在考虑水土保持减水减沙效益时，只需考虑新增面积的减水减沙效益的分析。根据规划治理水土流失面积，以及各种水保措施综合减水减沙，可以得出该生态演化模式在2010、2020、2030水平年的水土保持生态用水分别为2.32亿m^3、4.43亿m^3、4.60亿m^3，即相应水保措施的减水减沙效益值。水土保持后河道径流量减少，但更有利于水资源的开发利用，水中含沙量减少(目前，部分季节单方水含沙量大于60 kg/m^3时，不能作为取水水源)，来流系列坦化，改变原有丰枯剧烈变化的特点，更有利于枯季取用水，保障水资源的合理配置，并且达到缺水率最小。

(3)在人工用水中，包括生活用水、工业用水、农业用水和人工生态用水。其主要供水水源有蓄水、引提水、泉井窖、再生水和外调水。不同的水源和取水方式改变了原有的产水条件，影响了水资源量的构成。同时，也改变了水资源的耗散方式，一部分水回归于自然，一部分水随产品作为虚拟水带走，还有部分水在生产过程或用水过程中消耗。根据合理配置后的结果可以看出，延安市内各流域的控制断面水流量明显小于考虑耗用水还原后的河川径流过程。以延安市延河流域为例，各行政断面出口流量相应减少计算单元的引取水量，从延河流域的安塞、志丹、宝塔区和延长分别减少1 011万m^3、287万m^3、2 126万m^3和710万m^3。且上游用水的耗排状况，直接影响下游水资源量和质的合理配置。

5 结语和讨论

(1)干旱地区水资源合理配置研究需明确其生态水文过程。确定水文过程对生态系统配置、结构和动态的影响，确定植物吸收的水分来源。也因此，更有利于明确水土保持措施和水源保护措施实施后的水文情势演变。

(2)干旱多沙地区水资源合理配置必须考虑水土保持状况和规划。水土保持措施改变了原有的下垫面条件，增加了天然生态用水，相应减少了河道径流量。因此，在不同的水土保持规划下，其在不同水平年的水土保持减水减沙的效果是不同的。

(3)文中给出了各种水资源情势演变的影响因子对配置结果的初步分析和相应的定量结果。但在确定其定量影响范围还需要进一步研究。其中，全球气候变化和丰枯年变化对水资源情势演变影响的定量化显得尤为重要。

(4)从配置结果来看，大配置尺度(计算单元)可能会掩盖小区域内的供需矛盾。因此，不同配置尺度的选择对充分反映目标区域的供需矛盾是很必需的。

在未来配置中,应根据配置的目标区域选定合适的尺度。

参 考 文 献

[1] 钱正英,沈国舫,潘家铮.西北地区水资源配置生态环境建设和可持续发展战略研究(综合卷)[M].北京:科学出版社,2004.

[2] 王浩,陈敏建,秦大庸,等.西北地区水资源合理配置和承载能力研究[M].郑州:黄河水利出版社,2003.

[3] 胡兴林.黑河流域径流演变规律及区域性水资源优化配置分析[J].水文,2003 (1):34 -38.

[4] 粟晓玲,康绍忠.干旱区面向生态的水资源合理配置研究进展与关键问题[J].农业工程学报,2005(1):167 -172.

[5] 袁希平,雷廷武.水土保持措施及其减水减沙效益分析[J].农业工程学报,2005(2):296 -300.

[6] Jerson Kecman, Rafael Kelman. Water allocation for production in a semi - arid region[J]. Water Resources Development, 2002,18(3):391 -407.

[7] 裴源生,赵勇,陆垂裕,等. 经济生态系统广义水资源合理配置[M].郑州:黄河水利出版社,2006.

[8] 夏军,孙雪涛,谈戈. 中国西部流域水循环研究进展与展望[J].地球科学进展,2003(1):58 -67.

[9] 焦菊英,王万忠,等. 黄土高原丘陵沟壑区淤地坝的淤地拦沙效益分析[J].农业工程学报,2003(6):302 -306.

北江水面线下降的原因及其对沿江引水环境的影响评价

张治晖[1] 杨 明[2] 张华兴[3] 李敬义[4]

(1. 中国水利水电科学研究院;2. 黄河水利科学研究院;
3. 黄河水利委员会; 4. 黄河河口管理局)

摘要:近年来,北江河床下切严重,导致北江水面线下降,使两岸沿线引水建筑物及其相应涌道出现了一系列新问题,主要包括堤岸冲刷淘深加剧,引水建筑物出现隐患,随时威胁堤坝安全;引水量减少,下游涌道淤积,涌道自净能力下降,水质状况恶化;水处理费用大幅度增加。这些新问题对北江区域经济的可持续发展构成极大威胁。本文首先阐述了北江河床下切程度,分析了河床下切对引水环境产生的不利影响,最后提出了相应的治理措施和建议。

关键词:北江 河床下切 引水环境 治理措施

1 引言

2005年6月24日,佛山市马口、三水站遭遇百年一遇的特大洪水,经过全民一致共同抗击,洪峰顺利过境,北江大堤三水段安然无恙,抗洪抢险取得了胜利。在抗洪抢险过程中,有一个问题发人深省,2005年洪水的洪峰流量明显大于1998年洪水,为什么沿程洪水水位却大大低于1998年洪水水位呢?这说明如今的北江河床下切程度较大。北江河床的严重下切,导致北江相同流量水面线下降,使两岸沿线引水建筑物及其相应涌道出现了一系列新问题,主要包括堤岸冲刷淘深加剧,引水建筑物出现隐患,随时威胁着堤坝安全;引水量减少,下游涌道淤积,涌道自净能力下降,水污染加剧,水质状况恶化;水处理费用大幅度增加等。如果不能很好地解决这些新问题,将直接影响北江区域经济的可持续发展;同时,引水地区的污染水源向外江排污,对下游造成二次污染,形成连锁效应,因此迅速采取有效措施进行处理已迫在眉睫。

基金项目:科技部科研院所社会公益研究专项资助(2004DIB4J169)。

2 北江河床下切程度分析

2.1 北江河床监测断面与北江大堤堤段的实测数据分析

据北江河床 19 个大断面监测资料，自 1990 年以来，北江河床普遍下切 5～6 m，下切最为严重的北断 17 断面和北断 19 断面，最深下切深度分别高达 10 m 和 11.7 m，从年际变化过程可以看出，北江河床 19 个监测断面年下切值一般为 0.5～2.0 m 不等，且有愈来愈快的趋势。1996 年底，对北江大堤芦苞洪潭桩号 33＋900～34＋325 堤段堤脚抛石淘深进行地形测量，测量结果与 1994 年 6 月资料对比，堤脚河床普遍淘深 2～3 m，最深达 4 m，原缓坡堤脚变陡，北江主泓线由河床中间摆向左岸堤脚，严重威胁大堤安全。1998 年 9 月，对北江大堤西南桩号 51＋506～52＋080 堤段河床地形进行测量，与 1994 年测量成果比较，该河段河床平均下切 4 m，河床底高程为 －14 m，1999 年 3 月对本段进行加固处理。在 2000 年 2 月对该段进行复测时，河床较 1999 年 3 月冲深 2～3 m，护岸抛石坡变陡，管理部门不得不再次进行加固。

2.2 枯水期北江沿线引水建筑物闸前水位分析

北江沿线引水建筑物枯水期闸前水位的变化一方面能从侧面反映出北江河床整体下切的情况，另一方面也可反映出北江河床的下切对引水闸进口局部地势高程的影响程度。本文选取北江沿线两个典型水闸刘寨水闸和黄塘水闸的枯水期闸前水位进行分析，图 1 为刘寨水闸枯水期月平均水位变化图，图 2 为黄塘水闸枯水期月平均水位变化图。由图可见，2001～2004 年刘寨水闸和黄塘水闸枯水期闸前月平均水位主要呈减小的趋势，根据实测资料统计，2000 年前，刘寨水闸 75% 设计保证率水位为 2.09 m，多年枯水月平均水位为 1.90 m，而 2001～2004 年，枯水期刘寨水闸枯水月平均水位为 0.77 m，比 2000 年前枯水月平均水位降低为 1.13 m；2000 年前，黄塘水闸 75% 设计保证率水位为 1.69 m，多年枯水月平均水位为 1.31 m，而 2001～2004 年，枯水期黄塘水闸枯水月平均水位为 0.35 m，比 2000 年前枯水月平均水位降低 0.96 m。

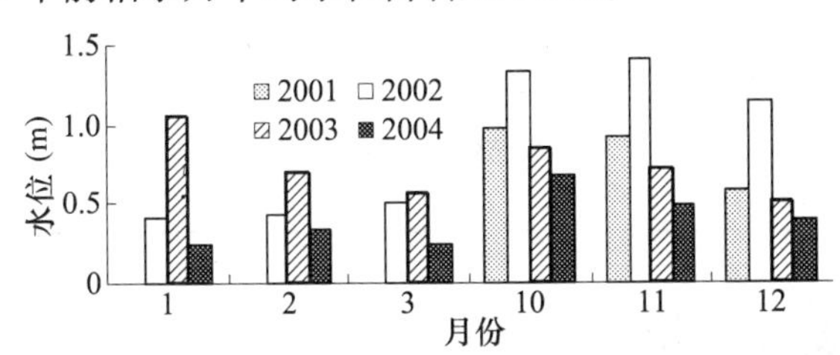

图 1 刘寨水闸 2001～2004 年枯水期月平均水位变化图

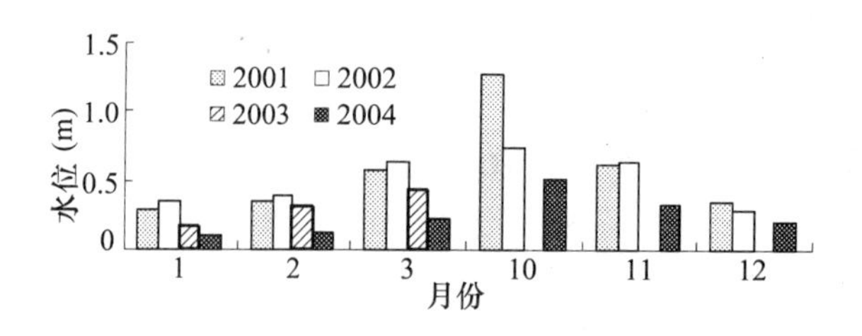

图 2　黄塘水闸 2001 ~ 2004 年枯水期月平均水位变化图

3　河床下切对引水环境的影响评价

3.1　严重影响引水建筑物安全，对其进行加固、改造或迁建势在必行

北江水面线下降，堤岸冲刷淘深严重，将影响引水建筑物自身的安全，必须进行加固、改造或迁建，这些建筑物均穿过堤身很高的北江大堤，进行加固、改造或迁建的费用较大；引水位下降，引水深及引水量下降，河道流速低，当低到不淤流速时，河道必然淤积，而要保证把引水正常输入下游，必须进行清淤并挖深河底，否则将无法自流引水，这对纵横交错、河网密布的珠江三角洲地区来说，费用相当大。以三水区乐平镇为例，该镇内已建成河道长达 262.9 km，其中主干内河涌 62.34 km，按本地已实施清涌工程经验数据，以 50 万元/km 计算，仅清淤一项，费用高达 13 145 万元，而且每隔一定年就要进行清淤，这样就加大了地方的经济负担。

3.2　引水量降低，加大下游地区的工农业用水费用

表 1 对北江枯水期各内河涌系引水涵闸闸底槛高程与外江水位进行了统计，由表可见，由于引水位下降，枯水期各水闸闸前水位很低，甚至无法引水，各引水涵闸引水量远远低于设计引水量。

表 1　北江枯水期引水闸闸底槛高程域外江水位对比表

涌系	大棉	刘寨	左岸	樵北	大塘
引水闸	石基头涵	刘寨水闸	黄塘水闸	五顶岗闸	海仔口闸
枯水期外江水位	0.4	0.86	0.49	0.3	0.1
月均最低水位	-0.3	-0.23	-0.2	-0.4	-0.4
闸底槛高程	-0.35	-0.1	-1.0	-1.0	1.4

下面以黄塘水闸为例，估算引水位下降增加的引水费用。

(1)基础数据。水闸为两孔，以总宽 4 m 计，底槛高程 -0.35 m，多年枯水月平均水位1.31 m，现状枯水月平均水位 0.35 m。水闸基本处于未充分利用状态，按平底宽顶堰流计算。

(2)流量公式。平底宽顶堰流计算公式：

$$Q = \sigma \varepsilon m B \sqrt{2g} H_0^{3/2} \tag{1}$$

式中：H_0 为行近水头，$H_0 = H + V_0^2/2g$(m)，B 为堰宽；σ 为淹没系数，σ 值依赖于淹没高度与水头之比值 h_s/H_0；ε 为侧收缩系数，用公式(2)进行计算，

$$\varepsilon = 1 - 0.2[\xi_k + (n-1)\xi_0]H_0/nb \tag{2}$$

式中：ξ_k 为边墩形状系数；ξ_0 为闸墩形状系数；m 为流量系数，m 因前沿形式而异。

直坎：

$$m = 0.33 + 0.01\frac{3 - P/H}{0.46 + 0.75P/H} \tag{3}$$

圆坎：

$$m = 0.36 + 0.01\frac{3 - P/H}{1.2 + 1.5P/H} \tag{4}$$

(3)计算结果分析。表 2 为计算结果，由表可知：上下游水头差每降低 0.2 m，流量减少约0.9 m^3/s。枯水期 10 ~ 3 月是降雨量少的季节，正是引水要求强烈的时间，枯水期引水天数以 180 天计，按水位从 1.31 m 降至 0.35 m 即 0.96 m的水位差算，每天引水量减少 48.38 万 m^3，枯水期共计减少引水量 8 709.12万 m^3。以总扬程 3.6 m，使用 1 400 ZLB5.5 – 3.5 水泵配 310 kW 电机的泵站抽水费用来计，抽 1 万 m^3 水约需用电 200 kWh，农用电费 0.35 元/kWh，折算成抽水成本 70 元/万 m^3，枯水期约需抽水费用 61 万元。以上计算未计入建站、征地、管理、维修等费用，面对北江两岸沿线成千上万的引水建筑，日积月累，这笔费用相当昂贵。

表 2　不同引水位情况下过闸流量计算表

外江水位	H(m)					
	1.31	1	0.8	0.6	0.4	0.35
闸前水深(m)	1.86	1.35	1.15	0.95	0.75	0.55
Q(m^3/s)	7.5	5.6	4.7	3.8	2.7	1.9

3.3　水体自净能力下降，水污染加剧，水质状况恶化

引水不足削弱了涌系内水体的自净能力，水体富营养化严重，多数涌水遭受严重污染，已无法用于灌溉和水产养殖，有些内河涌不仅难以从外江引水，反而会向外江排污。要顺利完成珠江流域综合规划水利建设的目标："加强重点地区水资源保护的监督管理力度，遏制下游水污染恶化趋势。"必须对引水口下游河道水环境进行综合治理，加大环保费用投入。仍以乐平镇为例：该镇各类人口

约10万人,生活污水量标准220 L/(人·日),每年产生污水803万t,假设这些污水因涌道自净丧失全部需要进行污水处理,运行费以0.6元/t计,则每年约需482万元处理费。按照以上数据,对引水地区而言,每年环保及治污费用十分巨大,一方面给当地增加了经济压力,另一方面影响引水地区社会经济可持续发展战略的实现。

4　治理措施和建议

4.1　加强上游水库的调度,保持上游来砂的输入量

因北江大堤上游建有飞来峡水库,水库难免会淤积泥沙。为了保证正常的上游来砂量,维持下游正常的、有限度的河砂开采,使河床达到正常的冲淤平衡状态,有关部门与飞来峡水库应研究并制定出一套对库区淤积泥砂进行冲淤的调度运行方式,补充下游河砂的减少。

4.2　加强流域水行政执法,有效控制河道采砂,防止河道进一步下切

①建设一支"组织严密、纪律严明、运作有力、关系协调"的水行政执法队伍。加强水行政执法,严禁超采河砂,保护河床高程的动态平衡,防止河床下切,避免水面线进一步下降。②根据流域规划布局,对水体进行水功能区域划分,实行排污总量和断面水质控制,建立和实施入河排污许可制度、省际断面和重要支流入河口的水质监测制度、水质公报制度、重大水污染事件的责任追究制度等,有效保护流域水资源。

4.3　对引水建筑物的安全和引水量变化进行研究,及早采取应对措施

①对护岸抛石冲刷淘深情况,必须补充抛石,防护引水建筑物基础,保证引水建筑物安全;对于引水位下降,泵站进水口出露现象,必须对进水口进行改造,以适应水位的变化;针对泵站丁坝开裂现象,必须查明情况并采取加固处理措施,要求定期进行观测,以防危及泵站安全。②为了维持对下游的正常供水,对引水量大大减少或无法引水的引水建筑物采取改建或迁建措施。其内容有:原址改建,加大引水口尺寸或降低闸底板高程;对不适合改造的进行择址迁建;在资金不足时,在引水口处修建临时引水设施并配套机电设备。

4.4　对引水涌道进行整治,保护内河涌生态平衡

因北江水位下降,引水口下游涌道淤积严重,即使进行清涌,其涌底高程已不能适应现引水高程,因此必须对现涌底进行规划,使其能适应现引水位,保证引水的正常流动,维持涌道的自然生态平衡,减少下游水环境污染。

4.5　加强涵闸调度,防止下游污染涌水在涨潮期上溯污染

在潮汐作用下,发生海水倒灌现象,这种咸潮上溯本是自然现象,但超量采砂造成北江河床下切、水位持续降低,使咸潮线不断上移,把广州等地区的污染

涌水倒灌入各堤围，造成二次污染问题，使珠江三角洲地区受潮汐作用影响逐年加剧，如果继续扩大将造成本地工农业生产生活用水困难、土地盐碱化等问题。因此必须加强涵闸调度，防止下游污染涌水在涨潮期上溯污染。

参考文献

[1] 陈小涛. 北江大堤崩岸滑坡原因分析及治理对策[J]. 广东水利水电，2005，(3)：10－11.

[2] 谢彪，陈小涛. 北江大堤突发性险情及处理[J]. 水利水电科技进展，2001，21(3)：44－45.

[3] 张治晖，伍军，赵华. 卵砾石地层深基坑土钉和锚杆桩联合支护技术[J]. 岩土工程技术，1999，(3)：15－19.

[4] 徐正凡. 水力学[M]. 北京：高等教育出版社，1986.

[5] 张治晖，赵华，徐景东，等. 辐射井在银北灌区开发浅层地下水中的应用[J]. 中国农村水利水电，2004，(3)：49－51.

[6] 张健君，何厚波，胡嘉东，等. 深圳河水污染控制对策探讨[J]. 环境科学研究，2005，18(5)：40－44.

黄河下游引黄灌区水资源与灌溉用水分析

黄福贵[1] 卞艳丽[1] 侯爱中[1] 李汝智[2]

(1. 黄河水利科学研究院;2. 山东省海河流域水利管理局)

摘要:黄河下游引黄灌区是黄河流域三大区域性灌区之一,属于补充灌溉区。黄河水、灌区地下水、当地地表水构成引黄灌区的三种灌溉水源。分析表明,黄河下游引黄灌区平均用水量为140亿 m^3,其中引黄水量为88.4亿 m^3,地下水利用量为43.7亿 m^3,当地地表水利用量为8.2亿 m^3,分别占总用水量的63%、31%、6%。引黄灌区总用水量整体上呈缓慢下降趋势,引黄水量、当地地表水利用量逐步减少,地下水利用量有所增加。

关键词:水资源 灌溉用水 引黄灌区 黄河下游

1 黄河下游引黄灌区概述

黄河下游引黄灌区一般是指从黄河桃花峪到入海口之间以黄河干流水量为灌溉水源的灌区。它横跨黄河、淮河、海河三大流域,涉及河南省的焦作、新乡、郑州、开封、商丘、濮阳、鹤壁、安阳,山东省的菏泽、济宁、聊城、滨州、德州、泰安、济南、淄博、东营,共2省17个市(地)86个县(区)。

目前,黄河下游河南、山东两省共建成667 hm^2 以上引黄灌区98处,其中6.67万 hm^2 以上特大型灌区11处,2.0万~6.67万 hm^2 大型灌区26处,2.0万 hm^2 以下中型灌区61处。引黄灌区规划总土地面积64 076 km^2,耕地面积389万 hm^2。总设计灌溉面积358万 hm^2,其中正常灌溉面积245万 hm^2,补源灌溉面积113万 hm^2;有效灌溉面积258万 hm^2(表1)。

表1 黄河下游引黄灌区基本情况

分区	不同规模灌区数量				土地面积(km^2)	耕地面积(万 hm^2)	设计灌溉面积			有效灌溉面积(万 hm^2)
	特大型	大型	中型	合计			正常	补源	合计	
河南引黄灌区	2	8	16	26	19 973	129.6	70.9	50.3	121.1	68.7
山东引黄灌区	9	18	45	72	44 103	259.5	174.3	62.5	236.8	189.3
黄河下游引黄灌区	11	26	61	98	64 076	389.1	245.2	112.7	357.9	258.0

1.1 自然地理

黄河下游引黄灌区地处黄淮海平原,属暖温带半湿润季风气候。年均降水量510~790 mm,其中6~9月降水量占全年降水量的65%~80%,冬春季雨雪稀少,春旱现象十分普遍。降水量的总体趋势是:南部灌区高于北部灌区,沿黄河流向逐渐减少。灌区多年平均蒸发量为1 100~1 400 mm,年均气温为12.2~14.7 ℃,日照时数为2 200~2 750 h。

黄河是流经黄河下游引黄灌区的最大河流和主要水源。此外,流经灌区内部及边缘的河流还有黄淮海三大水系的几十条河流,其中较大的河流有15条,分别是左岸的卫河、天然文岩渠、金堤河、徒骇河、德惠新河、马颊河、漳卫新河,右岸的贾鲁河、惠济河、东鱼河、万福河、洙赵新河、梁济运河、大汶河、小清河等。

1.2 社会经济

黄河下游引黄受益县总人口为5 271万,其中农业人口占82.9%,非农业人口占17.1%。平均人口密度573人/km^2。

黄河下游引黄灌区是我国重要的粮棉油生产基地,多年来在保证豫鲁两省粮棉油稳产高产方面发挥着重要作用。目前,引黄灌区作物总播种面积618万hm^2,其中粮食播种面积占72%,棉花播种面积占7%,油料播种面积占7%,蔬菜播种面积占11%,其他作物播种面积占3%,复种指数1.75。黄河下游引黄灌区粮食、棉花、油料总产量分别达到2 312万t、46万t和187万t。

1.3 引黄工程

黄河下游共建有引黄工程230处,其中引黄涵闸117处,扬水站、提灌站110处,虹吸3处。其中,河南引黄灌区建有引黄工程55处:引黄涵闸48处,扬水站、提灌站4处,虹吸3处;山东引黄灌区建有引黄工程175处:引黄涵闸69处,扬水站、提灌站106处。引黄工程设计引水能力4 047.1 m^3/s,其中,河南引黄灌区1 283.8 m^3/s,山东引黄灌区2 763.3 m^3/s。总许可取水量101.13亿m^3,其中,河南30.55亿m^3,山东70.58亿m^3(表2)。此外,引黄灌区还有大量利用地下水、当地地表水的工程。如机电井、塘坝、水闸、机电排灌站等。山东引黄灌区内还建成引黄蓄水平原水库88座,设计总库容7.8亿m^3。

表2 黄河下游引黄工程统计

引黄工程类型	河南		山东		黄河下游	
	数量(座)	许可取水量(亿m^3)	数量(座)	许可取水量(亿m^3)	数量(座)	许可取水量(亿m^3)
涵闸	48	29.02	69	69.44	117	98.46
扬水站	4	1.24	106	1.14	110	2.38
虹吸	3	0.29	0	0	3	0.29
合计	55	30.55	175	70.58	230	101.13

1.4 灌溉面积

黄河下游引黄灌区经过多年的发展,已形成已不允许、提水灌溉和补源灌溉三种灌溉模式。根据黄河下游引黄灌区统计资料,1991～2003年,黄河下游引黄灌区年平均实灌面积为198万hm^2,最大为254万hm^2(2002年),最小为171万hm^2(1991年)。实灌面积呈缓慢增加趋势(图1),年平均递增3%。其中,河南引黄灌区年平均实灌面积为28万hm^2,最大为38万hm^2(2002年),最小为22万hm^2(1991年)。实灌面积年平均递增4%。山东引黄灌区年平均实灌面积为170万hm^2,最大为216万hm^2(2002年),最小为149万hm^2(1991年)。实灌面积年平均递增3%。

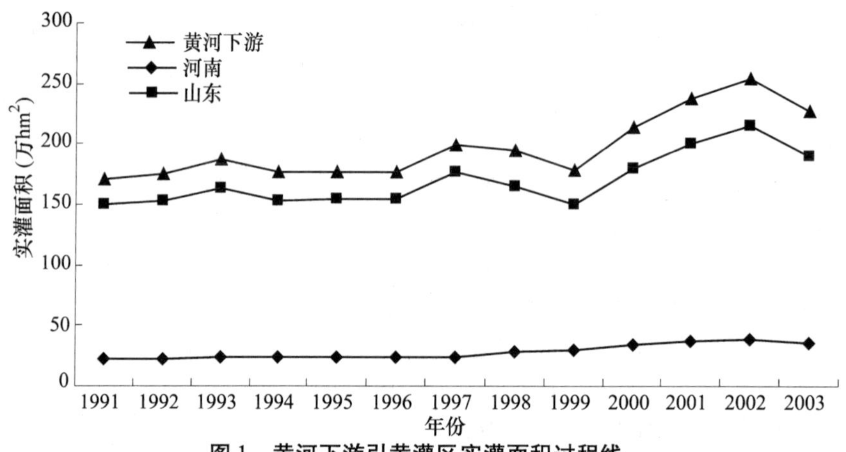

图1 黄河下游引黄灌区实灌面积过程线

2 引黄灌区水资源

2.1 当地水资源量

2.1.1 降水资源

降水是引黄灌区当地地表水和地下水的主要补给来源之一。降水量的大小及时空分布对区域水资源量的多少及时空变化起着决定性影响。根据黄河下游引黄灌区范围内河南省、山东省有关降水资料系列,黄河下游引黄灌区多年平均年降水量为606 mm,降水资源总量为389亿m^3。不同年型的年降水量为:丰水年($P=20\%$)740 mm、正常年($P=50\%$)591 mm、干旱年($P=75\%$)487 mm、特别干旱年($P=95\%$)361 mm。河南、山东两省引黄灌区的多年平均降水量分别为622 mm、599 mm,河南省引黄灌区降水量略大于山东省引黄灌区(表3)。

从区域分布来看,黄河下游引黄灌区降水量由西南向东北沿黄河流向逐渐减少,黄河南岸高于黄河北岸。降水量低于600 mm的区域位于黄河以北的豫北、鲁北平原及黄河济阳以下的河口地区附近;河南南岸灌区的南部、豫东地区、山东菏泽地区的南部这三个地区的年降水量较高,在650～730 mm之间。

表 3　黄河下游引黄灌区分区降水特征值

分区	多年平均		不同保证率年降水量(mm)			
	年降水量(mm)	年降水总量(亿 m^3)	20%	50%	75%	95%
河南引黄灌区	622	124.3	753	608	504	382
山东引黄灌区	599	264.2	734	583	479	352
下游引黄灌区	606	388.5	740	591	487	361

1991～2003 年豫鲁两省平均降水量均小于多年平均值。河南引黄灌区平均降水量为 603 mm，其中最大降水量为 899 mm(2003 年)，最小降水量只有 369 mm(1997 年)；山东引黄灌区平均降水量为 587 mm，最大降水量为 855 mm(2003 年)，最小降水量只有 367 mm(2002 年)(图 2)。

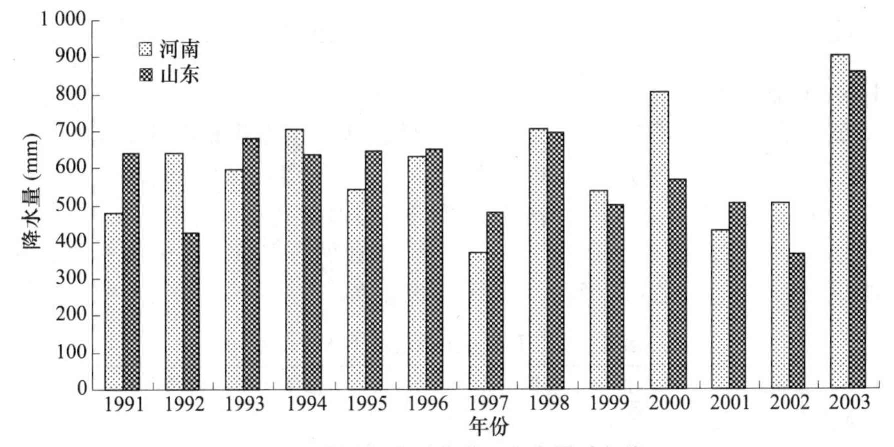

图 2　黄河下游引黄灌区降水量过程线

黄河下游引黄灌区降水量大多集中在汛期(6～9 月)，占年降水量的 70%左右，春灌期(3～5 月)降水量很少，占年降水量的 16%左右(图 3)。

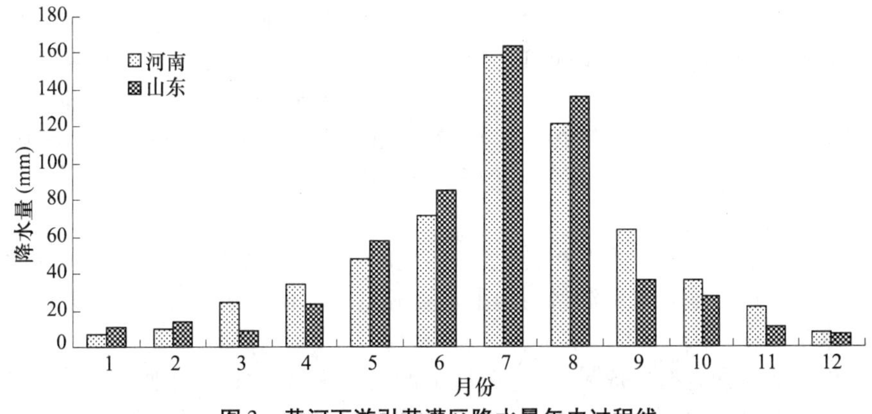

图 3　黄河下游引黄灌区降水量年内过程线

2.1.2 当地地表水资源

黄河下游引黄灌区多年平均径流深与降水资源对应,由西南向东北逐渐减小,变幅在100~25 mm之间,大部分地区在40~80 mm之间。径流深小于40 mm的低值区位于马颊河西北地区,其中豫北的徒骇马颊河地区只有25.3 mm。山东沿黄山丘区的年径流深最大,达159.6 mm。引黄灌区天然径流量特征值见表4。

表4 黄河下游引黄灌区分区天然径流量特征值

分区	多年平均		不同保证率年降水量(亿 m^3)			
	年径流深(mm)	年径流量(亿 m^3)	20%	50%	75%	95%
河南引黄灌区	61.1	12.2	17.9	10.3	6.3	2.7
山东引黄灌区	61.9	27.3	42.9	19.7	9.4	6.6
黄河下游引黄灌区	61.6	39.5	60.8	30.1	15.6	9.3

2.1.3 地下水资源

黄河下游引黄灌区绝大多数处于平原区,地下水由当地降水入渗、灌溉入渗、地表水体入渗、山前侧渗等补给,通过人工开采、潜水蒸发、地下径流等形式排泄。黄河下游引黄灌区多年平均地下水资源量(矿化度<2g/L)为101亿 m^3,相应地地下水资源模数为15.8万 m^3/km^2。豫鲁两省引黄灌区多年平均地下水资源量分别为35.5亿 m^3、65.6亿 m^3(表5)。

表5 黄河下游引黄灌区地下水资源量

分区	地下水资源量(亿 m^3)	地下水资源模数(万 m^3/km^2)
河南引黄灌区	35.5	17.8
山东引黄灌区	65.6	14.9
黄河下游引黄灌区	101.1	15.8

根据豫鲁两省有关地下水研究成果,河南省引黄灌区地下水资源较丰富的地区是新乡、开封两市靠近黄河的区域及濮阳市金堤河与黄河之间的区域,地下水资源模数为20万~25万 m^3/km^2,濮阳市北部濮清南一带地下水资源比较贫乏,地下水资源模数只有5万~10万 m^3/km^2;山东省引黄灌区中菏泽地区的地下水资源较丰富,地下水资源模数为17万 m^3/km^2,鲁北平原和河口地区在14万 m^3/km^2 左右,山东沿黄山丘区最低只有10万 m^3/km^2。

2.1.4 水资源总量

由于地表水和地下水互相转化,它们之间存在着密切的联系,所以区域水资源总量为该区域地表水资源量与地下水资源量之和再扣除两者之间相互转化的重复水量。

根据豫鲁两省有关成果分析,黄河下游引黄灌区多年平均地表水资源量为39.5亿 m^3,地下水资源量为101.1亿 m^3,重复计算水量为17.3亿 m^3,多年平均水资源量为123.3亿m^3，其相应的水资源模数为19.2万m^3/km^2。豫鲁两省引黄灌区多年平均水资源总量分别为38.9亿m^3和84.5亿m^3（表6）。

表6　黄河下游引黄灌区水资源总量成果表　（单位：水资源量，亿m^3；模数，万m^3/km^2）

流域分区	地表水资源量	地下水资源量	重复水资源量	水资源总量	总水资源模数
河南引黄灌区	12.2	35.5	8.8	38.9	19.5
山东引黄灌区	27.3	65.6	8.4	84.5	19.1
黄河下游引黄灌区	39.5	101.1	17.3	123.3	19.2

2.2　黄河径流量

黄河是下游引黄灌区的最大过境河流和主要灌溉水源。根据花园口水文站资料分析，1951～2003年，花园口站多年平均径流量为391亿m^3。20世纪除50、60、80年代年径流量超过多年平均值外，70、90年代均低于多年平均值，其中1997年更是创下50多年来的最低，年径流量只有143亿m^3，为多年平均径流量的36%；21世纪初，花园口站年径流量只有219亿m^3，径流量仍在低位徘徊（图4）。

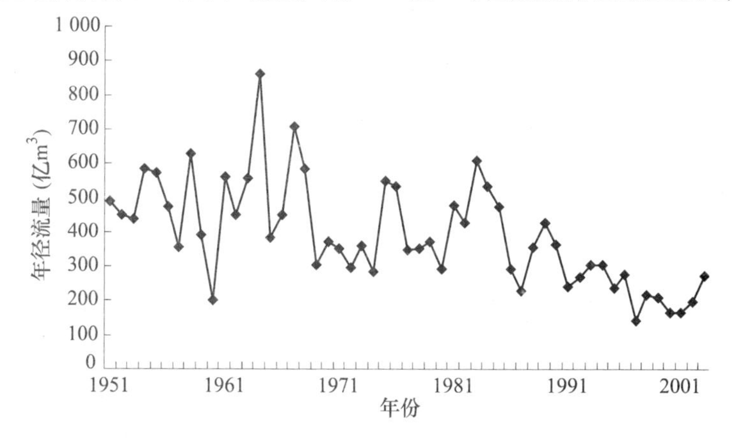

图4　黄河花园口站径流量年际变化

1991～2003年，花园口站年平均径流量为231亿m^3，只占多年平均径流量的59%，比正常年份减少41%，是20世纪50年代以来黄河来水连续多年的枯水期。进入21世纪的2001～2003年，年平均径流量只有211亿m^3，比多年平均来水量减少46%（图5）。

黄河径流量主要在汛期（7～10月），汛期径流量占年径流量的56%，枯水期（11月至翌年4月）径流量只占年径流量的32%。受黄河上游气候变化及干流水库调蓄影响，黄河汛期来水量呈明显下降趋势。1991～2003年与1951～2003年相比，黄河各月来水量普遍偏小，7～11月来水量只有多年平均来水量的39%～52%，其中汛期（7～10月）来水量只有多年平均来水量的47%；春灌期（3～5月）来水量只有多年平均来水量的80%。

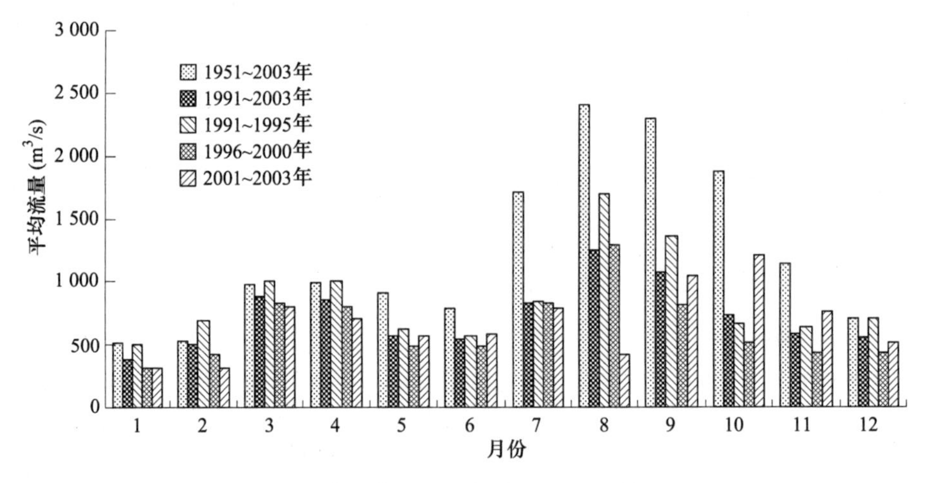

图 5　黄河花园口站各时段月平均流量

3　引黄灌区水资源开发利用现状

黄河下游引黄灌区是随着新中国的建立而逐步发展起来的。1952 年河南省人民胜利渠灌区的建成开创了黄河下游大规模引用黄河水的先河。之后，引黄灌溉从无到有走过了一条曲折的发展道路。由一哄而起大引大蓄，到全面停灌治理整顿。经过"引"与"停"经验教训的总结，"利"与"弊"的权衡分析后，采取了"积极慎重"的引黄指导方针。经过恢复到 20 世纪 70 年代，引黄工作进入了稳定发展的阶段。

20 世纪 1990 年代后期，随着流域经济的快速发展，对黄河水资源的需求越来越多，加上黄河上游产水量的减少，黄河断流问题越来越严重。1997 年，黄河下游利津断面断流时间长达 226 天，断流河段到达河南省开封附近，断流河长达 704 km。对豫鲁两省引黄灌区的用水造成了很大的影响。灌区因灌溉缺水而造成减产或调整种植结构。山东引黄灌区建设一大批平原水库，采用冬蓄春灌；部分灌区采用提前灌溉的措施；豫鲁两省纷纷出台措施，鼓励灌区兴建机井，开采地下水灌溉弥补黄河水之不足。形成了"以井保丰、引黄补源"的灌溉格局。2002 年，黄河下游引黄灌区实灌面积达到 254 万 hm^2，灌区用水量达到 156 亿 m^3，均创近几年来的新高。

目前，黄河下游引黄灌区已经形成多元化的用水格局，黄河水、地下水、当地地表水三水具用，并且不同地区具有不同的用水组成。

3.1　引黄水量

据对黄河下游引黄涵闸引水量的统计，1970 ~ 2003 年，黄河下游累计引黄水量为 3137.3 亿 m^3，年平均 92.3 亿 m^3。

1991 ~ 2003 年，黄河下游累计引黄水量为 1 149 亿 m^3，年平均 88.4 亿 m^3，

其中最大引黄水量 107 亿 m^3(1992 年),最小引黄水量 53 亿 m^3(2003 年),引黄水量呈缓慢下降趋势(图 6)。其中河南引黄灌区年平均引黄用水 20.2 亿 m^3,占 23%;山东引黄灌区年平均用水 68.2 亿 m^3,占 77%。

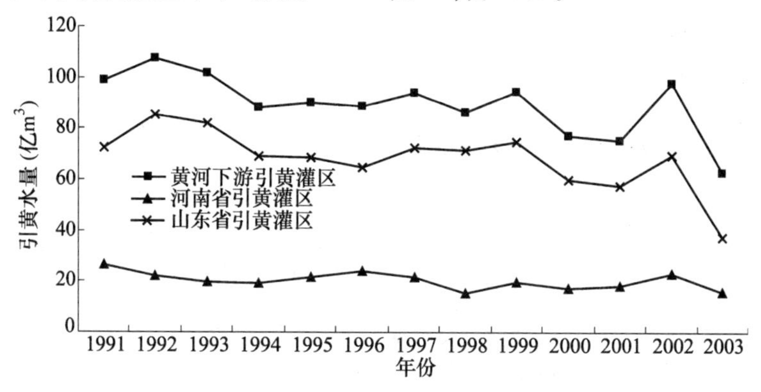

图 6　黄河下游引黄用水过程

3.2　地下水利用量

1991～2003 年,黄河下游引黄灌区农业灌溉提取地下水水量平均为 43.7 亿 m^3,其中最大为 57.6 亿 m^3(2002 年);最小为 36.4 亿 m^3(1994 年),地下水利用量呈缓慢上升趋势(图 7)。其中,河南省引黄灌区地下水利用量平均为 22.0 亿 m^3,最大为 27.8 亿 m^3(2002 年);最小为 16.8 亿 m^3(1994 年)。山东省引黄灌区地下水利用量平均为 21.7 亿 m^3,最大为 29.7 亿 m^3(2002 年);最小为 16.0 亿 m^3(1991 年)。豫鲁两省引黄灌区地下水利用量各占下游引黄灌区地下水利用量的 1/2。

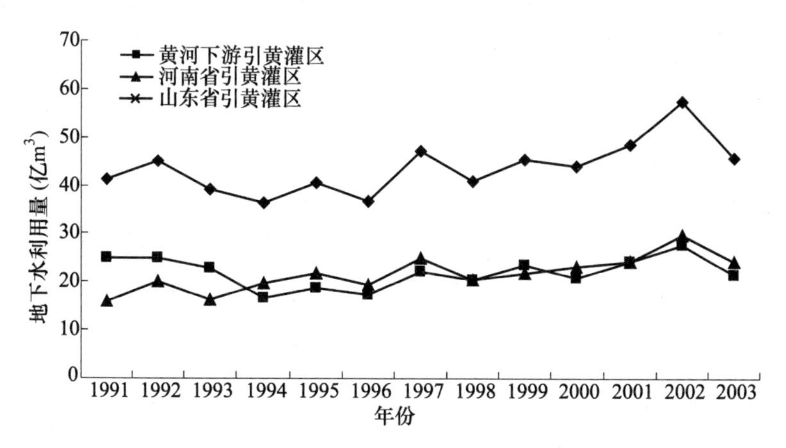

图 7　黄河下游引黄灌区地下水利用量过程

3.3 当地地表水利用量

1991～2003年，黄河下游引黄灌区农业灌溉当地地表水利用量平均为8.2亿 m^3，其中最大为11.0亿 m^3(1992年)；最小为5.4亿 m^3(2002年)，当地地表水利用量在波动中缓慢下降(图8)。其中，河南省引黄灌区农业灌溉当地地表水利用量平均为2.0亿 m^3，最大为2.5亿 m^3(1993年)；最小为1.3亿 m^3(2003年)。山东省引黄灌区农业灌溉当地地表水利用量平均为6.2亿 m^3，其中最大为8.6亿 m^3(1998年)；最小为3.5亿 m^3(2002年)。

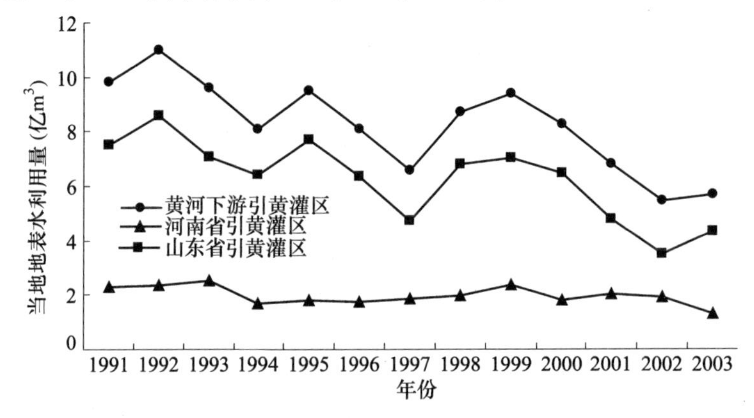

图8　黄河下游引黄灌区地表水利用量过程

3.4 引黄灌区用水总量

1991～2003年，黄河下游引黄灌区年平均用水量为140亿 m^3，其中引黄水量为88.4亿 m^3，地下水利用量为43.7亿 m^3，当地地表水利用量为8.2亿 m^3，分别占总用水量的63%、31%、6%(图9)。豫鲁两省引黄灌区不同水源用水量具有较大的差别。河南引黄灌区以引黄水和地下水为主，分别占总用水量的46%、50%；山东引黄灌区以引黄水为主，占总用水量的71%，地下水只占23%；两省当地地表水利用量所占比例都比较低，在4%～6%左右。

3.5 引黄灌区用水总量变化分析

将1991～2003年划分为1991～1995、1996～2000、2001～2003三个时段，比较黄河下游引黄灌区年用水变化情况。可以看出，黄河下游及豫鲁两省引黄灌区年总用水量整体上呈缓慢下降趋势(图10)。三个时段下游引黄灌区的年平均用水量分别为147亿 m^3、139亿 m^3、130亿 m^3，河南引黄灌区分别为45.5亿 m^3、42.4亿 m^3、45.2亿 m^3，山东引黄灌区分别为102亿 m^3、97.1亿 m^3、85.2亿 m^3。不同水源的用水量变化呈现"两低一高"态势：引黄水量、当地地表水利用量逐步减小，地下水利用量逐步增大。黄河下游引黄灌区三个时段引黄水量占总用水量的比例由66%下降到63%、57%，当地地表水利用量占总用水量的比例由7%下降到6%、5%，相反，地下水利用量占总用水量的比例由27%上升

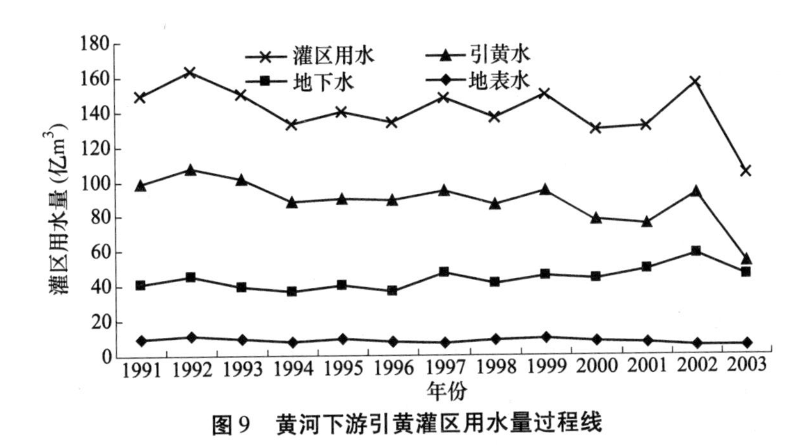

图9　黄河下游引黄灌区用水量过程线

到31%、39%。豫鲁两省引黄灌区也具有同样的变化趋势。

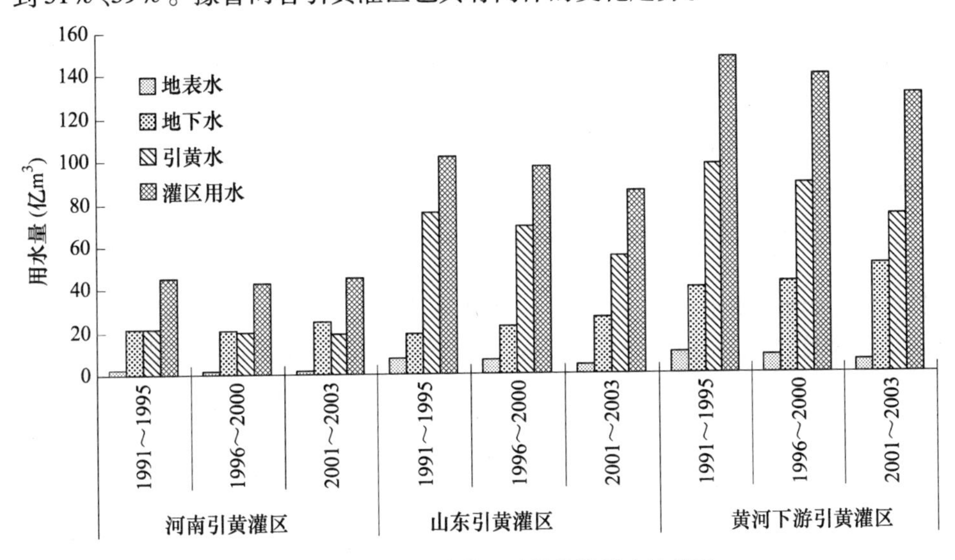

图10　黄河下游引黄灌区时段分类用水柱状图

4　结论与建议

(1)黄河下游引黄灌区年降水量在510～790 mm之间,属于补充灌溉区。20世纪90年代以来,随着黄河流域社会经济的不断发展,黄河下游的来水量呈逐年下降趋势,与此同时,黄河下游引黄灌区的灌溉面积呈缓慢增加趋势。为了应对黄河水资源紧缺局面,黄河水利委员会开始对全河水量统一调度,加强沿黄省区引黄用水的监督检查。黄河下游豫鲁两省也加大对引黄灌区的节水建设步伐,利用国债资金开展灌区续建配套和节水工程改造,提高用水效率,同时加大当地水资源的利用量,已经形成了黄河水、地下水、当地地表水多种水源并用的格局。因此,尽管黄河下游引黄灌区实际灌溉面积增加了,但灌区农业用水和引黄用水反而下降了。

(2)黄河下游引黄灌区设计灌溉面积较大,经过这些年的发展,有效灌溉面积仍然不足设计灌溉面积的3/4。鉴于黄河下游严峻的水资源形势,黄河下游引黄灌区灌溉规模不宜继续扩大,应立足现有规模,在不增加灌溉用水的前提下,通过灌区内部挖潜和节水工程技术改造,在现有灌溉规模内扩大有效灌溉面积。

(3)20世纪90年代以来,黄河下游引黄灌区引黄水量逐渐减少、地下水利用量逐渐增大,这是可喜的局面。但是由于引黄灌区跨度大,各地水资源状况有较大差异,应该科学规划引黄灌区的灌溉水源,维持灌区良好的生态环境。如豫北和鲁北的北部以及河口地区,降水量小、地下水位低或地下水水质差,应增加引黄水量,减少地下水开采量;距离黄河较近的自流灌区,地下水位高,应增加地下水开采量,减少引黄灌溉水量。

(4)应根据豫鲁两省引黄灌区年内降水量的差别,适当调整两省引黄灌溉期引黄配水定额。如山东引黄灌区,每年3、4月及9~11月降水量较小,可适当增加这5个月的引黄配水定额;5~8月降水量较大,可适当减小这4个月的引黄配水定额。

今后,只要引黄灌区加强工程建设和用水管理,坚持走节水灌溉之路,合理利用当地水资源,积极调整产业结构,发展优质、高产、高效农业,引黄灌区就能够在不增加农业用水的情况下,不断提高灌溉效益和农业产值,为当地农民致富、农业增产、农村发展提供强大的动力,引黄灌区就会走上良性发展的道路。

黄河下游引黄灌区用水量影响因素分析

景　明　姜丙洲　程献国　王军涛

（黄河水利科学研究院）

摘要：选取黄河下游23个典型引黄灌区相互独立的16个指标，采用主成分分析的方法，认为影响黄河下游引黄灌区用水量的两个主成分为灌区用水状况和社会经济条件。同时，采用路径分析法得出农业灌溉用水和农业总产值是影响灌区总用水量的两个主要因素。

关键词：黄河下游引黄灌区　灌区用水量　主成分分析　路径分析

影响灌区用水量的因素包括多个方面。根据黄河下游23个典型引黄灌区2004年的数据，本文选取了16个相互独立的指标，分析了影响黄河下游总用水量的各个因素。这些因素包括：①田间水利用系数（C_f）；②渠道水利用系数（C_c）；③农业人口（P_a）；④第一产业GDP（GDP_1）；⑤第二产业GDP（GDP_2）；⑥第三产业GDP（GDP_3）；⑦农民人均纯收入（I_f）；⑧农业总产值（PV_a）；⑨生活用水量（W_d）；⑩工业用水量（W_i）；⑪农业灌溉用水量（W_a）；⑫农业水价（P_a）；⑬当地地表水灌溉面积（A_s）；⑭地下水灌溉面积（A_g）；⑮黄河水灌溉面积（A_y）；⑯其他水源灌溉面积（A_0）。采用SPSS等软件，对上述数据进行了分析。

1　黄河下游引黄灌区基本情况

黄河下游引黄灌区属暖温带半湿润季风气候。年平均降水量在510～790 mm之间，其中6～9月降水量占全年降水量的65%～80%，冬春季雨雪稀少。灌区多年平均蒸发量为1 100～1 400 mm，年平均气温12.2～14.7℃，日照时数2 200～2 750 h。下游引黄灌区是我国重要的粮棉油生产基地，多年来在保证豫鲁两省粮棉油稳产高产方面发挥着重要作用。灌区集中分布在河南省和山东省沿黄地区和汶河流域，有效灌溉面积3 221万亩。灌区引水主要以引提黄河水灌溉为主，平均每年取用水量130.3亿m^3，约占黄河下游段总耗水量的85%以上。

2　灌区用水量影响因素的主成分分析

选取境内23个典型灌区，对所选指标进行主成分分析。本文在分析过程中剔除了分析变量中的缺失值，采用回归法计算了因子得分。

表 1 为总方差分解。可见,特征值大于 1.0 的有 4 个变量,即前 4 个因子显著。由累计贡献率可见,第一、二主成分的累计贡献率达到 0.75,考虑到所选灌区因素较多(16 个),采用前 2 个主成分也可以较为全面地反映出黄河下游引黄灌区的基本情况。

表 1　总方差分解

因子序号	初始特征值		
	特征值	方差贡献率(%)	累计贡献率(%)
1	10.69	66.8	66.8
2	1.31	8.2	75.0
3	1.10	6.9	81.9
4	1.02	6.3	88.2
5	0.78	4.8	93.1
6	0.56	3.5	96.6
7	0.41	2.5	99.1
8	0.08	0.5	99.6
9	0.04	0.0	99.9
10	0.13	0.3	100.0
11	0.00	0.0	100.0
12	0.00	0.1	100.0
13	0.00	0.0	100.0
14	0.00	0.0	100.0
15	0.00	0.0	100.0
16	0.00	0.0	100.0

表 2 为因子负荷矩阵。可见,第一主成分既包含了社会经济因素,也包含了用水状况,第二主成分主要反映出了水价和农民纯收入状况。但该结果不利于对灌区状况的解释。为使因子的解释得到简化,本文采用方差最大正交旋转法(Varimax)对因子负荷进行旋转, Varimax 旋转结果见表 3。

表 2　因子负荷矩阵

项目	因子序号			
	1	2	3	4
第二产业 GDP(万元)	0.972	0.103	-0.039	-0.150
农业总产值(万元)	0.972	0.105	-0.065	-0.142
第三产业 GDP(万元)	0.971	0.132	-0.013	-0.153
第一产业 GDP(万元)	0.967	0.106	-0.173	-0.104
农业灌溉用水量(万 m^3)	0.936	0.080	-0.103	0.017
黄河水灌溉面积(万亩)	0.921	-0.167	0.201	0.252

续表 2

项目	因子序号			
	1	2	3	4
地下水灌溉面积(万亩)	0.919	-0.168	0.203	0.253
当地地表水灌溉面积(万亩)	0.919	-0.174	0.199	0.248
其他水源灌溉面积(万亩)	0.919	-0.168	0.204	0.253
生活用水量(万 m^3)	0.879	-0.109	-0.219	0.009
农业人口(万人)	0.821	-0.013	-0.413	-0.007
工业用水量(万 m^3)	0.766	-0.191	0.089	0.005
渠道水利用系数	0.697	0.485	0.008	-0.257
农业水价	0.086	0.725	-0.282	0.314
农民人均纯收入(万元)	0.224	0.392	0.745	-0.343
田间水利用系数	-0.291	0.415	0.172	0.635

表 3　Varimax 旋转后的因子负荷矩阵

项目	因子序号			
	1	2	3	4
其他水源灌溉面积(万亩)	0.930	0.325	0.085	-0.024
地下水灌溉面积(万亩)	0.930	0.325	0.085	-0.025
黄河水灌溉面积(万亩)	0.930	0.328	0.084	-0.024
当地地表水灌溉面积(万亩)	0.929	0.327	0.080	-0.032
工业用水量(万 m^3)	0.669	0.380	0.061	-0.189
农业灌溉用水量(万 m^3)	0.652	0.684	0.032	0.026
生活用水量(万 m^3)	0.633	0.632	-0.146	-0.109
第二产业 GDP(万元)	0.612	0.758	0.161	-0.075
第三产业 GDP(万元)	0.608	0.757	0.195	-0.056
农业总产值(万元)	0.606	0.768	0.138	-0.066
第一产业 GDP(万元)	0.587	0.800	0.035	-0.032
农业人口(万人)	0.489	0.763	-0.262	-0.030
渠道水利用系数	0.240	0.652	0.377	0.151
农民人均纯收入(万元)	0.105	0.089	0.927	-0.002
田间水利用系数	-0.002	-0.388	0.048	0.732
农业水价	-0.117	0.338	-0.033	0.764

由此可将黄河下游引黄灌区用水量影响因素分为两个部分，即用水状况(第一主成分)和社会经济条件(第二主成分)。其中，用水状况包括地下水灌溉面积、黄河水灌溉面积、当地地表水灌溉面积、其他水源灌溉面积、工业用水量农业灌溉用水量和生活用水量等 7 个因素；社会经济条件包括第一产业 GDP、第二产业 GDP、第三产业 GDP、农业总产值和农业人口等 5 个因素。

3　基于灌区总用水量的路径分析

以灌区总用水量为因变量(Y),分别以各主成分有关因素为自变量,进行路径分析。

3.1　第一主成分路径分析

第一主成分包括了灌溉面积和用水量。由于因变量为灌区总用水量,所以此处只分析各用水单元对灌区总用水量的影响。值得说明的是,黄河下游灌区用水不仅仅是文中所述的农业、工业和生活用水,也包括林草、渔业、生态用水,但由于欠缺相关资料,故本文仅仅分析了农业灌溉用水、工业用水和生活用水对灌区总用水量的直接、间接作用和总的影响。

限于篇幅,略去路径分析过程。经计算,路径分析的决定系数 $R^2=0.990$,复相关系数 $R=0.996$;对本数据分析,R 的显著临界值为 $R_{0.05}=0.635$;$R_{0.01}=0.682$;R 极显著。说明路径分析是极显著的。表 4 给出了第一主成分不同用水单元对灌区总用水量的路径分析结果。可见,W_a(农业灌溉用水量)对 Y(灌区总用水量)直接作用显著,且总影响极显著。W_i(工业用水量)和 W_d(生活用水量)对 Y 的直接作用不显著,但由于它们通过 W_a 对 Y 的间接作用较高,所以在总的影响上表现为显著和极显著。由此可见,黄河下游灌区总用水量主要以农业灌溉用水为主要因素,由间接作用可以看出,农业用水在灌区水量分配中起着主要的作用,影响到工业和生活用水量。鉴于黄河下游引黄灌区目前节水较为薄弱的现状,建议灌区充分挖掘农业节水潜力,合理调配用水各单元之间的水量分配。

表 4　路径分析表(1)

路径	直接作用 b	间接作用 $b_t \cdot r_{kt}$	总影响 r_{ky}
W_a 对 Y	0.727*	W_d　0.140 W_i　0.109	0.976**
W_i 对 Y	0.160	W_d　0.122 W_a　0.494	0.776*
W_d 对 Y	0.188	W_i　0.103 W_a　0.542	0.833**

注: * 为 0.05 显著水平;** 为 0.01 极显著水平。下同。

3.2　第二主成分路径分析结果

第二主成分包括了社会因素和经济因素。其中经济因素有 4 个。本文以灌区总用水量为因变量,以经济因素为自变量,进行了路径分析。结果如表 5 所示。可见,除了农业总产值对灌区总用水量的直接作用显著外,第一、二、三产业

GDP 对灌区总用水量表现不显著。其中,第三产业对总用水量有负面作用,但它通过其他经济因素对灌区总用水量的间接作用表现为正面作用,且总影响显著。即第三产业 GDP 通过其他经济因素对 Y 的促进作用抵消了其直接的负面作用。从表 5 还可以看出,由于农业总产值对 Y 的作用和总影响表现为显著和极显著,所以黄河下游引黄灌区农业产值是影响灌区总用水量的一个最主要经济因素。

表 5 路径分析表(2)

路径	直接作用 b	间接作用 $b_t \cdot r_{kt}$	总影响 r_{ky}
GDP_1 对 Y	0.465	GDP_2 0.050 GDP_3 −0.601 PV_a 1.011	0.925**
GDP_2 对 Y	0.051	GDP_1 0.450 GDP_3 −0.615 PV_a 1.022	0.908**
GDP_3 对 Y	−0.618	GDP_1 0.453 GDP_2 0.051 PV_a 1.026	0.912**
PV_a 对 Y	1.057*	GDP_1 0.445 GDP_2 0.050 GDP_3 −0.600	0.952**

4 讨论

本文采用主成分分析法分析了黄河下游引黄灌区用水量影响因素。为了使主成分分析结果具有明确的意义和便于解释,采用方差最大正交旋转法进行因子旋转。由于方差最大正交旋转是对初始负荷矩阵元素的平方按列向 0 或 1 分化,其正交变化并不影响原方差分解,所以旋转后的负荷矩阵依然保留了原始数据的信息。但是,由于资料中缺少灌区生态用水量等指标,所以在收集灌区详尽资料的基础上,有必要进一步分析黄河下游引黄灌区的情况。

路径分析认为,农业灌溉用水对总用水量的作用和影响显著,同时灌区农业总产值对灌区总用水量的作用和总影响显著。由此可见,黄河下游引黄灌区用水量主要集中在农业上,并且由表 5 可以看出,第三产业 GDP 对总用水量具有负面作用。虽然这种作用不显著,但说明第三产业属于水资源低消耗产业。所以,从节水的角度出发,建议黄河下游引黄灌区在不扩大灌区用水量的前提下加大第三产业的发展。

参 考 文 献

[1] 郝黎仁,樊元,郝哲欧. SPSS 实用统计分析[M]. 北京:中国水利水电出版社,2002.
[2] 袁志发,孟德顺. 多元统计分析[M]. 西安:天则出版社,1992.

南水北调西线一期工程调水河流生态需水量初步研究

吴春华　崔　荃

（黄河勘测规划设计有限公司）

摘要:生态需水的研究已成为国内外地球科学领域普遍关注的一个热点问题。南水北调西线工程调水河流生态需水量的计算也是调水规模论证的基础。根据南水北调西线工程调水区独特的生态环境与环境保护目标,考虑主要保护两岸植被及河道内的水生生物,并且结果能满足维持河流生态系统健康的需要,选取多种方法对河流生态需水量进行了分析与计算。结果表明,河道内各坝址的生态需水范围为:热巴,27.06~40.68 m^3/s;阿安,3.8~7.41 m^3/s;仁达,2.87~6.11 m^3/s;珠安达,4.53~7.94 m^3/s;霍那,4.25~6.73 m^3/s;克柯,1.75~2.90 m^3/s。河道外的植被生态需水,可以从降水中得到满足。

关键词:南水北调西线一期工程　调水河流　生态需水量

南水北调西线工程是从长江上游调水到黄河上游的大型跨流域调水工程,是补充黄河水资源不足、解决我国西北地区干旱缺水、为黄河治理开发提供水源保障的重大战略措施。根据规划,工程分三期实施,分别从海拔3 500 m左右的雅砻江、大渡河、金沙江上游调水入黄,总调水量170亿 m^3。目前,正在进行西线一期工程项目建议书工作,研究的调水量75亿~90亿 m^3,调水河流涉及长江水系的雅砻江干流及支流达曲、泥曲,大渡河支流色曲、杜柯河、玛柯河、阿柯河。

西线一期工程地处四川盆地向青藏高原的过渡地带,地貌类型复杂,气候类型多样,生态资源丰富,具有独特的生态环境特征。按照充分考虑调水区经济社会可持续发展和生态环境良性维持的指导思想,在可调水量论证时,首先要满足调水河流引水坝址以下河道内外各部门用水和生态用水需求。因此,生态需水量是可调水量论证的重要基础,必须全面客观、科学合理地分析调水河流生态环境的用水需求,为调水工程可调水量的确定提供可靠、科学的依据。

1　西线一期工程区生态环境特点

工程区地处青藏高原东南边缘,属北亚热带、暖温带和温带等气候带,加上海拔高度的垂直变化巨大(1 600~5 000 m),地形变化复杂、地貌类型丰富、气候环境多样、多年冻土发育、生境条件独特,从而形成了区域内丰富而独特的景观类型。主要包括山地森林景观区、山地灌丛景观区、干旱河谷灌丛景观区、高寒草甸景观区、高寒沼泽湿景观区等。自然景观上呈现从河谷亚热带到高山顶永久冰雪带的垂直分布,显著的地区差异和山地自然条件复杂性,植被种类和气候多样化,从而形成了生境的多样化。由于受人类活动影响较小,生态环境基本保持原始自然状态,生物多样性保存也较为完好。

工程区植被类型多,植物种属丰富,植物区系成分复杂,是中国植物区系较为丰富的地区之一,植物资源种类丰富。主要植被类型有森林、山地灌丛、干旱河谷灌丛、高山草甸、亚高山草甸、沼泽湿地、高寒垫状植被及高山流石滩稀疏植被等。现有高等植物102科、259属、680种。

区内河流沟深坡陡,水流急,水量大,河面宽平均为50 m。野外现场调查,共检出浮游植物39属,浮游动物15种,底栖动物13种,水生昆虫10种。水生植物和水生无脊椎动物相对贫乏。据已有文献资料,现有鱼类共3目4科33种,其主要组成是鲤科(*Cyprinidae*)裂腹鱼亚科鱼类,占15种,占天然鱼类总数的45.5%;鳅科(*Cobitidae*)条鳅亚科鱼类14种,占总数的42%;此外还有鲑科(*Salmonidae*)虎嘉鱼、鮡科(*Sisoridae*)的青石爬鮡、黄石爬鮡和宽纹纹胸鮡等4种鱼类。调水河流的珍稀生物物种有裂腹鱼、虎嘉鱼等,特有鱼有大渡河软刺裸裂尻鱼。

2 生态保护对象

生态保护功能主要表现在维持其美学价值和景观价值、水生生物物种保护、维持营养物输送、坦化洪水和接纳地下水的排泄功能,因此河流需要维持足够的水量来维持这些功能。目前,生态需水量计算方法的研究取得了一定的进展,为水资源合理利用提供了基础性的依据。从目前已有的计算方法来看,还没有一种比较通用的量化所有参数并反映各参数之间相互影响的估算生态需水量的方法。因此,综合多种方法和根据具体生态保护目标确定西线一期工程河道内的生态需水量,充分反映调水区生态环境用水需求,尽可能减少调水影响,具有至关重要的作用。

对于不同的项目生态保护的主要对象不同,生态需水量也不同。就西线调水河流而言,主要生态保护目标有两个。

其一是保护河道内的水生生物。主要是一些该地的特有鱼类(如大渡河软刺裸裂尻鱼)和珍稀濒危鱼类(如虎嘉鱼)。

其二是保护傍水生的植被。该区原始植被保存完好,生物多样性高。由于其特有的地形、气候条件,远离河水生长的植被一般能从雨水中得到生长所需全部水分,重点保护的是傍水生的植被。

当为实现这两项主要生态保护对象的河道水量得到满足后，该研究区其他生态保护功能，如美学价值和景观价值、维持营养物输送、坦化洪水和接纳地下水的排泄功能也将得到实现。

3 适合西线特点的生态需水量的方法研究

河道内生态需水目前尚无统一的计算方法和原则，不同国家、不同地区、不同河流针对不同要求与不同的保护目标，采用的计算方法也不一样。针对西线调水河流生态系统的特点，根据制定的生态保护目标，计算方法的选择主要考虑以下原则：

(1) 采用尽可能多的计算方法。各种方法所考虑的侧重点不一样，各有优缺点，通过采用多种方法，生态需水量考虑的因素更全面，互为取长补短。譬如Montana法以预先确定的年平均流量百分数作为河流推荐基流量。通常作为优先度不高的河段研究河流流量推荐值使用，或者作为其他方法的一种检验。一般将多年平均流量的10% 作为最小的河流生态需水量。该法有一个明显的缺点，就是排除了重要的流量极值并缺乏考虑流量的时间变化。而且年平均流量百分数也应因地制宜。而Montana法没考虑季节变化问题可通过Texas法在一定程度上得到弥补。另外，月(年) 保证率设定法和我国根据7Q10法采用90%保证率最枯月流量作为最小设计流量，用于计算污染物允许的排放量的基本思路相同。而后两种方法是针对我国北方地区水环境中最突出的污染问题，提出的一种计算河道基本环境需水量的方法，通过计算出的河道基本环境需水量，以此作为约束条件，可以计算相应于不同水质目标的污染物排放量及废水排放量，以满足河流的稀释自净功能。所以通过采用多种方法，从水量平衡出发，也在一定程度上兼顾水盐平衡、水沙平衡等。

(2)充分考虑满足保护水生生物生境的要求。根据南水北调西线工程调水区独特的生态环境与环境保护目标，考虑结果能满足维持河流水生生物生境的需要，其生态保护目标是保护河道内珍贵的水生生物，主要是一些该地的特有鱼类，如裂腹鱼和虎嘉鱼等。选择包括水文和生物两方面信息的方法，以满足保护水生生物良好生境的目标，达到维持调水河流良好的生态功能的目的。

(3)摒弃与研究区实际情况不符合的方法。如泥沙—流量法、入海水量法等。

(4)创建符合实际的推求生态环境需水量的新方法。如水力半径法等。

4 生态需水量的计算结果与分析

4.1 河道内生态需水量结果

经采用tennant法、最小月流量法、7Q10法、湿周法和水力半径法等方法，计算出河道内生态年总需水量(见表1)。以上各种方法得到的结果相差较大,有如下规律:10%标准的Tennant法与90%保证率的最枯月流量所算得的生态需水量基本一致,而20%标准的Tennant法与50%保证率(也就是平均状态下)的最枯月流量所算得的生态需水量基本一致,30%标准的Tennant法大于所有其他的水文学方法。

表1 河道内年总生态需水量结果 (单位:m^3/s)

计算方法	河名	雅砻江	达曲	泥曲	杜柯河	玛柯河	阿柯河
	坝址名	热巴	阿安	仁达	珠安达	霍那	克柯
	多年平均流量(1960~2002)(m^3/s)	192.6	33.5	36	45.6	35.8	18.1
水文学方法	MEIFR_tennant_10% (m^3/s)	19.26	3.35	3.6	4.56	3.58	1.81
	MEIFR_tennant_20% (m^3/s)	38.52	6.7	7.2	9.12	7.16	3.62
	MEIFR_tennant_30% (m^3/s)	57.78	10.05	10.8	13.68	10.74	5.43
	最小月流量法 (m^3/s)	44.52	6.46	5.03	6.77	6.30	2.18
	7Q10(m^3/s)	42.83	8.13	6.88	6.71	5.93	2.09
	7Q10(90%) (m^3/s)	34.86	4.24	2.14	4.50	4.93	1.70
推荐结果	推荐生态需水量下限	27.06	3.80	2.87	4.53	4.25	1.75
	推荐生态需水量上限	40.68	7.41	6.11	7.94	6.73	2.90
水力学方法	传统湿周法	5.70	1.70	3.40		5.50	2.00
	水力半径法	49.8	5.00	8.30		9.90	3.7

比较水力学法与水文学方法,水文学方法普遍大于水力学方法,考虑各方面因素,采用由10%标准的Tennant法、90%保证率的最枯月流量、20%标准的Tennant法与50%保证率(也就是平均状态下)的最枯月流量所算得的生态需水量共同确定出生态需水量的范围。

对比结果可以看出,水力学法所算出的结果均比生态需水量的下限还要小,只要满足上面所说的生态需水量下限,也就维持了湿周法和水力半径法所推求的水生生物(鱼类)所需要的最起码生境。尽管水力半径法的结果在许多坝址超过了所确定的生态需水量的上限,仍以水文学法确定的生态需水量上限为准。

通过对该区径流的K-M趋势分析,仅甘孜和达曲径流有较显著的下降和增加,其他坝址处径流无显著趋势变化。因此,对达曲和甘孜采用近10年的资料为样本。

该流量主要是维持引水坝址下游临近河段生态用水需求,随着下游支流的汇入,河道内水量沿程增加,河道内生态水量也将迅速增加。同时,由于引水水库的调度运行,很多月份特别是汛期,水库的下泄水量远大于要求的生态低限流量,在45年径流系列中,有近10年枯水月份的最小下泄流量较调水前有所增加。

4.2 河道外生态需水量分析

在1956~1999年月流量的模拟过程中,流域降水量总大于实际蒸发量,说明流域内降水能够满足植被生长,河道外生态需水(此处简单地认为河道外生态需水的研究对象为植被)为植被的蒸散发量,初步认为调水后不会对河道外生态需水产生影响。

另外,对于河谷岸坡的生态用水,通过同位素研究分析,得出河道-地下水-植被之间的关系,基本规律是河道及两岸的植被生长用水依靠降雨补充,河道内的水量在汛期靠降水、在非汛期依靠两岸地下水补充,从而说明,河道水量的减少不会对两岸的植被生长造成影响,河道外的生态用水不会影响调水量及调水运行方式的变化。

5 结语

从目前的结果分析看,地下水补给来源主要为大气降水,通过分布式生态水文模型模拟和实际调查,南水北调西线一期工程天然植被正常生长所需要的水量直接从降水量得到满足,从径流性(特别指河道径流)水资源量中所需要提供的水量为零。因此,西线一期工程调水河流除满足河道外的生产和生活用水外,主要为河道内的生态需水量。在以后的工作中,应对如下专题进行进一步的研究:水生生物对生境的需求;适合于西线的生态需水量的计算方法;调水对宽浅河段两岸植被的影响。

参考文献

[1] 中国科学院西北高原生物研究所.青海经济动物志[M].青海人民出版社,1989.

[2] 王基琳,蒋卓群.青海省渔业资源和渔业区域[M].西宁:青海人民出版社,1988.

[3] 丁瑞华.四川鱼类志[M].成都:四川科学技术出版社,1991.

[4] 方静,丁瑞华.虎嘉鱼保护生物学的研究Ⅳ:资源评价及濒危原因[J].四川动物,1995,14(3):101-104.

[5] 丰华丽,夏军,占车生.生态环境需水研究现状和展望.地理科学进展,2003,22(6):66-68.

[6] 徐志侠,陈敏进,董增川.河流生态需水计算方法评述[J].河海大学学报,2004,32(1):5-8.

[7] 姜德娟,王会肖.生态环境需水量研究进展[J].应用生态学报,2004,15(17):1271-1274.

[8] 丰华丽,夏军,占车生.生态环境需水研究现状和展望[J].地理科学进展,2003,22(6):66-68.

[9] 苗鸿,魏彦昌,姜立军,等.生态用水及核算方法[J].生态学报,2003,23(6):1157-1160.

[10] 刘昌明,门宝辉,宋进喜.河道内生态需水量估算的生态水力半径法[J].自然科学进展.2006,16(11):64-70.

南水北调西线工程对调水区水力发电影响的补偿措施研究

闫大鹏　李福生　马　冰　杨振立

（黄河水利勘测规划设计有限公司）

摘要：本文明确界定了调水对水力发电影响的补偿范围，分别从经济和功能两个方面提出补偿措施方案，并对各方案进行了比较分析，最终推荐了适合南水北调西线工程的补偿措施方案，为工程的决策提供了科学的依据。

关键词：南水北调西线工程　水力发电　不利影响　补偿措施

南水北调西线工程实施后，在受水区获得巨大效益的同时，调水区的生态环境、工农业用水、漂木、航运、水力发电等方面将会受到不同程度的不利影响，对不利影响及其补偿措施的分析研究，是南水北调西线工程规划的重要组成部分。南水北调西线工程对调水区水力发电产生的不利影响较大，为了弥补调水对水力发电造成的损失，需要专门研究补偿措施方案。

1　补偿范围

基于宏观经济分析和补偿措施研究两方面考虑，依据国家有关法律法规，将调水区受影响的梯级水电站分为两种情况：一种是在跨流域调水规划被国家水行政主管部门批准之前已建和在建的梯级水电站；另一种是在跨流域调水规划被国家水行政主管部门批准之后规划建设的梯级水电站。

调水对第二种梯级水电站的影响，是潜在的和可能发生的。2002 年 12 月，国务院已批复《南水北调工程总体规划》，认可长江一定数量的水资源用于跨流域水资源配置，实际上是将这部分水资源的功能由发电等方面转变为供水。因此，对金沙江、雅砻江、大渡河等干支流远景水平年规划的梯级进行规划、设计和建设时，应考虑国务院已批复同意的《南水北调工程总体规划》中西线调水工程规划，适当调整其工程布局、规模和相关规划指标，提出适宜的开发利用方案，以适应调水后的径流变化，避免发生损失。

调水对第一种梯级水电站的影响,是实际的和具体的。调水后,这些电站的保证出力和年发电量将会减少,效益将会受到损失。对这些水电站所遭受的效益影响的评估,是计算已取得取水许可获得水资源使用权的水电站权益受侵害程度,是在进行项目前期工作时,据此分析合法用水户的损益,考虑给予的一定的补偿。在国务院已批复同意包括西线调水规划的《南水北调工程总体规划》情况下,西线调水对其下游梯级电站不利影响的补偿,只宜考虑在2003年之前已建在建的梯级水电站。

2 受影响电站的电力电量损失

长江干支流受南水北调西线工程调水影响的,2003年以前已建、在建的梯级电站包括大渡河上的龚嘴、铜街子,雅砻江上的二滩,长江干流上的三峡、葛洲坝。本次研究工作处于南水北调西线调水一期工程项目建议书阶段,推荐的调水量为2030水平年调水80亿m^3。针对该调水量,调水区2003年以前已建、在建的梯级电站损失的保证出力为13.04万kW,年发电量为34.57亿kW·h,分别占无调水时相应指标的1.4%、2.7%。具体计算结果见表1。

3 可能的补偿措施

综观目前的研究成果,补偿措施可以分为三种方案:经济补偿、功能补偿和变通措施。这些补偿方案和变通措施各有利弊,分别适用不同的情况。

表1 西线一期调水工程对2003年以前已建、在建梯级电站造成的损失

水电站	装机容量(万kW)	调度前		调度后		调度前—调度后	
		保证出力(万kW)	多年平均发电量(亿kW·h)	保证出力(万kW)	多年平均发电量(亿kW·h)	保证出力(万kW)	多年平均发电量(亿kW·h)
龚嘴	70	32.75	43.95	31.26	43.24	1.49	0.71
铜街子	60	26.51	37.16	26.06	36.48	0.45	0.68
二滩	330	133.46	178.13	127.22	161.46	6.24	16.67
三峡	2 240	624.64	877.45	620.51	862.68	4.13	14.77
葛洲坝	271.5	111.07	156.54	110.34	154.8	0.73	1.74
合计	2 551.5	928.43	1 293.23	915.39	1 258.66	13.04	34.57

3.1 经济补偿

对于电站管理单位来说,减小了发电量,就减少了收入,损失表现在经济方面,对其进行的补偿能够弥补调水造成的财务损失即可。经济补偿就是按照电站损失的售电量及相应的价格计算财务损失,再扣除因发电量减少而减少的成本支出,作为补偿费用。相应的价格应该是电站成本加合理利润的价格。

(1)一次性经济补偿。是在调水工程建设前,将已建工程的补偿额纳入工程概算内,并一次性支付。南水北调西线工程可以采取一次性经济补偿的方式,根据调水工程运行期各年的实际损失计算出各年的补偿费用,考虑适当的折现率折算为现值,一次性进行补偿,计入调水工程的投资。

(2)分期分批的经济补偿。是考虑已建工程的使用年限等因素,按年分摊工程的补偿款,从调水工程开始运营时起,分期分批支付。南水北调西线工程投资大,公益性强,但工程运营期的财务收益比较小,运营费的来源尚有困难,更抽不出资金进行经济补偿,因此该方案对南水北调西线工程不适用。

3.2 功能补偿

对于电网来说,容量的损失(特别是调峰容量的损失)和发电量的损失,影响了电网的功能。因此,对电站的补偿措施也应从功能方面来考虑。功能补偿是通过修建各种电站工程来弥补调水造成的容量和发电量损失,以修建电站工程的费用作为补偿额,支付给相关部门,由相关部门负责工程的建设,以弥补调水工程造成电力系统的功能损失,其收益用于补偿受影响电站的财务损失。主要的补偿方式有常规水电站补偿、抽水蓄能电站加火电站补偿、纯火电补偿等。可以根据调水对电站的影响情况,采取相应的补偿措施。

由于南水北调西线工程对现状已建电站的电力电量影响不大,且国家电力潮流的总趋势是西电东送,因此不宜把北方的电向长江上游地区送,也不宜把此规模不大的电能在华东地区生产。根据长江水利委员会的研究和有关资料分析,在2030年和远景水平,西南地区的电量将有富余,富余的部分初步考虑送往华中和华东地区。据此可以认为由于调水损失的电量属于送往华中、华东的电量,可考虑把损失的电量直接补偿到华中、华东地区。

3.3 变通措施

(1)资产重组或收购。是调水工程或调水工程的某个投资方购买已建工程,把已建工程纳入调水工程的一种变通措施。由于资产重组或收购涉及的问题比较复杂,目前暂不考虑在南水北调西线工程中采用这种措施。

(2)减免已建工程的水资源使用费用或税收等变通措施。采用这种变通措施,调水工程和其投资方不必实际支付资金,因此其优点是不增加调水工程及其投资方的资金负担。这种变通措施对南水北调西线工程是适用的,可以通过这种方式抵消一部分补偿费用,减轻国家的投资压力。

4 补偿方案的拟定及补偿额的计算

针对前述确定的补偿范围,分别采用一次性经济补偿方案和工程补偿方案,计算南水北调西线工程对水力发电的补偿费用。

4.1 经济补偿方案的补偿额

采用单位发电量的利润与年损失发电量的乘积作为发电企业的年财务损失,并考虑合理的经济补偿年限,据此计算总的补偿费用。计算公式如下:

$$B = \sum_{i=1}^{n} \sum_{j=1}^{m-k(i)} W_{ij} D_{ij}$$

式中:B 为总补偿费用;i 为受调水影响的水电站的编号;n 为受调水影响的水电站的个数;j 为补偿年序;m 为经济补偿年限;$k(i)$ 为受调水影响的水电站 i 在调水工程生效前已投产的年数;W_{ij} 为受调水影响的水电站 i 在调水实施第 j 年的单位发电量的利润;D_{ij} 为受调水影响的水电站 i 在调水实施第 j 年损失的发电量。

各受调水影响的水电站在各年的单位发电量的利润统一按 0.04 元/(kW·h)计算。经济补偿的年限按 50 年计算。

西线一期调水对 2003 年以前已建在建的梯级电站造成的财务损失,如果采用逐年补偿的方案,则总补偿额为 31.41 亿元;如果采用一次性补偿的方案,则考虑折现(折现率 6.39%)后总补偿额为 15.8 亿元。具体计算成果见表 2。

表 2 西线一期调水对 2003 年以前已建、在建的梯级电站造成的财务损失

序号	电站名称	影响发电量(kW·h)	建成年份	需补偿年数	财务损失(亿元)	
					原值	净现值
1	龚嘴	0.71	1978	0	0.00	0.00
2	铜街子	0.68	1994	14	0.38	0.25
3	二滩	16.67	2000	20	13.34	7.41
4	三峡	14.77	2009	29	17.13	7.71
5	葛洲坝	1.74	1988	8	0.56	0.43
6	合计	34.57			31.41	15.80

4.2 工程补偿方案的补偿额

采用火电输电到华中、华东方案作为等效替代工程方案，即在山西太原建坑口燃煤火电站，然后长距离输电到华中、华东地区。

4.2.1 补偿方案的拟定

新建火电站对受损失水电站的经济补偿可以有两种方案：一是不完全补偿，即利用新建火电站每年的税后利润来进行经济补偿，能够补偿多少就补偿多少；二是完全补偿，即首先计算出受损失水电站逐年的经济损失，然后将其纳入新建火电站的成本费用，逐年足额补偿。下面针对新建火电站对受损失水电站的两种经济补偿方案，分别对其进行初步的财务分析。

4.2.2 不完全补偿方案财务初步分析

新建火电站年利用小时数按6 000小时考虑，年发电量为34.57亿kW·h，则需要的火电装机容量为60.5万kW。投资按4 500元/kW，投资年限为4年，分年度投资比例为15%、25%、35%、25%。建设期4年，生产经营期为40年。长期贷款年利率为6.39%，短期贷款的年利率为5.85%。综合折旧率为4.75%。煤价取350元/t，标准煤耗取320 g/(kW·h)。耗水量2 640 t/h，水费1.5元/t。修理费率2.5%，材料费率10元/(MW·h)，其他费率5元/(MW·h)，厂用电率6.26%。定员人数按182人，人均年工资按20 000元，福利费、劳保统筹和住房基金分别为工资总额的14%、17%和10%。资本金比例为25%，上网电价为0.275 4元/(kW·h)。

根据上述参数计算，新建火电站的总投资为301 541万元，其中资本金为75 654万元，年总成本费用73 631万元，年平均发电利润12 598万元，投资回收期12.59年，最大资产负债率75%，利用可分配利润补偿可以补偿受影响的水电站0.034 7元/(kW·h)，全部投资财务内部收益率8.48%，资本金的财务内部收益率11.13%。具体指标见表3。

4.2.3 完全补偿方案财务初步评价

完全补偿方案需要首先计算出受影响水电站财务损失的实际大小，然后将此补偿费用纳入发电总成本费用中，进行财务评价。以4.1节计算的水电站逐年的财务损失作为补偿费来进行财务评价。资本金比例取40%，其他参数取值同不完全补偿方案。经分析，新建火电站的总投资为296 426万元，其中资本金为81 768万元，年总成本费用79 928万元，年平均发电利润8 320万元，投资回收期11.76年，最大资产负债率60%，补偿受影响的水电站0.04元/(kW·h)，全部投资财务内部收益率9.61%，资本金的财务内部收益率12.18%。具体指标见表3。

表 3　新建火电站项目财务评价指标

序号	项目	单位	补偿方案	
			不完全	完全
1	总投资	万元	301 541	296 426
1.1	固定资产投资	万元	272 250	272 250
1.2	建设期利息	万元	23 917	18 803
1.3	流动资金	万元	5 374	5 373
1.4	资本金比例		25%	40%
1.5	资本金	万元	75 654	81 768
1.6	银行借款	万元	225 887	214 658
2	经营期上网电价	元/(kW·h)	0.275 4	0.275 4
3	发电收入	万元	93 708	93 708
4	销售税金及附加	万元	1 274	1 274
5	总成本费用	万元	73 631	79 928
6	发电利润(所得税后)	万元	12 598	8 320
7	盈利能力指标			
7.1	全部投资财务内部收益率		8.48%	9.61%
7.2	资本金财务内部收益率		11.13%	12.18%
7.3	投资回收期	年	12.59	11.76
7.4	投资利润率		6.24%	4.22%
7.5	投资利税率		10.41%	7.03%
7.6	资本金利润率		24.85%	10.60%
8	清偿能力指标			
8.1	贷款偿还期	年	19	19
8.2	最大资产负债率		75.00%	60.00%
8.3	最小资产负债率		2.62%	0.89%
9	补偿能力	元/(kW·h)	0.034 7	0.04

5　综合分析

前述三种补偿方案的对比分析见表 4。单纯的经济补偿方案补偿费用最高，作用效果也比较单一；不完全补偿的工程补偿方案，补偿费用最低，作用效果也比较全面，在完全补偿电力系统的电力电量损失的同时，可以兼顾补偿水电发电企业的经济损失，但补偿能力有限；完全补偿的工程补偿方案，补偿费用居于前述两个方案之间，作用效果最为全面、显著，不仅可以完全补偿电力系统的电力电量损失，而且可以完全补偿水电站的经济损失，还能产生年均 0.832 亿元的税后利润，另外通过火电站的建设还可以带动当地经济的发展，促进就业，取得一定的经济效益和社会效益。

表 4 补偿方案对比分析

对比指标	经济补偿方案	工程补偿方案	
		不完全	完全
补偿费用	15.80 亿元	7.57 亿元	8.18 亿元
经济效益	无	无	年均税后利润 0.832 亿元
作用效果	可以完全补偿水电站的经济损失,但不能补偿其电力电量损失	可以补偿全部电力电量损失,但不能完全补偿水电站的经济损失,可以为受损失水电站补偿利润 0.034 7 元/(kW·h)	不仅可以补偿全部电力电量损失,而且可以完全补偿水电站的经济损失,还能产生年均 0.83 亿元的税后利润

综上所述,完全补偿的工程补偿方案最为优越,建议采用该方案作为南水北调西线工程对水力发电影响的首选补偿方案。考虑到南水北调西线工程投资巨大,虽然社会效益和生态效益很大,但财务效益较差,从减少工程总投资的角度考虑,也可以采用不完全补偿的工程补偿方案作为第二选择方案,至于水电发电企业经济损失中未能补偿的部分,国家可以通过一些变通措施(如减免已建工程的水资源使用费用或税收等)来予以弥补。

参 考 文 献

[1] 谈英武,崔荃. 减少西线调水对调水河流水力发电不利影响的建议和措施[J]. 南水北调与水利科技,2003,1(4):8-9.

[2] 张淑祥,李兴文,马传波. 大型调水工程对水电站电能影响补偿方法的探讨[J]. 东北水利水电,2005,23(252):9-10.

[3] 岳恒,李政,王丽艳. 调水工程对已建工程的补偿机制探析[J]. 水利发展研究,2004,(11):36-39.

[4] 朱末,张卉明,秦守田,等. 东水西调对已建电站的影响及补偿措施[J]. 东北水利水电,1999,(3):20-21.

黄河下游引黄城市供水模式研究

张运凤[1] 汪习文[2] 徐建新[1] 王 娣[1]

（1. 华北水利水电学院;2. 黄河水利委员会供水局）

摘要:黄河下游引黄供水开展至今,已发展为多种模式。根据城市引黄供水的特点,从取水口的位置、供水规模、泥沙处理、引黄方式等方面对目前黄河下游的城市引黄供水进行分析、归纳,总结出适宜黄河下游的城市供水模式。

关键词:城市供水 弯道环流 取水规模 泥沙处理

1 引言

自1951年开工的引黄灌溉济卫工程——人民胜利渠的投入使用,拉开了黄河下游引黄灌溉的历史。从20世纪70年代开始,河南、山东已建立起70多处灌区,引黄灌溉面积已发展到130多万 hm^2,改善了沿岸的农田,带动了当地经济、社会的发展。引黄供水灌溉技术已逐步形成多元化的、成熟的模式。

随着黄河整个流域经济的发展和人口的增长,用水量增长很快。而黄河下游水资源却日趋贫乏。并且,由于黄河下游地下水常年超采,水质恶化严重,工业、生活用水也不得不依赖黄河水资源。近年来在黄河下游新建了许多城市供水工程。黄河下游引黄城市供水也正在演化为多种不同模式,如自流引水、泵站提水等。本文结合作者实际经验,根据不同的工程特点,对黄河下游引黄供水模式的发展进行了系统的分析,从技术和经济的角度提出适合该地区的供水模式。

2 城市供水的特点

城市供水有别于灌溉供水,主要有下列特点:

(1)工作制度上,灌溉供水是断续工作制,城市供水则保证连续工作制。

(2)水质要求:城市供水除和灌溉供水一样对含沙量有要求外,还要满足生活用水卫生标准。

(3)城市供水一般供水线路长,采用封闭管路输水。由于黄河下游大部分河床高出堤外地面0.5~2.5 m,黄河大堤则高出堤外地面数十米,因此输水管路如何跨越黄河大堤送入市内水厂也十分关键。

(4)城市供水一般引水规模较小,但供水保证率高,因此要求工程有较大的调蓄能力,以保证供水连续性。

3 引黄供水工程模式的选择及其应用

3.1 取水口位置的选择

黄河下游引黄供水工程,一般是在靠近黄河主流的适当位置修建引水闸,从河道侧面引水。小浪底水利枢纽的建成使用,有效调节了黄河干流的水量,加上下游各省市对引黄供水的严格管理,已基本消除黄河枯季大河断流的历史,使得采用无坝取水的保证率大大提高。但是,由于黄河的多泥沙特点,采用无坝取水可能引入大量的泥沙,使引水渠道发生淤积,影响正常工作。因此取水口位置的正确选择,对保证供水及减少泥沙起着决定作用。在确定取水口位置时,必须详细了解分析河岸的地质情况、河道洪水特性、含沙量情况及河床变迁规律,参照相似工程选定几个方案进行技术经济比较后确定。

(1)无坝取水不能控制河道水位、流量的变化,取水口的运行受河道水位涨落的影响较大。汛期取水常常超过设计允许含沙量,而枯水期,由于水位低、流量小,常不能满足引水流量要求。因此,取水口位置选择应同时适应引水和防沙的要求。

(2)利用弯道环流原理(宋祖诏等,2002),将取水口布置在河岸坚固、河流弯道的凹岸。因弯道的外侧(凹岸)含沙量较小,并且有足够的水深,引水防沙有保证。当地形条件受到限制而必须设在凸岸时,则应将渠首设在凸岸中点偏上游处。因该处环流较弱,泥沙少。

(3)在河床不稳定、主流摆动不定的河段引水,应谨慎选择取水口位置,确保取水口经常靠近主流,并应随时观察河势变化,必要时修建整治建筑物,以防止主流变迁,引水得不到保证。

(4)在黄河下游河段,为保护堤防修建了大量的丁坝。在修建取水建筑物时,一般将取水口建在两个丁坝之间,呈锐角布置,以利于引水防沙。

(5)在选择取水口时,应选择河岸坚固、河床稳定、水位高、流量较大、靠近主流的位置。

黄河下游自广泛开展引黄供水半个世纪以来,积累了丰富的经验,也有深刻的教训。山东打渔张无坝取水工程设计引水流量为 120 m^3/s,实灌农田 5.33 万 hm^2,并向胜利油田供水。该工程在选择取水口时,根据黄河含沙量大及河势不稳定的特点,要求取水口位置的选择必须满足两个基本要求:一是保证能引入所需的流量;二是最大限度解决泥沙问题。为此进行 6 个方案进行比较,最后选中王旺庄取水口。该取水口位于弯道凹岸顶点以下 700 m,该处河床比较稳定,河岸坚固,环流作用强烈,黄河主流逼近取水口。考虑到黄河主流变化频繁,引水角常随流势而变化,因此选择进水闸中线与岸边的交角作为引水角,并经模型试验,确定为40°。该工程自1956年建成后,一直运用正常。

而人民胜利渠位置选在秦厂水文站附近,渠道的对岸上游有突出山嘴,将主流挑向渠首附近,使渠首经常靠近主流。但由于河势不稳定,自1952年建成后,引水南移,闸前出现大片沙滩,渠首只能引黄河倒漾的水,造成渠首被泥沙淤塞,引水困难。

因此,引黄供水工程取水口位置的选择,关系到工程运行的成败,必须综合各种因素,谨慎处理。

3.2 引黄供水工程规模确定

工程规模一般包括引水工程规模和供水工程规模。供水规模是指用水单位实际需要的水量;引水规模则指实际需从黄河引取的水量,即综合考虑各种因素后扩大引水流量。工程规模选取必须适当,过大造成浪费不经济,过小则达不到供水要求,影响生产。

与灌溉引水工程相比,城市供水工程供、引水规模较小,但要求能够连续供水。而黄河是一条多泥沙河流,在多泥沙河流上引水,首先要求采取工程措施对泥沙进行处理,在泥沙清淤处理期间,仍然要求供水工程不间断运行。而且黄河汛期,水流挟带的泥沙含量大大超过设计引水含沙量,这时需要关闸避沙,在避沙峰阶段供水工程也要连续工作。为解决这一矛盾,多数城市供水工程采取加大引水流量,扩大工程尺寸。在管理中采取断续引水方式,增设调蓄工程,实现供水连续工作制度。

取水工程采取扩大引水流量,究竟扩大多少?现在还没有一定的规律和资料可循。据统计,引水流量与泵站提水流量之比,有采用1.5~2倍,有3~5倍不等。一般来说,对于重要的城市或特大型工矿企业的供水工程,供水保证率有较高的要求,采用较大的引水流量。如郑东新区龙湖引水工程是郑州市“水域靓城”的点睛之作,设计引水保证率95%,引水规模就扩大了5倍。当然引水流量大,则配套的渠首建筑物规模就要相应扩大,同时要求工程有较高的沉沙、调蓄能力,无疑增大了工程的投资,一般要通过技术经济论证后决定。表1是河南省部分引黄供水工程采用的数据。

表1 城市引黄供水工程规模

序号	工程名称	供水流量(m^3/s)	引水流量(m^3/s)
1	郑州邙山引黄供水工程	10	16
2	长垣县引黄供水工程	0.7	5.0
3	濮阳市引黄供水工程	1.1	2.2
4	郑东新区龙湖引黄供水工程	1.0	6.0

3.3 引黄调蓄问题处理

如何处理引、蓄、供水关系,是解决来水与供水矛盾的关键,也是保证连续供水的前提条件。由于黄河来沙量多集中在汛期,一般引黄工程都采取避沙峰引水措施,即断续引水。设置规模适宜的蓄水池,加大供水系统的调蓄能力,不仅可以解决断续引水和连续供水矛盾,还可以有效避免泥沙进入供水系统,起到二次沉沙作用。蓄水池的规模与避沙峰期、引水含沙量、供水系统的设置有关,要进行技术经济比较后确定。蓄水池设在水源地、供水区均可。一般将蓄水池设在水源地的滩区,水质得到进一步净化,泥沙处理方便,不占用农田和城区土地,减少征地投资。

3.4 泥沙处理

黄河是多泥沙河流,引黄必引沙。城市供水工程要求水质较高,必须是清水才能进蓄水池,对泥沙的处理更是严格。首先取水口的位置一定要合理外,当前黄河下游采用最普遍的就是渠首集中沉沙的方式,即在渠首利用沉沙池处理泥沙,有明显的沉沙效果,并可与蓄水池一起起调蓄水量作用。

沉沙池设计首先要确定泥沙的特征值,即设计含沙量和泥沙粒径的确定。含沙量设计过高,则汛期避沙峰期缩短,延长了全年引水时间,增加了沉沙池的沉沙量,无疑会扩大沉沙池的规模或缩短沉沙池的使用寿命。泥沙粒径越小,沉降速度越小,势必增大沉沙池的规模;泥沙粒径过大,又造成大量泥沙悬浮在水中,不能满足水质要求。

沉沙池形式:黄河下游河床普遍高出堤外平原 0.5 ~ 2.5 m,利用背河洼地修建沉沙池,还可以改良涝洼盐碱地,有效利用泥沙。如:长垣县引黄供水工程将沉沙池设在黄河大堤内侧的河滩地,采用两条沉沙条渠轮换沉沙;郑州花园口供水工程采用沉沙池进行沉沙,用机械周期性清淤后继续使用,即“以挖待沉”的方式处理泥沙。还有采用泵站前沉沙与泵站后二次沉沙结合形式,如郑州邙山提灌站即为此形式。这几种集中处理泥沙的方式,可以解决大部分泥沙问题,但清淤泥沙大量堆积加重了周围土地的沙化,增加泥沙搬运的费用。因此,如何合理利用泥沙问题,也将是发展引黄供水战略的主要环节。

3.5 引黄方式

黄河两岸的引水方式主要是自流和提水两种形式(王延贵、万育生,2002)。自流引水可以节约大量的能源,降低成本,同时引水流量较大;提水方式则需要大量的能源,供水成本增加,且引水流量较小,但引水受黄河流量影响相对小,引水保证率高。

3.5.1 自流引黄

在黄河水头较高,两岸坡度较大的地区,宜采用自流引水。这种引水模式在灌区工程应用较多,而在城市供水工程应用少。

3.5.2 提水引黄

在黄河水头较低,地面坡度较缓或两岸地势较高的地区,多采用提水引黄,该模式在城市供水中应用广泛。根据提水泵站的不同位置又区分为以下两种:

(1)提水沉沙:这种方式主要是有些引黄工程没有自流引水条件(水头小),难以满足自流沉沙条件,需修建提水泵站提水并沉沙,沉沙后自流供水或由泵站提水入供水系统。

郑东新区龙湖引水工程即采用此模式。龙湖是郑州市即将修建的一座大型人工湖,取水口设在花园口上游附近的南裹头处,该处河滩高出主河槽4.5~5.0 m,无法满足自流引水条件。设计采用泵站提水,经过滩区沉沙池、蓄水池后,二级泵站提清水入供水系统。不仅提高了引水保证率,而且降低二级泵站的扬程,减少运行费用。该方案已经过技术经济论证。

(2)自流、提水结合引水:用于水头或河床变化较大的河段。通常采用自流引水,只在水位下降或河床下切后启用泵站。只要加强管理,可以节约大量能源。河南濮阳市引黄供水工程即采用该模式。该工程巧妙地将虹吸管和水泵并联,水头满足自流引水时,采用虹吸管引水,水泵只作为虹吸管的充水启动设备(刘竹溪,1981),大大降低了运行成本。

4 建议

黄河下游引黄供水工程是解决水资源危机的重要举措,为两岸城市的经济发展发挥重要的作用。随着引黄供水的发展,供水模式也在不断发展。根据供水工程的实际特点,选用不同的供水模式:

(1)黄河流量较大的河南、山东地区,取水口应尽量靠近主流,一般选用自流引黄的供水方式,渠首集中沉沙处理,以利于节约能源。

(2)在黄河流量较小的山东河段,一般应采取集中提水引黄、渠首集中沉沙的方式,以利于提高引水和供水保证率。

(3)在黄河主流不稳定区域引水,可采取自流引水和泵站提水结合的方式,如采用虹吸管和泵站结合的方式,不仅有利于提高引水保证率,也可有效节约电能。

参考文献

[1] 宋祖诏,张思俊,詹美礼. 取水工程[M]. 中国水利水电出版社,2002.

[2] 王延贵,万育生,刘峡. 引黄供水灌溉模式的特点及其应用前景[J]. 泥沙处理,2002(10).

[3] 刘竹溪. 水泵及水泵站[M]. 北京:水利出版社,1981.

引黄供水水质安全保障体系建设探讨

崔广学　李伟凡　袁月杰

（山东黄河供水局菏泽供水分局）

摘要：本文简要阐述了黄河水质安全的现状和当前引黄供水水质安全保障建设中存在的问题，从政府部门、黄河水行政部门和供水方不同的角度探讨解决当前引黄供水水质安全问题的方法与措施，并对引黄供水水质安全保障建设提出了自己的见解。

关键词：引黄供水　水质　安全保障　体系建设

水是人类社会生存和发展的必要条件，是其他任何物质都无法替代的宝贵资源，可以说，没有水就没有人类社会的今天；没有水的安全，就没有人的健康、社会的稳定和经济的可持续发展。水已经成为国际社会关注的焦点问题之一，水安全问题也受到了世界各国的普遍关注，我国黄河的水安全问题近年来也突显了出来。

1　引黄供水水质安全的现状与问题

在黄河供水方面，主要是通过建设供水设施、满足需求和改善供水水质及提高供水水平。政府机构和水行政部门的工作重点是对供水水质实施监督和行业进行水质监测，并逐步建立和完善以水行政部门为主的监管体系。黄河的供水系统经过多年的发展，在设施能力上基本可以满足沿黄工、农业生产生活的需要。针对黄河日益严重的水质污染和黄河供水安全事件的发生，相关部门也建立了相应的防范体系和措施，但还存在许多缺陷和薄弱环节。

1.1　法制、法规不健全

黄河供水的水质安全，缺乏专门保障的法律、法规，目前还没有完全形成在政府部门领导下，各有关部门和全社会各方力量共同参与的防范体系，往往是出了问题才引起政府重视，采取临时性的动员来解决问题。

1.2　黄河水环境面临严峻挑战

随着我国社会经济发展和城镇化进程的加快，水资源短缺与用水需求不断增长的矛盾日益突出。同时，有限的水资源又受到水污染的严重威胁，黄河供水水质安全和水环境面临严峻的挑战。据黄河流域水污染调查，污染的黄河使西北和华北约有1.6亿人深受其害。随着城市工业化程度的提高,黄河流域污染已形成点源与面源污染共存、生活污染和工业排放叠加、各种新旧污染与二次污染相互复合的严峻形势。工业污染物污染水体,被污染水体又破坏农业生态环境,在黄河流域的一些地区农作物因污水灌溉导致减产甚至绝收的现象时有发生。2004年,山西省介休市松安村用被污染了的汾河水浇地,致使200亩玉米及杨树死亡。2002年,青海省海东地区平安县东庄村的近百亩小麦,引溉了污染的湟水后被活活烧死。

据黄河水利委员会(简称黄委)专家测算,目前沿黄地区引黄灌溉面积已发展到1.1亿亩,用水占黄河总用水量的90%。臭水入村、毒水浇地、脏水进肚,某些河段黄河水已成"三害";下游忙治理,上游忙排污;黄河水污染不但造成农作物品质下降,还使一些农田水利设施报废,给农业造成的损失每年最高已达33亿元。

1.3 水源结构存在缺陷

相关统计文献显示,近年来随着黄河水源的日趋紧张,远距离、跨流域调水已经成为解决水源问题的主要措施;从黄河供水量变化趋势及水源结构情况看,黄河的水资源形势也不容乐观。黄河既面临资源型缺水,又面临水质型缺水,黄河水资源利用已突破河流承载的极限。黄委公布的《2004年黄河水资源公报》显示,2004年黄河水资源总量为482.65亿 m^3,总取水量为444.75亿 m^3,水资源取用率达92%。黄委主任李国英指出,过度利用将造成河流长年干涸断流,最终导致河流"生命"终结。一方面,黄河流域资源型缺水的矛盾十分突出。1972年以来,黄河有21个年份出现断流。预计到2010年,黄河流域总人口将达到1.21亿人,国民经济总需耗水量为520亿 m^3。遇到正常来水年份,黄河用水缺口将达40亿 m^3,遇到中等枯水年份,缺水将达100亿 m^3。到2030年和2050年,正常年份黄河缺水分别为110亿 m^3 和160亿 m^3。黄河支持流域社会经济发展的功能已到极限。另一方面,由于水资源过度开发利用,黄河水质问题也十分严峻。由于入河排污量增加迅速,进一步加剧了黄河水资源供需矛盾,形成了黄河水质型缺水。《2004年黄河流域水资源质量公报》显示,黄河干流32个监测断面中,65.6%的断面水质劣于地表水环境质量Ⅲ类标准。其中Ⅳ类水质占40.6%,Ⅴ类水质占15.6%,劣Ⅴ类水质占9.4%。据统计,黄河流域水污染每年造成的直接经济损失为115亿~156亿元。

2 对供水水质安全保障体系建设的几点建议

2.1 健全法制、法规,提倡舆论监督,加强监管

建立健全法规体系,各级政府及黄河水行政部门依法监管,供水部门严格管

理、积极防范,各部门职责明确、协调配合,社会公众主动参与,与经济社会发展水平相适应的黄河供水日常安全保障体系和城镇供水应急体系。进一步建立和完善黄河供水安全保障的法律体系,对于涉及黄河水质安全方面进行专门立法,使黄河供水安全保障管理进一步纳入法制轨道,实行依法管水。

公众参与是公共管理的主要内容,也是应对黄河水质安全的有效办法,不能对公众屏蔽信息,需要建立完善科学的水质监测制度和实情公告制度。尊重社会公众的知情权,鼓励公众参与监督,建立通畅的信息渠道,完善公众咨询、监督机制,及时将产品和服务质量检查、监测、评估结果及整改情况以适当的方式向社会公布。

2.2 政府行政部门是供水安全的责任主体

由于黄河供水部门的垄断性经营,消费者没有进行质量对比的条件和能力,他们的基本利益必须由政府水行政部门加以保护。供水安全关系到千家万户老百姓的生活,政府水行政部门必须对这个领域进行有效的监管,以确保人民群众的切身利益。

从政府的角度,政府有责任保障公共健康的安全,水作为公共必需品的特殊属性,即便黄河供水实施供水市场化改革,政府行政部门仍然负有城镇供水的最终责任。供水市场化改革不意味着政府行政部门可以彻底摆脱投资责任;相反,政府行政部门必须承担自己不可推卸的责任。建立黄河供水水源应急预案,必定牵涉工程投入和水资源的重新分配问题,这部分投资属于非经营性资产,很难纳入投资收益的范围,需要政府以财政等公共支付形式予以解决,以体现黄河供水中不可缺少的社会效益。在市场经济的情况下,更不能忽略监管和供水安全保障体系的建设。因此,如何使应急预案在价值上得到政府行政部门的财政补偿,这是一个不能回避的问题。

2.3 加强水环境的治理与保护,解决资源型和水质型缺水问题

水质安全是可持续发展的生命之源,黄河的水环境关系到亿万人的生命。为此,必须进一步明确节流和治污的必要性,以“节流优先,治污为本,多渠道开源”作为黄河水资源可持续利用的新战略,以促进黄河供水系统的良性循环。实施以源头控制为主的综合防污减灾战略,在水环境污染治理上由末端走向起始,从集中走向集中与分散相结合的全寿命周期模式,人的生存发展观念由单纯对自然索取转变为与自然和谐共生,以恢复和修复已被破坏的生态系统为主题。

解决资源型缺水的主要途径有两条:一是提高水资源的利用效率;二是通过实施外流域调水,增加黄河水资源的总量。近期目标是:节水灌区达到引黄灌区面积的64.3%,灌区灌溉水利用系数由0.4左右提高到0.5以上,大中城市工业用水重复利用率由现在的40%~60%提高到75%左右。远期目标:实现南水北

调工程向黄河调水 170 亿 m^3 以上,实现水资源的优化配置,确保黄河不断流,为维持黄河健康生命提供水量、水质保证。通过增加和调节黄河水量,提高和优化河流的承载能力,实现黄河“污染不超标”的总体目标。

解决水质型缺水问题,以保护水资源为根本。一是加大水污染防治力度,实行污染物排放和入河的总量控制,减少废污水排放量;二是探索水污染防治的新路子、新机制,走联合治污道路;三是加强农业耕作的科学管理。

2.4 建立黄河供水水质安全保障机制和技术体系

黄河供水水质安全不是一个部门单一的问题,它是一个社会性的问题、体系性的问题。黄河供水安全保障应建立包括应急机构制度、应急预案制度、应急预警与紧急状态宣告制度、信息沟通与公开制度、紧急协商与强制措施制度,以及援助、协助、救治、救助制度和法律后果制度,形成长效机制。

建立黄河供水水质监测的技术体系,实施预警监测,包括源水监测网,配水、售水各环节的水质监测系统,实现水源地、配水的水质实时监控与调度管理。运用现代网络信息技术,实现供水设施运行远程监控,监控系统覆盖完整的黄河供水全过程,及时获取各供水点的信息,为黄河供水安全保障提供科学可靠的决策支持和保证。

建立保障供水安全的运行机制。第一,信息沟通的机制,防止因信息不全面造成应急过程中处理不当;第二,部门协调的机制,包括供水部门和政府水行政部门之间的协调;第三,成本分摊的机制,政府机构、水行政部门、供水部门和公众都有责任与义务来应对面临的危机,各方要有明确的、共同承担的责任和费用。

2.5 强化预防措施

水源设计中应考虑各种可能的风险因素,在黄河供水项目审批时要建立广泛参与机制,科学、民主的决策机制,涉及供水水质安全的问题实行一票否决制。

保证额外的供水能力。供水能力要有一定的预支来应对,遇水质污染事件,确定“确保黄河不断流”和额外供水能力的安全值,保证一个比较大的预供水能力,充分发挥水库的调控作用。

2.6 制定危机应对方案

从保障黄河供水安全角度出发,供水部门应制定黄河水质应急预案,以应对紧急情况或水事故。要对供水流程进行分析,确定危险源,确认可能发生的事故类型和地点,确定事故影响范围可能影响的人数。其内容要按风险评价进行事故严重性的划分,根据所评价的设备、设施或场所、工艺流程的特点,辨识和分析可能发生的事故类型、事故发生的原因,进行具体的情况设定。应急预案应符合现场和当地的客观情况,具备适用性和实用性,便于操作。预案的实施对象应以岗位为中心，而不能以具体的人为中心，如果在应急预案中的责任实施对象是单位中具体的人，则该人员调动时，就不能发挥其职责作用。要考虑事故后的恢复措施，明确决定终止应急和恢复正常秩序的程序、方法及连续检测受影响区域的方法。

3 结语

黄河是我们的“母亲河”，黄河水是沿黄地区工农业生产和亿万人民群众的生命线，确保黄河供水安全是我们义不容辞的职责。为了确保黄河供水的水质安全，在引黄供水生产管理工作中要积极结合有关部门切实加强供水安全保障应急体系建设，准确、及时掌握黄河水的水质情况，落实责任，确保供水安全，为进一步利用和保护好有限的黄河水资源、构建和谐社会、维持黄河可持续发展提供坚强保障。

参考文献

[1] 王殿芳. 黄河流域水污染现状分析及控制对策研究[J]. 环境保护科学,2003(2).
[2] 陈泽伟,王超群. 科学应对突发公共事件[EB/OL]. 水信息网,2006-01-17.
[3] 刘志琪. 供水安全保障与应急体系建设[J]. 城镇供水安全保障与管理论坛,2005.9.

黄河下游引黄用水分析

黄福贵　姜丙洲　郑利民　卞艳丽

（黄河水利科学研究院）

摘要:本文分析了黄河下游引黄用水的年际、年内变化特点及变化趋势,以及引黄用水在下游不同区域的分布及其变化趋势,从防止黄河断流、最大限度满足下游地区用水角度出发,提出了水库调度及合理分水的建议。

关键词:引黄用水　变化特点　变化趋势　水量调度　黄河下游

1　引黄工程概况

黄河是我国西北、华北地区的主要用水水源地,黄河下游担负着向河南、山东、天津、河北四省(市)的供水任务。自1952年河南省人民胜利渠渠首闸建成引水至今,黄河下游引黄工作从无到有走过了一条曲折的发展道路。先后经过了探索尝试、大引大蓄、停灌治理、整顿恢复、稳定发展、调控调度等发展阶段。引黄水量不但用于农业灌溉,还广泛用于工业、城镇生活、生态环境等诸多方面。

目前,黄河下游共建有引黄工程230处,其中引黄涵闸117处,扬水站、提灌站110处,虹吸3处(河南引黄灌区建有引黄工程55处,其中引黄涵闸48处,扬水站、提灌站4处,虹吸3处;山东引黄灌区建有引黄工程175处,其中引黄涵闸69处,扬水站、提灌站106处)。引黄工程设计引水能力4 047.1 m^3/s(河南引黄灌区1 283.8 m^3/s,山东引黄灌区2 763.3m^3/s)。总许可取水量101亿m^3(河南30.5亿m^3,山东70.6亿m^3)。黄河下游河南、山东两省共建成667 hm^2以上引黄灌区98处,总设计灌溉面积358万hm^2,其中正常灌溉面积245万hm^2,补源灌溉面积113万hm^2;有效灌溉面积258万hm^2。

2　引黄用水变化特点及趋势

2.1　引黄水量经过20世纪70～80年代的稳定增长后,出现缓慢下降趋势,但引黄水量占黄河下游来水量的比例呈上升趋势

据统计,1952～2003年黄河下游累计引水3 763亿m^3,平均每年引水72.4

亿 m³。1966 年恢复引黄以后至 20 世纪 80 年代，引黄水量呈增长趋势，90 年代开始引黄水量呈下降趋势（图 1）。20 世纪 50 年代至 90 年代，年均引水量分别为 32.0 亿 m³、37.9 亿 m³、81.2 亿 m³、106.4 亿 m³、93.7 亿 m³，21 世纪初期年平均引水量为 78.5 亿 m³。

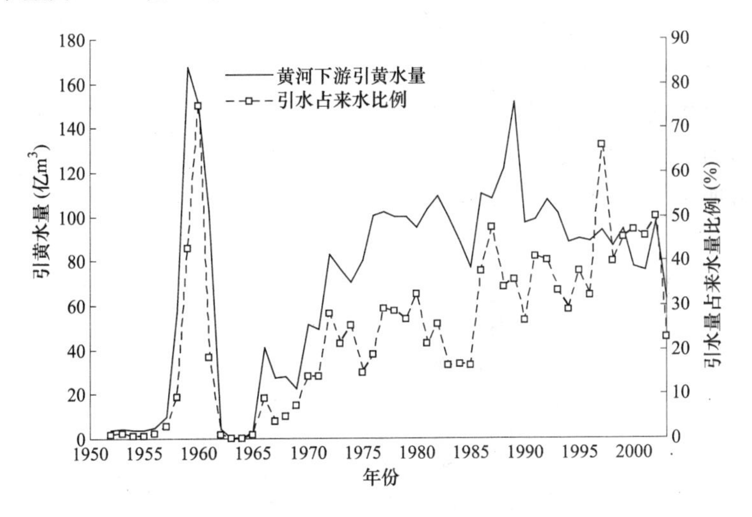

图 1　黄河下游引黄水量年际变化

在这 52 年的引黄历史中，最大年引黄水量达 167 亿 m³，发生在盲目引黄的 1959 年，次大年引黄水量为 151 亿 m³，出现在干旱的 1989 年。前一个引水高峰期导致引黄地区大面积的盐碱和粮食减产，而 1989 年的大量引水对引黄灌区抵御旱灾、粮棉丰产起到了关键作用。最小年引黄水量仅为 0.1 亿 m³，在停止引黄期的 1964 年（图 1）。

引黄水量占黄河下游来水量的比例也呈逐步上升趋势。从 20 世纪 50 年代到 21 世纪初，黄河下游年引黄水量占花园口站同期径流量的比例分别为6.6%、7.5%、21.3%、25.8%、36.5%、39.0%。其中 1960 年由于引黄水量大，加上三门峡水库关闸蓄水，下游来水量减小，该年引黄水量占黄河下游来水量的比例最大，为 75%。1997 年下游来水是几十年来最少的一年，引黄水量占来水量的比例仅次于 1960 年，为 66%。

1970～1989 年，引黄水量基本上呈逐年递增趋势，黄河下游引黄水量从 1970 年的 51.4 亿 m³，增加到 1989 年的历史最大值 151.5 亿 m³。增长了近 2 倍，年均递增近 6%。其中，1985～1989 年，下游引黄水量呈急剧增加趋势，各区段引水量基本上保持了同样的增长势头。1990 年以后，引黄水量缓慢回落，平均年引水量为 89.4 亿 m³，平均每年递减 1.9 亿 m³，除艾山—泺口段引水量呈增加趋势外，下游其他区段均呈缓慢下降趋势。

2.2 黄河下游一年中有两个用水高峰，用水高峰期集中在 3 ~ 6 月，年内用水过程趋向平坦

根据 1970 ~ 2003 年引黄用水资料分析，黄河下游引黄用水在年内呈"M"形双峰状。第一个用水高峰（前峰）在汛前的 3 ~ 5 月份，第二个用水高峰（后峰）在汛期的 8、9 月份。从 20 世纪 70 年代到 21 世纪初，引黄用水高峰的出现时间在缓慢变化：前峰由 20 世纪 70 年代的 5 月份提前到 80、90 年代的 4 月份，且仍有前移的趋势；后峰由 20 世纪 70、80 年代的 8 月份推后到 90 年代的 9 月份，且仍有后移的趋势。2000 年以来，用水高峰期的引黄水量减少，而用水低谷期的引水量增加，年内用水过程波动减小（图 2）。

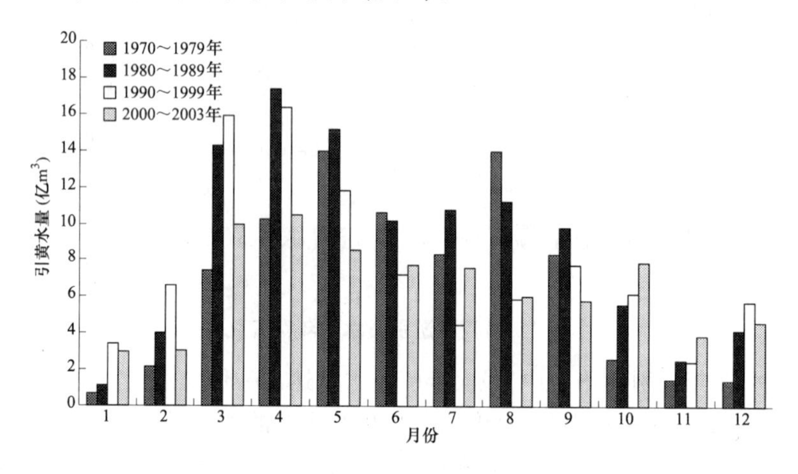

图 2　黄河下游引黄水量年内分配

一年中月平均引水量为 7.67 亿 m³，其中 4 月份最多，月引水量为 14.2 亿 m³，占年引水量的 15.4%。1 月份的引水量最小，只有 1.88 亿 m³，占年引水量的 2.0%。3 ~ 9 月的月引水量都在 7.8 亿 m³ 以上，均超过月平均引水量，而 3 ~5月的月平均引水量均超过 10 亿 m³。春灌期 3 ~ 5 月引水量占全年的 43%，是一年中的主要用水期。从 70 年代到 90 年代，各月用水比例在缓慢调整：非汛期 1 ~ 4 月、10 ~ 12 月的月用水比例在逐渐增大，而汛期前后 5 ~ 9 月份的月用水比例则逐渐减小。冬季用水增长加快。

1990 年以来，春灌期 3 ~ 5 月份引水量为 39.8 亿 m³，占全年引水量的 44.5%，接近一半。仅 4 月份就引水 14.7 亿 m³，占 16.4%。而 3 月份引水量增势显著，已达 14.2 亿 m³，接近 4 月份的引水水平。仅 3、4 月两个月的引水量就占年引水量的 1/3。

2.3 黄河下游来水、用水矛盾进一步加剧

从 20 世纪 70 年代到 90 年代，黄河下游用水占来水的比例除汛期 6 ~ 8 月

份呈下降趋势外，一年中其他 9 个月，用水占来水的比例均呈上升趋势；21 世纪初期，黄河下游各月用水占来水的比例波动减小。20 世纪 80 年代 3 ~5 月份月平均用水占来水的比例均超过 50%。90 年代 3 ~5 月份月平均用水占来水的比例均已超过 60%，其中 4、5 月份超过 67%。也就是说，这两个月花园口径流量的 2/3 都被下游引走了。21 世纪初期，尽管引水高峰期引水占来水的比例有所降低，但有 4 个月(4 月、5 月、6 月、8 月)引水超过来水的一半，是防止黄河断流的关键时期(图 3)。

2000 年以来，尽管引黄水量有所下降，但由于黄河来水量较少，引水占来水的比例一直在 47% 左右的高位徘徊。2003 年由于引水量大幅度下降，黄河来水又较前几年增加很多，引水占来水的比例大幅度下降到 23%，为 1986 年以来的最低值。

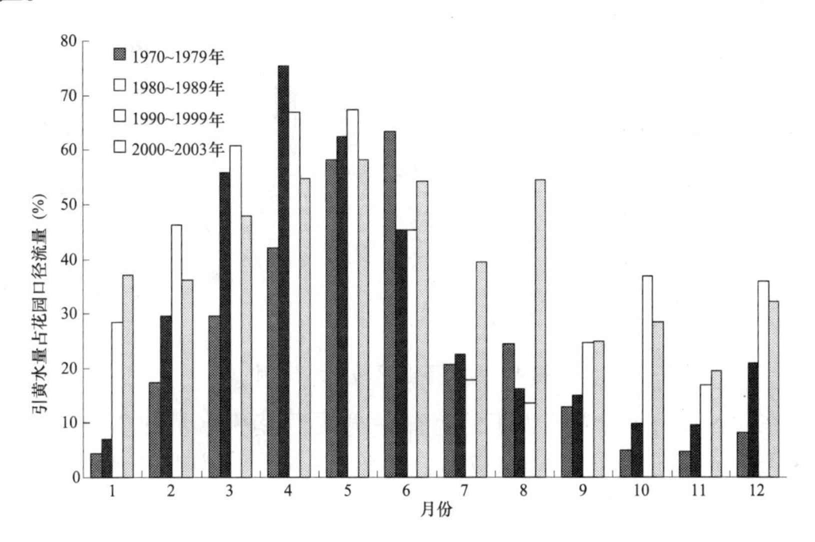

图 3　黄河下游月引水量占来水量比例

3　区域用水量变化特点及其趋势

3.1　黄河下游引黄水量主要为豫鲁两省用水，其中山东用水超过七成，两省用水过程有一定差异

黄河下游区域用水主要是河南、山东两省，用于两省沿黄地区引黄灌区农业用水和沿黄城镇工业及生活用水。此外，近几年天津、河北也在冬季开展引黄济津、引黄入淀工作，弥补区域生态、生活及工农业生产用水的不足。

从豫鲁两省引水量来看，从 20 世纪 70 年代到 21 世纪初，年代平均引水量河南省从 32.8 亿 m^3 降低到 30.0 亿 m^3、21.3 亿 m^3、18.5 亿 m^3。山东省引水量则从48.4亿 m^3 上升到76.4亿 m^3、73.4亿 m^3、56.2亿 m^3。相应地两省引水量占黄河下游引水量的比例，河南省由40%下降到28%、23%、24%，山东省则由60%上升到72%、77%、72%（图4）。山东省引黄水量的增大拉动了黄河下游用水量的增长。由于黄河来水持续偏枯，随着黄河水量统一调度的深入及引黄济津、济冀的实施，豫鲁两省尤其是山东省引黄用水会受到一定程度的限制。

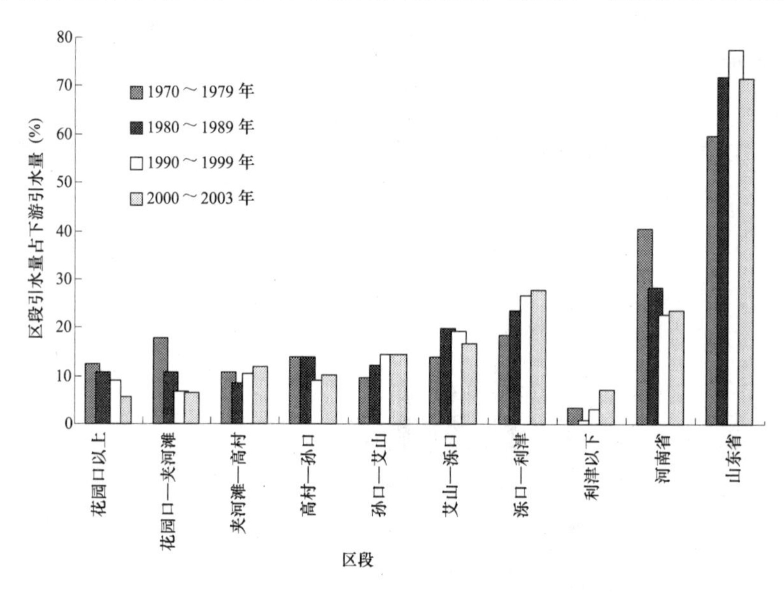

图4　黄河下游区段引水比例

山东省各月引水量普遍大于河南省，一般是河南引水量的2~4倍，其中春灌期3~5月，分别是河南的4.4、7.0、3.1倍(图5)。河南引黄灌区与山东引黄

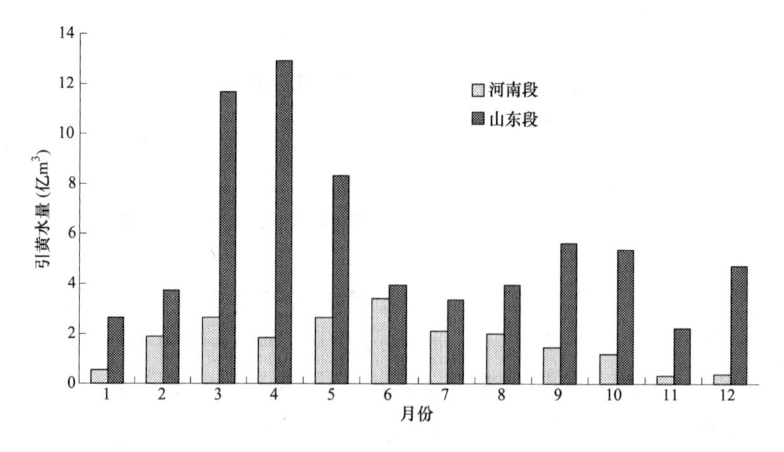

图5　河南、山东两省年内用水过程

灌区相比,河南引黄灌区 3 ~4 月降水量较大,5 ~8 月降水量相对较少,夏季作物中需水量较大的水稻种植面积较大,因此春季、夏季的引黄水量相对均匀,6 月份引水量最大;山东引黄灌区则相反,春季 3 ~4 月降水量较少,夏季 5 ~8 月降水量相对较大,水稻种植面积少,因此用水高峰集中在 3 月 ~5 月,其中 4 月份引水量最大。河南、山东引黄灌区在用水过程上的差异,有利于调节下游的引黄用水矛盾。

自 1972 年以来,为了缓解天津、河北的缺水状况,先后通过河南省人民胜利渠,山东省位山、潘庄等灌区引黄涵闸引黄济津。截至 2003 年 1 月,共进行了 5 次引黄济津,累计引黄水量 38.8 亿 m^3,占同期引黄水量的 1.3%。

3.2 黄河下游河段引黄水量大多数呈下降趋势,但各河段引黄水量所占比例变化趋势各异

从河段引水量来看,花园口以上、花园口—夹河滩、夹河滩—高村、高村—孙口、孙口—艾山、艾山—泺口、泺口—利津、利津以下河段多年平均引水量分别为 9.45 亿 m^3、10.12 亿 m^3、9.16 亿 m^3、11.11 亿 m^3、11.50 亿 m^3、16.33 亿 m^3、21.76亿 m^3、2.55 亿 m^3,分别占黄河下游引黄水量的 10%、11%、10%、12%、12%、18%、24%、3%。泺口—利津河段引水量最大,利津以下河段引水量最小(图 6)。除利津以下河段外,其他河段引黄水量均呈下降趋势。

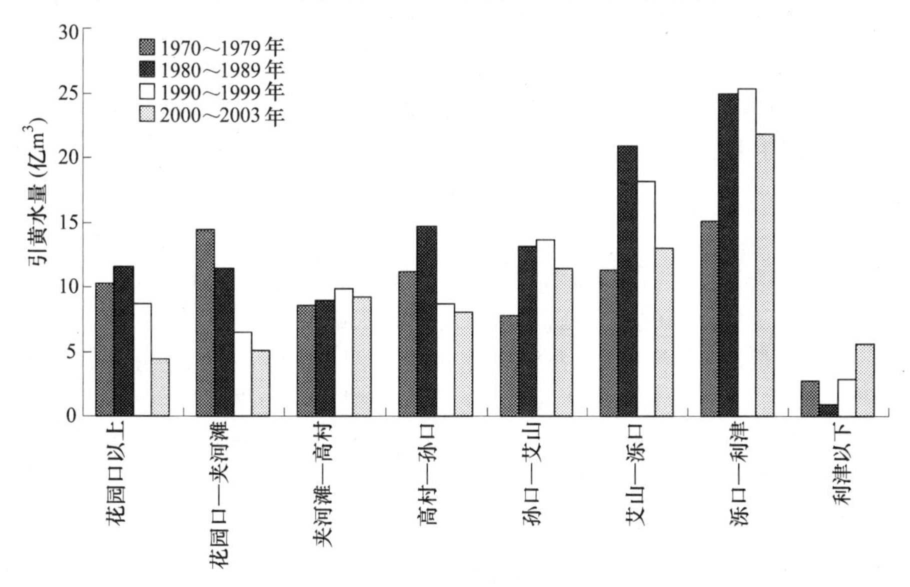

图 6　黄河下游河段引水量

从 20 世纪 70 年代到 21 世纪初,各河段年代引水量占下游引水量的比例呈缓慢变化趋势。其中花园口以上、花园口—夹河滩两河段年引水量所占比例

呈下降趋势;孙口—艾山、泺口—利津两河段年引水量所占比例呈上升趋势;夹河滩—高村、高村—孙口、利津以下三河段年引水量所占比例呈先降后升趋势;艾山—泺口河段年引水量所占比例呈先升后降趋势(图4)。

4 引黄水量用途

自从黄河下游开展引黄以来,黄河水对促进沿黄地区农业及工业发展,改善灌区环境等发挥了重要作用。

20世纪50年代引黄尝试期,引黄水主要用于淤洼、灌溉、盐碱地改良及解决部分地区饮水难问题。盲目发展期,引黄水主要用于灌溉、蓄水。恢复及稳定发展期,引黄水主要用于灌溉、放淤改土,改造灌区盐碱沙荒地等。近期,引黄水除满足灌区灌溉外,还向补源区送水,补给地下水,并逐步用于工业、人畜饮水、水产养殖等方面,尤其是扩大了向天津、河北的冬季送水。据豫鲁两省引黄灌区用水统计,引黄水量中,农业用水占93.6%,工业用水占4.9%,人畜用水占1.0%,渔业及其他用水占0.5%。

实施黄河水量统一调度以来,黄河水利委员会科学调度、合理分配有限的黄河水量,改变了黄河下游引水的盲目性,保障了黄河下游城镇及工业区的生活用水,支持了下游地区的抗旱工作,合理安排了农业用水,兼顾了工业用水。尤其是通过合理调度和沿黄省区的计划用水、节约用水,加强监督检查,大旱之年保持黄河利津站不断流,扭转了90年代以来频繁发生的断流局面。同时通过引黄济津、引黄入淀工作,弥补了区域生态、生活及工农业生产用水的不足,充分发挥了黄河水的利用价值。

5 建议

黄河下游担负着河南、山东、天津、河北四省(市)的供水任务,90年代以后随着黄河水量统一调度的实施,黄河下游引黄水量整体上呈下降趋势,但由于黄河下游来水量偏少,年引黄水量占来水量的比例在40%左右,防止黄河断流不能掉以轻心。尤其是每年的3~6月份,月引水量占当月来水量的比例均超过或接近50%,是防止黄河断流的关键时期。应适当加大小浪底水库的下泄水量,降低该关键期的黄河断流威胁。

山东引黄灌区引水量占黄河下游引水量的70%以上,是黄河下游最大用水区,应该根据河南、山东两省降水量和用水量在年内的差别,适当加大3~6月山东引黄水量分配指标,合理分配、调度两省引水,最大限度地满足两省的引黄用水。

参 考 文 献

[1] 黄福贵,阮本清,程献国,等.黄河下游引黄用水特点分析//水利部国际合作与科技司.水资源及水环境承载能力——水资源及水环境承载能力学术研讨会论文集[C].北京:中国水利水电出版社,2002.

对两水分供与两费分计的思考

李红卫

（山东黄河供水局济南黄河供水分局）

摘要:根据国家有关规定,引用黄河水的时段和用途不同其价格不同,而且差异越来越大。施行“两水分供,两费分计”是以水养水的重要举措,对水资源的优化配置,节约和高效利用黄河水,促进人与黄河和谐相处均具有十分重要的意义。本文分析了实施“两水分供,两费分计”的必要性,总结了实施中存在的有关问题,并对如何做好该项工作进行了初步探讨。

关键词:黄河水资源　两水分供　以水养水　思考

1　概述

“两水”是指农业用水和非农业用水。农业用水主要包括种植、养殖和农村饮用水等。非农业用水是指农业用水以外的用水,主要包括工业、生活和生态景观用水等。“分供”是指在同一条引黄渠系中,农业用水和非农业用水分时段单独集中供应。一般是在农灌峰期优先集中供应农业用水,其他时间集中供应非农业用水,两水不再混供。“两费分计”就是通过改进计量方法和完善管理措施,科学、清晰地界定农业用水和非农业用水的界限,实行分开、准确计量,区别收费。

2　实施两水分供、两费分计势在必行

水资源是经济和社会发展极其重要的战略性资源,随着黄河区域工农业生产的发展和人民生活的改善,水资源的供需矛盾日益突出,水资源危机范围不断扩大。施行“两水分供,两费分计”对黄河水资源的合理配置,节约和高效利用黄河水,支持中央的农业政策,促进人与黄河和谐相处以及维持黄河健康生命等均具有十分重大的意义。

2.1　有利于黄河水的节约高效利用

黄河作为我国西北、华北地区的重要水源,担负着流域内及下游沿黄地区约1.4亿人口、16万km^2耕地、50多座大中城市和晋、陕、蒙能源基地及中原、胜利油田的供水任务,同时还承担着流域外天津、青岛等部分地区远距离供水任务。目前,用水需求超过了水资源的承载能力,黄河不堪重负。进入20世纪70年代

以来,黄河断流日趋频繁,给工农业生产造成了巨大的经济损失,同时也急剧恶化了我们赖以生存的生态环境,特别是 1997 年全年断流(利津站)总历时长达 214 天,真可谓触目惊心!尽管 1999 年以来,随着小浪底水库的成功运用和水资源的统一调度,实现了黄河连续 7 年不断流的良好局面,但近几年黄河来水量持续偏枯,径流量呈逐年减少趋势。经小浪底水库下泄的水量,扣除河道沿程损失和确保黄河不断流必要的入海流量,可用水量根本不能满足快速增长的用水需求。目前的情况是,一方面引黄供需矛盾加剧,另一方面节水意识又极为淡薄。农业用水管理比较粗放,引黄灌溉仍以传统的大水漫灌、串灌方式为主,水资源浪费严重。另外,渠道衬砌率较低,灌区配套设施不足,水量沿程损失较大。据有关资料统计,我国引黄灌溉水的利用系数多在 0.45 左右,而发达国家可达到 0.8,可见农业用水还有巨大的节约空间。过去农业用水和非农业用水混供,两水界定不清,造成农水非用,非农业用水按廉价的农业水计量,在一定程度上助长了非农业用水浪费现象的发生。实施"两水分供,两费分计"是解决黄河水资源短缺和浪费的根本途径,农业用水通过分时段供水压缩供水时间和水量计划指标,迫使其增加投入改进灌溉方式,完善灌溉配套设施,提高水的利用效率,达到节约利用水的目的。非农业用水因水价有所提高,通过加强管理,精确界定计量,杜绝农水非用,用经济杠杆使那些耗水量大的用户开始对黄河自然资源水进行重新认识,促使其从降低生产成本考虑,使水资源得到节约利用。

2.2 有利于建立和谐的供用水新秩序

目前的供水设施配套系统主要是从农田灌溉渠系发展而来,一渠两用。在地表水、地下水不能满足城市化、工业化和生活需求的今天,非农业用水通过农业灌区间接供给。引水单位出于方便管理和考虑"两水"差价等原因,常常采取非农业用水在灌溉季节与农业用水混供的方式,使"分计"工作不好掌握。工业、生活等用水多数处于灌区末端,其用水需要占用大量的农业用水来实现,而且水量损耗惊人。非农业用水大量挤占并不充裕的黄河来水量,往往使时效性很强的农业灌溉用水无法得到满足,农民的利益得不到保障,使本来脆弱的农村经济雪上加霜,供需矛盾更加激化。通过实施"两水分供"可以在很大程度上有效化解这一矛盾。在农业灌溉高峰期优先集中供应农业用水,工业和生活取水安排在水量丰沛的汛期和水质较好的冬季,充分利用平原水库、河道坑塘多引多蓄黄河水调节使用。这样就能转变在灌溉峰期工业、生活与农业争水的被动局面,为建立和谐的引水新秩序奠定良好的基础。也能够有力地支持黄河不断流,维持黄河健康生命新理念的实现,促进人与黄河和谐共处,保证永久利用的黄河水资源支撑工农业生产的发展。

2.3 有利于延伸供水管理,优化产业结构

“十一五”期间是国家全面建设小康社会的关键时期,实现国民经济的持续、快速、健康发展,离不开水资源的支撑。作为黄河主管部门,发展引黄供水是义不容辞的责任,也是历史赋予的使命。同时,引黄供水不仅是沿黄地区经济社会发展的有力支撑,也是“以水养水”方法的重要途径。面对有限的黄河水资源和工农业生产生活日趋增加的用水需求,进一步调整供用水管理和运行模式,切实树立水商品意识很重要。实施“两水分计”,提倡节约农业用水、扩大非农业用水比例,在稳定供水总量的基础上,通过优化供水结构,延伸供水产业链条,着力转变供水生产的增长方式,不仅能够提升黄河水资源的利用效益,也为供水事业的自我良性循环发展提供坚实的经济保障。

2.4 有利于中央农业政策的实施

“两水分供,两费分计”是在国家提出大力支持“三农”和建设社会主义新农村的政策大背景下实施的一项黄河水资源管理的新措施。黄河部门不仅不因非农业水价高获益而影响农业用水,相反,在农田灌溉高峰期,将优先安排集中供应灌溉水,确保农业用水需求和农民利益不受损失。“两水分供”只是抓住平原水库调蓄能力大这一优势,采取分时段引水措施,充分发挥水库群的作用,调节黄河径流量和来水量,有效解决长期以来没能解决的工业生活与农业用水矛盾,使有限的黄河水资源得以优化配置及科学合理利用,实现效益最大化的一种供用水手段。这既是黄河部门贯彻执行国家支持农村建设政策的体现,也是落实科学供水发展观,构建和谐社会的一个创新实践,为新形势下黄河水资源的配置管理探索出了一条新路子。

3 实施“两水分供,两费分计”存在的几个主要问题

“两水分供,两费分计”是引黄供水生产方式的一项创新之举,是对传统供水方式的改革,能否顺利实施不仅仅是一个供水生产和经济效益的问题,而是关系到黄河治理发展环境是否更加和谐有利的问题。推行“两水分供,两费分计”将会打破固有的生产方式和管理模式,困难大、情况复杂,新问题、新矛盾的出现在所难免。

3.1 供水价格调整后,个别用水户农水非用思想严重

2001年11月,山东省物价局转发了国家计委《关于调整黄河下游引黄渠首工程供水价格的通知》(计价格[2000]2055号),决定从12月1日起,黄河下游引黄渠首工程执行新的供水价格。农业用水与非农业用水在价格上首次产生差异。2005年4月,山东省物价局根据国家发改委《关于调整黄河下游引黄渠首工程供水价格的通知》(发价格[2005]582号)精神,决定从7月1日起,再次调

整提高黄河下游引黄渠首工程供水工业及城市生活用水价格,农业用水价格暂不做调整。至此,农业用水与非农业用水价格进一步拉大。个别不法非农业用水户受利益驱动,想方设法挤占挪用甚至偷引农业用水,严重扰乱了正常的引水秩序。

3.2 农业用水与非农业共用同一条渠道输送,给供水管理带来一定困难

过去,供水单位施行的是"只管渠首、不管渠道,只管放水、不管用途"的管理模式。农业用水与非农业用水同渠道运行,农非混供,农非合用,"农非"计量大多按照供需双方商定的固定比例区分,既不科学,又不合理。这样管理起来虽然简单方便,但非农业用水大量争用农业用水,不仅造成农田灌溉的不足和水资源的大量流失,也使供水单位的经济收入受到影响。实施"两水分供"后,供水单位必须参与非农用水库的监督管理,杜绝转嫁供水用途、改变用水性质的事情发生,给供水单位的生产管理带来一定难度。

3.3 测流手段落后,计量精度有待提高

目前,各引黄水闸的流量测定基本上都是采用传统的测流设施,存在测次少、误差大、人为因素多、精确度不高的现象。尽管渠首水闸已建成远程监控系统,但尚不能完全实现自动测流和计量。非农业用水分水口测流方式更加落后,数据不准确,有的与实际情况严重不符,相差很大。长此以往,供需双方将会互不信任,相互猜疑,进而产生矛盾,给工作带来不必要的麻烦。

4 如何做好"两水分供,两费分计"工作

"两水分供,两费分计"是对传统供水方式和管理模式的重大改革,虽然困难重重,情况复杂,矛盾尖锐,但只要创新思维,树立新观念、新意识,加大对重大问题政策的研究,不断进行探索,总会找到解决新问题、新矛盾的办法。

4.1 加强宣传,主动沟通,营造良好的供用水工作环境

黄河是一条资源性缺水河流,水资源供需矛盾十分突出。黄河下游地区之所以能用上黄河水,完全是黄河水量统一调度的结果。"两水分供,两费分计"直接涉及供需双方的利益,各级政府和用水单位对黄河利用水资源管理的认识还不够全面,有时还存在误解,增加了"两水分供"工作的开展和水费收缴的难度。针对这些问题,供需双方一方面要主动沟通,动之以情,晓之以理,统一认识;另一方面要采取多种形式和利用有利时机,大量宣传黄河水资源供需矛盾和水量调度的重要性和必要性。宣传人民治黄 60 年与实施水量统一调度以来取得的伟大成就,使各级政府和用水单位真正认识到黄河下游的每一滴水都来之不易。宣传"两水分供,两费分计"是国家引黄取水许可及水价政策的必然产物;是保障农田灌溉需求和农民利益,支持农业和农村建设发展的要求;是发挥

水价杠杆作用,增强全社会特别是工矿企业节水意识的要求;是发挥平原水库调蓄作用,节约资金投入,节约土地资源的要求。通过大力宣传,分析利弊,最大限度地取得政府与用水单位的理解、支持和配合,为"两水分供,两费分计"的顺利实施创造良好的工作环境。

4.2 深入调研,延伸供水管理,堵塞漏洞

在深入调查研究的基础上,科学界定用水性质。供水部门要深入用水单位、灌区、支渠,对需水量及性质、需水潜力、尾水存储与利用、灌区供水能力及发展趋势进行调查,摸清灌区和用水单位情况,切实了解掌握用水户需水及用水的第一手资料,最大限度地将非农业用水分离出来。同时,要加大监督检查力度,确保供水性质准确可靠。实施"两水分供"实现供水管理由口到线到片的延伸,必须调整供水部门原有的传统管理模式,完善供水监督检查制度,加强引水期间灌区巡查监督。要坚持昼夜监督检查,杜绝跑、冒、滴、漏农水工用现象的发生。跟踪检查农业用水是否把水真正送到田间用于农田灌溉。沿灌区干渠、支渠巡回检查落实农水有无迂回、尾水转存后另有他用情况。重点检查各非农业分水口有无开启迹象以及偷水、漏水现象。通过延伸供水管理,采取以上监督检查措施,严格区分用水界限,确保"两水分供"质与量的准确性,堵塞了漏洞。

4.3 改善测验手段,准确计量

加强先进测流技术和方式的研究,实现自动化准确测流是减少非正常水量损失、实现黄河水资源科学调度和优化配置的关键性工作。对测流问题应给予高度关注和适当投入。对引黄渠首水闸,利用已建远程监控系统尽快实现在线实时测流,减小传统测流方式造成的误差和人为因素对测流结果的影响。对非农业用水量较大、具备安装远程计量设施的分水口,要抓紧投资安装监控设施,实现远程监视和自动化测流,达到测验数据信息准确、及时、可靠,尽可能减少供需双方因测流方式方法缺乏科学性导致的水量计量不准确而产生的摩擦。

参 考 文 献

[1] 李国英. 维持黄河健康生命[M]. 郑州:黄河水利出版社. 2005.
[2] 姚杰宝,王道席,柴成果. 黄河流域初始水权配置优先位序初步研究[EB/OL]. 黄河网. 2005-08.
[3] 李远华,罗金耀. 节水灌溉理论与技术[M]. 武昌:武汉大学出版社. 2003.
[4] 叶秉如. 水资源系统优化规划和调度[M]. 北京:中国水利水电出版社. 2001.

引黄水闸供水计量设施开发研究

李作斌　张滇军

（山东黄河河务局供水局）

摘要：针对目前黄河水资源严重短缺，供需矛盾日益突出，迫切要求提高引黄流量测验精度及供水水量的准确性。在原有测流设备的基础上引入单片机和变频技术开发了GSLLCY－1型流量测验及数字处理系统。结合实际引黄水闸的生产应用，提高了铅鱼的可操作性和可靠性；提高了流量测验的自动化程度，缩短了测验历时；减轻测验人员的劳动强度，提高了工作效率和成果质量。

关键词：流量测验　数字处理　开发

目前，黄河水资源严重短缺，供需矛盾日益突出，提高引黄流量测验精度及供水水量的准确性已越来越引起各级领导的重视，随着流量测验系统的自动化、现代化进程进一步加快，提高测验精度及实效性是引黄供水亟待研究的重要课题，快速准确的流量测验及数字处理系统开发研究不仅对引黄供水提供可靠的水文数据，也对黄河下游水资源的管理与调度的决策具有重要意义。

1　引黄渠道水文缆道建设的必要性

目前引黄水闸流量测验使用的缆道测验系统普遍存在以下问题：一是铅鱼水平、垂直运行控制可靠性差，经常出现失控现象，调速性能不稳定，该调速控制方法已经被淘汰；二是起点距、水深、流速数据靠人工计数或机械计数，可靠性差，不能被计算机识别，更谈不上计算机自动采集；三是流量成果的计算由人工计算，脑力劳动强度较大。因此，有必要研制测验精度高、自动化程度高、引黄渠道流量测验的专用水文缆道，使用最现代化的技术、材料和手段设计全新的流速仪过河缆道，使其能够准确、及时地提供水文数据，为黄河下游水资源管理与调度服务，为沿黄两岸工农业生产及居民生活用水提供优质服务。

2　引黄渠道水文缆道建设的可行性

系统拟采用的关键技术：①变频调速技术；②信号无线传输技术；③单片机

技术;④自动控制技术。

变频器在各行各业已经得到普遍应用,对电动机调速非常方便,控制性能是目前最好的电器控制设备之一,在水文缆道上已经得到了广泛应用,可控硅调速、电磁调速等调速方式由于其本身的缺陷已经基本被淘汰。

在测验过程中,室外的流速数据、水面信号、河底信号传至操作室,直接被设备采集,彻底抛弃人工听信号、计数,观察、靠感觉等接收方式,以便实现流量的自动测验。在这里存在信息的传输问题,目前使用有线传输和无线传输。有线传输可靠性能差,但信号本身的完整性较好等问题;无线传输性能好,工作可靠,但电路复杂。这里采用有线无线相结合的传输方式,信号传至水面行车上采用有线传输,水面传至室内采用无线传输。

控制柜上安装智能水深测算仪、智能流速测算仪、智能起点距测算仪,显示屏上直接显示水深、流速、起点距数据,并且通过接口电路直接与计算机连接,实现与计算机的通信。三块数字仪表(前置仪)均以单片机为核心设计,其性能稳定,功能齐全,使用方便。

3　系统的开发研究

3.1　引黄渠道水文测验的特点

引黄渠道具有以下特点:测验断面窄:一般测验断面在 100 m 左右;流速小并且流速时空分布均匀;水深小;测验断面一般在引黄闸上下游 500 m 以内,渠底一般为沙质河床,硬度相对较大;一般渠道引水流量不大于 100 m^3/s。

3.2　系统的设计

整个系统由以下组成部分:①操作室;②缆道结构系统;③循环系统;④变频调速综合控制柜;⑤行车;⑥铅鱼;⑦数据采集、流量计算系统(缆道的布置见图 1)。

操作室:用于安装水文绞车、综合控制柜、缆道右支架(右支架安装在操作室内)的房间,由于经费原因仍使用原操作室。

缆道:由于经费原因仍使用原缆道支架,主索更换 Φ9 钢丝绳。

循环系统:由水文绞车、循环轮、循环索、平衡锤等组成。水文绞车仍使用原绞车,外加起点距探头(传感器)和水深探头(传感器)。循环轮根据实际需要配备。

变频调速综合控制柜:由变频器、控制电路、信号接收处理电路、智能水深测算仪、智能流速测算仪、智能起点距测算仪等组成。

行车:由信号无线发射器、移动部件等组成。流速信号、水面信号及河底信号通过有线传至信号无线发射器,经过发生器编码、调制处理,通过无线电发送

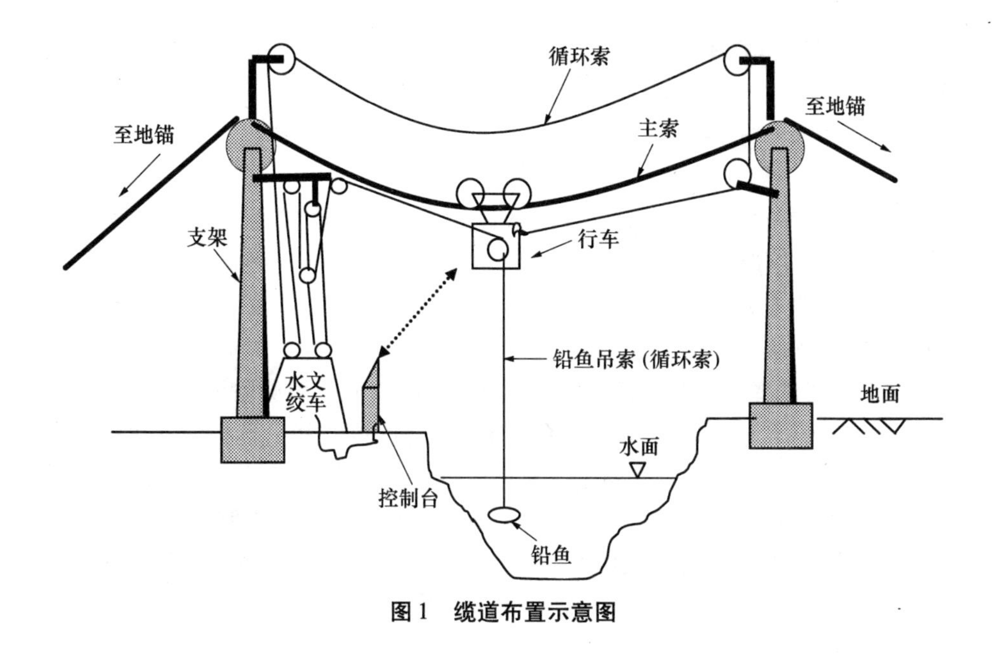

图1　缆道布置示意图

至操作室内。

铅鱼:为了适合渠道测验,仍使用原铅鱼,并在铅鱼上增加了水深传感器。

流量计算系统:笔记本电脑、打印机、流量测算处理程序。控制台留有数据接口,以便直接使用计算机进行流量计算。

3.3　系统的主要组成部分

(1)过河缆道主体。过河主索,主索支架,主索地锚。

(2)操作室。用以安装绞车、控制台等设备。

(3)控制台。这是铅鱼水平运行和垂直运行的控制中心,是系统的核心部分。①用于实现铅鱼的前进、后退、上升、下降运行控制,并且对铅鱼运行进行无级调速。②另外还通过控制台对铅鱼进行前进、后退、上升、下降四个方向的限位控制,实现对铅鱼的智能控制。③为了便于操作,控制台安装智能水深测算仪、智能流速测算仪、智能起点距测算仪,它是数据采集的前置仪器,是完成数据直接采集的核心部件。

(4)循环系统。由水文绞车、循环轮、循环索、平衡锤、行车等组成。

(5)信号系统。由流速信号、水面信号及河底信号发生器,三信号无线发射装置,相应的无线接收装置组成;前进极限位置信号(起点距最大限位信号)、后退极限位置信号(起点距最小限位信号)、上升极限位置信号(铅鱼上限位信号)、下降极限位置信号(铅鱼下限位信号)发生装置,四类信号均送往控制台,控制台发出停车控制指令,起到限位作用。

(6)流量数据处理系统。由流量测算处理程序、计算机(便携电能)、打印机组成。

3.4 系统的操作方法

3.4.1 开始前

打开主程序,进入主界面,选择参数设置中的参数设置项,根据各自测站的实际情况对流速仪参数、基线参数、测流方案、岸边系数进行必要的设置,不得缺项,系统维护非专业技术人员不得操作(密码保护)。

3.4.2 水文测验

按照需要选择流量测验,进入输入数据界面,首先按照测验记载的顺序将表头项目填记齐全(这时需要注意选择是施测还是校核),然后选择流速仪牌号和公式,之后进入测验记载。在每一条垂线数据记载完成后,要及时点击测点和垂线平均栏,否则最后不予计算。完成一条垂线后点击保存测验数据,然后进入下一条垂线测验,直至最后完成所有垂线。测验完成后开始填记测验信息(不需要的项目可不填),完成后点击测验信息,选择保存,最后点击结束测验,选择保存,完成该次测验记载任务(如果测验信息没有填记或没有保存,计算仍然不进行)。

3.4.3 成果计算

记载任务完成后,进入成果计算,选择需要进行计算的测次,这里首先需要填记水尺编号、起始和终止水尺读数以及水尺零点高程,其他会自动计算,然后点击成果计算,开始运行计算程序,得到计算结果。计算完成后运行一次垂线编号,最后生成符合刊印标准的成果。注意:此页面的打印成果仅作打印数据校核之用,不为标准成果表,一般情况下可以不用。另外,部分流量计算只作特殊情况之下用。

3.4.4 修改数据

如果检查发现原输入的数据有误,则使用该选项,另外也可以在垂线流速复测时使用。如选择修改施测号数,请慎用删除本次测验数据,否则该次测验数据将全部丢失。

3.4.5 追加数据

该项适用于校核时丢失垂线或需补充垂线的情况。

3.4.6 报表打印

此项是打印正式成果表,打印方式为单页打印。打印时可能会出现因操作系统不同而需要设置的情况,各站可根据自己的情况进行必要的设置。在Windows2000/XP系统下,如出现页面偏离现象,请在打印机设置中选择高级选项,将纸张页面设置为A4横向。

4 实测结果比较

4.1 不同流量级下流量比测结果比较

GSLLCY-1型流量测验及数值处理系统与原缆道测流系统,在不同流量级下同时进行了流量比测试验,共试验比测了34次,实测最大流量32.5 m^3/s,最小流量8.30 m^3/s,最大相对偏差5.38%,最小相对偏差0.31%。经统计分析,系统误差0.03%,累计频率75%的偶然偏差为±2.98%;累计频率95%的偶然偏差为±4.10%,两系统都在规范规定范围之内(规范规定偶然偏差±5%)。

从新系统与原系统实测流量可以看出,所有实测流量都在45°线附近,比较接近实际流量。这表明新系统与原系统实测流量都接近于实际流量。

4.2 同流量级下流量比测结果比较

在闸门开启状态不变的情况下,选择3种开启状态下进行了30次流量测验。流量测验结果显示:新系统每种闸门开启状态下所测流量,分别以16.5 m^3/s、35.4 m^3/s、27.6 m^3/s为轴线上下波动,幅度最大±2.5 %,最小±1.1%,均在±5%范围内;原系统每种闸门开启状态下所测流量分别在以16.6 m^3/s、35.4 m^3/s、27.7 m^3/s为轴线上下波动,幅度最大 ±2.9%,最小±0.6%,均在5%范围内。经统计分析,系统误差0%,累计频率75%的偶然偏差为±2.00%;累计频率95%的偶然偏差为±3.14%,两系统都在规范规定范围之内(规范规定偶然偏差±5%)。

从比测结果和实测流量过程线可以看出,原系统流量测验结果比新系统流量测验结果变化幅度大,且围绕实测流量平均数为轴线上下波动,这表明原系统偶然误差偏大,新系统比较接近实际,新系统精度相对较高。

4.3 测流断面水位同高程下水面宽及水深比测结果比较

比测方式:静水时采用测船测水面宽及水深,动水时采用GSLLCY-1型流量测验系统测水面宽及水深。经统计计算,在静水中新测流系统系统误差+0.01 %,累计频率75%的偶然误差±0.03%,累计频率95%的偶然误差±0.04%。在动水中新测流系统系统误差0 %,累计频率75%的偶然误差±0.02%,累计频率95%的偶然误差±0.04%,均符合要求。

5 误差分析

5.1 人为因素

原流量系统所有数据均采用目测、感觉、耳听、人工记载计算等手段完成,难以避免人为因素的干扰;现系统所有数据以高电平脉冲信号,采用有线与无线相结合的传输方式传到智能起点距计算器、智能水深计算器、智能流速计算器,彻底消除了原系统流量测验过程中人为因素的干扰,进而使流量测验精度相对提高。

5.2 机械因素

原系统铅鱼前进、后退、上升、下降均有耦合变压调节,调速范围小,难以平稳控制铅鱼运动速度,造成水面宽和水深测量偏差大,影响测验精度;现系统采用变频技术,通过控制电动机转速来有效控制铅鱼运动,较精确定位铅鱼,较大程度地提高了水面宽和水深测验的精度。

6 结语

该系统的开发与应用提高了流量测验的自动化程度,缩短了测验历时,减轻测验人员的劳动强度,提高了工作效率和成果质量。使用该系统,可使供水计量更加准确,手段更加先进,可信度更高,有利于增强山东黄河水资源管理的公信力。

参考文献

[1] 郭靖, 岚珍, 陈飞. 采用部分面积法的流量计算仪设计[J]. 中国仪器仪表,2007(1):46-48.

[2] 牛占. 河流流量与悬沙测验误差评估体系[J]. 水利学报, 1999(9):75-81.

黄河河口地区“两水分供”的实践与思考

刘金友　刘建国　李春兰

（黄河水利委员会黄河河口管理局）

摘要：地处黄河入海口的东营市是全国第二大油田胜利油田所在地，由于始于20世纪70年代初期的黄河口断流问题日益严重，为应对断流、保障市和油田建设发展和资源开发用水，早在80年代中期，河口地区就修建了一大批蓄水调节水库，仅油田就有水库17座，设计库容3.76亿 m^3。为合理有效管理和配置黄河水资源，黄河河口管理局充分抓住河口地区水库多这一优势条件，在渠首闸门控制运用方式、供水管理机制方面进行了创新探索，对农业、非农业两种不同性质的用水实行错时“分开供水”，这一做法从根本上化解了工、农业争水抢水的矛盾，建立了和谐高效的地区用水新秩序，使有限的水资源得到了充分合理利用，同时有效调整了黄河供水结构，取得了良好的经济和社会效益。

关键词：供水　模式　创新研究　黄河　河口

黄河水是黄河的第一优势资源，供水经济是黄河经济的重要组成部分。如何合理配置有限的黄河水资源，发挥供水的最大效益，从2005年开始河口管理局在供、用水矛盾最为突出的黄河入海口地区，进行了有益的探索实践，实施农业和非农业两种不同性质的水在引黄渠首错时（错开不同的用水时节）分开供水，简称“两水分供”。该模式的有效运行彻底化解了河口地区最为尖锐的工、农争水抢水矛盾，改变了以往供、用水单位关系长期不和谐的现状，同时对促进黄河供水的良性健康发展也产生了积极深远的影响。

1　“两水分供”问题的提出

引黄供水始于20世纪50年代初期，黄河下游第一座引黄闸綦家嘴引黄闸就建在河口管理局利津綦嘴险工工程上。下游现有引黄渠首涵闸94座，2001～2006年，年均引黄供水68.6亿 m^3，其中农业供水占90.5%，非农供水所占比例不足10%。2002年流域平均用水量389亿 m^3，其中农业用水占76.9%，城市用水占9.0%，工业用水占14.1%。显然黄河下游目前的供水结构和实际用水情况还存有很大差距。由于最近10年时间里，绝大多数城市在规模上都已发展成为原来的数倍,城市生活用水、工农业用水、污水稀释用水等各方面用水加速增长,经济高速发展和过度城市化带来的社会经济变化已经导致城市经济活动的高度集中,非农用水的需求量势必急剧增加,黄河下游实际来水总体呈逐年减少趋势就很好地证明了这一点(沿程用水消耗加大)。由于上游来水减少,加之东营市地处黄河最末端的入海口地区用水劣势明显,工、农争水问题更加突出。

(1)由于引黄灌区工农业引水渠系不分,渠首所供工业、农业用水难以分开,造成农灌季节非农业与农业争水抢水,极易导致用水矛盾激化。农灌主要集中在农作物返青、灌浆、秋种及冬季保墒等几个时期,尤其是每年的3~6月份,农业需水最为迫切,但也是黄河来水一年中最小的时期。在两水混供的情况下,农业和非农业用水同时争相大量引水,使得供水矛盾激化,农民对农业灌溉得不到保障意见很大。近几年多次发生灌区农民在春季大旱情况下,采取强行开闸放水的过激行动,影响了社会的和谐稳定。

(2)短时段内过度集中引水后,下游地区农业灌区集中用水和非农用水耦合时,执行黄河水调指令、确保黄河不断流非常艰难。

(3)自1999年黄河下游实施水量调度以来,河口地区已连续8年没有断流,用水单位在思想上对黄河严重断流问题已经遗忘、缺水概念有所麻痹,平原水库闲置,非农灌季节黄河水不能得到充分利用。根据近10年的数据,7~10月份下游黄河来水占全年的47.20%,水量大,水质好,更适于非农业引水,而同期引水仅占全年的30.74%。据调查,山东沿黄各地平原水库总蓄水能力为22.87亿m^3,但水库的实际利用率很低,有的甚至多年闲置,没有发挥对供、需水矛盾的根本性调节作用。

(4)水价格杠杆未能起到调节供需的作用,长期的低价供水,导致沿黄相关用水单位节水意识不强,用水浪费现象比较普遍。黄河下游农业供水价格每立方米只有1~1.2分钱,由于两水混供,很多非农业用水户享受了农业水费价格,导致工业用水大户采取节水措施的积极性不高。农业灌溉也大多为漫灌串灌,水的浪费现象极为严重。同时,黄河供水部门因供水结构不合理,水费收入受到很大影响。

2 实施“两水分供”的主要目的

农业是安天下、稳民心的基础产业。支持农业和农村发展,保障粮食安全和农民利益是中央的重大决策,落实中央支农政策,黄河部门有义不容辞的责任。我们实施两水分供的出发点和落脚点就是着眼于解决工农业争水、抢水矛盾,建立和谐高效的地区引水新秩序,合理配置黄河水资源,保障农业生产灌溉需求,增强全社会特别是工业企业节水意识,同时也为供水结构的根本性调整和供水经济效益提高探索一条路子。

3 “两水分供”实施的条件

（1）黄河口地区水库多，库容大，调节能力强，在非农业用水供水方面，可以充分发挥地区非农用水调节水库这一优势条件，错开春灌、秋种等农业用水高峰期引水，非农用水一般在上游来水大或农业不需水时引水入库，不再与农争水。

（2）随着近几年来黄河水量调度措施的到位，确保了黄河不断流，因此单纯农业用水一般不再经过运行成本很高的水库进行调蓄，而是直接进入农田。但是工业、城市生活用水必须经过输水沉沙再进入水库，这样就为准确掌握工业、城市生活用水，从根本上准确控制非农水水量提供了条件。

（3）非农用水水库功能单一，输水干渠长度适中，便于黄河供水单位进行用水监督和控制管理。

4 “两水分供”——推动供水结构调整的主要做法

4.1 创新供水思路，探索客观反映实际供水结构的运行模式

针对黄河河口地区工农用水矛盾和灌区现状，我们开展了深入的调查研究，摸清了干渠、支渠、取水口、水库引水网络及其供水过程中实际动态情况，对灌溉面积进行了实地核实，并经有关乡镇政府负责人签字确认。对企业、城市生活、景观生态等实际用水情况进行了详细的调查研究，全面掌握了非农用水单位近几年的用水数据资料，为两水界定提供了有力支撑。

4.2 创新黄河供水配置控制管理方式

“两水分供”就是针对现有闸、渠等引黄设施现状，在不进行投资改造的情况下，按照农业和非农业生产用水的规律，对农业用水和非农业用水实行错时分供，农灌时期集中供应农业用水，其他时间发挥水库的调蓄、调节作用，供给工业用水，实现供水结构的优化配置。在加强水量调度措施，确保利津不断流的前提下，通过“两水分供”管理控制手段的实施，使黄河水在源头上得到了定性（农与非农业用水性质）与定量的控制管理，彻底改变了过去传统粗放的黄河水资源管理控制方式。

4.3 创新黄河供水管理运行机制

（1）建立协调运转的联动机制。成立黄河河口管理局“两水分供”工作办公室，全面负责供水生产管理、用水许可、水量调度、非农用水量协商确定等工作，有效提高“两水分供”工作效率。

（2）建立利益共享的良性互动机制。为保证两水分供顺利实施，我们建立了利益共享机制，充分发挥供水部门和灌区管理单位的积极性，加强对灌区的管

理,解决农水工用、工水农用问题,堵塞用水管理方面存在的漏洞。

(3)建立激励约束机制。河口管理局制订了“两水分供”奖惩管理办法,对业绩突出的单位和个人给予奖励,对未按方案要求完成任务的单位给予一定的经济处罚。同时,“两水分供”与新的《供水协议书》同步实施,《供水协议书》明确了供水、需水双方的权利、义务,规定了供、用双方违约处罚的措施。

(4)建立完善有效的监督机制。严格对供水生产管理人员进行监督,着力加强内部监督、行政监督和社会监督体系建设,建立了有权必有责、用权受监督、监督与被监督有机结合和协调统一的监督机制。

5 “两水分供”的效益分析

“两水分供”措施的实施,从源头上解决了水资源紧张时段工、农用水矛盾,更为合理地配置了有限的黄河水资源,供水结构得到调整,无论经济还是社会效益都十分明显。

5.1 经济效益

据统计分析,2005 年 7 月至 2006 年 6 月总计引水 7.08 亿 m^3,其中:非农业用水 1.47 亿 m^3,非农用水占期间总引水量的 20.8%;而之前 2004 年 7 月至 2005 年 6 月总引水总量 6.54 亿 m^3,非农业用水却只有 0.96 亿 m^3,非农用水所占比例 14.6%;一个试点年度时间非农用水比例提高了 6.2%,同样时间跨度,基本相同的上游来水条件以及差别不大的时段引水总量,试点年度时段增加非农用水 5 100 m^3。2006 年全局引水 8.92 亿 m^3,其中:非农用水 1.95 亿 m^3。而 2004 年、2005 年二年全年非农用水仅分别是 0.97 亿 m^3 和 1.29 亿 m^3,2004 年之后三年非农用水占总引水比例分别是 13.9%、21.1% 和 21.9%。通过“两水分供”控制手段的实施,非农水量占总水量比例由百分之十几增长到了 20% 以上。非农用水比例提高,供水结构得到有效调整的同时经济效益增加明显。

5.2 社会效益

主要凸显在以下几点:

(1)“两水分供”解决了与农争水问题,保证了黄河来水紧张情况下的农业用水。

(2)“两水分供”正确处理了供水单位与引黄灌区和用水单位各方面的关系,促进了黄河渠首供水单位、引黄灌区管理单位以及用水单位的和谐发展。通过严格界定用水性质,从源头上控制了水的去向,黄河部门、灌区管理单位和终端农业、工业用户都得到了准确清楚的用水数量,达到了“清清楚楚用水,明明白白缴费,创建了和谐高效”的供水模式。

(3)总引用水量出现趋势性减少,入海水量相对增加,对黄河三角洲生态必将产生良性影响。

6 几点启示与思考

(1)供水结构调整是增加供水经济效益的根本。黄河供水是最具经济潜力的项目,正常年份国家配置给下游的水量是(包括河北、天津)145.4 亿 m^3,根据目前供水区域社会经济发展的速度,尤其是经济高速发展和过度城市化,非农用水占国家分配给下游水量的比例肯定会在不长的时间内大幅提升。据有关资料统计,全国非农用水占供水总量的比例是25% ~30%。如果黄河下游非农用水整体达到10% ~15%的比例,黄河供水水费收入将会比翻番还要多。

(2)“两水分供”是目前客观准确界定地区非农用水量,有效调整供水结构的根本性手段。黄河供水控制管理不只是单纯的渠首水闸的管理,更重要的工作内容是沿着渠道走下去,客观准确地对水质(农与非农性质)进行界定和计量,是供水结构调整的基础。

(3)“两水分供”措施的推进实施,一方面可以比较客观准确地核定地区的时段非农用水量,另一方面的重要意义在于为下步黄河水权转换(农水、工用问题),通过市场管理和配置黄河水资源奠定基础。

(4)持续快速的社会经济发展和过度城市化对黄河“非农”用水需求越来越大(今后黄河用水增长主要为非农用水的增加),与此相反,黄河可供水量并没有增加,面对如此严峻的供需矛盾,以供定需的管理政策必须切实落实,同时必须加快黄河水权转换实施的进程,进一步考虑非农用水新的提价政策,发挥价格杠杆调节供需的作用,抑制非农用水的过快增长。防止非农用水挤占农业用水,为构建流域和谐供水创造良好条件。

调水调沙对河南省引黄供水的影响及对策

刘尊黎[1] 徐建新[2] 张 娜[2] 朱光亚[3] 丁占稳[2]

(1. 河南黄河河务局供水局;2. 华北水利水电学院;3. 黄河水利出版社)

摘要:2002~2006年连续5年的调水调沙试验,实现了黄河下游河道的全线冲刷,对维护黄河的健康生态具有重要意义,但是由于河床下切,同流量水位降低,给两岸的引黄供水造成了一定的影响。本文采用黄河下游河道准二维泥沙数学模型对调水调沙后河南段黄河河道的冲淤变形情况进行了计算分析,得出了河道在调水调沙后的演变趋势以及这种演变给引黄事业带来的不利影响,并提出了相应的解决对策。

关键词:黄河 下游河道 调水调沙 引黄供水 河道演变

黄河是河南省工农业生产的重要水源,引黄已成为河南省沿黄地区经济发展的命脉。然而,引水必引沙。进入黄河下游的泥沙多年平均为16亿t,约有4亿t泥沙淤积在下游河道,致使下游河道每年平均抬高10 cm左右。随着引黄供水事业的不断发展,河南省大型灌区续建配套工程和节水改造项目相继启动,泥沙问题成为引黄不可忽视的一个重要因素。自2002年以来黄河已实施了5次调水调沙,并于2005年正式转入生产运行,取得了显著的效果。黄河5次调水调沙将下游河道中4亿t左右的淤沙冲入大海,“悬河”的状况得以缓解,下游河道过流能力明显增强,但是调水调沙在为下游河道减淤作了理论验证和实践探索的同时,也给黄河两岸的引黄供水带来了新的问题。

1 调水调沙前引黄供水情况

河南省沿黄地区属典型的大陆性季风气候,降水量较少,且年内分布不均,季节性干旱时常发生,水资源十分匮乏。而沿黄大部分地区和城市以地下水为主要供水水源。长期以来,由于缺乏对地下水的统一管理和合理开发利用,无节制、无计划地过度开采,造成地下水位持续下降,地下水资源枯竭,地面沉降、土地沙化、地下水源贯通污染,已有3/4以上的浅层地下水不符合饮用水标准,1/5以上的地下水不符合灌溉用水标准,黄河作为河南省最大的客水资源,已逐渐成为地下水资源的替代水源。

随着地区经济的发展和城市城镇化进程的加快,水资源紧缺状况进一步加剧,黄河水资源已成为工业和城镇生活的重要水源,引水量逐年增加,各地区对黄河水的需求量也逐年上升。调水调沙前,由于黄河输沙量巨大,下游河床逐年抬高,因此只要黄河不断流,引黄供水就可以实现。根据《河南省引黄灌区井渠结合水资源优化调度及节水技术应用研究》资料统计,河南省引黄灌区多年平均引水量为30亿 m^3。

2 调水调沙后河南段黄河河道冲淤变化

黄河从2002~2004年连续3年进行了调水调沙试验,于2005年开始正式转入生产运用。随着黄河水流挟沙能力的加大,河南段黄河河道产生了强烈的冲刷。多次调水调沙试验期间,黄河入海口利津水文站出现超过2 000 m^3/s 的流量过程,累计达98天,这样的水流条件使得黄河下游河道冲刷效果明显。

本文采用黄河下游河道准二维泥沙数学模型对调水调沙后河南段黄河河道冲淤变形情况进行计算分析。基本方程组如下:

水流连续方程:

$$\frac{\partial Z_s}{\partial r} + \frac{\partial (HU)}{\partial x} + \frac{\partial (HV)}{\partial y} = 0 \tag{1}$$

水流运动方程:

$$\frac{\partial U}{\partial t} + U\frac{\partial U}{\partial x} + V\frac{\partial U}{\partial y} = -g\frac{\partial Z_s}{\partial x} - \frac{\tau_x}{\rho} + \left(\frac{\partial^2 U}{\partial x^2} + \frac{\partial^2 U}{\partial y^2}\right)$$

$$\frac{\partial V}{\partial t} + U\frac{\partial V}{\partial x} + V\frac{\partial V}{\partial y} = -g\frac{\partial Z_s}{\partial x} - \frac{\tau_y}{\rho} + \left(\frac{\partial^2 V}{\partial x^2} + \frac{\partial^2 V}{\partial y^2}\right) \tag{2}$$

式中:x、y 为笛卡儿纵、横坐标分量;U、V 分别为垂线平均流速在 x、y 方向上的分量;Z_s、Z_b 分别为水位和河底高程;t 为时间变量;H 为相对某一基准面的垂线水深,$H = Z_s - Z_b$;ρ 为水密度;τ_x,τ_y 分别为底部切应力在 x、y 方向上的分量。

泥沙连续方程:

$$\frac{\partial}{\partial t}(A_i S_i) + \frac{\partial (A_i V_i S_i)}{\partial x} + \sum_{j=1}^{m}(K_{sij}\alpha_{*ij}f_{sij}b_{ij}S_{ij}\overline{\omega}_{ij}) -$$

$$\sum_{j=1}^{m}(K_{sij}\alpha_{*ij}b_{ij}S_{ij}\omega_{ij}) - S_{Li}q_{Li} = 0 \tag{3}$$

河床变形方程:

$$\frac{\partial Z_{bij}}{\partial t} - \frac{K_{sij}\alpha_{*ij}}{\gamma_0}w_{ij}(f_{sij} - s_{*ij}) = 0 \tag{4}$$

式(3)、式(4)中:i 为断面号;j 为子断面号,河床高程最低的子断面号 j 为1,最高的取 j 为m;A 为过水面积;t 为时间;x 为沿流程坐标;Z 为水位;ω 为泥沙浑水沉速;S 为水流含沙量;S_* 为水流挟沙力;γ_0 为河床淤积物干容重;b_{ij}为子断面宽度;Z_{bij}为子断面平均河床高程;α_* 为平衡含沙量分布系数。

水流挟沙力计算采用黄河上常用公式：

$$S_* = 2.5\left[\frac{(0.002\,2 + S_v)V^3}{k\dfrac{\gamma_s - \gamma_m}{\gamma_m}gh\omega_s}\ln\left(\frac{h}{6D_{50}}\right)\right]^{0.62} \tag{5}$$

式中：ω_{sk}为第 k 组粒径泥沙在浑水中群体沉速；D_{50}为床沙中值粒径，mm。

糙率公式为：

$$n = \frac{c_n\delta_*}{\sqrt{g}h^{5/6}}\left\{0.49\left(\frac{\delta_*}{h}\right)^{0.77} + \frac{3\pi}{8}\left(1 - \frac{\delta_*}{h}\right)\left[\sin\left(\frac{\delta_*}{h}\right)^{0.2}\right]^5\right\}^{-1} \tag{6}$$

式中：δ_*为摩阻厚度。δ_*与床沙中径 D_{50}及佛汝德数 Fr 的关系式为：

$$\delta_* = D_{50}\{1 + 10^{[8.1-1.3Fr^{0.5}(1-Fr^3)]}\} \tag{7}$$

本模型选用张红武河床综合稳定性指标作为河相关系均衡调整准则计算，即

$$\frac{\left(\dfrac{\gamma_s - \gamma}{\gamma}D_{50}H\right)^{1/3}}{iB^{2/3}} = \varepsilon_* \tag{8}$$

式中：B 为河宽；i 为河床纵比降。对于河宽（包括自断面宽度）的调整以式(8)的约束关系确定其变化值。

建立模型后，以黄河 2002 ~ 2006 年调水调沙期间的水沙资料为计算依据，采用 2002 ~ 2006 年汛期为计算时段进行计算。计算结果见图 1 ~ 图 4。

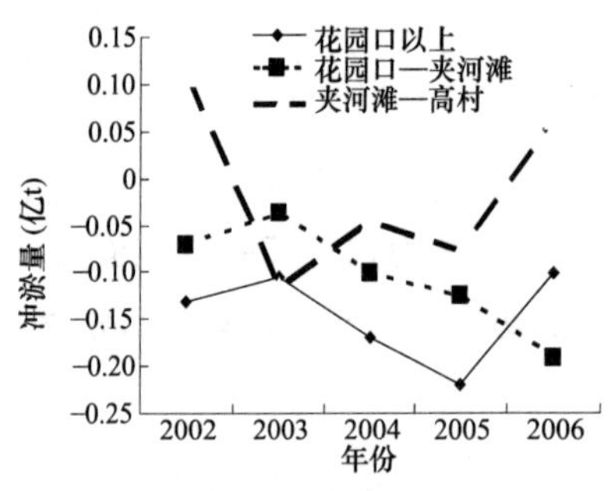

图 1　各河段冲淤变化统计

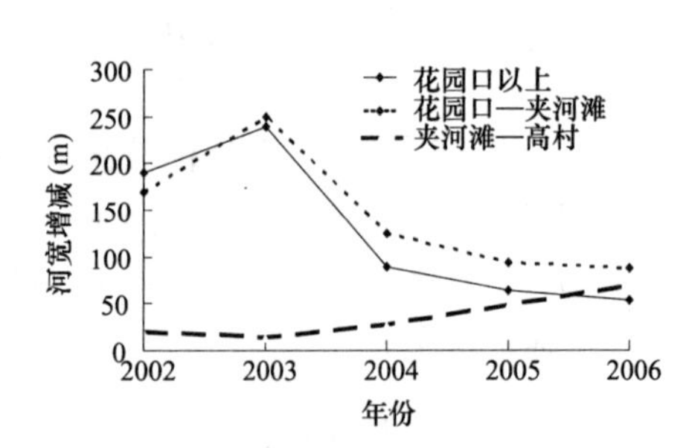

图 2　河宽增减变化统计

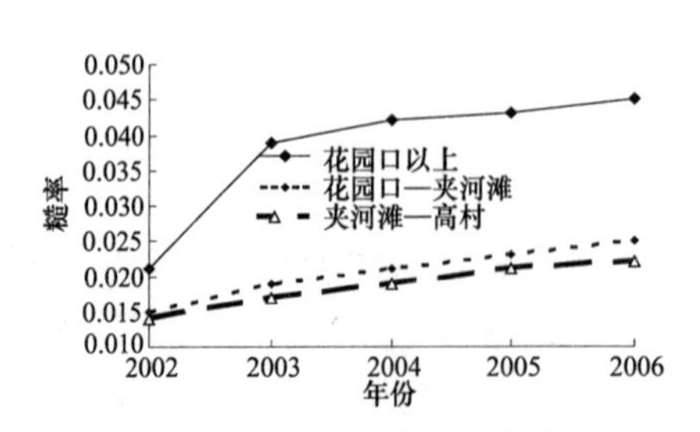

图 3　各河段糙率增减变化统计

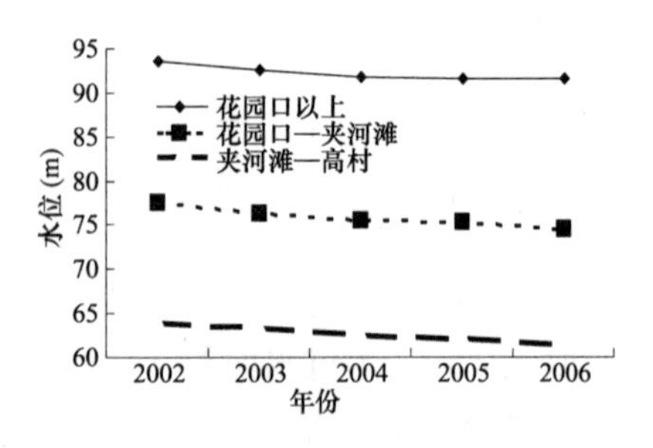

图 4　同流量水位(2 000 m^3/s)变化情况统计

通过5年的调水调沙水沙资料以及相应的计算结果得到:2002～2006年五次调水调沙期间,小浪底至高村河段共冲刷1.418亿t。河段冲淤情况分别为:小浪底至花园口河段冲刷0.725亿t,冲刷强度为48.7万t/km;花园口至夹河滩河段冲刷0.524亿t,冲刷强度为37.0万t/km;夹河滩至高村河段冲刷0.167亿t,冲刷强度为27.8万t/km。

连续5年的调水调沙期间,河南段黄河河道基本为全线冲刷(见图1)。其中:花园口以上河段冲刷较大;花园口—夹河滩河段随着调水调沙的进行,冲刷量逐年增大,主槽冲深相应变大;夹河滩—高村河段经历了先淤后冲又淤的过程。但是由图中冲淤数据可以看出,目前河道冲刷的重心在夹河滩以上,随着调水调沙的进行,河道的冲刷重心是逐年向下游发展的。

通过模型计算结果分析可以看出,花园口以上河段,主槽以冲深为主,但其中的局部断面有所展宽,展宽幅度在300～500 m,该河段平均河底高程平均下降0.48 m;花园口—夹河滩河势变化较大,主槽以塌滩展宽为主,主槽平均展宽150 m,平均河底高程平均下降0.14 m;夹河滩—高村河段河势比较稳定,工程控制较好,主槽均以冲深为主,平均冲深0.5 m,见图2。

随着各河段河道冲刷的发展,河床逐渐粗化,使阻力增大,随着调水调沙的进行各河段糙率逐级增大,如图3所示。随着上级河段河床的逐渐粗化,阻力相应增大,使得冲刷将逐渐向下游发展。同时大部分河段断面将向窄深方向发展,工程较少的部分河段塌滩将更为严重。若持续小流量,冲刷将减弱,但当进入下游的流量过程发生变化时,单位水量冲淤量增大,即使已发生冲刷的上游河段也会发生较大冲刷。

本文选取流量为2 000 m^3/s时的各河段水位进行比较,可以看出,各河段同流量水位都有所下降,说明主槽全部为冲刷状态。由图4可以看出,虽然各河段的同流量水位都为下降趋势,但是花园口以上河段水位下降趋势逐年变缓,花园口—夹河滩河段下降趋势较花园口以上河段陡直,而夹河滩—高村河段的下降趋势最大,由此也说明主槽冲刷是逐年向下游河段发展的。

连续5年的黄河调水调沙通过水库联合调度、泥沙扰动和引水控制等手段,把不同来源区、不同量级、不同泥沙颗粒级配的不平衡的水沙关系塑造成协调的水沙过程,实现了下游河道减淤甚至全线冲刷,冲刷后,淤滩刷槽,形成高滩深槽,河槽过洪能力增大,对稳定河势、降低河道洪水位和减少河槽淤积作用显著。同时较大规模的调水调沙使河南段黄河河床普遍下切,主槽由宽浅向窄深方向发展。

3 调水调沙对河南省引黄供水的影响

黄河调水调沙引起下游河道较大的冲刷,对黄河防洪有着积极的意义,但与往年同流量相比，黄河水位下降，各引黄灌区引渠淤积严重、引黄口门引水严重不利。调水调沙后不同黄河流量级别的水位呈逐年下降趋势，从2002年至今平均降低幅度均大于1 m。这种情况造成黄河小流量时引黄涵闸引水能力大大降低，严重时甚至引不出水。

黄河调水调沙带来的河床普遍下切、同流量水位降低等问题已对河南省引黄供水造成了困难。特别是每年2、3、4月份的春灌时节。不但黄河水量较小，而且水位更低，出现了黄河有水也无法引出来的现象。

引水能力的大小不仅取决于黄河流量的大小，还取决于引黄闸前的水位高低、闸底板及闸后渠底的相对高程。由于近几年调水调沙影响，河床连续冲刷，黄河相应流量下的水位下降较大，引水能力严重降低。小流量引水造成闸后渠道的淤积，抬高了渠底高程，使引水更加困难，形成了恶性循环。

从2005年起黄河调水调沙转入生产运用，今后几年河床可能还会连续冲刷，引水能力可能还会进一步降低。由于河南省工农业的快速发展，沿黄各地区引黄水量亦将逐年增加，而上游来水量却在逐年减少。因此，河南省沿黄地区引黄供水的形势是严峻的，应引起高度重视，采取相应的对策，以减轻调水调沙对引黄供水业带来的不利影响。

4 河南省引黄供水应采取的对策

针对黄河调水调沙给河南省引黄供水带来的不利影响，本文从渠道工程改造、引黄供水管理、调水调沙期间主动调控三个方面进行对策分析，主要内容如下。

4.1 渠道工程改造措施

（1）引黄口门前建提水泵站。春灌期间，沿黄地区用水较为集中，但是黄河下游来水量很小，黄河水供需矛盾突出。引黄口门前建提水泵站，可以从根本上解决由于河床下切同流量水位下降造成的“黄河有水引不出”的现象，以保证沿黄地区人民群众生活和春灌用水之需。

（2）改造干渠断面形式，减少因小流量引水造成的干渠落淤。河南省大多数引黄灌区总干渠渠首实际运行流量远达不到设计流量和流速，这是造成渠道落淤的最主要原因。为此，可将渠首部分渠道改为复式断面，调整糙率、断面、底坡、水深等水力要素，以满足在不同引水量情况下，干渠均能达到设计的不冲不淤的流速，使得干渠少落淤或不落淤。

（3）新建或修复拦沙闸，减少进入干渠的黄河泥沙。引黄灌区引黄闸前设拦沙闸，利用拦沙闸，有效降低黄河泥沙进入干渠。拦沙闸的作用为拦挡进入引黄闸底层含沙量大且粒径粗的黄河泥沙，这部分泥沙因颗粒大，大部分会沉积在渠首,抬高了闸后渠底高程,降低了引黄水头,严重影响引黄闸的引水能力。因此,在黄河流量较大时,充分利用拦沙闸,能大大减少渠道淤积。

4.2 引黄供水管理措施

(1)科学调度引黄供水措施。灌区引水应科学调度,尽量采用大流量集中供水,使干渠保持较高的水位和较大的流速,减少干渠落淤。每年的11、12月,黄河含沙量较小,此时可相机大流量、高水位引水,冲刷渠道,减轻渠道内的淤积。同时灌区应适时进行干渠清淤,提前为春灌抢引黄河水做好准备。

(2)加大清淤投资措施。由于调水调沙造成的引黄口门引渠淤积严重,每年用于引渠清淤的投资巨大,而单靠灌区自身解决存在一定的经济困难,因此建议中央、省有关部门制定倾斜政策,增加清淤经费,以使各引黄涵闸尽最大可能发挥工程效益。

(3)调水调沙期间的调控措施。调水调沙是今后维持河道必要功能的重要手段,在实施过程中必须兼顾工农业用水,确保滩区安全。在调水调沙过程中,可通过分河段确定引水指标、连续滚动修订引水定单、建立河道主槽水流演进监测反馈机制等措施,兼顾引黄用水的水库、河道流量调度以保证引黄用水。

参考文献

[1] 傅国斌. 引黄灌区节水灌溉分区与节水途径初探[J]. 地理科学进展,2000, 19(2).

[2] 张红武,赵连军,王光谦,等. 黄河下游河道准二维泥沙数学模型研究[J]. 水利学报,2003(4).

[3] 张红武,江恩惠,等. 黄河高含沙洪水模型的相似律[M]. 郑州:河南科技出版社,1994.

[4] 赵连军,张红武. 黄河下游河道水流摩阻特性的研究[J]. 人民黄河,1997(9).

黄河调水调沙情况下小开河灌区引水面临问题的探讨

王景元[1] 傅建国[1] 郑 磊[2]

（1. 滨州市小开河引黄灌溉管理局；2. 滨州市韩墩引黄灌溉管理局）

摘要：调水调沙是黄河部门实现治黄手段转折的标志性工程，其目的是在水库实时调度中形成合理的水沙过程，有利于下游河道减淤甚至全线冲刷，实现河床不抬高的目标。简单的说就是利用小浪底水库存水，大流量下泄，人为制造洪峰，冲刷下游河道，提高下游河道防洪安全，从2002年开始黄河部门连续5年调水调沙，已经由试验转为运行。调水调沙使河道刷深，同等流量情况下大河水位下降，灌区引水能力减小，加上受上游来水限制及引黄渠首、引黄灌区自身存在问题的影响，使灌区引黄供需矛盾不断加剧。本文针对黄河调水调沙条件下，结合小开河灌区的实际情况，对引黄灌溉中存在的问题进行了初步调查及分析，并提出了相关的对策和建议。

关键词：调水调沙 引黄灌溉 存在问题 探讨

1 农业灌溉用水情况

自1999年黄委对黄河水资源实施统一管理调度以来，在来水连续偏枯的情况下，已实现了黄河连续8年不断流，这是世界上唯一解决了断流问题的大江大河。黄河不断流有力地支撑了山东经济社会的发展，尤其是地处下游的滨州、东营两市，基本保障了沿黄人民生活生产用水的需求。目前，山东已有11个市的68个县（市、区）用上了黄河水，山东省引黄水量和引黄灌溉面积约占全省总用水量和总灌溉面积的40%，引黄供水在山东国民经济中占有举足轻重的战略地位。根据黄河部门近5年全省引黄水量统计，沿黄市所占比例高达80%，沿黄平均农业用水量为44.34亿m^3，其中菏泽7.0亿m^3、济宁1.03亿m^3、聊城4.3亿m^3、德州10.04亿m^3、济南3.48亿m^3、淄博0.77亿m^3、滨州9.68亿m^3、东营8.04亿m^3。

2 小开河灌区基本情况

小开河引黄灌区是经国家计委、水利部和省计委批复建设的大型引黄灌区，涉及滨城、开发区、惠民、阳信、沾化、无棣六县(区)的42万人口,设计灌溉面积110万亩,设计引水流量60 m^3/s,年设计引水3.93亿m^3。灌区于1993年动工兴建,1998年底建成通水,干渠全长91.5 km,其中输沙渠51.3 km、输水渠36.04 km、沉沙池4.16 km,骨干建筑物147座,输沙干渠全断面衬砌20.7 km,半断面衬砌30.6 km,总投资2.3亿元。

小开河引黄闸建于1994年,闸底高程14 m(大沽高程,下同),孔口尺寸为3 m×3 m箱涵,设计流量时黄河水位16.2 m,相应黄河流量218 m^3/s,设计引水流量60 m^3/s,小开河闸前黄河河底平均高程,调水调沙前为15.5 m,现状为14.0 m左右。

3 引黄灌溉中存在的主要问题及原因

在黄河水的各种用途上,农业灌溉用水量最大,约占总用水量的80%以上。随着国家"三减免、四补贴",以及建设社会主义新农村等一系列惠农政策的出台,农民种粮积极性不断提高,灌区粮食种植面积扩大,对黄河水资源的需求也不断增加。但受上游来水限制及引黄渠首、引黄灌区自身存在问题的影响,供需矛盾不断加剧。主要存在以下问题。

3.1 河道刷深,水位下降,引水能力降低

自2002年开始调水调沙以来,已连续实施5年,成效显著。据调查,2005年河道河槽累计刷深0.87 m,特别在滨州以下河段,同流量情况下2005年与2002年相比,河道刷深最大1.06 m,平均为0.92 m。由于引黄涵闸大多建于20世纪70~90年代,是基于河道不断淤积的基础上而建设的,闸底板较高,调水调沙使主河槽刷深,同流量情况下水位降低,引水落差减少,造成引黄闸引水能力下降。另外主流偏移,引水闸前引渠增长。小开河引黄闸主流偏移、远离闸口,造成引水困难,2006年和2001年相比较,闸前引水渠增加50 m,距离增加,水量阻力加大;据统计,目前在大河流量200 m^3/s的情况下,滨州以下河断涵闸引水能力比2000年降低约1/3,随着调水调沙的进行,部分涵闸引水条件更加恶化,特别是2004年调水调沙试验后,滨州的打渔张、小开河、簸箕李,东营河段的麻湾、宫家、曹店等10余座涵闸,引水能力比2002年200 m^3/s流量时降低50%左右,严重影响了这些涵闸的引黄灌溉。表1~表3是小开河引黄闸的引水流量对比情况。

表 1 小开河引黄闸分年度实际引水位对比

年份	闸前设计水位(m)	大河流量 400 m^3/s 时闸前实际水位(m)	大河流量 300 m^3/s 时闸前实际水位(m)	大河流量 200 m^3/s 时闸前实际水位(m)
1999	16.2	17.7	17.05	16.63
2000	16.2	17.8	17.11	16.7
2001	16.2	17.52	17.18	16.87
2002	16.2	17.35	16.98	16.62
2003	16.2	17.2	16.74	16.39
2004	16.2	16.71	16.33	16.03
2005	16.2	16.35	16.04	15.65

表 2 引黄闸引水天数、流量、水量对比

年 份	放水天数	年平均流量(m^3/s)	水量(万 m^3)
1999	59	25.63	13 066.5 000
2000	127	18.15	19 918.5 000
2001	105	14.51	13 162.8 000
2002	202	15.96	27 852.9 000
2003	141	9.43	11 490.0 000
2004	102	8.30	7 313.0 000
2005	119	12.40	12 749.2 000

表 3 小开河引黄闸调水调沙前后引水情况比较

时 间(年·月·日)	泺口流量(m^3/s)	利津流量(m^3/s)	引水流量(m^3/s)	闸前水位(m)	说明
2003.5.27	77	46.2	13.3		引水指标
2003.6.1	108	35.8	22.0		引水指标
2006.2.20	194	107	1.8	15.3	最大水量
2006.3.1	320	130	6.7	15.6	最大水量

从表 1 ~ 表 3 数据可以看出,2003 年的两次引水,黄河部门下达的引水指标分别为 13.3 m^3/s、22.0 m^3/s,实际引水能力要大于此数。

3.2 引黄闸前及渠道淤积,带来引水困难

据黄河部门统计,山东河务局 58 座引黄涵闸的取水口门,有 12 座脱河,有 15 座口门淤塞,有 25 座引渠出现淤积。这是因为在大河同流量情况下,水位下降,而且由于河槽刷深,河势更为稳定,一旦停止引水,闸前淤积,致使小流量下大部分涵闸引水困难。另外,由于来水较少,各引黄闸实际引水流量远远小于设计的引水流量,造成了渠道的不断淤积和引水条件的不断恶化。渠首低水位,导致引水流速减慢,挟带泥沙的能力降低,造成了渠道淤积严重,反过来渠道的淤

积又影响了渠首的引水能力。另外,为了抬高黄河下游水位,黄河流量加大,相应的含沙量增加,灌区引沙量增加,造成渠系淤积,也降低了灌区的引水能力。

小开河引黄闸闸前因黄河32#坝头的挑流,也使黄河主流偏离引黄闸,闸前形成回流。停止引水时,闸前淤积严重,自2004~2005年先后6次对闸前淤积及闸前原坝基碎石进行清理;2006年由于黄河水忽大忽小,水位忽高忽低,闸前已经清淤4次,基本每次引水前都需要清淤,累计清淤量达2.3万 m^3,费用达6.9万元,同时由于闸前淤积不可能完全清除,部分进入渠道,也加大了引沙量,增加了灌区泥沙处理的工作量。造成输沙干渠渠首淤积严重,最大淤积高约1.70 m,严重影响了灌区的引水能力。

3.3 河槽变窄,流速加快

由于连续的调水调沙冲刷,黄河主河槽变窄,水流的径向流速即向下游的流速加快,相应的与引黄闸引水有关的分向流速减小,向下游的动能增加,根据能量守恒定律,相应的势能减少,即闸前水位降低,流速减小。

3.4 灌区需水量大,来水不能满足需求

近年来,为了发电需要和存蓄足够的水量用来调水调沙,春灌时期,小浪底水库下泄流量维持在700 m^3/s 以下,除去上游引水、维持河口生态流量及河道损失流量外,山东春季灌溉可利用的流量在400 m^3/s 左右,而下游春灌时间集中,最大时约需引水1 000 m^3/s,来水远远不能满足需求。无棣县地处小开河灌区的下游,设计灌溉面积是53.68万亩,是小开河灌区设计灌溉面积的一半,正常情况下,考虑55.5 km干渠的水量损失,引黄闸的引水流量至少在15 m^3/s 以上才能见到水,春季灌溉期间,引黄闸至少在45 m^3/s 以上,并且适当控制上游用水,下游才有水可用。

3.5 灌区节水意识差,水的利用系数低

目前,山东引黄灌溉仍多以传统的大水漫灌、串灌方式为主,在引水灌溉上,仍然是“大锅水”。一是管理体制上,多用水不多交钱,少用水不少交钱,水费和用水量脱节,水费基本是根据人口或土地亩数平均分摊;二是工程不配套,现在干渠随着国家大型灌区续建配套节水改造的实施,干渠的防渗率逐步提高,但是支渠以下大部分还是土渠输水,老化失修,跑、漏、渗情况严重,水的利用系数多在0.5以下,水的利用率较低。小开河灌区除去无棣县测水计量到乡(镇)以外,其他县区不管是否用水,不管用水多少,水费基本是按人口平均分配。

4 对策及建议

(1)适当控制调水调沙的冲刷深度。现在黄河部门的调水调沙已由试验阶段转入正常运行,每年都要进行,河槽继续刷深,这样下去,对灌区的引水将更为

不利,有的引黄闸将无法满足灌区用水需求,或根本引不出水,甚至报废,那样的话,将不利于社会安定,不利于国家的粮食安全和社会主义新农村建设,甚至人畜吃水都无法保证,后果不堪设想。建议在基本满足黄河防洪的条件下,不再调水调沙,或分年度间隔进行,在黄河防洪和灌区引水方面找一个平衡点,两方面兼得,达到双赢的目标。

(2)小浪底水库科学调度,加大蓄水量。灌溉期间加大下泄流量,抬高下游水位,最大限度地满足下游引水需求;非灌溉季节,在保障发电需要和利津断面入海流量的前提下,尽量减小下泄流量,增加蓄水量。

(3)黄河部门科学调度。集中力量保大型灌区,大流量、短时间,克服小流量细水长流的现象,减少引水指标调节次数,增强灌区科学调度的主动权。

(4)提高利津控制断面的入境流量。保持在 180 m^3/s 以上,既维持黄河的健康生命,又能提高黄河下游水位,有利于灌区引水。

(5)强化节水,灌区通过工程建设、强化管理、细化计量单元等手段,将水费和用水量挂钩,调动用水户节水的积极性。只有这样才能达到节约用水、优化水资源配置的目的。

(6)泵站提水入渠,灌溉成本增加。东营市王庄灌区引黄闸调水调沙后水位下降,黄河有水引不出,2006 年 2 月在引黄闸前建成了 30 m^3/s 抽水泵站,提水入渠,投资 1 100 多万元,每年春季电费 100 多万元,只能从水费中解决,提高了用水成本,每方水增加成本近 0.02 元,增加了管理单位和用水户负担。

参 考 文 献

李国英. 黄河调水调沙[J]. 中国水利,2002(11).

山东黄河水资源配置新途径探索

王 强

（山东黄河河务局供水局）

摘要：针对山东沿黄地区水资源缺乏制约社会经济发展、工农业用水矛盾突出、水资源浪费严重和黄河断流等问题。从目前引黄设施建设状况、用水规律、试点情况和推行效果来看，实施农业用水和非农业用水的“两水分供”，有利于促进沿黄地区社会经济和谐发展，有利于促进建立节水型社会，对防止黄河断流也可以发挥一定作用。两水分供是一项系统工程，需要全方位、多层面的配合和协调。

关键词：山东黄河 水资源配置 两水分供

1 引言

水是人类生存和发展不可替代的资源，是经济社会和谐持续发展的重要基础。黄河水资源的紧缺和水资源的配置方式已经成为影响山东沿黄地区经济能否持续发展、社会能否和谐进步以及黄河生命能否重现勃勃生机的重大问题。深入研究探讨黄河水资源的配置方式和供水方式迫在眉睫。

山东省位于我国东部沿海，分属黄、淮、海三大流域，辖17个地级市、31个县级市、47个市辖区、61个县。1978年以来经过近30年的改革开放，山东省已经发展成为我国经济与人口大省和最具经济活力的省份之一。同时，山东也是水资源供需矛盾最为尖锐的省份之一。1956～1999年实测资料显示，全省多年平均降水量为676.5 mm，多年平均水资源量为305.82亿m^3。全省水资源总量仅占全国水资源总量的1.09%，人均水资源占有量344 m^3，仅为全国人均占有量的14.7%，为世界人均占有量的4.0%，位居全国倒数第四位，属于人均水资源量小于500 m^3的绝对贫水地区。

2 引黄供水的发展和现状

山东省引黄供水始于20世纪50年代初期，伴随着国民经济和社会的不断发展，水资源供需矛盾的日益突出，引黄供水也经历了由小到大、由无序到规范、由分散管理到统一管理的发展过程。

2.1 供蓄水能力显著增强

1950年,在黄河利津段兴建了第一座引黄闸——綦家嘴引黄闸,设计引水流量只有1 m^3/s。经过50多年的建设,目前黄河山东段引水口门发展到了180处,其中较大规模灌区引黄取水口63处(水闸53座,扬水站9座),设计流量达到2 551.4 m^3/s。全省沿黄地区已建成使用的引黄平原水库753座,总设计库容达到了14.76亿m^3。

2.2 供水规模显著扩大

经过半个多世纪的发展,引黄供水辐射地区和供水规模显著扩大。从最初仅仅解决利津、沾化两县部分农业灌溉和人畜用水,到目前已经发展到拥有57个灌区,设计灌溉面积4 032万亩,覆盖和辐射全省11个市、68个县(市、区)。供水对象也从单一的农业供水发展到工农业生产、城乡居民生活的全方位供水。1990～2005年,山东年均引黄63.59亿m^3,约占全省年均实际用水量的25%。

2.3 水资源配置方式显著变化

引黄供水管理工作经历了从无序到有序,从单一的生产管理到生产管理和资源管理并举,逐步步入法制化、科学化轨道的过程。进入20世纪90年代以来,随着来水量的不断减少和引水量的急剧增加,黄河断流频繁发生,严重影响了沿黄地区经济发展和人民生活,对生态环境也造成了极大破坏。为了遏制黄河生态环境日益恶化的局面,1999年,国家授权黄河水利委员会对黄河水资源实施统一管理和调度。2002年,山东黄河河务局成立供水局。从此,引黄供水进入了水资源统一调度与供水生产统一管理相结合的健康轨道。

3 山东省引黄供水存在的问题

虽然山东省引黄供水取得了卓越成效,但由于黄河水资源供需矛盾进一步加剧,在供水、用水和水资源配置等方面仍存在一些问题。

3.1 农灌季节非农业与农业用水矛盾突出

山东农灌用水主要集中在小麦返青、灌浆、秋种及冬季保墒等几个时期,尤其是每年3～6月份,农业需水最为迫切,但同期黄河下游来水也是一年中偏枯的时期。在工农业引水渠系不分,渠首农业用水和非农业用水两水混供的情况下,农业和非农业用水同时争相大量引水,使得工农用水矛盾激化。

3.2 平原水库调蓄作用没有得到充分发挥

根据近10年的数据,7～10月份山东段黄河来水占全年的47.20%,而同期引水仅占全年的17.07%。各地以黄河水作为水源的平原水库总有效蓄水能力13.78亿m^3,但平均利用系数只有0.5左右,有的甚至多年闲置,调蓄能力远未发挥出来。

3.3 水价格杠杆作用未能充分发挥

一方面,由于引黄供水农业水价长期偏低,导致灌区管理单位投资渠系建设和农民节水的两个积极性都不高。目前,引黄灌区灌溉仍多以大水漫灌、串灌方式为主。引黄干渠衬砌率仅为7.5%。灌区水的利用系数一般在0.4左右,只有发达国家的一半。另一方面,由于两水混供,很多非农业用水户暗享了农业用水价格,水价对节约用水的杠杆作用没有得到有效发挥。

3.4 对黄河断流构成直接威胁

资料显示,1990~2004年黄河进入山东的水量年平均208.8亿m^3,其中,3~6月份平均来水66.7亿m^3,只占平均年径流量的31.9%。同一时期,山东引水量35.92亿m^3,占到了年平均引水量的56.3%。1972年以来黄河断流的时间也主要集中在这个时期,占到了断流时间的72%。这说明,黄河断流是季节性来水量偏枯与过度集中引水共同作用的结果,黄河断流与过度集中引水存在正相关关系。

3.5 制约了水权交易市场的建立和水权转换的实施

水权转换是在水资源紧缺情况下,水权主体对自己权利的一种处分行为。实现水权转换必须具备三个条件:①水资源的紧缺性;②水资源使用权的权属性;③不同用水主体之间的用水行为边界清晰。目前,山东农业引黄许可水量指标占全部水量指标的85%,新增用水项目面临着无预留引黄指标的局面。为了优化配置水资源,促进全省经济社会的持续健康发展,必须通过水权转换的方式加以解决。但引黄供水中不同用水户用水行为的界定不清,制约了水权转换的实施。

4 "两水分供"——黄河水资源配置的现实途径

4.1 两水分供的基本涵义

"两水"是指按照水资源用途划分的农业用水和非农业用水。农业用水主要指种植、养殖和农村饮用水。非农业水是指农业用水以外的用水。"分供"是指在同一条引黄渠系中,农灌时期集中供应农业用水,其他时间发挥平原水库的调蓄作用引蓄非农业用水。"两水分供"是在不增加新的引黄渠系和水资源总量的情况下,通过错时分供,实现工农业均衡供水的新的引黄供水生产方式。

4.2 两水分供的可行性

两水分供,可以通过两条途径实现。一条是重新修建非农业引水的专供渠系。如果重新修建渠系,按照目前主干渠4 427 km长度和宽10 m修做明渠并考虑到沉沙池用地,需要占用10万余亩的土地资源,还要投入巨大的建设资金。显然这条途径是不经济不可取的。另一条途径是实施两水分供,按照农业灌溉和非农业用水的规律,充分利用现有渠系和平原水库,采取不同时段分别供水的方式。鉴于以下几个因素,本文认为两水分供是山东引黄供水的一条现实途径。

(1)现有水库蓄水能力可以满足农灌季节非农业用水的需要。根据多年来的用水情况分析,山东沿黄各地非农业年均引黄用水在6亿 m^3 左右,以黄河水作为水源的平原水库总有效蓄水能力13.78亿 m^3。理论上各水库只要一次性蓄满,就能够满足全年工业生产和生活用水的需要。如果实施两水分供,只是在农业灌溉高峰(全年累计6个月)限制非农业引水,对以黄河水为水源的工业生产和居民生活用水不会受到任何影响。

(2)偏远高亢地区平原水库引蓄水问题。距离渠首相对较远的平原水库主要有德州市的丁东水库、丁庄水库、沾化县的幸福水库等。为了相对减少水的沿途损耗,提高水的利用率,这些水库可以有计划地结合农业灌溉进行引蓄水。

(3)可以有效缓解黄河断流的压力。1972~1999年,有22年黄河发生断流,其中有16年集中在3~6月份。这期间3~6月份月均引水量10.8亿 m^3,接近月均来水量,90年代以后情况稍有好转。实施两水分供,在3~6月份限制非农业引水,可以削减引水峰值2亿~3亿 m^3,这无疑能够有效缓解断流的压力。

(4)实施两水分供有利于农业生产,有利于建立和谐城乡关系。水利是农业的命脉。实施两水分供,就是在黄河水资源管理和引黄供水工作中落实三农政策,支持农业农村发展的具体体现。通过两水分供,不但保证了农灌高峰农业生产的急需,而且能够建立和谐有序的供水秩序,促进工农业生产协调发展,为沿黄地区国民经济和社会发展创造更加有利的社会环境。

(5)实施两水分供有利于促进节水型社会和水权交易市场的建立。价格杠杆作为经济手段的重要内容,对优化资源配置发挥着不可替代的作用。当前,在黄河水资源配置中,影响价格杠杆发挥作用的主要问题就是工农业用水界定不清,工业暗享农业低水价的优惠政策。实施两水分供,可以促使工业用水单位增强节水意识,强化节水和污水处理措施,促进节水型社会的建立,营造良好的生态环境。同时,也可以划清不同水权主体之间的用水行为边界,为水权交易市场的建立铺平道路。

5 两水分供的实施

通过两条线对沿黄地区用水情况进行了排查摸底。一方面,责成供水局牵头、有关部门配合,深入到沿黄县区、灌区进行调研;另一方面,委托省、市、县地方政府统计部门对9市、54个县市区、20余个大中型企业和24座大中型水库需水情况和用水规律进行了深入详实的调查,为开展两水分供掌握了第一手资料。

为了保障这项工作的顺利实施,我们深入到沿黄各级政府、灌区管理单位,广泛宣传黄河水资源的紧缺性、供需矛盾的尖锐性和黄河水资源统一管理调度的重要性,宣传确保黄河不断流、维持黄河健康生命,为沿黄经济社会和谐持续发展所带来的巨大效益,得到了地方上的理解、认可和支持。

选择对黄河水依赖最大,工农业用水矛盾非常突出的东营市开展了两水分供试点工作。在试点过程中查找问题,制定解决方案,克服了认识上不一致,工作上不积极配合,以及利益再分配等困难和问题,取得了试点工作的成功。在认真总结试点单位工作经验的基础上,两水分供工作在山东黄河全面推开。

在两水分供实施过程中,为解决农灌季节非农业取水口擅自引水问题,我局改变了以往只管渠首不管渠道,只管放水不管用途的传统做法,水行政部门和供水单位密切配合,严把引水合同签订、计量放水、水费计收等各个环节,对非农业取水口和灌区进行跟踪、检查和监督,堵塞了农水工用的漏洞,实现了由渠首到灌区和用户的管理延伸,保证了两水分供的顺利进行。

6 两水分供取得的成效

两水分供试点取得了广泛认可。2005 年在东营市试点以来,两水分供取得了预期效果,也得到了社会各界的广泛认可,《人民日报》、《大众日报》、中央电视台和各大网络媒体都做了充分的肯定和报导。国务院办公厅在《每日要情》中也专门做了介绍。

两水分供初步解决了农灌高峰期工农业争水抢水问题,对山东沿黄地区落实中央"三农"政策,和谐工农关系、城乡关系,建立节水型社会都发挥了十分积极的促进作用。

两水分供通过错时分供,在农灌时期集中供应农业用水,最大限度地保障了高峰期农灌用水。实施两水分供后,偏远高亢地区 500 多万亩农田引黄灌溉的问题基本上得到了解决,平均粮食每亩增产 150 kg。

两水分供利用汛期水丰和冬季农业引水少的时机,加大非农业引水、蓄水量。2006 年非农业供水比 2005 年增加 2.1 亿 m^3,增长 46%;比"十五"期间平均水平增加 1.98 亿 m^3,增长 30%。

两水分供的实施,确保了黄河不断流,保证了一定流量的黄河水进入三角洲,有效地维护了河口地区的生态环境。

7 结论

两水分供在理论上和实践中是可行的,两水分供既是一种新的供水生产方式,也是社会经济发展到一定阶段呼唤的一种新的水资源配置理念,推行两水分供能够在一定程度上解决当前引黄供水工作中存在的诸多问题,对促进社会经济和谐持续发展和维持黄河健康生命具有重要意义。

参 考 文 献

[1] 李国英．维持黄河健康生命[M]．郑州:黄河水利出版社．2005.

[2] 山东黄河河务局．山东黄河志 1855 - 1985[M]．济南:山东省新闻出版局,1988. 10.

[3] 山东省水利厅．山东水资源[R]. 2003. 7.

[4] 山东省情网．山东省省情资料库[EB/OL]. 2006. 3. 16.

[5] 国家统计局网．中华人民共和国《统计公报》[EB/OL]. 2006. 3. 17.

[6] 山东黄河河务局．山东黄河水资源开发利用调研报告[R]. 2005. 9.

[7] 李高仑, 赵海棠, 孙远扩．浅议山东黄河水资源的管理与调度[EB/OL]．山东黄河网. 2005 - 12 - 27.

引黄灌区灌溉面积萎缩成因及对策研究

辛 红[1] 刘尊黎[2] 朱志方[3]

(1. 河南黄河河务局供水局郑州供水分局;2. 河南黄河河务局供水局;
3. 黄河水利委员会供水局)

摘要:近年来,由于水资源短缺以及社会经济的迅速发展和人口增长对水的需求日益增加,黄河水资源供需矛盾不断加剧。灌区内渠道淤积、配套工程年久失修、渠道输水利用率低、灌区管理机构不健全、供水保证率下降等,导致灌溉面积逐步萎缩。针对黄河水资源的供需矛盾,需要结合灌区实际,通过工程与非工程措施,恢复扩大灌溉面积,建立完备的管理调控手段,合理配置水资源,科学调水,使有限的水资源发挥出最大的经济效益。

关键词:引黄灌溉 面积萎缩 成因分析 对策研究

1 引黄灌区萎缩及影响

黄河下游引黄灌区是我国最大的连片自流灌区,是重要的粮、棉、油生产基地,多年来在保证粮、棉、油稳产高产方面发挥着重要作用。20 世纪 90 年代以前引黄供水呈上升趋势,以后呈下降趋势。

现有引黄灌区多数建造于 20 世纪 50 年代末、60 年代初和 70 年代,由于建设标准低、配套工程不完善,缺乏维护管理,经过几十年运行和低水平的维护,工程普遍老化失修严重,致使灌溉水资源利用效益很低。

河南省中牟县有杨桥、三刘寨两处引黄灌区。杨桥灌区始建于 1970 年,1975 年开灌,受益范围涉及 10 个乡(镇)。三刘寨灌区建成于 1965 年,受益范围涉及 5 个乡(镇)。中牟引黄灌区自 20 世纪六七十年代建成开灌以来,历经改扩建,共完成配套面积 53.91 万亩,其中杨桥灌区 27.41 万亩,三刘寨灌区 26.5 万亩。在 1992 年以前的 20 多年间,中牟引黄灌区多年平均引水量 2.46 亿 m^3,实灌面积均在 45 万亩以上。而 2005 年引黄实际灌溉面积仅存 16 万亩,2006 年更减小到 8 万亩,杨桥灌区 2006 年已停灌。一方面,水资源严重短缺;另一方面,水资源得不到充分利用。杨桥、三刘寨两引黄灌区 2005 年黄委批准取水许可引水量分别为 0.8 亿 m^3、0.25 亿 m^3,而三刘寨 2005 年、2006 年引水量分别为 1 993.68 万 m^3、2 449.17 万 m^3，杨桥 2005 年为 1 735.44 万 m^3，2006 年杨桥闸全年滴水未引。

赵口渠首闸承担着赵口灌区开封、尉氏、通许等部分地区的灌溉输配水任务，以前曾送水至周口、鄢陵等周边多个地区，由于灌区缺少统一规划，没有理顺管理体制，截留挪用水费等原因，灌溉面积呈逐年衰减趋势，2000 年引水量仅为 1995 年的 50% 左右，2006 年赵口灌区全年未引水。

由于季节性高峰用水期不能满足灌区需求，有时甚至引不出水来，农民上访，水费拖交、拒交的现象时常发生，引用黄河水积极性不高。灌区农民用水得不到保证，对引用黄河水失去信心，纷纷调整种植结构，导致灌区内打井数量不断增加，造成引黄水量逐年减少，使灌区工程效益不能充分发挥，经济效益难以体现。如 2003 年由于杨桥灌区不能正常供水，造成 1.6 万亩水稻不能栽种，水田只好改种玉米，仅稻苗培育一项损失 60 余万元。2005 年 7 月以后由于黄河流量小，水闸引水不能满足灌区需求，造成已栽种的 4 200 亩水稻改种玉米、大豆等旱作物。

受黄河侧渗影响，引黄地区大部分属盐碱地，引黄灌溉前期放淤改土，排碱压沙效果十分明显，农业生产环境和周边地下水资源大为改观。如果引黄灌区停灌或灌溉面积大幅度衰退，后果将十分严重，一是沿黄地区大部分土地将出现次盐碱化，土地返盐、返碱，土壤性质将发生质的变化；二是周边地下水因得不到有效补充，长期抽取地下水灌溉将会使地下水水位大幅度下降，地下水资源越来越少，最终造成水资源满足不了农业灌溉的需求；三是灌区建筑物和支、斗、农、毛渠等田间工程维护难度加大，毁坏严重；四是增加了灌区群众的经济负担，据测算，黄灌与井灌相比，每亩年灌溉费用可节约 30 元左右，且省时、省力，就杨桥灌区按现有实灌面积 20 万亩计算，每年群众仅灌溉一项就要多支出 600 余万元；五是破坏了当地的生态环境和生态结构。

2 灌区灌溉面积衰减成因

2.1 灌溉保证率低

当前，多数灌区工程设施完好率低，由于沿程的渗漏、蒸发水量损失大，灌溉用水的实际保证率低。灌区内一半以上的中低产田是因缺水干旱造成的，特别是连续干旱年份，在灌区用水得不到保证的情况下，水田被迫改作旱田，部分地区长期停灌次生盐碱重现，农作物受害枯萎减产，有的甚至绝收。

2.2 工程年久失修，灌区建筑物损毁严重

长期停灌造成灌区疏于管理，工程年久失修，渠道被破除种植，建筑物被人为破坏，调控能力下降，支渠以下工程属群众自筹建设维护，缺乏供水计量设施，

用水浪费现象十分严重,另外,没有经过衬砌的土渠,渗漏损失大,渠道塌坡、淤积严重,输水能力低,水的有效利用系数只有0.45,工程效益远未发挥,致使灌区有效灌溉面积逐渐萎缩。

2.3 浇灌方法落后,大水漫灌,水资源浪费严重

长期以来,我国广大农村喝的是"大锅水"、"福利水",一方面水资源十分紧缺;另一方面用水却无节制,目前农业灌溉仍然主要采用大畦漫灌、串灌等传统灌溉技术,大水漫灌比比皆是,群众节水意识淡薄,灌水定额大、次数多,粗放经营的农业生产方式使黄河水资源的有效利用率很低,大水漫田之后,尾水横流,宝贵的水资源被浪费和闲置起来。一些地区由于土质疏松,土壤沙化,沟渠没有进行防渗、防漏处理,黄河水在运送的过程中跑、冒、滴、漏现象严重。

2.4 管理体制及运行机制不健全

灌区管理体制、机制不适应市场经济要求,重建设、轻管理,水管部门只是履行灌溉管理的基础职责。现有灌区管理机构名义上为专管与群管相结合,而实质上是农民对灌溉管理的参与程度较低,干渠有专管组织,田间斗、农、毛渠几乎无人管或管理不善。绝大多数灌区经费短缺,灌溉管理水平低下,技术手段落后,措施不力,没有建立起良性运行机制,水费拖欠、截留、挪用现象严重。农民主动参与管理的意识淡薄,水事纠纷频繁,专管单位资金缺乏,人力有限,管理人员工资无保障,职工队伍不稳,管理人员素质跟不上要求,影响着管理工作的正常开展和工程效益的发挥,农民对工程的运行与维护缺少责任感,也缺乏足够的积极性和自觉性,工程效益和社会效益逐步降低。

2.5 渠道淤积,闸前引水困难

由于黄河主流摆动频繁,近年来调水调沙的影响使主河槽下切,渠首闸前引渠过长,如杨桥闸前引渠长达4 km,渠道淤积严重致使引水困难,引水量逐年下降,用水保证率降低,灌溉面积逐年衰减,2006年该闸滴水未引。

2.6 引黄供水不合农时

农业灌溉属于季节性用水,由于黄河流量偏小,水资源配置不尽合理,供水不及时,该用水时引不出水,特别是农业用水高峰期,不能及时供应灌区用水,群众被迫改用井灌弥补,长此以往对引黄灌溉失去信心,弃黄灌从井灌面积逐年加大。

2.7 水费标准低,收费难,不能及时足额到位

目前,灌区水费按每立方米0.04元计征,水费分配方案是水资源费0.01元,当地政府留成0.015元,灌区管理部门0.015元,由于计量设施不完善,实际按亩计征。黄河部门农业水费按4~6月份0.012元,其他月份0.01元收取,供水水价低于供水成本,灌区农业用水户终端水价高于现行水价标准,黄河部门供

水水价占实际征收标准和成本水价比例相对较低。鉴于实际征收过程各种因素的影响,水费收交渠道不规范,拖欠、截留现象时有发生,水费并不能及时足额到位。灌区不交水费,渠首闸就不会放水,在农业用水关键期用不上黄河水灌溉,就会造成灌溉面积下降,粮食产量锐减。由于水价偏低,分配不尽合理,管水和用水的矛盾不断加大,影响了引黄灌溉事业的发展。

2.8 泥沙淤积影响引黄灌溉效益的发挥

黄河水含沙量大,引黄灌溉工程没有有效的减沙、拦沙和排沙措施,黄河水引入灌溉沟渠后大部分沉积下来,泥沙处理费用高,所清泥沙占用沟渠两岸耕地,也破坏了生态环境,遇干旱多风天气,黄沙满天飞,造成很大危害。目前暂无优化处理方案,困扰着高含沙时期的引黄供水。

3 扩大引黄灌区灌溉面积的对策

3.1 扩大引黄效益

据调查,黄灌年亩毛用水量:水稻 1 500 m^3、大蒜 800 m^3、小麦 500 m^3,按引黄灌溉每立方米征收水费 0.04 元测算,年亩灌溉费用分别为 60 元、32 元、20 元。而采用井灌按同样的用水量核算,机电井每 100 m^3 水费用 8 ~ 10 元,用柴油每 100 m^3 水费用 12 ~ 15 元,平均亩灌溉费用分别是水稻 120 元、大蒜 64 元、小麦 40 元,比黄灌方式高出了 2 倍。引黄灌溉省时、省力,无机械耗费,且含有土壤需要的有机物质,保墒保水保肥,土地不板结。若采取措施恢复灌溉面积 1 万亩,每年可直接节约灌溉费用 40 余万元,同时可恢复补源面积 0.7 万亩左右。

3.2 科学调度,提高供水保证率

在农业用水旺季,实行科学调水、合理配水、计量用水的科学管理方式,扭转灌溉高峰期工业、生活与农业争水的被动局面,保证黄河水能够适时足量供应,按农时和季节用水加大流量,充分发挥黄河水资源效益,满足灌区用水需求,使群众满意,从而提高用水积极性,恢复和扩大引黄灌溉面积。

3.3 疏通渠道,提高引水保证率

针对引黄水闸引渠淤积问题,购置专用清淤设备,对引黄渠道进行清淤疏浚,确保输水渠道通畅,以保证灌区灌溉正常供水。

3.4 预收水费

自引黄灌溉以来,农业用水基本上是福利性、象征性收费,且年度供水结束后才征费。供水部门对当地乡镇用水采用计量方式征收水费,乡镇对村用水还没有采用,村对农户用水无法计量,一直采用按亩年度征收,用水多少一个样,用好用坏一个样,灌区群众没有用上明白水。由于农户水商品意识仍然较差,先供水后征费困难,若待供水周期结束后征费更加困难。为减少征收的麻烦和管水

人员征收水费的工作负担,可采用预收水费的办法,一个季节供水结束后再进行核算,多退少补。这样不仅使用水群众提高了水商品意识,又使群众从中尝到了预交水费的好处,提高群众引用黄河水的积极性。

3.5　分级管理,成立供水公司及用水协会

在相当长的时期内,我国实行的是计划经济,农业生产和农田水利设施的建设管理都是集体所有制,现行专业管理和群众民主管理相结合的管理方式,基本上是以政府或集体的形式体现,群众管理组织基本上有名无实。成立相应的供水公司以及用水协会,把水利工程与管理单位、用水户联系在一起,支渠以下工程交用水协会管理使用,使他们对工程拥有使用权、自主权、经营权,逐步实现工程资金自筹、经济自主,水利产业按经济规律的需要发展。

3.6　制定合理水价

现行水价远远低于供水成本,如此低廉的水价自然难以唤起人们的节水意识,制定合理的水价和水费政策是杜绝浪费、推动节水的有效措施。根据农民的经济承受能力、水量丰枯、水质好坏、供水适时实行水价浮动,按量计收水费、超额用水累进加价制。对灌区水土资源进行供需分析,拟定农作物种植结构、灌溉制度灌溉方式,确定不同时段不同季节的供水价格。

3.7　改造末级渠系工程

末级渠系经过长期运行,已破旧不堪,输水不畅,灌溉保证率低,农民争水抢水现象经常发生,影响了灌区骨干工程效益发挥。灌区作为高产、稳产农田,对国家粮食保证具有决定性作用。设立灌区末级渠系工程改造补助资金,实施民办公助、以奖代补等政策,加大对灌区末级渠系工程改造的投入,恢复扩大灌区灌溉面积,提高作物生产力。

3.8　加强宣传,主动沟通,营造良好的供用水环境

黄河是一条资源性缺水河流,水资源供需矛盾十分突出,供需双方需要主动沟通,统一认识。采取多种形式,大力宣传黄河水资源供需矛盾与水量调度的重要性和必要性,使各级政府和用水单位真正认识到每一滴水都来之不易。通过大力宣传,分析利弊,最大限度地取得政府与用水单位的理解、支持和配合,为引黄灌溉创造和谐供水社会环境。

4　结语

我国水资源紧缺,供水危机正在变成一个比以往任何时期都更加现实的问题,保证黄河水资源可持续发展也已成为促进黄河流域社会经济可持续发展的首要问题。

黄河水适宜农作物生长,每引1亿 m^3 的黄河水用于农业灌溉,将产生1 000

万元的增产效益,增产效果巨大。利用黄河水灌溉,具有改良土壤的功效,开发引黄灌溉还可以对地下水进行有效补源改善地下漏斗状况,恢复扩大引黄灌溉区域有利于对地下水进行补源,灌溉补源并分水、退水进入当地河道,可以增强水体的稀释自净能力,有效改变当地地表水水质,减轻水污染程度等。恢复扩大灌溉面积在于提高供水保证率及水量的科学调度,对灌区进行配套及节水改造,提高渠道输水利用率,建立良好的灌区管理运行机制。

参考文献

[1] 包晓斌. 我国农业水资源的可持续管理[EB/OL]. 中国节水灌溉网.

[2] 陈朝阳. 浅析黄河水资源的可持续发展[EB/OL]. 中国节水灌溉网.

[3] 山仑. 我国节水农业现状与展望[EB/OL]. 中国节水灌溉网.

[4] 加强农业节水 提高用水效率[EB/OL]. 中国节水灌溉网.

[5] 中国灌区协会. 参与式灌溉管理——灌区管理体制的创新与发展[M]. 北京:水利水电出版社,2001.

嫩江下游河流水资源结构分析研究

许士国　李文义

（大连理工大学土木水利学院）

摘要:洪水资源利用不仅能够削减洪水灾害,提供水资源利用,而且有利于维持河流生态平衡。针对河流水资源汛期充沛、枯水期短缺的特点以及生产生活对水资源需求特点,提出了河流水资源结构思想,该思想将河流水资源划分为生态水量、安全水量、风险水量和灾害水量四个部分。根据各部分水量特点,针对性地提出了各类水量的确定方法,并以嫩江下游江桥—大赉河段为例进行了分析计算,计算结果表明,在防洪和水资源利用方面,河流水资源结构思想能够使得防洪和洪水利用针对性更强,效率更明显。

关键词:嫩江　洪水资源利用　河流水资源　结构分析

在当前水资源短缺的形势下,对河流进行微观调控更能有效地发挥水资源对社会经济环境等各方面的作用。为了合理有效优化配置有限的水资源,对其结构进行分析就显得格外必要。所谓河流水资源结构就是根据河流水资源开发利用的需要、生态需求和水量特点,将其划分为承担不同功能和作用的不同组成部分。恰当地对河流水资源进行划分可使得人们能够从微观上对河流水资源在时空上的调配更具有合理性。北方半干旱地区60%以上的年径流量以洪水形式出现,洪水作为一种资源日益受到重视,在水资源优化配置中洪水资源也应该占有相应位置。通过对河流水资源结构的研究,可实现定量分析、区别管理,深化水资源配置内涵。

1　河流水资源结构分析理论

1.1　河流水资源结构分析的基本思想

根据河流洪水特点和河流水量所承担的不同功能与作用,从生态、利用和防洪角度出发,可以将河流水量分为生态水量、安全水量、风险水量和灾害水量等四个部分,与各类水量相对应的流量分别称之为生态流量、安全流量、风险流量和灾害流量。图1表示北方河流水资源结构示意图。

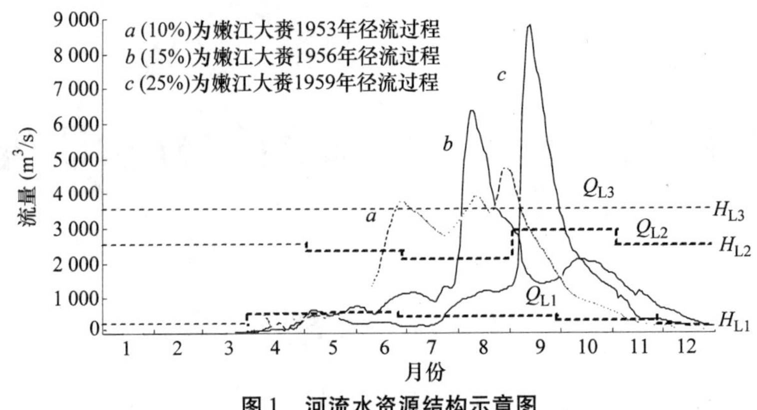

图1　河流水资源结构示意图

图1中三条曲线表示三个不同大水年份的流量过程：a、b、c 分别相当于10%、15%、25%频率大水量年份；H_{L1}、H_{L2}、H_{L3}分别为对应于河道流量 Q_{L1}、Q_{L2}、Q_{L3}时的水位，不同时段 Q_{L1}、Q_{L2}、Q_{L3}不同，H_{L1}、H_{L2}、H_{L3}也相应随之变化；Q_R 表示河流的实际流量，图中以三个不同流量过程示意；Q_{L1}表示生态水量和安全水量的界限流量；Q_{L2}表示安全水量和风险水量的界限流量；Q_{L3}表示风险水量和灾害水量的界限流量。

1.2　各类水量的计算方法

根据前述河流水资源结构分析思想进行水资源分析时，首先确定界限流量，再计算相应水量量值。对于河流而言，流量是一个很重要的指标，它和河流水量之间具有一致性，其关系如公式(1)。由于河道水量监测资料多以流量为标准来标记，在分析水资源结构时可以流量为标准进行分析。

$$V = \int_{t1}^{t2} Q(t)\,\mathrm{d}t \tag{1}$$

式中：V 为河流某断面时间 t_1 到 t_2 间流过的水量；$Q(t)$ 为河流瞬时流量；t 为时间。

对河流水资源结构中四类水的水量计算，可应用如下公式：

$$V_E = \begin{cases} \int_{t1}^{t2} Q_R(t)\,\mathrm{d}t & Q_R \leqslant Q_{L1} \\ \int_{t1}^{t2} Q_{L1}\,\mathrm{d}t & Q_R > Q_{L1} \end{cases} \tag{2}$$

$$V_S = \begin{cases} \int_{t1}^{t2} [Q_R(t) - Q_{L1}]\,\mathrm{d}t & Q_{L1} < Q_R \leqslant Q_{L2} \\ \int_{t1}^{t2} [Q_{L2} - Q_{L1}]\,\mathrm{d}t & Q_R > Q_{L2} \end{cases} \tag{3}$$

$$V_R = \begin{cases} \int_{t1}^{t2} [Q_R(t) - Q_{L2}] dt & Q_{L2} < Q_R \leqslant Q_{L3} \\ \int_{t1}^{t2} [Q_{L3} - Q_{L2}] dt & Q_R > Q_{L3} \end{cases} \tag{4}$$

$$V_D = \int_{t1}^{t2} (Q_R(t) - Q_{L3}) dt \qquad Q_R > Q_{L3} \tag{5}$$

$$V = V_E + V_S + V_R + V_D \tag{6}$$

式中：V_E、V_S、V_R、V_D 分别表示河道的生态水量、安全水量、风险水量和灾害水量；V 表示河道总水量；$Q_R(t)$ 表示河道的实际流量；t_1、t_2 分别表示水量计算的起止时间。

由于连续记录河道瞬时流量有困难，且在实际应用时往往只需知道时段平均流量值 $\overline{Q}$ 即可满足需要，因而计算河流水量时通常采用下述公式：

$$V = \sum_{i=1}^{n} \overline{Q}_{ti} \Delta t_i \tag{7}$$

式中：n 表示计算河道水量的时段数；$\overline{Q}_{ti}$ 表示第 i 时段的河道平均流量；Δt_i 表示第 i 时段的时长。

2 河流水资源结构各类水量限值确定方法研究

2.1 生态水量下限确定

在自然条件下，河流水资源量在年内年际分布不均，甚至变动剧烈。在长期的自然演变过程中，河流形成了各自的相对稳定的生态系统，这样的生态系统具有一定抗干扰的弹性适应范围，河流水量的丰枯变化有一定的规律，短时间的枯水对于河流生态系统而言是可以忍受的，在人为因素较小的情况下，河流生态系统能够适应水量在年内年际水量变动带来的影响，甚至极端情况（极端丰、枯水年），生态系统在短暂破坏后亦能很快恢复。

中国北方河流水量年内、年际变化剧烈，丰、枯水期流量相差几十倍，甚至数百倍，见表 1。枯水期的河流生态非常脆弱，特别是在 4 ~ 6 月份鱼类产卵孵化期，河流水量偏少，繁殖期鱼类对河道内水温、流速、水深等参数均有相对严格的要求，同期农业用水需求较大，经济用水往往大量挤占生态用水，造成严重生态危机。汛期河流水量较大，最低限生态水量往往可以得到满足。洪水泛滥虽然可能暂时破坏生态平衡，但这种破坏往往在生态系统弹性适应范围之内，一段时间后系统会自动恢复，甚至得到优化。一定频率的洪水对于河流生态系统的恢复和发展具有重要作用。

表1 嫩江下游(江桥、大赉断面)多年平均月流量

	月份	1	2	3	4	5	6	7	8	9	10	11	12
江桥	流量(m^3/s)	43	29	39	303	678	840	1 328	1 978	1 586	894	293	103
	径流比(%)	0.5	0.4	0.5	3.7	8.4	10.4	16.4	24.4	19.5	11.0	3.6	1.3
大赉	流量(m^3/s)	52	35	48	252	628	741	1 057	1 901	1 830	1 248	497	154
	径流比(%)	0.6	0.4	0.6	3.0	7.4	8.8	12.5	22.5	21.7	14.8	5.9	1.8

河流生物主要包括藻类、浮游植物、浮游动物、大型水生植物、底栖动物和鱼类等。要将每类生物生存最低生态水量全部确定，在现阶段无法实现。因此，选用河流指示生物,认为指示生物的生存空间得到满足，其他生物的最小生态空间也得到满足。和其他的类群相比，鱼类在水生态系统中的位置独特。一般情况下，鱼类是水生态系统中的顶级群落,对其他类群的存在和丰度有着重要作用。鱼类对河流生态系统稳定具有重要作用，加之鱼类对低水量最为敏感，故将鱼类作为指示物。认为鱼类的最低生态水量得到满足，则其他类型生物的最低生态水量也得到满足。

嫩江下游枯季主槽水面宽一般300~400 m,水深2~4 m,基本能够保证鱼类越冬所需水位。适宜流速是鱼类繁殖的必要条件,嫩江下游从3月份到8月份是涨水阶段,河流流速逐渐增加,鱼类产卵也需要在一个涨水状态下进行。流速过快、过大容易使鱼消耗体力,过慢、过小又容易出现缺氧。流速、流量应随着季节气温变化而变化,河流自然径流过程一般春季缓流,夏季急流,秋季慢流,冬季微流,同鱼类生存需求基本一致。根据已有研究成果,中国北方鱼类繁育所需最佳河流流速0.3~0.4 m/s,适宜鲤鱼等经济鱼类活动的流量区间为0.12~0.70 m/s,基于年内河流水资源分布状况,以及河流生态系统不同时段不同功能和作用,可将一年分为以下几个时段:12月~翌年3月;4~6月;7~9月;10~11月。12月~翌年3月为鱼类越冬期,所需水量较少,只要保证河流一定水深,鱼类即可安全越冬,河道中存在较多低洼深水区,一般情况下能够满足鱼类越冬需求;4~6月为鱼类繁育期,对河流水量要求较高,该时段松嫩平原降水偏少,又正是农业用水的关键时期,生态用水和生产用水矛盾尖锐;7~9月为主汛期,河流水量较为丰富,鱼类最低限生态需水自动得到满足;10~11月,鱼类活动降低,即将进入越冬期,对河流水量要求降低。从保证低限河流生态系统安全的角度,根据前述代表性鱼类生存特点,可确定不同时段鱼类生存的最小流速,见表2,进而根据不同河段断面数据,可确定相应河段不同时段最低河流生态水量。

表2 各时段河流最小流速

时段	12月~翌年3月	4~6月	7~9月	10~11月
最小流速(m/s)	0.12	0.3	0.20	0.15

2.2 安全水量上限确定

对于安全水量而言,河流每年不同时段来水量变化比较明显,汛期和非汛期、汛前和汛后都不一样,安全水量上限也应随之变动。根据来水状况不同,将一年12个月份分为4个时段:少水期(11~4月)、汛前(5~6月)、汛中(7~8月)、汛末(9~10月)。为了保证堤坝安全,汛前(5~6月)河流安全水位上限逐步降低,汛末(9~10月)安全水位上限逐步升高。安全水量上限 Q_{L2} 可以按照河流平滩流量来确定。平滩流量,也称为造床流量,指河流水量平滩时的流量,就是主河槽的过流能力。流域面积较大的河流,水量漫滩时往往对堤防、河滩内农作物(河流漫滩并不是每年都出现,所以大河的河漫滩一般都会种植农作物,甚至有的河漫滩内有人居住,比如黄河)构成威胁。

在少水期由于河流流量较小,一般达不到平滩水平,其上限可取河滩地高程对应流量。根据嫩江干流河道地形资料和水文站水位流量关系线分析,嫩江干流河道多年冲淤变化基本平衡,汛后虽然主河槽也有所变化,一般变动较小,其过流能力变动也不大,在计算时可以认为没有变化。汛前为了安全起见可以适当降低安全水量标准,汛中维持较低标准,汛末逐步提升水量标准。

平滩流量可根据河流水位流量曲线来确定,河流达到平滩水位,水位上涨将带来流量激增,表现在水位流量曲线上就是在此水位附近曲率开始明显增加。当然,涨水过程和退水过程相同水位对应流量有所差别,一般情况下,差值不大,可根据其多年平均数据列出水位流量过程曲线,见图2,据此可得到相应平滩水位和平滩流量。

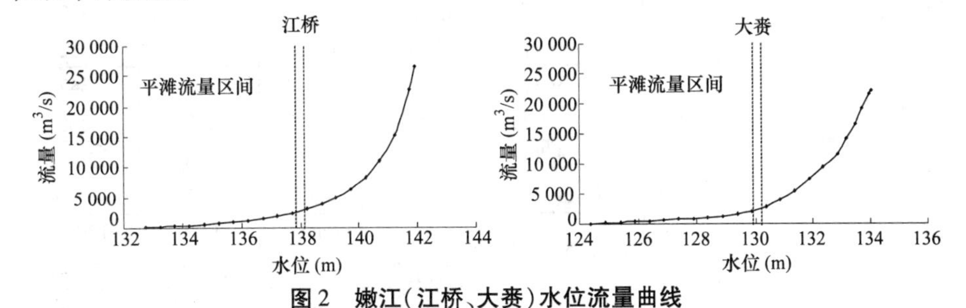

图2 嫩江(江桥、大赉)水位流量曲线

2.3 风险水量和灾害水量限值确定

在确定风险水量和灾害水量界限 Q_{L3} 时,可参照河流防洪控制断面特征水位来确定。防洪控制断面的特征水位是根据河流堤防和河流多年平均来水状况确定的对防洪具有指导性作用的河流水位高程。参照河流多年水位流量资料和洪水灾害资料,以各站警戒水位所对应河流流量为确定 Q_{L3} 的依据。警戒水位是指江河洪水普遍漫滩或水位上涨造成重要堤防可能出现险情,达到该水位时需加强警戒。从警戒水位的定义来看,在达到该水位时,河流在某些区段可能已经出现洪灾险情,需要采用适当措施来避免或减轻洪水灾害,因此,采用河流警戒水位所对应的流量作为风险水量和灾害水量的界限 Q_{L3},见表 3。

表 3　嫩江(江桥、大赉)警戒水位、流量

站名	警戒水位(m)	相应流量(m^3/s)
江桥	138.50	3 300
大赉	130.10	3 800

风险水量和灾害水量是伴随河流洪水漫滩过程出现的,就河流而言,河水漫滩不一定每年出现,在许多年份,河流水量可能达不到警戒水位,甚至低于平滩水位,在这些年份就不存在风险水量和灾害水量。

3　嫩江下游江桥—大赉河段河流水资源结构分析

选择嫩江下游江桥—大赉河段作为分析对象。利用江桥、大赉水文站断面 1953～2002 年水文数据,根据前述方法确定各类水量限值。根据前述方法和原则,经过分析计算可确定出嫩江江桥断面和大赉断面河流水资源结构中不同情况下各类水量的限值 Q_{L1}、Q_{L2} 和 Q_{L3},见表 4。

表 4　各类水量界限值

<table>
<tr><th rowspan="2">水量分类</th><th rowspan="2">界限</th><th colspan="2" rowspan="2">时段</th><th colspan="2">限值</th></tr>
<tr><th>江桥</th><th>大赉</th></tr>
<tr><td rowspan="2">生态水量</td><td rowspan="4">Q_{L1}</td><td>上年 12～3 月</td><td>流量限值(m^3/s)</td><td>196</td><td>217</td></tr>
<tr><td>4～6 月</td><td>流量限值(m^3/s)</td><td>473</td><td>512</td></tr>
<tr><td rowspan="2">安全水量</td><td>7～9 月</td><td>流量限值(m^3/s)</td><td>308</td><td>347</td></tr>
<tr><td>10～11 月</td><td>流量限值(m^3/s)</td><td>227</td><td>265</td></tr>
<tr><td rowspan="4">安全水量</td><td rowspan="8">Q_{L2}</td><td>少水期</td><td>平滩水位(m)</td><td>138.00</td><td>129.64</td></tr>
<tr><td>(上年 11～4 月)</td><td>流量限值(m^3/s)</td><td>2 750</td><td>2 734</td></tr>
<tr><td rowspan="2">汛前(5～6 月)</td><td>平滩水位(m)</td><td>137.90</td><td>129.54</td></tr>
<tr><td>流量限值(m^3/s)</td><td>2 630</td><td>2 521</td></tr>
<tr><td rowspan="4">风险水量</td><td rowspan="2">汛中(7～8 月)</td><td>平滩水位(m)</td><td>137.80</td><td>129.44</td></tr>
<tr><td>流量限值(m^3/s)</td><td>2 518</td><td>2 362</td></tr>
<tr><td rowspan="2">汛末(9～10 月)</td><td>平滩水位(m)</td><td>138.20</td><td>129.84</td></tr>
<tr><td>流量限值(m^3/s)</td><td>3 024</td><td>3 080</td></tr>
<tr><td rowspan="2">风险水量
灾害水量</td><td rowspan="2">Q_{L3}</td><td rowspan="2">仅丰水期</td><td>警戒水位(m)</td><td>138.50</td><td>130.10</td></tr>
<tr><td>相应流量(m^3/s)</td><td>3 300</td><td>3 800</td></tr>
</table>

3.1 江桥、大赉水文站四类水量特点分析

江桥、大赉两站生态、安全、风险和灾害等四类水量年变化趋势见图3。从图3中可以得到如下几条结论：①两站间四类年水量量值变动趋势相似；②各站年际间生态水量量值相对稳定，变幅较小，就其量值而言大赉站大于相应年份江桥站；③两站相应年安全水量量值相近，且具有和年总径流量相似的丰枯变动趋势；④风险水量和灾害水量年际间变幅较为剧烈，许多枯水年份二者不存在；⑤在1998年，江桥站风险水量小于大赉站，其值分别为49亿m^3和79亿m^3；而其灾害水量则大于大赉站，其值分别为319亿m^3和199亿m^3。

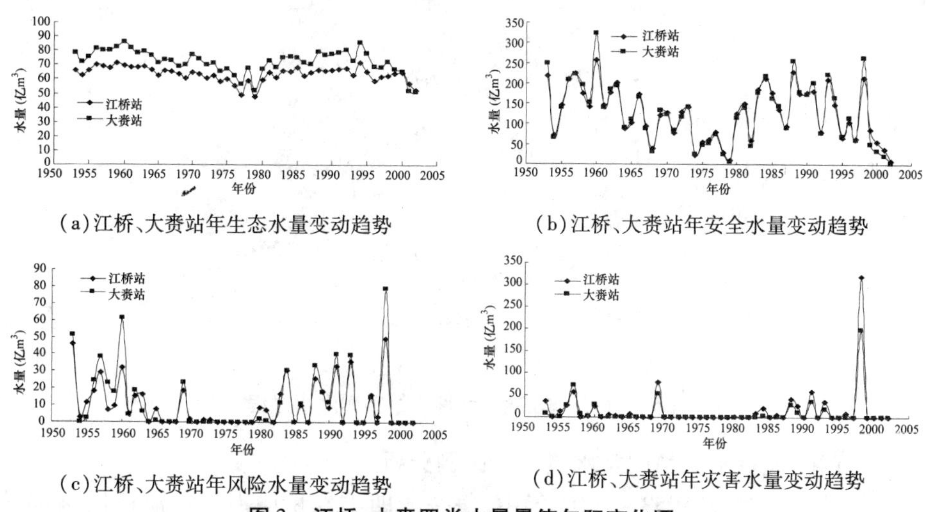

(a)江桥、大赉站年生态水量变动趋势　(b)江桥、大赉站年安全水量变动趋势

(c)江桥、大赉站年风险水量变动趋势　(d)江桥、大赉站年灾害水量变动趋势

图3　江桥、大赉四类水量量值年际变化图

上述现象，可从如下几个方面解释其原因：①两站年水量量值具有高度线性相关，确定各类水量限值方法相同，导致其各类水量量值变动趋势相似。②作为河流的最基础水量，生态水量是从保证河流最低限生态环境不被破坏的角度确定的，其量值较低，一般而言在一年中的大部分时间都能满足。在枯水期某些时段(1～3月份)，河流水量可能低于生态水量限值Q_{L1}，由于该时段鱼类处于越冬期，对生态水量要求不高，而且河流中有许多低洼处能够提供越冬所需的足够水深，因此该时段河流水量暂时低于Q_{L1}不会对河流生态系统造成严重威胁。当然，若此时向河流补水维持生态水量不低于Q_{L1}，则能确保河流生态系统处于健康稳定的状态。另外，由于下游大赉断面河道更加宽广，其生态水量量值相应增大。③在一年的大部分时间，河流水量处于安全水量上限之下，因而就多年平均而言安全水量量值最大，其比例超过河流年径流量的50%，在很大程度上其年际变动趋势和年水量相似。④风险水量和灾害水量只有在河流洪水漫滩过程中才会出现。风险水量作为预警性质的区间水量，而且洪水过程中超过Q_{L2}的时

间一般较短,其量值较小,一般不超过 50 亿 m^3。灾害水量在一般洪水年份小于 50 亿 m^3,而在特大洪水年份其量值剧增,甚至远大于其他三类水量,如 1998 年江桥站灾害水量为 319 亿 m^3,而生态、安全和风险水量则仅分别为 63 亿 m^3、213 亿 m^3 和 49 亿 m^3。⑤1998 年为百年不遇的特大洪水,见图 4,峰高量大,持续时间长,因而江桥、大赉两站风险水量量值较大。大洪水绝大部分来自江桥站上游,其水位上涨迅速,进入风险水量范围后很快进入灾害水量范围,致洪水灾害发生;而下游大赉站,经过宽广河道调蓄,更由于其间河流堤防多处溃决,使下游大赉断面水位上涨稍缓,从而其断面风险水量大于江桥而灾害水量小于江桥。

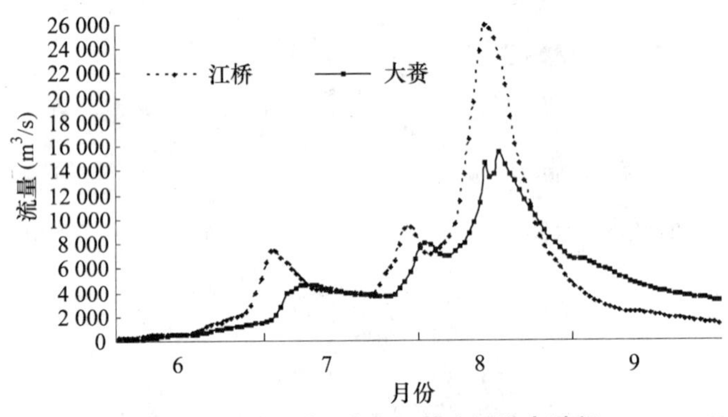

图 4　1998 年江桥、大赉两站实测洪水过程

3.2　江桥、大赉水文站四类水量所占比例分析

在所研究时段,1953 ~ 2002 年中,每一年四类水量所占年径流量比例都是不同的,为了研究方便,在此分两种情况进行研究,一是四类水量多年均值;二是选择特征年份,研究特征年份四类水量比例特点。

3.2.1　四类水量多年均值所占比例分析

江桥、大赉两站四类水量多年均值比例见图 5。从图 5 中来看,两站河流水资源结构相似。生态水量比例分别为 30%(江桥)和 33%(大赉),该结果与历史流量法研究结论“河道内径流为多年平均流量 30% 时,能为大多数水生生物在其主要生长期提供较好的栖息地基流流量”相符,也说明了生态水量确定方法的合理性;在河流水资源结构中,由于河流在一年中全部或者大部分时间其水位均处于安全水量上限之下,致使安全水量比例所占比例最大,分别为 58%(江桥)和 57%(大赉),该部分水量对经济、生活意义重大;风险水量和灾害水量由于只有大水量时候才会出现,而大水量并不是每年都存在,因而其所占比例相对较小,二者比例江桥分别为 5% 和 7%,大赉均为 5%。河流水资源结构的这种特点对于河流的防洪和水资源利用具有重要意义,对防洪而言,我们无需着眼于处理全部汛期来水,只需对比例很小的灾害水量采取一定的措施即可;对水资源利用而言，可以针对整个汛期来水，根据其河流水资源结构特点，研究如何采取措施，改变其河流水资源结构，提高河流水资源利用率。

图5　江桥、大赉两站量多年均值河流水资源结构比例图

3.2.2　四类水量特征年份所占比例分析

特征年份对于河流年水文系列具有较强代表性，前已述及，江桥、大赉两站年水量相近且具有相同的变动趋势，相应地其特征年份也一致。选择特丰年（1998，0.5%）、偏丰年（1983，30%）、平水年（1996，50%）、偏枯年（1995，70%）和特枯年（2002，98%）等5类年份进行分析。各特征年年内（4～11月）径流过程见图6，各类水量量值见表5。

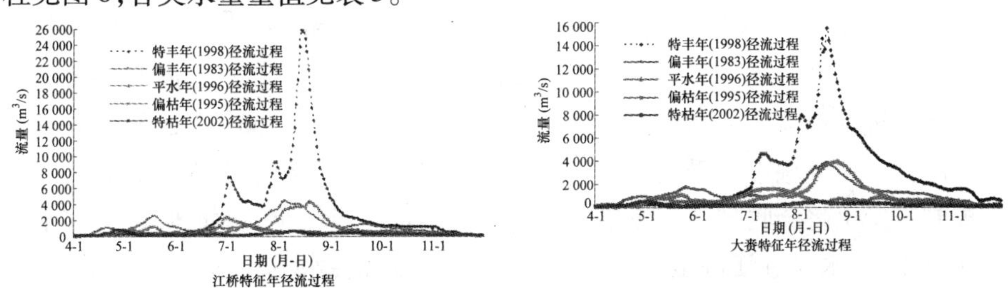

图6　江桥、大赉两站特征年（4～11月）径流过程

表5　江桥、大赉两站特征年份四类水量　　（单位：亿 m^3）

站名	特征年份	频率（%）	生态水量	安全水量	风险水量	灾害水量	年水量
江桥	1998	0.5	62.56	213.27	49.11	319.12	644.06
	1983	30	66.28	185.03	16.73	9.81	277.84
	1996	50	59.3	105.26	16.14	8.67	189.37
	1995	70	65.71	66.86	0	0	132.58
	2002	98	52.41	9.24	0	0	61.65
大赉	1998	0.5	72.49	263.18	79.21	198.57	613.46
	1983	30	75.29	177.9	11.61	0.06	264.86
	1996	50	68.93	114.37	14.68	0.57	198.55
	1995	70	78.47	69.87	0	0	148.33
	2002	98	51.68	2.63	0	0	54.32

图6显示,在同一特征年,江桥、大赉两站年径流变化过程相似;特丰年(1998,0.5%)无论是径流过程还是径流量,均明显高于其他几类特征年;特枯年(2002,98%),江桥、大赉两站年最大流量仅分别为667 m^3/s 和488 m^3/s,丰枯年流量和水量差异巨大。

从表5来看,同一特征年江桥、大赉两站间河流水资源结构有所差别,但总体趋势相近;各站5种类型特征年份间其水资源结构差异明显。生态水量比例和年水量丰枯关系密切,年水量越少生态水量的比例越高。①在特丰年1998年,风险和灾害两类水量比例大幅增加,江桥站灾害水量比例甚至达到了49%,远大于大赉站32%的灾害水量比例;②在偏丰年1983年,两站安全水量比例大增,风险、灾害水量比例大为减少,但大赉断面风险、灾害水量比例明显小于江桥断面;③在平水年1996年,江桥、大赉两站生态水量比例有较大增加;④在偏枯年的1996年,没有出现风险水量和灾害水量,生态水量比例继续增加,占年径流量比例50%以上;⑤在特枯年的2002年,江桥、大赉两站生态水量比例分别达到了85%和95%,两站安全水量则分别降低到了15%和5%。

上述几点结论可解释如下:①特丰年(1998)嫩江流域的洪水远超百年一遇,从而其下游河段风险、灾害水量比例大幅增加。江桥、大赉之间多处溃堤,跑水达到99.3亿 m^3,致使大赉断面河流水资源结构发生明显变化,同时极大减轻了下游的抗洪抢险压力,哈尔滨断面洪峰流量因此减少6 900 m^3/s,使哈尔滨及其下游佳木斯等城市免受灭顶之灾,溃堤决口是被动分蓄洪,若上述分蓄洪在人为控制下发生将会收到更好效果。②偏丰年洪水量级较小,从而风险、灾害水量比例较小;洪水经过江桥至大赉河段调蓄,大部分灾害水量和部分风险水量转化为安全水量,使得大赉断面两类水量比例降低。③平水年河流水量漫滩时间较短,年水量的大部分为生态水量和安全水量;江桥站平水年(1996)风险和灾害水量比例均大于该站偏丰年(1983)二者相应比例,由于1996年其年径流量小于1983年,而其汛期洪水量级和过程同1996年相近所致。④偏枯年江桥、大赉两站河流水量没有漫滩,其年径流全部为生态水量和安全水量。⑤特枯年嫩江来水极少,全部河流水量几乎都被用来维持必要的河流生态需水,因而生态水量所占比例大大增加;由于江桥、大赉间宽广河道断面蒸发强烈,其间泡、沼、湿地补水不足以补充蒸发耗水,使下游大赉断面来水减少,满足河流生态需水更加严峻,年径流的95%被用来保障生态系统安全。

3.3 江桥、大赉断面风险水量、灾害水量频度分析

根据江桥、大赉两水文站1953~2002年水文系列,可分析风险水量和灾害水量出现频度,从表6来看,许多年份两站没有出现风险水量和灾害水量,或者出现风险水量而没有灾害水量。将江桥站出现风险以及灾害水量年份列出,为

了上下游间对比，同时将大赉站相应年份两类水量量值列出，见表6。

表6　江桥、大赉断面风险水量、灾害水量出现系列　（单位：亿 m^3）

年份		1953	1954	1955	1956	1957	1958	1959	1960	1961	1962	1963
风险	江桥	46.14	2.68	11.62	18.17	29.25	7.28	9.79	32.05	5.18	15.55	16.16
水量	大赉	51.31	0	2.29	24.46	38.34	23.15	17.95	61.17	4.45	18.46	6.22
灾害	江桥	36.24	0	12.98	27.22	57.66	0.31	1.03	24.49	0.03	6.38	3.2
水量	大赉	7.39	0	0	25.95	72.69	7.89	2.7	29.19	0	0.92	0
年份		1965	1966	1969	1970	1972	1973	1980	1981	1983	1984	1985
风险	江桥	7.46	0.18	18.46	2.09	1.23	1.36	8.48	7.17	16.73	30.46	0.68
水量	大赉	1.15	0	23.25	0	0	0	2.09	0.82	11.61	30.67	0
灾害	江桥	6.73	0	80.17	0	0	0	1.88	0.69	9.81	20.3	0
水量	大赉	0	0	52.94	0	0	0	0	0	0.06	3.89	0
年份		1986	1988	1989	1990	1991	1992	1993	1994	1996	1997	1998
风险	江桥	9.88	25.76	17.96	8.42	32.87	0.1	36.12	0.16	16.14	3.38	49.11
水量	大赉	10.82	33.38	17.74	11.78	40.41	0	39.54	0	14.68	0	79.21
灾害	江桥	5.87	41.16	27.38	0.45	59.01	0	36.78	0	8.67	0	319.12
水量	大赉	0	27.45	11.21	0.36	36.71	0	19.86	0	0.57	0	198.57

根据表6的统计结果，在1953～2002年50年中，江桥站出现风险水量和灾害水量的年份为33年和24年，出现频率分别为66%和48%；大赉站则为24年和17年，出现频率48%和34%。灾害水量如此高的出现频率也反映了嫩江下游水灾频繁的特点。从表6可以看出，江桥站灾害水量量值均大于大赉站，而且在江桥站出现风险水量而没有出现灾害水量的年份，其风险水量的量值一般也极小，不超过4亿 m^3，如1954年、1966年、1970年、1972年、1973年、1985年、1992年、1994年、1997年，在这些年份，大赉断面没有产生风险水量，说明经过河道调蓄，将上游河段风险水量全部转化为安全水量或者生态水量，从而使得大赉断面风险水量和灾害水量出现频率大大小于上游江桥站。灾害水量大小对防洪意义重大，从表6来看，嫩江下游大量出现的是一些中小洪水，其灾害水量量值一般较小，可采取措施将这部分水量转化为其他水量；在一些特大水量年份，灾害水量的量值会远高于风险水量，如1998年，两站灾害水量的数值分别达到了319.12亿 m^3 和198.57亿 m^3，远超过当年风险水量49.11亿 m^3 和79.21亿 m^3。

4　结论

河流水资源结构理论为河流水资源优化配置提供了新的思维方法，可以实现对洪水资源在量值上进行确定。尽管松嫩平原地势平坦，缺乏建立大型水利枢纽的自然地理条件，但是平原上分布有大量泡、沼、湿地，可用来存蓄汛期出现的风险水量和灾害水量，实现洪水资源利用。

本文分析计算表明,嫩江下游有充沛的汛期洪水量可供利用;尽管不同水平年其河流水资源结构差异较大,但是中、小洪水的发生频率较大,可以实现年内、年际间水量调配。

当然,实现洪水资源利用必然要承担一定风险,因此适当的风险评估机制的建立是非常必要的,当风险评估结果超过收益时,则要对洪水资源利用的方式进行调整。但总体而言,在河流水资源结构思想基础上,对量化的洪水实现资源化,可以一定程度上避免洪水资源利用方面的盲目性。

参考文献

[1] 许士国,李文义,周庆瑜. 河流水资源结构分析研究[J]. 大连理工大学学报,2005,45(6).

[2] 徐志侠, 陈敏建, 董增川. 湖泊最低生态水位计算方法[J]. 生态学报, 2004, 24(10):2324 - 2328.

[3] 孙涛, 杨志峰. 基于生态目标的河道生态环境需水量计算[J]. 环境科学, 2005, 26(5):43 - 48.

[5] 王武. 鱼类增养殖学[M]. 北京:中国农业出版社, 2000:395 - 396.

[6] 水利部水文局,水利部松辽水利委员会水文局. 1998 年松花江暴雨洪水[M]. 北京:中国水利水电出版社,2002.

[7] Orth D J, Leonard P M. (1990). Comparison of discharge methods and habitat optimization for recommending instream flows to protect fish habitat. Regulated Rivers: Res. Mgmt. 5: 129 - 138.

小浪底水库运用对维持山东黄河健康生命的影响分析

任汝信[1] 刘晓红[1] 李 静[1] 杜 娟[2]

（1. 山东黄河河务局防汛办公室;2. 山东黄河信息中心）

摘要:小浪底水库于1999年10月下闸蓄水,2000年起开始防洪运用。由于小浪底水库的调节作用,进入黄河下游的水沙条件发生了明显的改变,来水来沙年际变差减小、年内分配趋于均匀、洪峰流量减小,中水流量持续时间增长,含沙量减小。经过小浪底水库连续5年调水调沙和2003年、2005年秋汛洪水的冲刷,黄河下游河道主槽过洪能力也有了较大提高,河势趋于稳定,且向有利的方向发展。小浪底水库的运用对维持山东黄河健康生命起到了非常重要的作用。

关键词:调水调沙 河道冲淤 小浪底水库运用 黄河健康生命

小浪底水库于1999年10月下闸蓄水,随着小浪底水库调控水沙能力的不断增强,进入黄河下游的水沙条件及洪水演进都发生了明显的改变,黄河下游河道过洪能力得到了明显恢复。及时分析山东黄河来水来沙特点和洪水演进规律,对维持山东黄河健康生命战略决策、黄河防汛指挥、水资源调度及防洪工程建设都具有重要的指导意义。

1 小浪底水库防洪运用及调水调沙情况

小浪底水库于1999年10月下闸蓄水,2000年起开始防洪运用,汛期7~9月水库调水调沙与拦洪运用,10月至次年6月,调蓄水量发电、灌溉并蓄水造峰冲刷下游河道。2000年、2001年由于黄河上中游来水较少,没有进行防洪调节。自2002年起小浪底水库连续进行了5次调水调沙和2003年、2005年秋汛洪水的防洪运用。期间水库最高蓄水位265.58 m(2003年10月15日),最大下泄流量为3 996 m^3/s(2005年6月22日),洪水期下泄水流平均最大含沙量104.7 kg/m^3(2004年9月),最小为0。具体情况如下:

2002年7月水库进行了首次调水调沙试验,试验自7月4日8时开始,库水位为236.54 m,相应蓄量为44.0亿 m^3,至18日8时结束,库水位降至222.01 m,相应蓄量为25.9亿 m^3。最大下泄流量3 480 m^3/s,共下泄水量28.5亿 m^3,

沙量0.321 0亿t,平均含沙量为11.3 kg/m^3。2003年汛期黄河流域降雨多,黄河流域泾渭河、伊洛河、沁河出现较大洪水,从8~11月小浪底水库与陆浑、故县、三门峡水库长时间联合调度,进行削峰调洪运用,大大减轻了黄河下游防洪压力,避免了大范围漫滩,最大限度地降低了滩区人民群众的损失。小浪底水库防洪控泄运用期间,最高库水位为265.58 m(10月15日14时),相应蓄量95.20亿m^3,最大下泄流量2 540 m^3/s,共下泄水量106亿m^3,沙量1.2亿t,平均含沙量为11.3 kg/m^3。2004年小浪底水库调水调沙自6月19日9时开闸放水,至7月18日尾水全部入海,历时29天。小浪底库水位自249.06 m下降到225.00 m,水位下降24.06 m,蓄量减少33.0亿m^3,最大下泄流量为2 940 m^3/s,总下泄水量44.51亿m^3。2005年小浪底水库防洪预泄自6月9日开始,调水调沙生产运行尾水于7月6日全部入海,两个阶段共历时28天,小浪底水库蓄水位从252.17 m降至224.81 m,蓄量减少39.40亿m^3,最大下泄流量3 996 m^3/s,共下泄水量51.87亿m^3。2006年小浪底水库调水调沙自6月10日开始至6月29日结束,历时19天,库水位自254.05 m下降到224.51 m,水位下降29.54 m,相应蓄量由62.29亿m^{3}降至19.58亿m^3,蓄量减少42.71亿m^3。最大下泄流量为4 200 m^3/s,下泄水量54.46亿m^3。

2 小浪底水库运用以来山东黄河水沙特点

小浪底水库运用以来,黄河流域降雨偏少,加之小浪底水库调控影响,黄河下游来水来沙明显偏少,属严重的枯水枯沙年份。来水来沙与建库前相比均偏少,来沙偏少更甚。来水来沙占年总量的百分数汛期减少,非汛期增加,年内趋于均匀。

2.1 水、沙年际变化减小,来水来沙属严重枯水枯沙系列

2000~2006年高村站实测年径流最大为257亿m^3(2003年),最小为130亿m^3(2001年),相差2.0倍。实测年沙量最大为2.75亿t(2003年),最小为0.841亿t(2001年),相差3.3倍。利津站实测年径流最大为207亿m^3(2005年),最小为41.9亿m^3(2002年),相差5.0倍。实测年沙量最大为3.70亿t(2003年),最小为0.191亿t(2005年),相差19倍。水沙年际变化均较多年变差明显减小。

2000~2006年高村站6年平均来水量193亿m^3,较1951~1999年均水量379亿m^{3}偏少49%。6年平均来沙量1.66亿t,较1951~1999年均来沙量9.38亿t偏少82%。利津站6年平均来水量123亿m^3,较1950~1999年均水量338亿m^{3}偏少64%。6年平均来沙量1.53亿t,较多年来沙均值8.50亿t偏少82%。属严重枯水枯沙系列。

2.2 水、沙年内分配趋于均匀

2000～2006年高村站汛期平均来水量为79.9亿m^3，汛期来水量由占多年均值的57%减少到41%，非汛期来水量为113亿m^3，由占多年均值的43%增加到59%。6年汛期平均来沙量1.01亿t，汛期来沙量由占多年均值的80%减少到61%，非汛期来沙量0.656亿t，由占多年均值的20%增加到39%。

2000～2006年利津站汛期平均来水量为67亿m^3，由占多年均值的61%减少到55%；非汛期来水量为55.2亿m^3，由占多年均值的39%增加到45%。6年汛期平均来沙量1.14亿t，由占多年均值的85%减少到75%；非汛期来沙量0.386亿t，由占多年均值的15%增加到25%。

2.3 来水含沙量大幅度减小

由于小浪底水库蓄水拦沙运用，下泄水流含沙量低。高村站6年平均含沙量8.63 kg/m^3，较多年平均值偏少65%，其中汛期平均为12.6 kg/m^3，较多年平均值偏少64%。利津站6年平均含沙量12.4 kg/m^3，较多年平均值偏少51%，其中汛期平均为16.9 kg/m^3，较多年平均值偏少52%。

3 小浪底水库运用以来山东省黄河河道冲淤变化

根据断面法冲淤量计算结果，小浪底水库第一个运用年（1999年10月～2000年10月），高村—清7河段共淤积0.202亿m^3，仅泺口—利津河段冲刷54万m^3（见表1）；第二个运用年（2000年10月～2001年10月）高村—汉2河段淤积0.129亿m^3，孙口—泺口河段受“01·8”汶河加水影响发生冲刷，冲刷量为0.038亿m^3，其余河段均表现为淤积，但高村—孙口河段淤积量明显减少，表明小浪底水库清水下泄，造成河道冲刷已影响至该河段；第三个运用年（2001年10月～2002年10月）高村—汉2河段非汛期冲刷0.038亿m^3，除孙口—泺口河段淤积0.044亿m^3外，其余河段均发生冲刷，汛期冲刷0.544亿m^3，整个运用年高村—汉2河段主槽冲刷0.582亿m^3，主槽均发生冲刷；第四个运用年（2002年10月～2003年11月）高村—汉2河段非汛期淤积0.037亿m^3，冲刷发生在高村—艾山河段，汛期在长历时秋汛洪水作用下冲刷较多，为1.09亿m^3，整个运用年冲刷1.05亿m^3；第五个运用年（2003年11月～2004年10月）高村—汉2河段非汛期淤积0.129亿m^3，汛期冲刷0.490亿m^3，整个运用年冲刷0.361亿m^3；第六个运用年（2004年10月～2005年10月）高村—汉2河段共冲刷0.808亿m^3，其中非汛期和汛期分别冲刷0.016亿m^3和0.792亿m^3，从非汛期冲淤的沿程分布看，非汛期的冲淤具有“上冲下淤”的特点，但冲淤的绝对值都不大，汛期整个下游河道都是冲刷的；第七个运用年（2005年10月～2006年10月）高村—汉2河段共冲刷0.116 7亿m^3，其中非汛期淤积0.203 1亿m^3，汛期冲刷

0.319 8 亿m^3。

表1 2000～2005年高村以下河段主槽冲淤量统计

时段（年·月）	高村—孙口（亿m^3）	孙口—艾山（亿m^3）	艾山—泺口（亿m^3）	泺口—利津（亿m^3）	利津—汊2（亿m^3）	高村—汊2（亿m^3）
1999.10～2000.10	0.164	0.002 2	0.016 6	-0.005 4	0.024 2	0.201 6
2000.10～2001.10	0.085 4	-0.015 5	-0.022 3	0.041 3	0.039 9	0.128 8
2001.10～2002.10	-0.190 1	-0.014 2	-0.044 9	-0.187 2	-0.145 1	-0.581 5
2002.10～2003.11	-0.233 1	-0.100 9	-0.215 4	-0.310 1	-0.190 1	-1.049 6
2003.11～2004.10	-0.051	-0.052 8	-0.120 5	-0.148 8	0.012 1	-0.360 9
2004.10～2005.10	-0.229 7	-0.122 9	-0.202 7	-0.151	-0.101 8	-0.808 1
2005.10～2006.10	-0.214 5	-0.000 6	0.073 6	-0.037 9	0.062 7	-0.116 7
1999.10～2006.10	-0.669	-0.304 7	-0.515 6	-0.799 1	-0.298 1	-2.586 4

小浪底水库运用6年以来，高村—汊2河段主槽累积冲刷2.586 4亿m^3，从冲刷量的沿程分布看，高村—孙口河段主槽冲刷量占下游河道的比例为25.9%，孙口—艾山河段占11.8%，艾山—泺口河段占19.9%，泺口—利津河段占30.9%，利津—汊2河段占11.5%。从冲淤时段来看，1999年10月～2001年10月高村—汊2河段汛期、非汛期均主要表现为淤积，2001年10月～2005年10月每个运用年均发生冲刷，其中冲刷量最大的为2003年汛期，其次为2005年汛期，冲刷量分别占小浪底水库运用以来总冲刷量的42.0%、30.6%。

4 小浪底水库调水调沙对山东省黄河健康生命的影响分析

4.1 主槽过流能力明显增大

在5次调水调沙中，共将3.56亿t泥沙输送入海，山东省河道冲刷0.913亿t，河道普遍刷深，河道过洪能力明显增大，最小平滩流量由2002年1 800 m^3/s左右（菏泽部分河段）提高至目前的3 500 m^3/s左右，主槽过洪能力增大，2006年顺利通过3 750～3 900 m^3/s的流量。

4.2 同流量相应水位明显降低

从3 000 m^3/s同流量水位表现来看，山东省各站2006年水位表现均较2002年调水调沙初期明显降低，平均降低了0.88 m，其中高村站降低最多为1.26 m，利津站降低最少，为0.64 m，详见表2。小浪底水库调水调沙以来，3 000 m^3/s同流量水位降低最多的为2003年，主要因为受“华西秋雨”影响，黄河下游出现了持续近3个月的3 000 m^3/s左右的洪水过程，河道冲刷剧烈，5个水文站3 000 m^3/s同流量水位平均降低0.48 m。

表2　花园口—利津各站汛后 3 000 m^3/s 水位比较　　（单位：m）

时间	高村	孙口	艾山	泺口	利津
2002	63.70	49.08	42.06	31.34	14.12
2003	63.11	48.78	41.46	30.93	13.62
2004	62.65	48.58	41.35	30.80	13.35
2005	62.50	48.58	41.04	30.42	13.26
2006	62.44	48.35	41.14	30.50	13.48
2002～2006	-1.26	-0.73	-0.92	-0.84	-0.64

4.3　下游河势正向有利的方向发展

经过5年的调水调沙，山东河道出现平槽流量的时间明显延长，水流造床能力增强，河道逐年变得顺直，并趋于稳定，从20世纪90年代以来长期小水状态下形成的畸形河势流路逐步调整过来，多数工程上首坐弯、塌滩的不利局面得到根本改善。有利的水沙条件，不断促进河势的调整与完善，河势正整体朝着有利于河道治理的方向发展。

4.4　工程出险次数大幅度减少

从2002～2006年调水调沙期间工程出险情况看，工程险情总体呈逐年减少的趋势。2002年险工控导工程共有417道坝，出险528次，抢险用石方83 713 m^3；2003年有467道坝，出险519次，抢险用石方73 936 m^3；2004～2006年工程分别有105、39、103道坝，出险121、43、127次，抢险用石方29 685、7 666、21 410 m^3。调水调沙期间，河道工程在中常洪水的冲刷下，工程基础不断加固，抗御洪水能力不断增强，在中常洪水冲击下工程仅发生根石走失、根石坍塌险情，险情较轻。

4.5　河口湿地得到明显恢复

黄河口湿地是中国暖温带最完整、最广阔、最年轻的湿地生态系统，淡水资源是黄河口湿地生态系统中最重要的生态因子。过去，由于开发活动的加剧，黄河水资源严重不足，造成了湿地面积逐年缩小，湿地的水环境下降，出现了大面积的荒地。近5年来，由于实施科学调水调沙，确保了黄河不断流和黄河口湿地黄河水的有效供给，有效地缓解了黄河口湿地面积的缩小和盐碱程度的加剧，使黄河入海口湿地得到恢复与扩展，生态环境明显改善。如今，黄河三角洲地区的湿地总面积已近20万 hm^2，仅2005年第4次调水调沙就使河口海岸线向海洋推进了1.6 km，新增湿地面积2万亩。

5　结论

小浪底水库建成运用后，经过连续5年的调水调沙，黄河下游河道主槽过洪能力也有了较大提高，同流量水位大幅度下降，最小平滩流量由不足 2 000 m^3/s 增至 3 500 m^3/s 左右，现状山东省主槽过流条件已比 1996 年汛前明显好转，河势趋于稳定，且向有利的方向发展，黄河入海口湿地得到恢复与扩展，生态环境明显改善。因此，小浪底水库的运用对维持山东黄河健康生命起到了非常重要的作用。

南水北调东中线受水区地下水系统生态环境现状及其恢复性评估

唐 蕴[1] 王 琳[1] 唐克旺[1] Augusto Pretner[2] Nicolò Moschini[2]

(1. 中国水利水电科学研究院；2. SGI 工程咨询公司，意大利帕多瓦)

摘要：南水北调东中线受水区涉及北京、天津、河北、河南、山东、江苏6省(市)，该地区在我国社会经济发展和粮食安全中具有十分重要的战略地位。受气候变化及人口增长、经济发展等因素影响，受水区长期靠开采地下水来维持区域发展所需水量，从而使地下水系统面临一系列的生态环境问题，如局部含水层疏干形成地下水降落漏斗、地面不均匀沉降形成地裂缝、海咸水入侵淡水含水层等，在一定程度上制约着该地区的发展。根据南水北调东中线受水区地下水压采总体规划，至2020年受水区地下水压采率总体将达到60%，经预估这将使该地区地下水位、含水层储量及地面沉降等方面向良性发展。因此，南水北调工程不仅对改善受水区的社会经济发展意义重大，而且对改善区域生态环境状况效果显著。

关键词：南水北调 受水区 地下水 生态环境 恢复

南水北调是解决我国北方地区水资源短缺的特大型水资源配置战略工程。该工程的实施将显著改变黄淮海地区水资源条件和水资源配置的格局，为推进区域超采区地下水压采、逐步修复地下水生态系统创造有利条件。本文以水利部已编制完成的南水北调东中线受水区地下水压采方案为基础，阐明受水区超采引起的生态环境问题，并对南水北调通水后受水区地下水系统的恢复性进行总体评估。

1 南水北调东中线受水区概况

南水北调(东、中线)一期工程受水区南自河南南阳盆地，北至北京、天津市平原区，西接京广铁路，东至山东半岛及河北沿海。全区面积23.32万km^2，覆盖北京、天津、河北、山东、河南、江苏的38个地级及其以上城市。

受水区西部多为山前冲积平原，东部为滨海平原，地势平坦，自西南向东北倾斜。受水区属半湿润季风气候区，受大气环流的影响，具有春季干旱多风，夏季炎热多雨、秋季晴朗凉爽、冬季寒冷干燥的特点。年平均降水量自南向北递减，河南南部最高达800～900 mm，河北平原中部最低仅450～500 mm。受水区降水量年际变幅大,年内分配很不均匀,丰枯水年最大和最小降水量相差2~3倍,汛期降水量占全年的60%~80%。

受水区内人口密集、大中城市众多、经济较发达且发展速度较快。据2004年资料统计,北京、天津、河北、河南、山东、江苏6省(市)人口达1.49亿人,占全国的11.5%。该地区也是我国的粮食主产区,粮食产量占全国粮食总产量的14.2%,国内生产总值(GDP)占全国的16.4%。受水区涉及的6省(市)在我国经济社会发展和粮食安全中具有十分重要的战略地位。

1999~2003年全受水区浅层地下水年平均实际开采量总计223.53亿 m^3,开采量在行业部门的分布比例:城市生活6%,农村生活8%,工业14%,农业72%。全受水区现状深层承压水实际开采量为48.44亿 m^3。开采量在行业部门的分布比例:城市生活9%,农村生活12%,工业29%,农业50%。农业是地下水开采的主要用户。

2　受水区地下水超采现状及引发的生态环境问题

地下水超采是指因地下水开采量超过可开采量,造成地下水位持续下降或因开发利用地下水引发了环境地质灾害、生态环境恶化的现象。受水区内浅层地下水超采区总面积为5.77万 km^2,占受水区总面积的25%。超采区面积占受水区面积比例较大的省份是北京和河北,河北省大部分受水区内浅层地下水处于超采状态。现状受水区深层承压水超采区总面积达7.37万 km^2,占受水区总面积的32%。天津市深层承压水基本上都处于超采状态,河北省深层承压水超采区占其受水区面积的近60%。由此可见,受水区面临较严重的超采问题,特别是河北、河南和天津3省(市)。

在社会经济发展驱动下,以及受气候、降水等自然因素限制,受水区长期超采地下水以维持发展所需水量,从而引发各种生态与环境问题。根据这些生态环境问题诱发机制,可以划分为浅层地下水超采引起的部分含水层疏干和海水入侵等;深层承压水超采引起的深层承压水降落漏斗、地面沉降、地裂缝等。

2.1　浅层地下水超采引起的生态环境问题

部分含水层疏干。受水区内北京、河北均存在由于长期超采地下水引起部分含水层疏干现象。截至2003年,北京地下水降落漏斗面积已扩大到908 km^2,主要分布在朝阳将台至顺义米各庄一线。在第四系地层较薄的地方,含水层濒临疏干或半疏干状态。2003年河北平原区有浅层地下水漏斗11个,漏斗总面积3 133 km^2,其中影响较大的有石家庄漏斗、宁柏隆漏斗。部分漏斗中心水位已低于第一含水层组底板高程。据不完全统计,太行山前平原区疏干面积已达到1 700 km^2。

(2)海水入侵。受水区东临渤海、黄海,沿海地区浅层地下水的超采导致很多地区发生海水入侵。例如,山东莱州湾地区,1985～1997年,由于地下水过量开采,加剧了海水入侵,到1997年,全市海水入侵面积达到277 km^2,这一时期是莱州市海水入侵快速发展阶段,年平均入侵速度近200 m。到2003年,全市海水入侵面积为234 km^2。环渤海其他地区也存在由于开采浅层地下水引发海水入侵或咸淡水混合等问题,给人民生活和生产用水带来严重影响。

2.2 深层承压水超采引起的生态环境问题

(1)形成承压水降落漏斗。深层承压水超采严重的是天津、河北,河南也有超采漏斗。河北中东部平原区形成的深层承压水降落漏斗7个,面积约4.4万 km^2。其中影响较大、形成时间较长的深层承压水降落漏斗主要有冀枣衡漏斗和沧州漏斗,形成于20世纪60年代末和70年代初期。

(2)引发地面沉降。由于长期超采深层承压水,在天津、河北、江苏、河南都产生了不同程度的地面沉降。截至2000年,天津沉降区面积达8 000 km^2,最大累积沉降量为3 040 mm,南部及滨海地区尤为明显,并与河北省沉降区连成一片。河北省地面沉降严重区主要集中在中东部平原,目前已发展成8个沉降高值区,即沧州、任丘、霸州、廊坊、保定、衡水、南宫、肥乡等。其中,以沧州、任丘最为严重。截至2003年,沧州市累计最大沉降量接近2 m。8个沉降区中累计沉降量大于300 mm的面积 达11 833.9 km^2,大于500 mm的面积2 833.5 km^2,大于700 mm的面积620.9 km^2。

(3)地面不均沉降形成地裂缝。河北省2003年调查结果显示,故城县建国镇水波小学地裂缝长138 m、宽1 m;阜城县漫河乡韩关村地裂缝长100 m、宽3 m。虽然地裂缝并非完全是地下水超采的结果,但地下水的超采在一定程度上促进了地面沉降和地裂缝的发展。

3 南水北调工程对受水区地下水系统恢复性评估

3.1 地下水压采规划所确定的压采程度

根据南水北调工程总体规划指导思想,地下水压采原则是“先压城市后压农村、先压工业后压农业、先压深层承压水后压浅层地下水”。在分析受水区未来水资源供需态势基础上,综合考虑南水北调水、当地地表水、地下水、回用水、海咸水淡化利用水等各种可用于受水区中超采区压采替代水源,确定了不同阶段的地下水压采量。南水北调工程从建设、通水到最终达效,具有明显的阶段性,本文着重分析在南水北调工程达效后(即2020年)对受水区地下水系统所造成的有利影响。根据地下水压采规划,在考虑南水北调一期工程供水条件下,至2020年受水区各省市浅层地下水和深层承压水的压采状况是:受水区深层承压水压采程度高于浅层地下水。从各省情况看，天津、山东、江苏3省(市)现状超采量可全部压采，而北京、河北、河南山省还剩余一定超采量，尤以河北省超采为重(见表1)。

表1　2020年南水北调东中线受水区地下水规划压采量

(单位：压采量，亿 m^3；压采率，%)

行政区	北京	天津	河北	河南	山东	江苏	合计
浅层压采量	4.0	—	14.8	5.4	4.5	—	28.7
深层压采量	—	3.0	12.8	6.1	2.4	1.2	25.6
浅层压采率	68.4	—	40.0	57.9	110.4	—	51.0
深层压采率	—	170.9	52.8	85.9	100.0	168.5	70.5

注：压采率是指压采量占现状超采量的百分比。“—”表示无此项目。

3.2　南水北调工程对受水区地下水系统恢复性评估

通过南水北调地下水压采方案实施，受水区大部分地区地下水位逐步回升，尤其是在直接接受南水北调供水的城镇地区。因先前含水层疏干而造成的地面沉降、地面塌陷、地下水污染等现象将得到明显遏制。

3.2.1　受水区地下水位恢复效果预测

在只考虑南水北调东、中线一期工程供水的情况下，远期天津、山东、江苏受水区内的地下水超采量将全部压掉，地下水位还有一定的恢复。北京、河北和河南受水区内的地下水超采量也得到一定程度的压缩，压采程度分别达到69%、45%和73%。见表1。

据北京市测算，南水北调工程来水10.5亿 m^3 后，城区年均开采量控制在4亿 m^3，郊县超采区开采量控制在15亿 m^3，则在今后遇到连续平水年的条件下，到2020年，预测城区地下水埋深可恢复到20 m左右，郊县可维持地下水位可回升到15 m左右；但如果今后来水连续偏枯，则预测地下水位将继续下降，到2020年，城区地下水埋深将达到40 m，郊县地下水埋深也将达到35 m左右。

3.2.2　受水区地下水储量恢复效果分析

根据地下水规划压采量，在不考虑其他因素影响(如地表渗漏增加、降水补给增大等)的前提下，仅考虑地下水的压采效应，与现状开采程度相比，至2020年受水区由于减少地下水开采所导致的地下水储量年增加约54亿 m^3。其中浅层地下水储量年增加28.7亿 m^3，深层承压水储量年增加25.6亿 m^3。

3.2.3　地面沉降态势得到缓和

地面沉降是天津的重要地质灾害现象，并已成为天津市经济发展的重要制约因素。到2020年，天津市可实现地下水不超采，地下水位全面回升，全市地面沉降速率将进一步减缓，由于地面沉降滞后于地下水位变化，预计部分地区地面沉降还将维持一定的速率至若干年。

综上所述，预计在地下水超采区，通过压采地下水位将得到有效回升，当地水资源的战略储备和抗旱供水能力得到加强，部分地区海(咸)水入侵、地面沉降、地下水污染等多方面的生态环境问题均可得到有效改善。逐步改善和修复当地生态与环境，实现水资源的合理配置和高效利用。可以说，南水北调工程不仅给受水区地下水压采创造条件，促进受水区地下水生态系统的恢复，而且通过压采为受水区创造了一定的社会效益和经济效益。

山东黄河水量调度应急预案的编制与应用

赵洪玉 张滇军 刘 静

（山东黄河河务局）

摘要：为维护山东黄河水量调度正常工作秩序，及时有效地应对水量调度突发事件，以确保黄河不断流，依据国家和上级制定的有关法律、法规及规定，结合山东黄河水量调度工作实际，编制了《山东黄河水量调度应急预案》，并在实践中得到应用，取得了明显效果。本文就预案编制的背景、依据、应急事件分类、处置措施和应用效果作一介绍，为做好黄河水量统一调度和其他流域的水量调度工作提供借鉴。

关键词：山东黄河 水资源调度 应急预案 应用

1 预案编制背景

由于黄河流域经济社会的快速发展，对黄河水资源的需求不断增加，过量引黄超出了黄河水资源的承载能力，进入20世纪90年代后尤为明显，黄河连年断流，给下游地区工农业生产造成了重大经济损失，对城乡生活用水、生态环境及河道防洪都造成了重要影响。1998年12月，经国务院同意，国家计委和水利部联合颁发了《黄河可供水量年度分配及干流水量调度预案》和《黄河水量调度管理办法》，授权黄委负责黄河水量统一调度管理工作。山东黄河河务局作为山东省境内黄河水资源的主管部门，在黄河水资源管理调度工作中，不断探索创新，采取多种措施，强化黄河水资源统一管理和调度，实现了连续7年不断流，取得了显著的社会、经济效益和生态效益。

随着"维持黄河健康生命"治黄新理念的提出，对黄河水量调度工作提出了新的更高的要求，黄河不断流已不是单纯物理意义上的不断流，同等条件下，应急情况发生的几率不断增加。为了建立水量调度应急情况处置长效机制，快速、有效地应对水量调度突发事件，做到水量调度遇急不乱，处置应急情况有保障、有措施，编制《山东黄河水量调度应急预案》显得尤为重要。

2 预案编制依据

2006年初，编制《山东黄河水量调度应急预案》时，《黄河水量调度条例》尚未出台,依据是《中华人民共和国水法》、《黄河水量调度管理办法》、《黄河水量调度突发事件应急处置规定》等有关法律、法规及规定。2006年8月,国务院颁布《黄河水量调度条例》后,依据条例有关规定,对预案及时进行了补充、修改与完善。

3 应急调度分类

3.1 旱情紧急情况

山东沿黄各地发生严重干旱,上游来水远远不能满足沿黄地区用水需求,城乡人民生活和工农业生产用水严重不足,水资源供需矛盾尤为突出,防断流形势异常严峻。

3.2 山东黄河重要控制断面流量可能或降至预警流量

3.2.1 第一类应急事件

根据河道水情分析,预测未来3天山东黄河干流重要水文控制断面流量可能达到预警流量(预警流量按黄委确定的流量级执行),为第一类应急事件。

3.2.2 第二类应急事件

山东黄河干流重要水文控制断面流量突然达到或小于预警流量,为第二类应急事件。

3.2.3 第三类应急事件

山东沿黄引水口门突然遭受人为干扰或发生机械故障等,致使引水流量骤增,可能造成下断面达到或小于预警流量,为第三类应急事件。

4 应急调度处置措施

4.1 旱情紧急情况

根据《黄河水量调度条例》有关规定,出现旱情紧急情况时,经国务院水行政主管部门同意,由黄委组织实施旱情紧急情况下的水量调度预案,山东省人民政府水行政主管部门和山东黄河河务局根据批准的旱情紧急情况下的水量调度预案,分别制订实施方案,并抄送黄委。各级河务部门应采取以下应急处置措施。

4.1.1 组织保障措施

(1)成立旱情紧急情况下黄河水量调度工作领导小组和办公室,加强对山东黄河水量调度工作的领导与组织协调。山东黄河河务局局长任旱情紧急情况下黄河水量调度工作领导小组组长,分管副局长、总工任副组长,副总工及各市局局长、省局有关部门负责人为领导小组成员。领导小组下设办公室,省局水调处处长兼办公室主任。每周召开一次水量调度会商,紧急情况下随时召开。

(2)成立旱情紧急情况下黄河水量调度专业工作组,下设水文预报观测组、水量调度组、监督检查组、宣传组四个专业工作组。

水文预报观测组：由省局防办和黄委山东水文水资源局有关人员组成。负责重要水文断面、水闸和险工水位的观测工作，必要时每两小时加测重要水文断面流量。负责旱情紧急情况下的水情预报与分析工作；密切注视水情动态，对预报成果进行实时滚动修正；及时向领导小组及办公室提供水情及径流预测、预报。

水量调度组：由省局水调处人员组成。负责收集气象、雨情、旱情、墒情信息，根据水情、雨情、旱情、墒情及引水情况，制定各闸月、旬水量调度方案，下达实时调度指令，及时了解掌握来水情况、引水情况和水库蓄水情况，下达控制断面水位指令及涵闸引水调度指令。充分利用山东黄河涵闸远程监控管理系统及引水信息管理系统，对已实现远程自动控制的闸门进行实时监督和控制，遇紧急情况，按规定强制关闭闸门，迅速抬升相应控制断面过流流量。利用引水信息管理系统对河道蒸发、渗漏等水量损失进行分析计算。

监督检查组：由省局有关处室人员联合组成。负责对水量调度指令的贯彻落实情况进行监督检查，情况紧急时，根据需要组成若干个督查组，对沿黄各市引水情况进行现场监督检查。

宣传组：由省局办公室有关人员组成。负责组织有关新闻宣传媒体对黄河水量调度和防断流重要性的新闻宣传、报道，及时在有关媒体发布水量调度工作和防断流的信息，负责有关水量调度动态信息的发布。

4.1.2 监督检查措施

旱情紧急情况下，各单位要加强对本辖区水量调度执行情况的监督检查和用水控制工作，严肃调度纪律，严格执行水量调度指令。各级应分别派出督察组督察各取水口引水情况、实时调度指令执行情况和滩区引水情况，并通过涵闸远程监控系统随时进行监督检查。督察按照日常督察、全面督察、强化督察三个梯次，采取抽查、巡查、驻守督察等方式进行。当发现黄河水情出现异常时，立即派出督察组对异常河段附近的取水口引水情况进行突击检查；当确保黄河不断流面临严峻形势时，对重点取水口，派专人进行驻守监督检查。

4.1.3 宣传措施

要利用多种途径和多种方式，在有关新闻媒体宣传黄河水量调度工作和黄河不断流的重要意义，让沿黄广大人民群众了解黄河断流的危害性，积极配合预案的实施。

4.2 重要控制断面流量可能或降至预警流量情况处置措施

4.2.1 第一类应急事件处置措施

遇第一类应急事件，有关河务部门及时书面报告省局水调值班人员；省局水调值班人员在 20 min 内报告水调处负责同志；水调处负责同志在 1 h 内提出综合处理意见，报告黄委水调局负责同志及省局分管领导，并采取以下应急处置措施：紧急压减有关涵闸引水流量，直至关闭相应引水口门；强化监督检查措施，逐级派出水调督察组，现场监督检查有关单位及涵闸水调指令执行情况，确保水调指令落到实处；加强水文测验，对可能达到预警流量的断面，密切监视断面上下游涵闸水位，每两小时上报一次，必要时请黄委山东水文水资源局加测预警断面流量。

4.2.2 第二类应急事件处置措施

遇第二类应急事件，有关责任人应在 20 min 内报告省局水调值班人员，40 min 内提交书面报告；省局水调值班人员接报告后，10 min 内报告水调处负责同志；水调处负责同志 15 min 内提出处理意见，报告黄委水调局负责同志及省局分管领导，并采取以下应急处置措施：自下而上紧急停止预警断面以上河段工农业生产引水，必要时停止所有引水；有关市局立即派出督查组，迅速赶赴现场，监督检查执行调令、控制引水情况，强制停止相应河段的滩区引水；省局视情况派出督察组赴现场实施督察，对有关情况进行调查、核实、处理；密切监视预警断面上下游涵闸水位，每小时上报一次；必要时请黄委山东水文水资源局加测预警断面和临近断面流量。

4.2.3 第三类应急事件处置措施

遇第三类应急事件，有关责任人应紧急组织排除故障，20 min 内报告省局水调值班人员，40 min 内提交书面报告；省局值班人员接到报告后，10 min 内报告水调处负责同志；水调处负责同志 15 min 内提出处理意见，报告黄委水调局负责同志及省局分管领导，并采取以下应急处置措施：有关市局在责成有关单位排除故障、恢复正常水调秩序的同时，立即派出督察组，迅速抵达现场，调查核实情况，协调解决有关问题，涉嫌治安违法行为的，应同时报当地公安部门；省局视情况派出督察组，赴现场调查处理；紧急压减相应引水口门引水流量，必要时停止引水；请黄委山东水文水资源局加强相应引水口门下游水文站的监测。

5 预案应用情况

自预案制订以来，未发生旱情紧急情况和三类应急事件。只是在 2006 年 3 月 13 日 8 时，利津站实测流量 113 m^3/s，小于黄委规定的 150 m^3/s 的下泄流量控制指标（并非预警流量）。根据分析预测，如不采取措施，利津站流量还将进一步减小。为此，紧急启动应急机制，按照《山东黄河水量调度应急预案》有关规定和要求，立即限制泺口—利津河段有关涵闸引水，并关闭了利津断面附近小开河、簸箕李、韩墩、打渔张、麻湾、宫家、胜利、曹店等引黄涵闸，及时派出两个工作组分赴上下游,对引黄涵闸引水情况进行现场督查调度,利津站的下泄流量迅速恢复到150 m^3/s。通过本次实战演练,表明预案规定的各项措施是切实可行和行之有效的,为今后发生应急事件实施该预案提供了有利借鉴。

6 结语

由于黄河水量调度工作中存在许多未知和不可控因素,水量调度突发事件有它的不确定性,在运用本预案时,还要根据实际情况进行实时修正和预案调整,以便更好地决策指挥和实施调度。

参考文献

[1] 苏京兰,刘静,赵洪玉.山东黄河水量统一调度成效分析[M]//三农问题理论与实践·水利水电水务卷.北京:人民日报出版社,2004.

[2] 李国英.维持黄河健康生命[M].郑州:黄河水利出版社,2005.

水权、水市场及节水型社会

黄河干流大型自流灌区节水潜力分析

张会敏　黄福贵　程献国　罗玉丽　卞艳丽

（黄河水利科学研究院）

摘要：黄河灌区是黄河水资源的耗用主体，年均用水量占黄河用水总量的90%左右。受经济条件、灌区设施、管理手段等多种因素制约，灌溉水浪费严重，灌溉水利用水平较低，一般不足0.5，更加剧了黄河水资源短缺的矛盾。根据黄河灌区用水现状，提出了节水潜力的概念和节水潜力的分析计算方法，对黄河干流大型自流灌区的节水潜力进行了分析。

关键词：节水潜力　灌溉制度　沟畦改造　输水系统　黄河自流灌区

黄河干流大型灌区是黄河水资源的耗用主体，现状灌溉面积5 480.2万亩，占流域现状总灌溉面积的48.6%。其中，自流灌溉面积5 029.4万亩，占黄河干流大型灌区灌溉面积的91.8%；提灌面积450.8万亩，仅占8.2%。经统计，1999～2003年黄河干流灌区平均引水量184.48亿m^3。其中，自流灌溉引水量164.11亿m^3，占总引水量的89.0%；提水量20.37亿m^3，占总引水量的11.0%。考虑到黄河下游引黄灌区自流连片，不易完全区分，该区域作为一个整体进行分析。本文将研究对象设定为黄河上游宁蒙大型自流和黄河下游自流灌区。

1　节水潜力的概念

目前，国内外对节水潜力的内涵还没有一个公认的标准，相应地对节水潜力的计算也没有统一的方法。本研究认为灌区节水潜力是指在可预知的技术水平条件下，通过采取一系列的工程和非工程节水技术措施，同等规模下灌区预期需要的灌溉用水量与基准年相比节约的水量。其中最大可能节水量一般称为可能节水潜力或理论节水潜力。

水从水源到形成作物产量一般要经过四个环节：一是通过渠道或管道等输水工程将水从水源送到田间；二是将田间水转化为土壤水；三是经过作物的根系吸收将土壤水转化为作物水，以维持作物的正常生理活动；四是通过作物复杂的生理过程，由作物水形成经济产量。在上述几个转化过程中都有可能产生水分损耗，出现灌溉水的浪费。因此，灌溉节水就是要针对上述四个环节，通过采取适宜的技术、经济、政策等方面的措施，尽可能减少灌溉水转化过程中的水分损耗，提高单方水的效益。就引黄灌区而言，虽然在上述四个环节都有节水的潜力，但最主要的是第一、第二个环节的潜力，即输水系统和田间系统的节水潜力，这是本文分析的重点。

2　节水潜力分析方法

2.1　分项法

2.1.1　输水系统

本文根据目前采用的几种计算方法，结合灌区的特点和灌区的相关试验成果，在渠系综合法基础上，提出了一种新的节水潜力计算模型——等效渠系法。具体思路为：首先，概化灌区不同级别渠道的等效渠道；其次，利用典型试验区的试验资料，分析不同级别渠道的单位长度损失量和单位长度渠道水利用系数；第三，根据试验区的成果，分析计算等效渠道的单位长度水利用系数和渠道的水利用系数；第四，计算等效渠系的水利用系数；最后，利用渠系综合法计算输水系统节水量。

1）等效渠系概化

等效渠道是指该级渠道能代表灌区中该类输水渠道的输水特性，包括长度等效和流量等效。等效渠系是灌区不同级别等效渠道的集合。其概化方法为：

等效长度：
$$l'_i = \frac{\sum l_i}{n_i} \tag{1}$$

式中：l'_i为第 i 级渠道的等效长度，km；l_i 为第 i 级渠道的长度，km；n_i 为 i 级渠道的总数量，条。

等效流量：
$$Q'_i = \frac{W_y \times 10^4}{8.64 T_i n_i} \tag{2}$$

式中：Q'_i为第 i 级渠道的等效流量，m^3/s；W_y 为渠首总引水量，亿 m^3；T_i 为第 i 级渠道的运行时间，天。

2）等效渠道水利用系数的推求

由渠道渗漏量公式可得：

$$\frac{S_1}{S_2} = \frac{A_1 Q^{1-m_1}}{A_2 Q^{1-m_2}} \tag{3}$$

式中：S_1 为等效渠道渗漏量，$m^3/(s \cdot km)$；Q_1 为等效渠道流量，m^3/s；A_1、m_1 分别为灌区的土壤参数；S_1、Q_2、A_2、m_2 分别代表典型试验区渠道的渗漏量、流量、土壤参数。

等效渠道的单位长度水利用系数：

$$\eta_{iu} = l_i' \sqrt{\frac{Q_i' - l_i' S_{f1i}}{Q_i'}} \tag{4}$$

式中：η_{iu}为第 i 级渠道的单位长度水利用系数；S_{f1i}为第 i 级渠道的单位长度损失量，$m^3/(s \cdot km)$。

等效渠道的水利用系数：

$$\eta_i = \eta_{iu}^{l_i'} \tag{5}$$

式中：η_i 为第 i 级渠道的水利用系数。

3）等效渠系水利用系数计算

计算公式如下：

$$\eta_d = \prod_{i=1}^{n} \eta_i \tag{6}$$

式中：η_d 为渠系水利用系数。

4）输水系统节水量计算

将灌区的现状引水量、现状水利用系数、等效渠系的水利用系数代入下式即可求得灌区整个输水系统的节水量。

$$W_s = W_{sb} - W_{sa} = W_{sb}(1 - \eta_b / \eta_a) \tag{7}$$

式中：W_{sb}为衬砌前渠首引水量，m^3；W_{sa}为衬砌后渠首引水量，m^3；η_b 为衬砌前渠系水利用系数；η_a 为衬砌后渠系水利用系数。

2.1.2 田间系统

1）沟畦改造

沟畦灌是当前最主要的田间灌水方式，其水分损失的主要途径包括湿土和水面蒸发、跑水和深层渗漏，其中深层渗漏和跑水占水分损失的主要部分。黄河自流灌区大畦灌溉，加上土壤多为黄河泛滥形成的壤土、沙壤土，土壤渗漏损失严重。

沟畦改造产生的节水量 W_{fr} 就是改造前田间的灌溉水量 W_{frb} 与改造后田间的灌溉水量 W_{fra} 的差值，计算公式为：

$$W_{fr} = W_{frb} - W_{fra} \tag{8}$$

其中：

$$W_{frb} = \frac{m \times A_{fr}}{\eta_{frb}} \tag{9}$$

$$W_{fra} = \frac{m \times A_{fr}}{\eta_{fra}} \tag{10}$$

式中：W_{fr}为实施沟畦改造产生的田间灌溉节水量，m^3；W_{frb}为实施沟畦改造前的田间灌溉水量，m^3；W_{fra}为实施沟畦改造后的田间灌溉水量，m^3；m 为综合灌溉定额,m^3/亩;A_{fr}为实施沟畦改造的灌溉面积,亩;η_{frb}为实施沟畦改造前的田间水利用系数;η_{fra}为实施沟畦改造后的田间水利用系数。

2)采用节水灌溉制度

灌区采用节水灌溉制度,降低作物灌溉定额,可减少灌溉水量,其减少的水量即为节水量,计算公式如下:

$$W_{sr} = W_{tr} - W_{sr} \tag{11}$$

$$W_{tr} = W_{tr} \times A_{sr} \tag{12}$$

$$W_{sr} = m_{tr} \times A_{sr} \tag{13}$$

式中:W_{sr}为采用节水灌溉制度产生的节水量,m^3;W_{tr}为采用现状灌溉制度的灌溉水量,m^3;W_{sr}为采用节水灌溉制度的灌溉水量,m^3;m_{tr}为采用现状灌溉制度的综合灌溉定额,m^3/亩;m_{sr}为采用节水灌溉制度的综合灌溉定额,m^3/亩;A_{sr}采用节水灌溉制度的灌溉面积,亩。

3)种植结构调整

由于不同作物的灌溉需水量不同,灌区不同作物种植比例影响灌区的需水量,调整作物种植结构,灌区的综合灌溉定额将发生变化,其灌溉需水量的差值即为节水量,计算公式如下:

$$W_{ad} = W_{adb} - W_{ada} \tag{14}$$

$$W_{adb} = m_{adb} \times A_{ad} \tag{15}$$

$$W_{ada} = m_{ada} \times A_{ad} \tag{16}$$

式中:W_{ad}为灌区种植结构调整产生的节水量,m^3;W_{adb}为灌区种植结构调整前的灌溉水量,m^3;W_{ada}为灌区种植结构调整后的灌溉水量,m^3;W_{adb}为种植结构调整前的灌区综合灌溉定额,m^3/亩;m_{ada}为种植结构调整后的灌区综合灌溉定额,m^3/亩;A_{ad}为灌区灌溉面积,亩。

4)井渠结合

井渠结合节水潜力是指利用一定量的地下水代替等量渠灌水量后相应减少的渠系损失水量。计算公式如下:

$$W_{cw} = \frac{W_w}{\eta_c} - W_w = W_w\left(\frac{1-\eta_c}{\eta_c}\right) \tag{17}$$

式中:W_{cw}为井渠结合节水量,m^3;W_w 为井灌替代渠灌的水量,m^3;η_c 为渠灌的渠系水利用系数。

实行井渠结合,井灌水量与渠灌水量保持适当的比例,可以实现当地地表水、地下水和黄河水的联合利用,达到节水、合理调整地下水埋深、维持灌区良好生态环境的目的。受气候、降雨及下垫面条件影响,不同区域的井渠结合灌溉适宜比例有一定差异,根据有关研究,干旱半干旱地区的适宜井渠灌比例为0.15~0.25,半干旱半湿润地区为0.46~0.65。

2.2 整体法

根据本项目的节水潜力研究思路,利用上述各种节水技术实施后的灌区综合灌溉定额、有效灌溉面积和灌溉水利用系数,分析节水技术实施后的灌溉需水量。灌区现状灌溉需水量与节水技术实施后灌溉需水量之差即为灌区的可能节水潜力。计算公式为:

$$W_{ias} = W_{iac} - W_{iaa} \tag{18}$$

$$W_{iaa} = m_{iaa} \times A_{ia} \times 10^{-4} / \eta_{iaa} \tag{19}$$

式中:W_{ias}为灌区的可能节水潜力,亿 m^3;W_{iac}为灌区的现状灌溉需水量,亿 m^3;W_{iaa}为灌区节水技术实施后的灌溉需水量,亿 m^3;m_{iaa}为采用节水灌溉制度后的综合灌溉净定额,m^3/亩;A_{ia}为灌区有效灌溉面积,万亩;η_{iaa}为灌区节水技术实施后的灌溉水利用系数。

3 灌区节水潜力分析

根据宁蒙和黄河下游引黄灌区现状用水量、渠系水利用系数、种植结构、节水灌溉定额等资料,利用上述分项法和整体法,对宁蒙和黄河下游引黄灌区的节水潜力进行分析。

3.1 采用的基本资料

宁蒙、下游引黄灌区渠系和田间系统现状、改造后的参数见表1。种植结构调整:根据灌区节水规划,灌区在保持现状灌溉面积和灌溉定额不变的条件下,宁夏引黄灌区粮食:经济:林草比例由现状74:16:10调整至70:17:13;内蒙古农林草比例分别由现状的91:3:6调整至60:20:20;下游作物种植结构由现状的粮食经济比例67:33调整为69:31。现状灌溉定额、作物调整后定额及节水灌溉定额见表2。

表1 黄河干流大型自流灌区输水系统、田间系统改造前后水利用系数

省区	引水量	渠系水利用系数		田间水利用系数	
		现状	改造后	现状	改造后
宁夏	70.48	0.46	0.715	0.76	0.94
内蒙古	57.80	0.38	0.657	0.80	0.94
河南	17.19	0.51	0.81	0.83	0.90
山东	57.90	0.55	0.80	0.86	0.90
合计	204.37				

表2　黄河干流大型自流灌区现状灌溉定额和节水灌溉定额

省区	灌溉面积(万亩)	灌溉定额(m^3/亩)		节水灌溉定额(m^3/亩)
		现状	调整后	
宁夏	533.40	321	290	272
内蒙古	893.78	227	210	193
河南	1 030.90	200	168	174
山东	2 828.63	170	109	156
合计	5 286.71			

3.2　节水潜力分析结果

根据宁蒙、下游引黄灌区基本参数，利用分项法和整体法对灌区的节水潜力进行了计算。见表3。

表3　黄河干流大型自流灌区节水潜力计算成果

省区	项目	输水系统	田间系统					计	整体法	误差(%)
		渠系衬砌	种植结构调整	节水灌溉制度	沟畦改造	进渠结合	小计			
宁夏	可能节水潜力(亿m^3)	24.9	3.16	1.83	4.71	0.97	10.67	35.57	34.18	-4.07
	占可能节水潜力总量(%)	72.85	9.25	5.35	13.78	2.84	31.22	100.00		
内蒙古	可能节水潜力(亿m^3)	20.25	2.55	2.88	3.46	0.97	9.86	30.11	30.52	1.34
	占可能节水潜力总量(%)	67.26	8.48	9.57	11.49	3.21	32.75	100.00		
河南	可能节水潜力(亿m^3)	5.8	0.73	3.51	1.54	0	5.78	11.58	11.63	0.43
	占可能节水潜力总量(%)	50.09	6.30	30.31	13.30	0.00	49.91	100.00		
山东	可能节水潜力(亿m^3)	15.16	2.44	5.28	2.41	0.09	10.23	25.39	25.72	1.28
	占可能节水潜力总量(%)	59.71	9.61	20.8	9.49	0.35	40.29	100.00		
合计	可能节水潜力(亿m^3)	66.11	8.88	13.5	12.12	2.03	36.54	102.65	102.05	-0.59
	占可能节水潜力总量(%)	64.40	8.65	13.15	11.81	1.98	35.60	100.00		

从表3可以看出，黄河干流大型自流灌区可能节水潜力为102.65亿m^3(分

项法)与整体法相比误差仅为 -0.59%,分析结果比较可靠。宁、蒙、豫、鲁引黄灌区的可能节水潜力分别占可能节水潜力总量的 34.65%、29.33%、11.28% 和 24.73%;上游的宁蒙灌区节水潜力大于黄河下游,占可能节水潜力的 63.98%。就输水系统和田间系统节水潜力而言,输水系统占 64.40%,田间系统占 35.60%,输水系统大于田间系统节水潜力;各省(区)引黄灌区输水系统和田间系统之间的节水潜力存在差异,主要受各省区灌溉工程、技术水平等因素影响。

4 主要结论

(1)本文通过对节水潜力内涵的分析,提出了节水潜力的概念。在明确概念基础上,分析了从水源到形成作物产量的各个环节及可能产生的水量损失,提出了输水系统和田间系统是节水潜力的分析重点。针对输水、田间系统特点,提出了分项法和整体法两种可能节水潜力计算方法。在分项法中,提出了一种新的输水系统节水潜力计算方法——等效渠系法;田间系统,主要分析节水灌溉制度、种植结构调整、井渠结合和沟畦改造等,并给出了相应的计算公式;在可能节水潜力的具体计算过程中,采用分项法和整体法分别对节水潜力进行了计算,并进行了成果对比,两种方法计算结果基本吻合。

(2)通过上述分析可知,黄河干流自流灌区具有巨大的节水潜力,如果采取适宜的节水技术措施,可明显提高灌区的水利用效率,减少农业灌溉用水浪费,节约相当规模的水资源,对缓解黄河流域水资源严重短缺的矛盾具有十分现实的作用。

(3)灌区改造应以渠道防渗为主,同时注重平衡发展。从输水系统和田间系统各种措施的节水潜力可以看出,输水系统衬砌节水潜力最大,占宁蒙灌区节水潜力的 72%,占下游灌区节水潜力的 59%。因此,灌区节水改造的重点在输水系统,通过对灌区输水系统的衬砌,可以较大幅度地提高节水量。由于田间系统还有 30% ~40% 的节水潜力,因此不能忽视田间工程改造,注重平衡发展。通过采用节水灌溉制度、畦田改造和种植结构调整,减少灌溉定额,提高田间水利用系数,最大限度发挥田间水的效率。节水措施的选择应根据投资、效益的分析,本着投资少、见效快、效果明显的原则择优安排。

参 考 文 献

[1] 宁夏水利水电勘测设计院. 宁夏青铜峡灌区续建配套与节水改造规划报告[R]. 2000.

[2] 内蒙古自治区水利水电勘测设计院. 内蒙河套灌区续建配套与节水改造规划报告[R]. 1999.

[3] 宁夏回族自治区水文总站. 宁夏河套灌区(银南部分)农业综合开发渠系输水损失防渗

效果试验与水资源评价[R]. 1995 -05.

[4] 汪林,甘泓,等. 宁夏引黄灌区水盐循环演化与调控[M]. 北京:中国水利水电出版社,2003.

[5] 许迪,蔡林根,茆智,等. 引黄灌区节水决策技术应用研究[M]. 北京:中国农业出版社,2004.

[6] 中国灌溉排水发展中心. 黄河流域大型灌区节水改造战略研究[R]. 郑州:黄河水利出版社,2002.

[7] 程满金,申利刚,等. 大型灌区节水改造工程技术试验与实践[M]. 北京:中国水利水电出版社,2003.

节水方法:市政管网中的渗漏控制

Augusto Pretner[1] Alessandro Bettin[1]
Luz Sainz[1] Jia Yangwen[2]
(1. 意大利 SGI 公司(SGI Galli);
2 中国水利水电科学研究院水资源研究所(IWHR))

摘要:在黄、淮、海河(3-H)流域,用水的需求与水的供应的不对称,使得节水成为这一地区社会经济和环境发展中需要优先考虑的事情。在这个背景下,市政供水管网的渗漏控制为促进水的保存和提高供水服务的成效提供了一个绝佳的机会。实际上,市政供水管网会损失超过一半的供水量,这种资源的浪费不仅造成环境的破坏,而且增加了供水的成本,因为需要更多的化学物质去处理水,以及在市政供水管网中消耗更多的能源去传输水。本文关注于从经济和环境的角度,在市政供水管网中实施主动渗漏控制的优势所在。阐述了国际上实施渗漏控制的最佳实践的概况,并将重点放在了获取经济渗漏控制水平的方法上,展示了预防性的渗漏策略是如何通过流量和压力控制来进行市政供水管网优化,从而使之具有短的回报周期,并通过水的保存和提高供水机构的财政与运作成效来增加附加值的。

关键词:水 节约 渗漏 经济的

1 概述

中国过去30年里人口的增长和经济的发展给水资源带来了极大的压力,而这在黄、淮、海河(3-H)流域尤其显著。这一地区的人均水供应量只有世界平均水平的6%(人均500 m^3,相对于世界人均8 335 m^3)及全国人均供应量的22%(人均2 282 m^3)。尽管水资源匮乏,这一地区拥有全国人口的35%,1/3居住在城镇和都市,如北京和天津,并且具有发达的经济和农业,提供了国家GDP的1/3,拥有39%的国家农业用地。为了保持当前的增长,该区域开发利用的水资源超出了可承受的限度(黄、淮、海河流域分别为67%、59%、90%),但是与水相关的问题,如水资源短缺、水源污染、地下水位下降、洪水与干旱灾害变得越来越频繁和严重。这些问题的产生是由于快速的经济增长、自然地质形态、气候、社会环境和政府人口政策综合作用的结果。水利部正在应对该区域水资源的可持续利用问题,从而保持这一地区的繁荣稳定,南水北调项目就是为了补充了这一地区的水资源所采取策略的一部分。

对未来3－H流域用水需求的研究必须正视这样一个事实:经济增长和经济结构重组及市场化将在水资源分配上扮演更大的角色,而这将导致中国工业用水的增长。城市和乡村的水消耗也将随着收入的增加而增长。所有这一切都表明了,至少到2030～2040年,对水需求将处于增长趋势,在这之后对水的需求将趋于平稳。这与其他大多数发展中国家的经验是一致的。

通过更先进的制造技术和管网的性能优化来提高水的使用效率是在不破坏环境的前提下,平衡用水需求的增长和保持生态用水这一对矛盾所必需的。这一原则适用于整个世界,尤其是水资源短缺的地区。如何减少市政管网中的产销差水量是一个全世界的水资源管理者为之奋斗了几十年的问题,以应对环境学家和管理部门的要求,他们认为当前许多国家水资源的白白流失是无法接受的。

市政管网中水流失率高的原因是对老化的管道的维护和操作实践不够(或根本没有),而且自来水使用者并没有真正支付自来水的真实成本,这使得提升供水管网系统性能的需求不那么迫切。在干旱的地方,如以色列,生产(包括脱盐)、存储并传输1 m^3 水的成本很容易就超过0.8美元,但是市政当局向国家水利部门支付的价格远远低于此,从而在把水卖给客户的时候获取利润。

当供水机构决定采取漏失管理政策时,他们面对的一个尴尬问题是,他们防止渗漏的措施应该达到什么程度,因为渗漏控制要求资金投入并改变他们日常的运营方式。自来水公司将寻求达到所谓的“经济漏控水平”,此时用于渗漏控制所需的投入与渗漏控制所节省的水的价值相当。国际上渗漏控制的实施经验表明,通过确认和修复管网中的渗漏并减少压力,可增加水的可供水量,减少管网突然破裂几率,从而节约管网维护成本,延长管网使用寿命。

本文论述了作者在意大利和国外多个管网中应用主动渗漏控制方法所获得的经验。展示了对管网进行分区装表计量的优势所在,例如通过分区计量区域,监视这个区域的流入量、流出量和主压力,从而快速地确定渗漏水平的增长。这一行动的“物有所值”已经被广泛地阐明,因为其回报周期只有几年。其好处是巨大的,尤其在供需矛盾需要平衡的水资源短缺地区。挽回当前渗漏的水流失意味着用更少的水去满足水需求的增长,因为水资源的可用性提高了(有助于减缓用于补充水源的投资力度),同时水的生产成本降低了(泵出并处理的水更少)。通过阐述主动渗漏控制方法,作者希望强调自来水公司采用国际最佳实践经验并应用到他们的具体场景的重要性,从而达到他们的经济漏控水平。

2 经济漏控水平

世界上供水管网的性能具有很大的差别,在很大程度上,这与每个国家实行的水资产管理制度和法律框架密切相关。尽管一些国家,如英国,其供水机构已经私有化很长时间,在渗漏控制上总结了一些经验,但在其他国家不是这样,他们管网的渗漏情况很难测量,渗漏控制是基于事后反应的,而不是事先预防的措施。在英国,自来水公司被要求每隔5年提出其未来20年的公司计划,包括资产评估,以及收入和支出预测的财政模型。管理部门每年根据公司对其经济漏控水平的评估制定渗漏目标,而且大多数的公司都是在他们评估的经济漏控水平上或接近于他们评估的经济漏控水平上运作的。但经济漏控水平是如何估计的呢?哪些行动会影响漏失率水平呢?

2.1 漏失管理行动

在评估经济漏控水平之前,我们有必要先理解在一个供水管网中哪些活动影响漏失率水平。图1显示了4个漏失管理的主要行动。通过实行或提高管道压力管理、主动渗漏控制、维修的速度和质量及主干管道的修复,现有的年物理漏失量(表示为覆盖了蓝、黄、橙色区域的外部方框)将减少到经济漏控水平(经济的年物理漏失量),表示为虚线框内的橙色和黄色区域。最里面的黄色方框表示了不可避免的物理漏失量或着说以极高的成本可获得的最低可能的经济漏

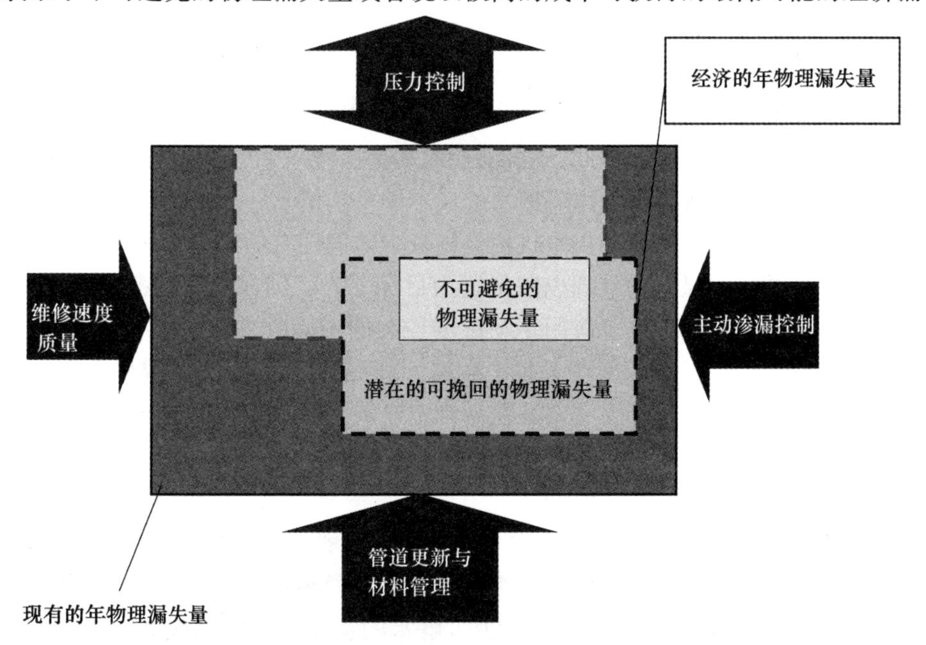

图1 减少和控制渗漏的4个主要方面(国际水协)

控水平。水管理者必须处理一个难题,就是如何组合4种活动以获得经济的年物理漏失量,而对每个不同的管网有各自具体的解决方案。

这4个漏失管理的活动有两个不同的时间框架。主动渗漏控制与提高修复的速度和质量可以通过改变日常的运作支出在短期内实现,而压力管理与管道更换和更新需要长期的投入。这个报告关注于在短期内优化活动,例如,主动渗漏控制和修复管理,并讨论任何供水机构都需要遵从的评估,减少和优化水流失的过程,以达到接近经济漏控水平(或者说经济的年实际损失)的目的。

2.2 评估经济漏控水平

在提升漏失率水平的过程中,不是所有的组织都能在其经济漏控水平上运作。有这样几个因素会影响他们的渗漏目标,如经济的、政治的、短期和长期的环境支持持续性等。尽管存在各种技术,用于建立经济漏控水平,我们仍需要作如下假设:①从管道中渗漏的水的成本与流失的容量成正比;②渗漏控制的成本随着漏失率水平的降低而增长,而且成本的增长率逐渐变大,直到达到无法再进一步降低的级别。这被称为“策略最小值”或基础漏失率水平。

当实施主动渗漏控制策略时将导致几项成本支出,以用于监控流量和压力(例如,设备成本、修建泵房、仪表和记录仪的维护),精确定位和修复渗漏。图2显示了主动渗漏控制采取的各种措施的成本和漏失量的关系,以及随着漏失量的增长,处理水的成本的关系。最后计算了主动渗漏控制的总体成本和总体成本曲线,计入了所有的成本元素。

图3给出了图2所示曲线的简化表示,只画出了主动渗漏控制成本曲线和处理水成本曲线。通过计算他们之和,就能计算得出总体成本曲线,而其最低点就对应于经济漏控水平。因此,经济漏控水平是这样一个点,在这个点上主动渗漏控制的边际成本等于渗漏出去的水的成本的平均值。

致力于改进漏失管理的供水机构将以减少他们现有的年物理漏失量到经济漏控水平或图3中显示的最理想的位置为目标。为了完成这一任务,市场上有许多度量工具可以帮助计算应用主动渗漏控制的正确收支。在这一背景下,作者在欧盟资助的项目TILDE中开发了数据管理工具,该工具通过提供一套成本数据为一个具体的管网的主动渗漏控制确定经济漏控水平。

3 漏失情况的评估

在制定漏失管理的策略之前,任何自来水公司都必须问自己这样一个问题:自己当前对管网漏失做了哪些。是否知道自己的管网损失了多少水,这种损失是如何评估和测量的?此外,自己是否了解水的损失是如何构成的?产销差水量是指用于供给供水管网的自来水总量与所有用户的用水量总量中收费部分的

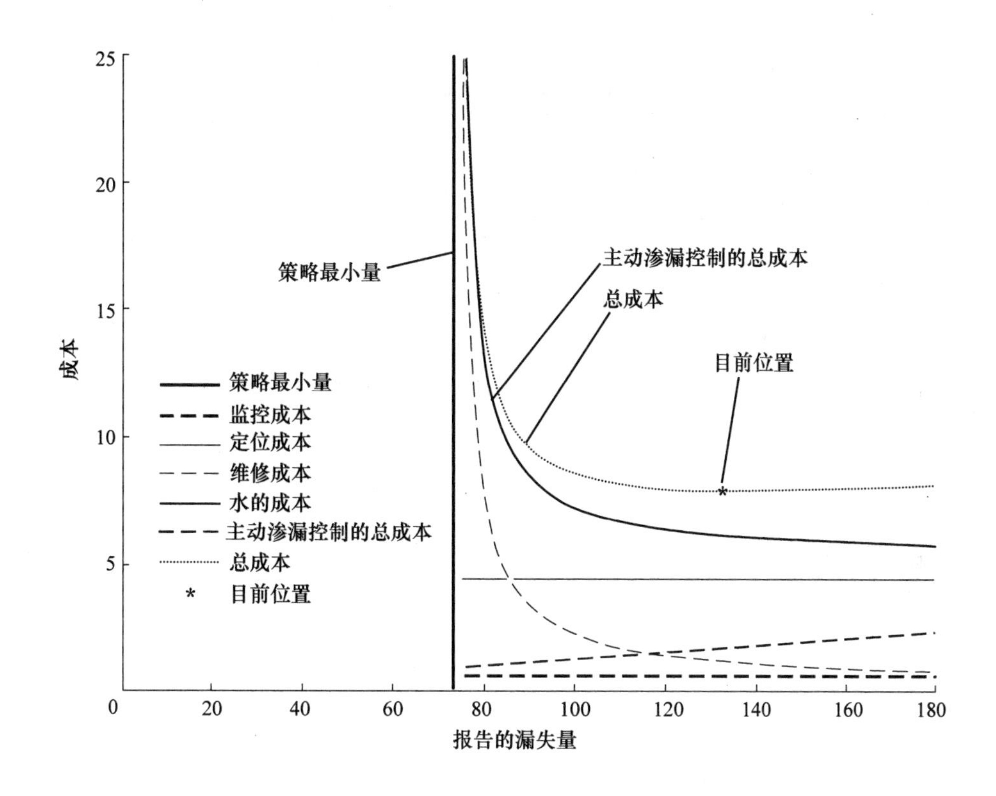

图 2　利用计量经济模式 APLE 计算的总成本和主动渗漏控制成本曲线

差值，但是如何将产销差水量分解？实际上，产销差水量并不是对应于所有的物理上的损失或渗漏，而是在产销差水量中有一部分是免费供水量（如用于冲刷管道、清洁街道水）。另外，还有一些由于不准确的计费消费（因为计量仪器可能计数不足）或者非法私联管网用水引起的管理性的或商业性的损失。

国际水协定义了一个标准的“水量平衡表”（见图 4），被认为是国际最佳实践；它根据各国的具体情况的差别，使用了一种国际通用的定义与分类术语。计算水量平衡的过程在任何管网诊断中都是一个好的起步，因为它可以帮助估计产销差水量的组成，并突出了供水机构需要在哪方面加强，例如计量仪器更换策略。

国际水协标准的水量平衡表被世界上许多国家的组织和机构接受并采用。作者通过在 TILDE 项目中开发一个叫做“渗漏检验”的产品促进了其使用。该工具使得所有水利工程师能够通过计算国际水协简化的水量平衡和性能指数去衡量机构的漏失管理成效。该工具首先计算前面描述的水平衡表，然后提炼国际水协国际通用渗漏性能指数，例如，实际损失/千米/天、实际损失/连接/天和系统漏控指标，如现有的年物理漏失量与不可避免的物理漏失量的比率。 系统

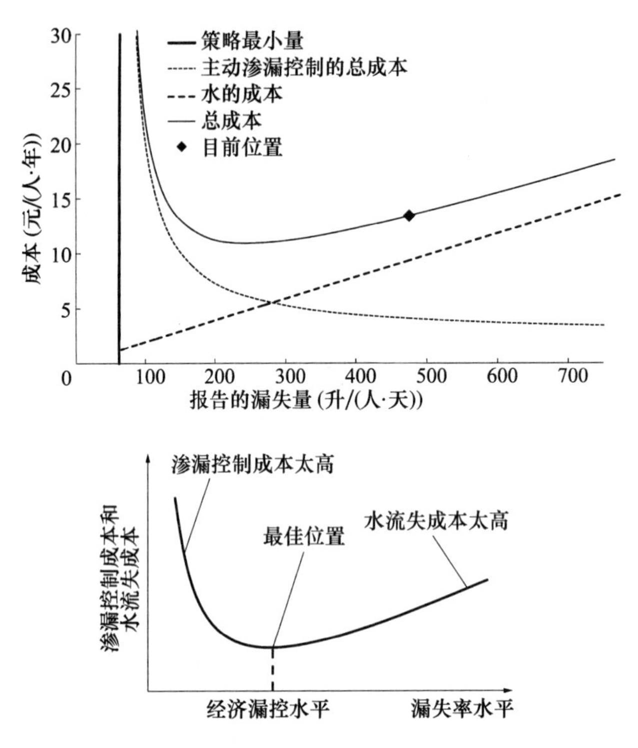

图3　用主动渗漏控制和总成本曲线计算经济漏控水平或总体成本曲线最佳位置的表示方法

系统供水总量	系统有效供水	售水量	计量售水量	售水量
			未计量售水量	
		免费供水量	计量免费供水量	产销差水量
			未计量免费供水量	
	水流失量	账面漏失量	非法用水	
			表计量误差	
		物理漏水量	输水管及干管漏水量	
			水池、水塔等渗漏及溢流	
			进户管漏失量	

图4　国际水协标准的水量平衡表

漏控指标测量了在当前的管道运行压力下,主动渗漏控制、维修管理和管道修复管理的有效性。对测试该工具感兴趣的读者可以访问 TILDE 项目的水门户网站 www. waterportal. com,在这里可以免费使用渗漏检验工具。

4 主动渗漏控制

漏失管理策略可以分成三种类型：消极控制、常规测量（合理的）、区域积极主动的渗漏监控和控制。

消极控制是指自来水公司只对肉眼可见的管道破裂事故和因管道渗漏产生的显而易见的管道压力下降情况做出反应，这通常是由客户报告或公司的员工观察到的。这种方法适用于水源供应充沛或供水成本低的地区，而且通常被应用于水资源管理程度不高的地区。

积极的渗漏监控和控制（主动渗漏控制）是指监控区域或地区的流量，从而测量漏失量并确定渗漏检测的优先级。这被认为是当前最佳应用，是渗漏控制中成本效益比最高的策略。

作者通过意大利和其他（雅典、蒂朗岛、约旦，意大利的普利亚和翁布里亚地区）许多项目的开发，为主动渗漏控制方法应用形成了一套可靠的技术。这种方法经济上的可行性已经通过短短几年的回报周期得到了广泛的展示。这些项目的实施使得供水机构能够更好掌握管网运作的情况，并聚焦于关键区域或瓶颈。例如对管网破裂和漏失的分析通常显示了如何定位那些导致管网中的大部分问题的极少数管网区域。图 5 显示了某一个项目中的这一概念，其中，不到一半的管网中 90% 的漏失和破裂都得到定位。该图以纵轴描绘了累积的渗漏百分比，横轴表示管网中所有的分区装表计量区域。横轴标注了分区装表计量区域号，从最关键的分区装表计量区域 1 开始到渗漏量最少的分区装表计量区域 8。由此可以看出 90% 的渗漏都在前 15 个区域中，而剩余的 10% 在其他的区域中。这个分析被证明在确定渗漏控制投资目标时非常有用，该结果是通过将管网置于流量充足和压力监控的条件下得出的。

一旦渗漏控制项目最终确立，以保持或提高已达到的漏失率水平，那么作者希望强调一下维持主动渗漏控制的必要性。这就要求对组织进行培训，从而确保他们吸收了这些方法和技术，并分配得到了用于管理和维持渗漏控制活动的资源。

学习主动渗漏控制的两个主要方面是关于使用方法和技术，这将在下面的章节中进一步解释。

4.1 主动渗漏控制方法

主动渗漏控制的原理是将庞大的、互相连接的供水管网分成较小的、更易于管理的地区，并计量他们的流量和压力。作者开发了一种称为 HydroZoom 的方法，通过这种方法，一个城市的管网首先被分成具有独立液压系统的地区，接着将这些地区分割成区域，在这些区域，可以进行长久的流量监控。这些区域可以

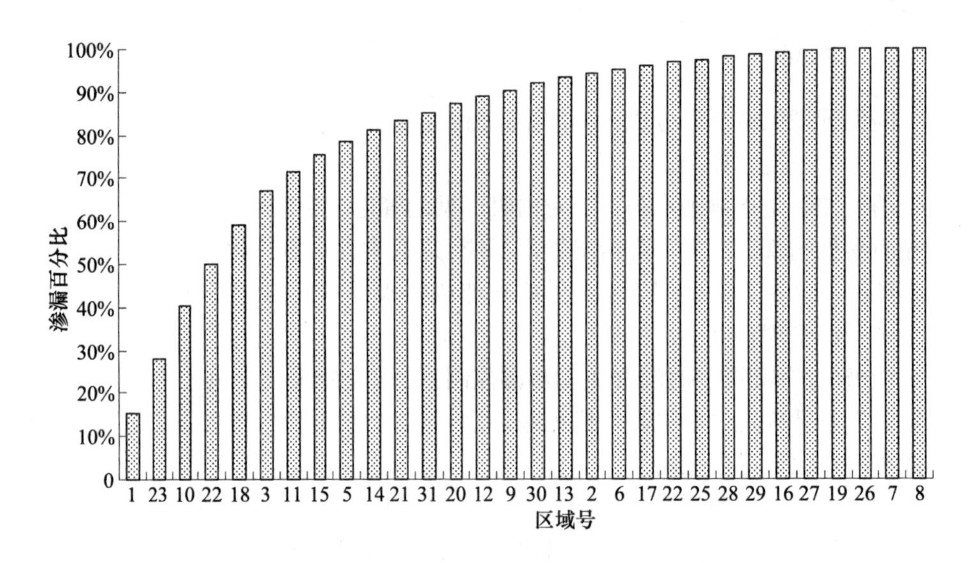

图 5　在研究地点各个分区装表计量的累计渗漏情况

进一步分成小的区域，这些小的区域可以根据实际需要既可以长久监控，也可以暂时监控。这一方法在图 6 中得到了阐述。

流量可以通过永久的或暂时的超声波、磁力或机械仪表测量。除了流量，区域的压力也可以测量。通过这种方法，管网运营者可以监控和分析压力、流量数据，尤其是最小夜间流量，因为它们对管网中的水消耗量是否无明显缘由地增长具有更高的灵敏性和指示作用，而这可能是由管道渗漏或破裂引起的。

构建并使用管网的数学模型被证明在模拟管网运作上是非常有用的，再将其分成分区装表计量区域 ，因此可以确定可能存在的管网运作问题。

一旦划分好区域，安装好设备，就要详细地调查每个区域的水量预算，从而确定关键区域。每个区域的渗漏控制水平将通过实施最小夜间流量的方法确定，该方法测量流入每个区域的最小夜间流量，并与合理的夜间消费量相比较，这是以账单数据和不同类型客户的大概需求得到的平均消费量为基础计算得来的。漏失量就是测量的夜间流量和合理的夜间消费量的差额。这个概念在图 7 中得到了阐述，图中显示了分区装表计量区域中几天的流量测量。最小流量被分成两部分，“合理的夜间消费量”用黄色表示，计算得到的“漏失量”用红色表示。渗漏程度高的分区装表计量区域将被认为是关键的，并将被长久地监控。

HydroZoom 方法代表了在一个供水管网中实现主动渗漏控制的最具有成本 - 效益比的方法，因为它允许监控整个管网，而且可以根据需要和问题的风险大小对管网进行不同的细化处理。它是一种通用的、灵活的方法，允许控制的力度随时间变化。比如，渗漏敏感的关键地区可能变成低风险性地区，因为更换了

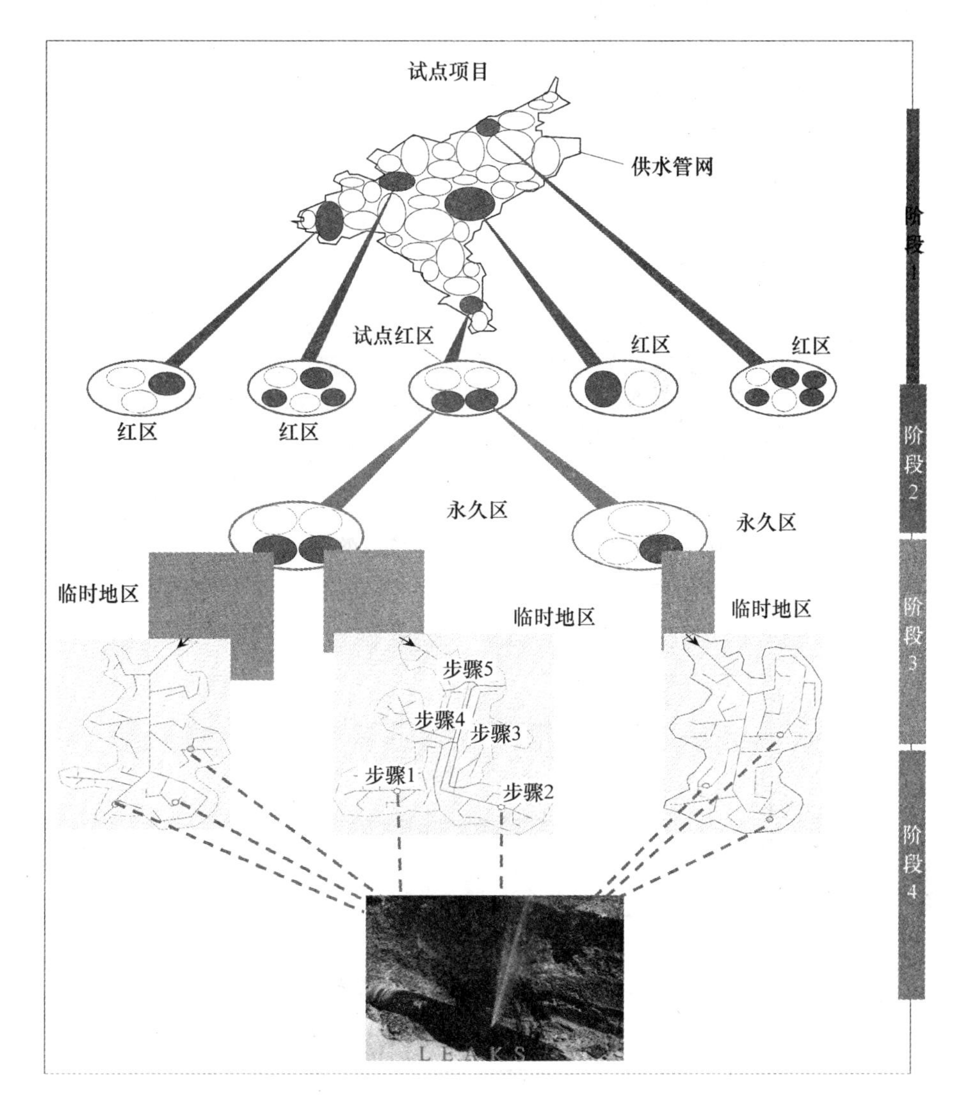

图6　将管网细分为分区装表计量区域

某些主干管道或者压力有了变化。

4.2　渗漏控制技术

主动渗漏控制活动中包含了许多技术,包括流量和压力监控,以及噪音记录仪和相关器,用于探测和确定渗漏。

相关器是渗漏探测中广泛使用的设备。它们的运行原理基于检测到的噪音,该噪音是渗漏在加压的系统中产生的。相关器使用两个噪音传感器,在被怀疑渗漏的位置的两边各放一个。渗漏的声音最初来自于最靠近的传感器,在声

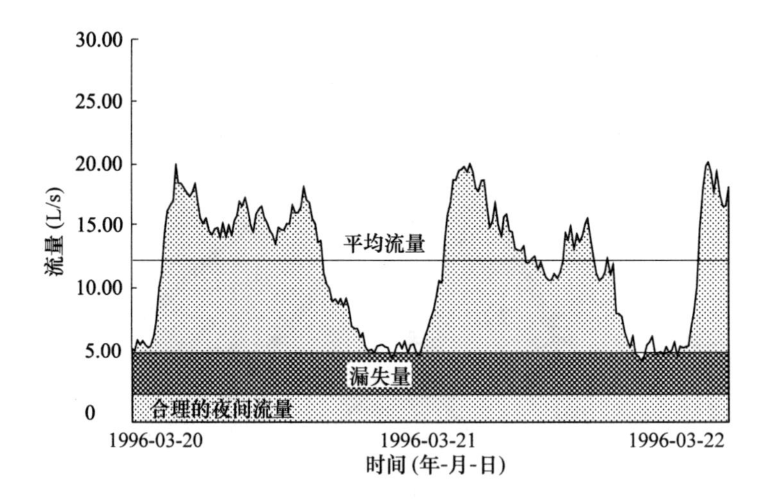

图 7　分析最小夜间流量以确定渗漏水平的图示

音到达下一个传感器之前将有一个“时延”。时延和传感器之间的距离及声音在管道中的传输速度相结合，就可以计算出渗漏位置（见图 8）。

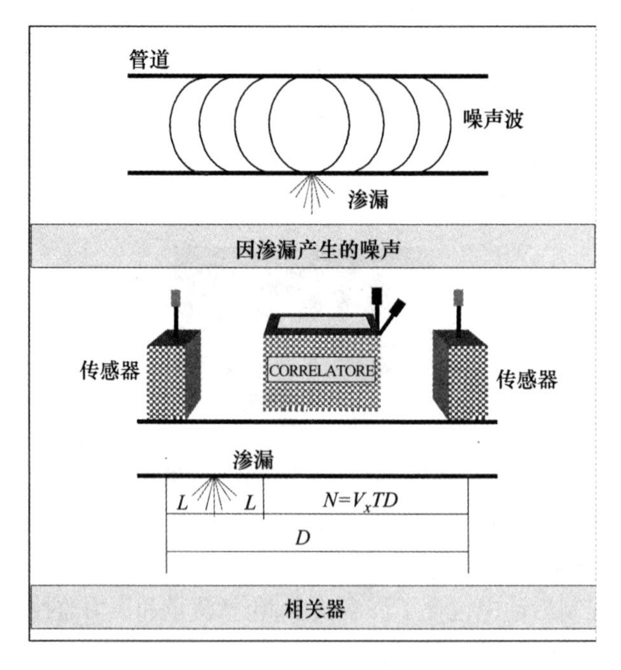

图 8　相关器的使用

在渗漏探测上，最新的技术发展包括安装噪音记录仪和自动相关器。这些设备的实施可以免于创建分区装表计量，因为在复杂的难以了解的管网中极难创建分区装表计量，而且成本极高。

噪音记录仪很容易安装在关键区域的策略点管道设施上（见图9）。我们不再需要将关键区域分成地区，因为这些记录仪分散在整个区域中，并持续地监控渗漏产生的噪音的生产。它们配备了发射器，一旦检测到噪音（渗漏模式）就开始传送无线电信号。无线电信号被定期驶进该区域的房车上的"渗漏巡逻"仪器检测到（见图10），或者通过GMS网络传送到远程的计算机上。渗漏巡逻仪器定位处于渗漏模式的记录仪的位置，并可在使用相关器的过程中或使用后调查渗漏位置。

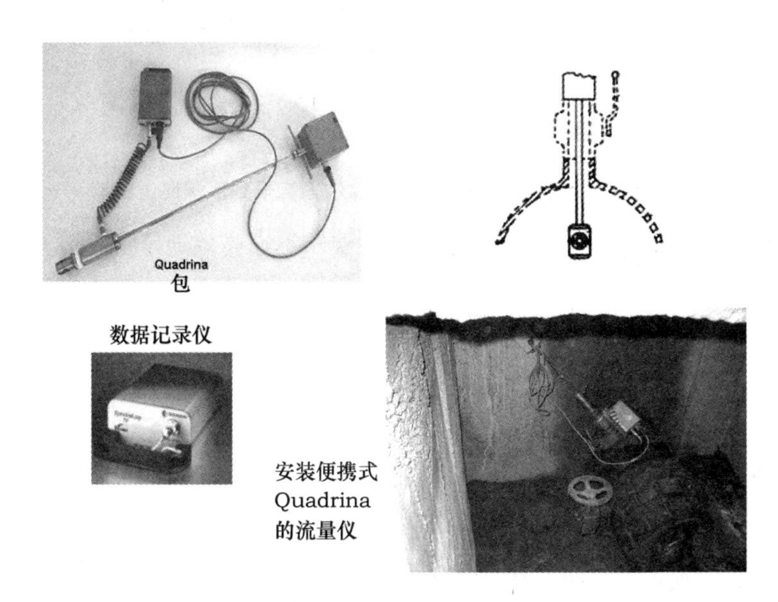

图9　装有便携式Quadrina的流量计

渗漏检测的最先进仪器是自动相关器。这是持续噪音记录仪的进一步演化，因为它们能够自动定位和确定渗漏。这些传感器配备了组合的发射器和接收器，为仪器和仪器操作者之间提供了相互通信。噪音记录仪还能与GPS和GIS集成，从而自动向仪器操作者的数据库输入渗漏数据。噪音记录仪具有无须创建分区装表计量区域的优势，因为它们能够分散到区域的各个策略点上。

另外，它们能够真正地减少人力劳动，因为它们能够向仪器操作者报告渗漏的出现及渗漏的准确位置，因此避免了所有耗费人力的现场相关性工作。

通过底部安装的磁铁，噪音记录仪能够简单地放置于阀门凹处和金属装置上。

渗漏检测技术的选择，不管是传统的分区装表计量的流量监控，还是更加先进的设备（噪音记录仪和自动相关器），都取决于管网的特性和运营者的需求。

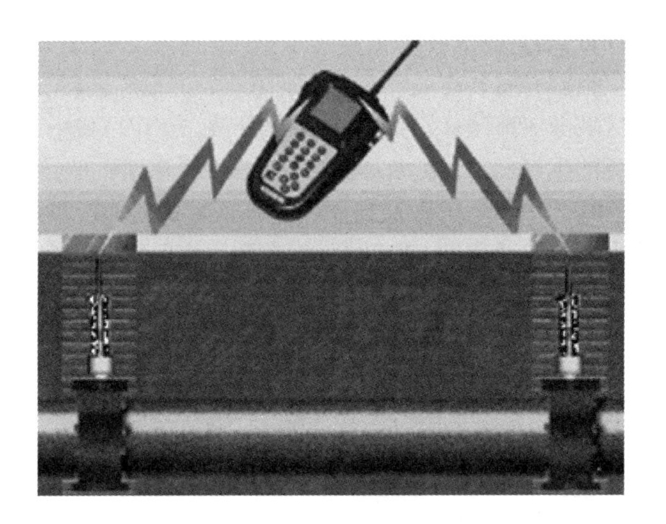

图 10　安装在管网上的噪声记录仪传输信号到渗漏巡逻仪器

一旦渗漏得到定位,管网运营者的员工将被要求迅速高效地修复管道,以挽回水的流失。实际上,渗漏检测活动的成功很大程度上依赖于维修的质量和速度。

在渗漏维修结束时,将测量被挽回的水流失量。被挽回的水流失量等于最初进入关键分区装表计量区域的水量和渗漏检测与修复活动完成后进入的水量的差额。

5　结论

减少市政管网中水量的流失是优化珍贵的水资源使用成效的绝好机会,这给自来水公司带来了经济上的好处,因为可以通过建立漏失管理策略提高公司的运作和财政效能。实际上,漏失率水平已经成为供水机构效益的主要指标,而且许多国家的水资源管理者与环境学家都给供水企业施加压力以减少水的流失。

全世界在过去几十年里的经验形成了一套最佳实践方法和强大的技术,这包括了流量和压力监控设备,渗漏检测仪器和数学模型,可以用于优化管网运作。建立集成所有的最佳实践的,并适应每个管网的具体特点的漏失管理策略,可以使供水机构减少水的流失,并为其定义漏失管理目标。从这种意义来说,每个自来水公司应该追求的目标是达到经济漏控水平,其定义为“由漏失管理策略获得的漏失率水平,在该策略下,用于控漏所需的投入与控漏所节省的水的价值相当”。

漏失管理活动,与获得经济漏控水平活动结合,包括了优化的压力管理策略,该策略能够减少破裂率,以节约管网维护的投资,并延长系统的运作寿命;优化的主干管道投资和服务更新,以确保符合政策;优化的维修策略,以通过改进渗漏检测、定位和维修过程,提高维修质量,开发渗漏数据库,使渗漏持续时间最小化;主动渗漏控制的经济活动,以提高未报告的流失的获知、定位和维修。

本文描述了作者在意大利和国外的许多项目的中,为主动渗漏控制开发的方法。被称为 HydroZoom 的方法基于将管网分成地区,而地区的大小取决于要求的漏失率水平分析的详细度。实际上,工作被优先放在了最关键的地区,因为在这些地区渗漏程度较高。该方法要求使用先进的技术来监控区域的流量和压力,并部署关联器和噪音记录仪来确定渗漏。对最佳实践和现有技术的全面概述可以在水门户网站 www. waterportal. com 上找到,这是由 TILDE 项目中的作者们开发的,欧盟在第五框架项目中对该项目进行了资助。

参考文献

[1] 世界银行,澳大利亚 Sinclair Knight Merz and Egis Consulting Australia 咨询公司(澳大利亚国际发展署),水利部水利水电规划设计总院,等. 中国北方地区水行业战略研究.

[2] N. Naveh, M Ingham, C Melamed, et al. The Entrepreneurial Approach to Implementing Leakage Control System in Municipal Networks.

[3] D. Pearson, S W Trow Calculating economic levels of leakage.

[4] APLE™ model data, WRc.

[5] TILDE project funded by the European Commission under the 5 th Framework Programme: Innovation DG. Augusto Pretner, Alessandro Bettin, Luz Sainz et al.

[6] The Water Portal, www. waterportal. com, the TILDE project consortium.

澳大利亚、法国和南非生态环境用水的立法保障及其对中国的启示

胡德胜[1] 陈晓景[2]

(1.郑州大学法学院; 2.河南省政法干部管理学院)

摘要:确保生态环境用水是实现可持续发展的重要前提,是构建人与自然和谐的必要基础。澳大利亚、法国和南非从政策或者法律上明确保障生态环境用水权或者使生态环境用水具有一定的法律地位。研究和借鉴这些国家有关生态环境用水的政策和法律,对于提高我国水资源管理水平,加强水资源的可持续利用,促进和谐社会的实现具有重要的现实意义。

关键词:生态环境用水 立法保障 澳大利亚 法国 南非

人类社会对水资源利用的持续增加,导致经济发展用水需求与生态环境用水需求两者之间的矛盾日益突出。一方面,经济用水量的增加致使河流径流量减少,造成生态环境的破坏。另一方面,源于生产生活排放的大量污水造成河流水质恶化,对生态环境健康构成严重威胁。从非人类中心论的哲学意义上讲,生态环境享有用水的权利。这已经为国际政策和法律所承认,尽管在形式上多是暗含的;在国内政策或者法律上,一些国家已经明确承认生态环境的水权利,虽然多数国家在政策或者法律中有关于生态环境用水的实体规定而没有生态环境用水权的术语。根据“十一五”规划纲要,建立和谐社会的重要方面之一是促进经济发展与人口、资源、环境相协调。生态环境如果得不到适当的水,人与自然的和谐相处就无从谈起,可持续发展战略就无法实现,国民经济和社会就不可能健康发展。本文分析澳大利亚、法国、南非三个国家的生态环境用水立法状况,以期对促进我国生态环境用水保障机制的完善有所裨益。

1 澳大利亚生态环境用水权的立法状况

澳大利亚水资源总量为 3 430 亿 m^3,目前已开发利用的地表水和地下水资源量为 175 亿 m^3。水资源状况的基本特点是总量少,人均占有量多。根据联合国可持续发展委员会对世界 153 个国家和地区的统计,澳大利亚以人均水资源量 18 743 m^3 而位居前 50 名。但是,由于水资源时空分布过度不均以及空间平

均量很低,澳大利亚是一个水资源十分缺乏的国家。因此,澳大利亚政府十分重视水资源的管理。澳大利亚是一个由六个州和两个地区组成的联邦制国家;在联邦制度下,各州和地区对包括水资源在内的自然资源管理负主要责任,在立法方面处于主导地位。但是,引导法律的政策则由澳大利亚联邦(和新西兰)及有关州级政府层次领导人组成的各种委员会做出,其背后则是澳大利亚和新西兰两国政府的各种影响。

1996年,澳大利亚和新西兰农业与资源管理委员会(Agricultural and Resource Management Council of Australia and New Zealand,ARMCANZ))、澳大利亚和新西兰环境与保护委员会(Australia and New Zealand Environmental and Conservation Council,ANZECC)两个部长委员会通过了《关于生态用水供应的国家原则》。原则在于提供这样一种政策指导,即在水资源总体配置决策的层面上,如何处理好环境用水问题。该文件指出,需要审视既有水资源配置程序,分配农业、生活和工业用水以及环境用水,确保为分配充足的水以满足环境需求,并确定了十二项原则。文件使用了一个新术语,即依水生态系统(water - dependent ecosystem)。"依水生态系统是指环境中的这样一些部分,他们的物种组成和自然生态过程受制于流动或者非流动水体的经常和暂时存在。河流的岸内区域、邻岸植物、水泉、湿地、泛水区以及三角洲,都属于依水生态系统。"关于环境用水需求的概念,文件将之定义为"维护水生系统的生态价值并使之处于低风险水平的所需水结构状况。这些状况通过科学方法和技术的运用,或者通过基于多年观察而形成的具体经验的运用而形成"。该文件宣布的十二项原则是:

原则一　应当承认河流管理和/或消耗性用水对生态价值具有潜在影响。

原则二　生态用水的供应应当以维护依水生态系统生态价值所必要水结构的现有最好科学知识为基础。

原则三　应当在法律上承认环境用水。

原则四　既有用水户存在的制度中,在承认其他用水户既有权利的同时,生态供水应当尽可能最大地满足维护水生系统生态价值所必要水结构的需要。

原则五　在因既有用水户而导致环境用水需求不能满足的情况下,应当采取行动(包括重新配置)以满足环境需求。

原则六　将来任何用水配置应当仅以自然生态过程和生物多样性得到维护(即生态价值得到维护)为基础。

原则七　环境用水供应管理所有方面的指标应当公开和明确。

原则八　环境供水应当及时反映环境用水需求理解过程中的监测体系及其改进。

原则九　对所有用水户的管理应当以承认生态价值的方法进行。

原则十　应当运用适当的需求管理和水价战略以帮助维护水资源的生态价值。

原则十一　增进对环境用水需求理解的战略和应用研究是不可或缺的。

原则十二　所有相关的环境、社会和经济利益各方应当参与环境用水供应的水资源配置规划和决策。

毫无疑问，这十二项原则都与生态环境用水权直接相关，涉及生态环境用水权的不同方面。《国家水资源行动计划》包括涉及水资源管理八个相互关联方面的目标、行动成果和各政府同意采取的行动，它们都直接或间接地涉及生态环境用水权的保护。如在取水权和计划框架方面，行动成果要求为地表水和地下水环境系统提供法律基础以保护水资源及依水生态系统，并恢复过度配置或过度抽取的地表水和地下水系统使其达到环境上的可持续水平。在环境和其他公共利益用水方面，强调确保生态环境用水供应。在水资源指标体系方面，生态环境用水是不可或缺的方面之一。

为了落实《1994 年水资源改革框架》和 2004 年《国家水资源行动长期规划》，澳大利亚各州或者地区十分注重法律手段的运用。这里以南澳大利亚州《2004 年自然资源管理法》为例进行说明。

首先，生态环境用水权获得了法律上的承认。该法在第七节第一款规定了立法目的，其中规定依水生态系统及相关生物多样性应当受到保护，承认依水生态系统享有合法用水权。第二节规定了生态上的可持续发展（ecologically sustainable development）的基本要素，其中确定环境用水供应当是关键部分之一。第三节规定了实现生态上的可持续发展应当遵循的十二项原则，这十二项原则都直接或间接地与环境的水权利相关。显然，该法采用了综合的、生态上可持续的方法来管理包括水资源在内的自然资源。

其次，《2004 年自然资源管理法》规定了通过不同管理计划实现环境用水权的方法。例如，还规定州自然资源管理规划必须提出实现该法目的的原则和政策，而环境的水权利被承认于目的之中；还规定地方自然资源管理理事会制定的水资源配置方案必须包括对依水生态系统所需用水的数量和质量方面的评价，并确保实现环境、社会和经济各方面用水需求的合理平衡。最后，负责实施《2004 年自然资源管理法》的个人或者机构、或者社会公众，享有权利并负有义务来实现环境用水权。例如，当某处的水资源（无论其是否属于规划区），供应不足或者过分使用时，根据正当程序，部长可以禁止或者限止取水，或者要求改造水工程以保证水体的流动；此种情形下，应当考虑与该处水资源相关的依水生态需求。

2 法国生态环境用水权的立法状况

法国的水资源总量为 1 010 亿 m^3,人均水资源占有量为 3 300 m^3。目前利用的水量为 114 亿 m^3,人均年引水量 665 m^3,另有 36 亿 m^3 城镇生活污水和 40 亿 m^3 工业废水得以再利用。农业用水量为 24 亿 m^3,占总供水量的 21%。虽然法国的水资源较为丰富,但时空分布及其不均匀,在地域和时域上存在水资源紧缺的问题。

法国水资源管理的特点是国家、流域管理委员会、水协会和地方水管理公司共同参与管理,主要法律是《水法》和《农业法》两部法律。法国法律强调水是公共资源,必须采取综合和平衡的管理措施协调用水户的需求和环境保护需求。例如,法国《水法》第二条规定它以水资源的平衡管理为目的。这种平衡管理的目的是要确保:

(1)保护各种水源地和湿地的生态环境;湿地是指不论利用的或没有利用的土地,它经常被水淹没或持续地或暂时地浸满淡水、微咸水以及咸水;大部分的植物(如果有的话),至少在一年的一段时间里是喜湿型植物。

(2)保护、防止各种污染和地表水、地下水的水质恢复,以及领土界限内的海洋水域。

(3)节水,水体的自由流动和防洪。

第五条则进一步规定:①在一组子流域或一个覆盖了一个水文单元的子流域或一个含水层系统中,水开发和管理规划应当提出广泛利用的目标,如地表水和地下水资源、生态系统的水量水质保护、增值以及湿地保护,以满足第一条中列出的原则。②它的范围应当由第三条中提到的总体规划来确定;如果没能做到,由国家代表在咨询后或根据地区机构的建议和咨询流域委员会后决定。

总体规划应当列出优先领域,以确保实现第一段当中所确定的目标。规划应当考虑自然水生环境的保护、水资源增值的需要、可能的农村空间开发和需保证的不同用户之间的平衡,评价进行实施所需的经济和财务需求。

为进一步保障生态环境用水,法国《水法》还强调了水资源管理(包括地表水、地下水等)的统一性,建立了以流域为单位的水资源管理的体系。法国 6 个流域有关水政策的决策是由在流域管理委员会的所有用户代表(包括政治家、农民、工业、环境部门、消费协会和国家的代表)共同协商确定。另外,《水法》第八条又规定,为保障本土国界内的地表水、地下水和海洋水体的质量保护和分配的一般原则应当由"国家会议"的法令来决定。这些原则应当规定:(1)恢复和保护所述的与各种水的利用和积累利用有关的水质所需的质量标准和措施。(2)为了满足不同用水用户需求所需的水分配原则。(3)应符合以下两方面的条件:①直接或间接地排放的水或物质,或其他东西,或任何能够改变水质和水生环境的活动应被禁止或控制;②制定保护所述水质所需的措施,以确保对运行或者废井和钻孔的监测。

法国《农业法》也规定了生态环境用水的权利。法国农业的政策框架基于欧盟的农业政策(CAP),这一政策限定了每个成员国的农业发展及灌溉需水量。法国《乡村法》也在第2325条中规定:河流最低环境流量不应小于多年平均流量的1/10;对于多年平均流量大于80 m^3/s 的所有河流或者部分河流,政府可以对其制定法规,但是最低流量的下限不得低于多年平均流量的1/20。

3 南非生态环境用水权的立法状况

南非属半干旱地区,蒸发量常年大于降水量,是全世界最干旱的30个国家之一。目前,南非的人均水资源量仅有1 015 m^3。如果不提高用水效率,南非的水短缺危机会更加严重。意识到水资源不足对社会、经济发展产生的消极作用,南非政府采取了多种措施来保证水资源的可持续利用。重点措施之一就是在法律上宣告环境享有用水权。

1998年的南非《国家水法》废除了在南非普通法中出现和发展起来的河岸权原则,用基于公共权利的制度取代了在水分配方面具有种族歧视色彩的私权制度,用水权被视为公共财产——所有人共享但不能被私人所有的财产权。

南非《国家水法》努力从公共利益出发,促进水资源的有效、可持续的和有益的利用。其在第一章规定,可持续性和公平公正用水被认为是南非水资源开发、利用、保护、管理和控制的重要指导原则。这些原则明确了这一代人和今后几代人对水资源的基本需求,以及在保护水资源及与其他国家分享部分水资源方面、通过用水促进社会经济发展方面,以及在建立适当体制机构以实现本水法目标等方面的一些需要。南非中央政府根据宪法规定的水改革法令并通过水事务与森林部长的工作,全面负责上述基本原则的实施。部长被授权代表国家,在履行水资源的开发、利用、分配、保护和获取等责任方面负有主要责任。这就明确把南非政府确定为国家水资源的公共受托人,并要求水事务和森林部长负责确保用于公共利益的水资源的公平分配和有益利用,从而促进环境价值的实现。

南非《国家水法》明确规定水法的主要目的是:①满足当代和今后几代人的基本用水需求;②促进公平公正用水;③纠正过去的种族歧视和男女不平等的后果;④鼓励为公共利益做好有效率、有效益和可持续用水;⑤促进社会和经济发展;⑥满足日益增长的用水需求;⑦保护水生生态系统和相关生态系统,以及其他生物多样性;⑧减少和防止水资源污染和水质恶化等。

为了符合保护人类福利和健康环境的宪法要求,南非国家水法规定了水储备制度,其定义水的“储备量”是指保存必要数量和质量的水源,用于:①满足人们的基本用水需求,即按1997年南非《水务法》(1997年南非第108号法律)规定的基本供水量要求,人们在最近的将来(合理考虑)将:(i)依赖有关的水源地;(ii)从有关的水源地取水;(iii)从有关水源地引水;②保护水生生态系统,以保证有关水资源能够得到生态可持续开发和利用。

南非《国家水法》的附加条款还包括建立在所有重要水源地分类基础上的水源质量保护制度,对水源地适用相对严格的污染预防措施,并适用污染者负担原则。

4 对中国的启示

在我国水资源法律和政策中,对生态环境用水作出了一些规定。如2002年《水法(修订)》第一章“总则”中,涉及到生态环境用水的规定有两条。第4条规定,在水资源的开发、利用、节约、保护以及防治水害活动中,应当“协调好生活、生产经营和生态环境用水”。第9条规定,国家要“保护水资源”、“改善生态环境”。在第三章“水资源开发利用”中,关于生态环境用水规定有三条。第21条第1款规定,“开发、利用水资源,应当首先满足城乡居民生活用水,并兼顾农业、工业、生态环境用水以及航运等需要”。第2款规定,“在干旱和半干旱地区开发、利用水资源,应当充分考虑生态环境用水需要”。关于跨流域调水的第22条规定,“应当进行全面规划和科学论证,统筹兼顾调出和调入流域的用水需要,防止对生态环境造成破坏”。第26条规定,“建设水力发电站,应当保护生态环境,兼顾防洪、供水、灌溉、航运、竹木流放和渔业等方面的需要”。

水利部制定的一些政策性或者规章性文件中的规定,也体现有对生态环境用水的保护。如2005年1月11日关于水资源使用权转让的《水利部关于水权转让的若干意见》在阐释水资源可持续利用的原则时,要求“水权转让[要]……统筹兼顾生活、生产、生态用水”;在解释公平和效率相结合的原则时,提出“水权转让必须首先满足城乡居民生活用水,充分考虑生态系统的基本用水”。在水权转让的范围方面,规定“为生态环境分配的水权不得转让”,“对公共利益、生态环境或第三者利益可能造成重大影响的不得转让”。在水转让费的确定方面,要求将生态环境的补偿列为考虑因素之一。在水资源使用权转让制度的探索和完善过程中,指出要注意“确定水资源承载能力和水环境承载能力”,政策法规的制定要“注重保护好水生态和水环境”。另外,水利部在同日发布的《水权制度建设框架》中,提出在水资源使用权分配制度上,要“建立生态用水管理制度,强化生态用水的管理,充分考虑生态环境用水的需求”。

诚然,“我们的社会目前尚未达到这样一种可持续性的层次,即人类尊重和考虑地球上的生命,公平和公正地利用地球上的资源”。但是,我们需要努力。与我国政策和法律相比,不难发现,澳大利亚、法国、南非关于生态环境用水权的规定对我国有以下启示:

(1)必须将非人类中心论的大地伦理作为生态环境用水管理的哲学基础之一。生态本身不能主张自己的权利,因此生态环境用水权的实现与一般水权有所不同。在我国现行的水资源管理体制下,政府必须承担生态环境用水权代言人的责任,首先应该根据不同河流的特点,确定不同的生态流量,然后在初始水权的划分中对生态水权予以考虑,最后在水资源规划、水资源管理中实现生态环境用水权。

(2)应具体化生态环境用水权的主体,即依水生态系统。生态环境是比较大的概念,确保整个生态环境的用水在现实中是行不通的。对生态环境用水权的界定应以流域界限为依据,对不同的气候区域采用不同的水量标准,如干旱区内陆河应以下游尾闾的水量为目标;半干旱区的河流,河道生态水量应以入海水量为重要的控制目标;湿润区一般不存在河道最小生态水量问题,但修建大型水利工程特别是水力发电工程后,需要保证必要的基流与洪水过程,不能单纯从发电的经济效益考虑问题。

(3)对生态环境用水权的实现,应规定具有可操作性的程序和步骤。缺乏程序保障的权利,是难以实现的权利。

参 考 文 献

[1] Hu, D.. Water Rights: An International and Comparative Study. IWA Publishing, 2006, p. 43.

[2] See also Hu, D.. The Environmental Right to Water, in Y. Liu ed., Archives for Legal Philosophy and Sociology of Law (Vol. 8). Peking University Press, 2006, pp. 175 – 204.

[3] ARMCANZ, ANZECC. National Principles for the Provision of Water for Ecosystem. p. 7.

[4] Intergovernmental Agreement on A National Water Initiative. Para. 25(ii) &(v).

[5] See section 74 (2), the Natural Resources Management Act 2004.

[6] See UNESCO, etc.. The 2nd United Nations World Water Development Report: Water: A Shared Responsibility (2006), p. 6.

水权转换中农业风险补偿费分析计算

姜丙洲　景　明　侯爱中

（黄河水利科学研究院）

摘要：分析影响水权转换出让方农业用水量的主要因素，利用不同来水频率灌区引水受损程度，剔除其他因素，探求水权转换对农业用水量的影响，建立不同来水频率与损失水量的相关关系，计算农业损失水量，进而计算农业风险补偿费。通过分析给出了农业风险补偿费计算公式，为其费用计算提供了统一标准，解决了该项费用计算不统一的问题。

关键词：水权转换　风险补偿　费用

1　黄河水权转换情况

近年来，随着我国西部大开发战略的实施，宁蒙地区依托当地丰富的煤炭资源优势，经济建设快速发展，一批工业项目纷纷上马，而这些工业项目大部分属于高耗水项目，这些工业项目的建设都需要水资源的支撑。该区域水资源需求急剧增长，已不能满足经济建设发展的需要，水资源短缺已成为制约当地经济社会发展的"瓶颈"，大量涉水项目因无取水指标而无法立项。2002 年以来，宁蒙两区政府及水利厅多次行文黄河水利委员会（简称黄委），提出增加黄河干流年用水量的要求，以解决新建火电厂等工业项目用水问题。鉴于黄河水量的统一调度与分配、流域的协调发展，地方提出的增水要求无法满足，这使许多工业项目的上马因水源问题而陷入了僵局，无疑制约着当地经济的发展。

节水是解决水资源短缺的唯一出路，而节水的重点在农业。宁蒙两区农业灌溉用水浪费严重，节水的潜力巨大。黄委根据水权水市场理论，积极探索优化配置黄河水资源的途径，试探性提出灌区与工业企业通过水权转让方式以使工业企业获得黄河取水指标。

水权转换在黄河流域是一项新的工作，没有成功的经验予以借鉴，初期采用先试点再推广的方式运作。自 2003 年 4 月开始，在宁蒙两区选择了 5 个工业项目先期开展试点，灌区节水涉及内蒙古南岸灌区和宁夏青铜峡灌区 2 个灌区。

从此,黄河水权转让试点工作正式拉开了序幕。

“投资节水,转让水权”这一运用水权理论实施黄河水资源优化配置的新尝试在宁蒙水资源短缺的困境中诞生了。这一新的实践,成功地解决了宁蒙经济社会发展中水资源短缺的难题,形成了以农业节水支持工业发展用水,以工业发展反哺农业,促进经济、社会、资源、环境的协调发展,为我国建设节水型社会开创了一条崭新的道路。

为规范黄河水权转换行为,2004 年 6 月和 2005 年 11 月,黄委先后颁布了《黄河水权转换管理实施办法(试行)》和《黄河水权转换节水工程核验办法(试行)》,初步建立了具有黄河特色的水权转换制度,确立了黄河水权转换原则,规范了黄河水权转换审批权限和程序,明确了黄河水权转换期限,提出了黄河水权转换费用的构成,建立了水权转换补偿制度,规定了水权转换有关工作的程序,批复了宁蒙两区水权转换总体规划。

黄河水权转换的成功实践,实现了用水结构的调整和城乡、工农业之间水资源的优化配置,保障了有关各方的利益,节约了水资源,扩大了企业的生存空间,提高了水资源的利用效率和效益,保障了当地经济社会发展对水的需求,促进了地方经济社会的可持续发展。

2 水权转换费用测算内容

在水权转换工作中水权转换费用的测算是一项非常重要的内容。水权转换费用的确定以水价形成机制为依据,按照市场经济规律,体现转换双方与经济社会发展“多赢”的原则,并结合水资源供给状况、水权转换期限等因素,综合考虑保障持续获得水权的工程建设成本与运行成本以及必要的经济补偿与生态补偿,合理确定。

根据《水利部关于内蒙古宁夏黄河干流水权转换试点工作的指导意见》,水权转换总费用包括水权转换成本和合理收益。涉及节水改造工程的水权转换,其转换总费用应涵盖:

(1)节水工程建设费用,包括灌溉渠系的防渗砌护工程、配套建筑物、末级渠系节水工程、量水设施、设备等新增费用。

(2)节水工程的运行维护费,是指上述新增工程的岁修及日常维护费用。

(3)节水工程的更新改造费用,是指当节水工程的设计使用期限短于水权转换期限时所必须增加的费用。

(4)因不同用水保证率而带来的农业风险补偿。

(5)必要的经济利益补偿和生态补偿等。

3 农业风险补偿费分析计算

水权转换费用测算中,农业风险补偿费用的分析计算目前方法、标准不明确,有必要对其计算方法进行统一。

根据黄河水量统一调度丰增枯减的原则,遇枯水年灌区用水相应减少,但灌区转换到工业的用水保证率必须达到95%以上,为了保证工业的正常生产用水,可能造成灌区部分农田得不到有效灌溉,使农作物减产造成损失,需给予农民一定的经济补偿。

经济补偿费用的测算,先求得多年平均工业企业多占用农业的水量,然后计算由于农业灌水量的减少引起农业灌溉效益的减少值,农业灌溉效益的减少值即为工业企业每年的风险补偿费用,再乘以水权转换年限得出风险补偿费。

工业企业挤占农业的水量可根据图1计算。根据图1,多年平均工业企业多占用农业用水的水量采用下式计算:

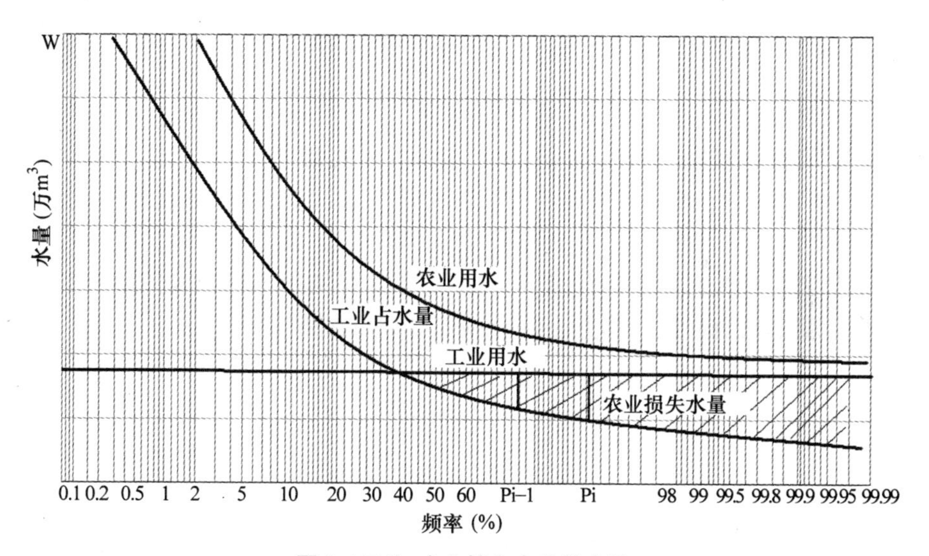

图1 工业、企业挤占农业的水量

$$\overline{W} = \sum (P_i - P_{i-1}) \times (W_i + W_{i-1})/2 \quad (1)$$

式中:$\overline{W}$ 为多年平均工业企业多占用农业用水的水量,万 m^3;$(P_i - P_{i-1})$ 为相邻频率差(%);$(W_i + W_{i-1})$ 为相邻频率对应农业损失水量之和,万 m^3。

根据《灌溉与排水工程设计规范》(GB50288—99),以旱作为主的干旱或水资源紧缺地区,灌溉设计保证率一般取50%~75%,工业用水保证率取95%~97%。取不同保证率50%、75%、95%、97%,不同保证率灌区分配水量相应发生变化,计算不同保证率下相应的灌区灌溉用水量、工业企业用水量,若保持工业企业用水量不减少,则在不同保证率下,灌溉用水量将相应的减少,分段累加灌溉用水减少水量即计算出多年平均工业企业多占用农业用水的水量。

根据工业企业多占用农业用水的水量以及灌区实施节水后的灌溉定额,计算灌区农田因此而减少的灌溉面积,以当地灌与不灌每亩收入的差值为每亩年补偿金额,计算灌区年补偿费,再根据水权转换期限计算转换期内农业风险补偿费。

$$A_s = W_s / M_j \tag{2}$$

式中:A_s 为灌区农田减少的灌溉面积,万亩;W_s 为工业企业多占用农业用水的水量,万 m^3;M_j 为灌区实施节水后的灌溉定额,m^3/亩。

$$C_f = N_z A_s B_c \tag{3}$$

式中:C_f 为水权转换期内农业风险补偿费,万元;N_z 为水权转换期限,年;A_s 为灌区农田减少的灌溉面积,万亩;B_c 为灌区灌与不灌每亩收入的差值,元/亩。

4 结语

水权转换后,为了保证工业企业的用水,农业用水在枯水年份受到一定影响,如何消除水权转换对农业灌溉造成的影响,本文通过分析不同来水频率灌区引水受损程度,建立不同来水频率与损失水量的相关关系,计算农业损失水量,进而计算农业风险补偿费。这只是对农业风险补偿费的粗略估算,还不完善。农业风险补偿费受影响条件较多,影响因素复杂,需在水权转换实践中不断探索其影响因素、补偿标准、计算方法,进而确定合理的补偿费用。

浅析现行黄河水权制度的形成、缺陷及创新

马晓强 韩锦绵

（西北大学经济管理学院）

摘要：根据产权经济学和新制度经济学的理论，分3个阶段探讨其由非正式约束为主向正式约束为主的演进及可交易水权制度萌芽的形成过程，指出现行黄河水权制度的缺陷，如水权界定不彻底，缺乏明细配套，无法满足交易要求，水价偏低，水管单位改革和规范任务重，水事运行效率低，用水余缺调剂较难，水事法律制度针对性和有效性不强等，以及建设可控性水利工程、明晰微观主体的水使用量权、分步调高水价、建立和完善相关水事法律制度等现行黄河水权制度创新的前提及思路。

关键词：黄河 水权制度 形成 缺陷 创新

1 现行黄河水权制度的形成

新中国成立初期，黄河水资源相对丰裕，当时的黄河水权制度是由人们取用水习惯为引导的非正式约束为主。后来，随着沿黄各省（区）工农业生产的发展，黄河水资源供需矛盾逐步显现，特别是进入20世纪70年代后发生了举世瞩目的断流现象。伴随黄河水资源稀缺程度的加剧，其经济价值不断提高，开发利用黄河水资源也由人们的取用水习惯为引导转变为80年代中后期的法律法规建设。这样，黄河水权制度开始向正式约束为主转变，且在最近几年出现突破性进展，出现了可交易水权制度的萌芽。

1.1 1949～1977年的黄河水权制度

黄河水权制度在此阶段确立了人民公有的所有权，黄河水利委员会统一管理的水行政管理权，上、下游分流域配水的配水量权及工农业用水放在首位的用水顺序权。这一系列正式的水权制度安排为黄河的全面治理和开发利用做出了开拓性贡献，黄河已从一条被称为“中国之忧患”的害河，开始向造福子孙社会的利河转变。但是综观这一时期的水权制度，我们可以清晰地看出当时黄河流

基金项目：国家社科基金资助项目(04XYJ021).

域用水大户——农业灌溉用水的水权制度仍以非正式水权制度约束为主。这里的非正式水权制度是指黄河流域农业灌区在用水方面所沿袭的取水习惯、人们的水意识和已经广泛获得认可的不成文的用水协议。这一时期,由于黄河水量供给相对充裕,沿黄灌区的渠系均为泥土质,下渗流失严重,再加上只是界定了大范围笼统的配水量权,还没有对各家各户的水使用量权监测监督,因此缺乏改变人们水意识和用水习惯的制度环境,也就是说人们依旧遵奉着自己古老的水意识和用水、取水习惯。从人们取用黄河水以来,由于水量十分充裕,人们只能控制和利用水资源中很少一部分,大部分水量任其自然流动,所以在用水意识上以为"黄河之水天上来,取之不尽,用之不竭",是一种自由取用的物品。在这种用水意识支配下,人们对黄河水随意取用,无节制灌溉,继续着大水漫灌、大田漫灌的灌溉习惯。加之当时还没有征收水费和水资源费,微观主体用水几乎没有任何约束,也根本无须考虑水资源的利用效率问题。国家虽然提出农业灌溉要节约用水,但由于一是没有成熟的节水措施,二是农民即使节约了水,也不能获得任何物质补偿与鼓励,反而要在灌溉过程中精心堵拦,没有大水漫灌那么悠哉快哉,节约用水实际上没有真正实施。总而言之,这一时期的黄河水制度是以公有水权基础上的非正式水权制度安排为主。

1.2　1978～1986 年的黄河水权制度

1978 年十一届三中全会后黄河流域出现了较多突破性的正式制度安排,如《黄河可供水量分配方案》的制定、《山西省水资源管理条例》的出台,黄河正式水权制度安排的雏形逐渐显现。这些正式制度的出台,为加强黄河水资源统一管理和分级管理,为节约用水和提高水资源利用效率,缓解断流都起到十分积极的作用。但是"正式制度安排只有在社会认可,即与非正式制度安排相一致的情况下,才能发挥作用。改变两者之间的紧张程度,对经济活动变化的方向有着重要的影响"(Doug lass,1990)。这一时期黄河流域虽然进行了宏观配水,但总体上农户用水仍缺乏硬约束,由于水费很低,水费到农户一级还是平均分配,人们还是认为水是用之不尽的公共财富,用水花不了多少钱,所以很难真正鼓励人们节水。更主要的是,由于没有水交易,人们节约水自己又不能卖出,不能获得任何节水收益,对节水的硬件投入缺乏积极性,水资源配置效率自然就很低,再加上几千年来大水漫灌意识已在他们头脑中深深扎根,很难在短期内改变。这一意识也阻碍着一些正式制度的实施,如水费征收难度很大,下游有的省(区)水费征收率仅有 40%。所以,这一阶段即使有前面一些正式水权制度安排,但非正式制度安排仍起主导作用。

1.3　1987 年至今的黄河水权制度

1987 年后,黄河流域对黄河水资源的需求大幅度增加,水事关系日益复杂,

1988 年《水法》和 2002 年新《水法》的颁布规范了各经济主体的用水行为，规范了水资源的开发、利用、保护和管理。1987 年国务院对《黄河可供水量分配方案》的批转标志着历史上黄河全流域范围内的配水真正开始实施。根据 1993 年国务院 119 号令《取水许可制度实施办法》于 1994 年制订的《黄河取水许可实施细则》是黄河流域依法取水的第一个正式制度安排，但它严格限制了售水、水交易行为，有碍于水资源市场机制的形成。水资源费的征收还是限于山西、陕西和内蒙古等省（区），水费标准依旧偏低。此阶段还出现了水权转让的萌芽，2004 年的《黄河水权转换管理实施办法（试行）》和 2005 年 1 月的《水利部关于水权转让的若干意见》推动了全国范围内水权转让的实施，在实践中，宁夏、内蒙古两自治区正在实施跨行业水权转换。这就使水资源本身所拥有的价值，通过交易价格完全体现出来，使我们对水资源的稀缺性有了一个定量和直观的认识，为我们合理配置和使用水资源提供了一个指导。

这一时期黄河正式水权制度安排不断出台，黄河水权制度已由传统的非正式约束为主转变为正式约束为主，逐步形成了以《水法》为基础，以取水许可制度为核心，以《黄河可供水量分配方案》为全流域水量分配依据，以流域管理与行政区域管理相结合为水行政管理制度的现行黄河正式水权制度体系。这些正式制度安排为黄河流域的统一管理、全流域配水和水行政管理提供了法制化、规范化的制度依据，提高了黄河水的配置和利用效率，进一步体现了水资源的经济价值，取得了一定的经济效益。

2　现行黄河水权制度的缺陷

现行黄河水权制度提供了水资源配置、管理、保护等方面的制度安排，但总的来看，它是一种计划配置水资源的为主的公共水权制度。“由于中国没有公水与私水之分，加上传统计划经济体制的作用，政府已经太习惯于配置水资源”（肖国兴，2004）。目前黄河流域虽然出现水权转换的萌芽，但真正的水市场的形成依然进展缓慢，在黄河水资源日益稀缺下，这种配置方式必然造成水资源使用中的低效率，具体表现如下：

第一，水权界定不彻底，难以满足交易的要求。现行黄河水权界定状况是，黄河水资源的所有权，已经明确地从法律上安排为国家所有，这就包括了国家对水资源的支配和对其开发利用上的管理。黄河全流域的水资源经营管理是由水利部的派出机构——黄河水利委员会规划并实施的，而各省区的黄河水资源利用则由地方的水行政主管部门负责。就目前的情况来看，黄河水资源的使用权界定上缺乏明细支撑，在 1987 年各省（区）配水方案的基础上，各省（区）层面、省（区）区内的市（地）、县、乡、村和农户及工业用水户之间，都需要清晰界定，而目前主要问题有三:其一,初始水权只分配到市一级,市以下以县或灌区为用水单元的用水户初始水权并没有明晰;其二,在初始水权分配中没有将支流水量量化,地表水和地下水没有进行统筹分配;其三,初始水权分配方案中,没有明晰国民经济各个行业用水优先序及保证率等(刘晓岩、席江,2006)。特别是在用水主体存在逆选择的情况下,配水定额越高,用水量越大,水的浪费越大,水的边际收益越低,缺水、要水的呼声从而就越高,这正是黄河水使用量权界定不彻底、不细致、不配套的表现。

第二,水价偏低,水管单位改革与规范任务重,水事运营效率低。目前引黄灌溉水价仍然低于供水成本,例如2000年以来,宁夏曾先后3次调整引黄灌区灌溉水价,现行综合价格为自流灌区0.024 5元/m^3,比1999年翻两番多;扬水灌区上调1倍,达到0.1~0.2元/m^3,尚不足成本的40%。大量事实表明,尽管水价做了调整,但现行黄河水价仍然普遍偏低,既未反映黄河水资源的供水成本,更没有体现使用黄河水资源的机会成本。其原因不仅由于国家减轻农民负担的政策及要政府承担的补贴等问题未能按照供水成本定价,更重要的则在于这种畸低的水价难以反映出黄河水的稀缺程度,也就不可能引导黄河水资源的有效配置,而且还刺激了水资源浪费。2000年以来沿黄各省(区)在水管体制方面进行了不少探索和改革,尽管区分了水管单位的公益性、经营性和公益性兼经营性的不同属性,明确了权责,梳理了有关编制,尤其是到2005年黄委先后出台了《黄河水利工程维修养护程序管理规定》、《黄河水利工程维修养护计划编制规定》、《黄委水管单位与维修养护单位业务范围划分规定》、《黄河水利工程运行观测岗位职责规定》、《黄河水利工程维修养护质量管理规定》、《黄河水利工程维修养护监理管理办法》、《黄河水利工程运行观测与维修养护技术资料管理办法》、《黄河水利工程维修养护项目验收管理规定》、《黄河水利工程维修养护责任追究办法》等9个管理法规,但由于这些改革规定在现阶段既有水资源管理体制下进行,总体上原则性强,操作性和技术性有待于进一步加强。尤其在水利固定资产的权属、支配和收益方面尚需进一步摸索,在水利工程建设投入、运行模式选择方面也亟待进一步创新。我们认为,水管体制改革的速度和效果无法满足优化水资源配置与提高水资源使用效率、推动社会经济和谐发展的要求。

第三,用水余缺调剂较难,水资源配置效率低。黄河地区地域辽阔,各地的自然条件、降水情况和灌溉方式有所不同,因此各地的需水量也会因条件的变化而发生变化,需要在地区之间、用水户之间进行余缺调剂。目前,在水量调度的实践中这些已为人们所认识,但是,由于中期预报的精度和实时调度手段尚不能满足实时的用水余缺调剂要求。为加强水资源在黄河流域的高效率配置,从2006年8月1日开始施行《黄河水量调度条例》,但这部法规对水权制度的创新没有提出要求,因而在水资源的管理调配上尚难实现市场化的水资源余缺调剂,这就很难使用水盈余者节水,用水欠缺者通过支付适当代价满足用水之需。因此,在现行的水资源配置制度下,尽管出现了黄河水权转换这个新生事物,由于没有形成真正的水市场,水资源配置效率依然低下。

第四,黄河水事司法与立法之间存在一定差距,黄河水资源管理的有法必依亟待加强。单就黄河水资源利用和管理而言,除了适用于我国大的水事法律如《中华人民共和国水法》、《中华人民共和国防洪法》、《中华人民共和国水污染防治法》和《中华人民共和国水土保持法》等之外,鉴于黄河在中国社会经济系统的战略性和重要性,针对黄河的立法工作受到了重视,比如早在7年前黄委就提出制定《黄河法》的问题,也作了较为扎实的前期工作,但因多种原因未能获得共识,所以时任国务院副总理的温家宝建议出台《黄河水量调度条例》。2006年国务院第472号令批准并于当年8月1日起施行的《黄河水量调度条例》,是专门用于黄河水资源调配的一部法规。该条例被认为是针对性非常强、操作性强的水资源调配法规,存在的迫切问题就是如何强化以《黄河水量调度条例》为代表的黄河水事司法,在加强司法力度,真正做到有法必依方面还存在不少或直接或间接的障碍因素,需要大力突破,切实发挥相关法律对于黄河水资源利用和管理的规范及保护功能。

3　现行黄河水权制度创新的前提及思路

现行黄河水权制度存在以上缺陷,为此,需要进行黄河水权制度创新,建立和完善可交易水权制度,使黄河水权制度安排能够在宏观上起到用水总量控制,在微观上起到激励节约用水、提高用水效率的作用,从可持续发展的观点看,这是解决黄河流域缺水、水环境恶化及建立节水型社会的根本大计。

现行黄河水权制度创新的前提是可控性水利工程的建设。黄河流域不少地方的渠系属于泥沙渠,在供水过程中跑水、漏水现象严重,黄河水在途中损耗量大,难以准确计量。通过建设可控性的水利工程,如对泥沙渠统一进行衬砌,才能从硬件上采用统一的规范和标准清晰界定水使用量权,也才能进一步提高水资源的利用效率(有关试验及分析资料表明,渠系衬砌后,每增加10%的衬砌率,渠系水利用效率可提高8%～10%)。可以考虑推广宁夏灌区的做法,让工业部门投资建设可控性的水利工程设施,也就是对农业灌溉渠系投资衬砌,衬砌后农业灌区的结余之水供工业部门使用,实现水权转换,水的利用效率也得以提高。

现行黄河水权制度创新的思路:①通过可控性水利工程的建设,为水权的界定提供物质前提;②明晰微观主体的水使用量权,在此基础上引入市场机制,实现水使用量权的有偿转让和交易,促进和完善水资源市场的形成;③分步调高水价,发挥价格机制的市场调节功能,迫使农民自觉、主动节水和清理修护毛、斗渠系,也能为干、支渠系的维护和修缮提供费用。但考虑到农民的心理和经济承受能力,水价的调整应分步进行,先调至成本的1/2,再至2/3,最后调至不低于成本价,然后让市场机制进行配置;④建立和完善相关的水事法律制度,可以考虑由全国人大制定《黄河法》,并健全司法执法结构,让黄河真正走上依法治水、依法管水之路。

参考文献

[1] 黄河志·卷十[M].郑州:河南人民出版社,1996:370-392.

[2] 黄河志·卷十[M].郑州:河南人民出版社,1996:402-406.

[3] Douglass North. Institutions, Institutional Changes and Economic Performance [M]. Cambridge: Cambridge University Press, 1990: 89.

[4] 沈大军.水权交易:适应市场经济条件的水资源制度变革[J]. http://www.hwcc.com.cn: 2005-03-11.

[5] 肖国兴.论中国水权交易及其制度变迁[J].管理世界,2004(4):51-60.

[6] 刘晓岩,席江.黄河水权转换工作中应重视的几个问题[J].中国水利,2006(7).

张掖市节水型社会建设实践探讨

郭巧玲[1,3] 杨云松[2] 冯 起[1]

(1. 中国科学院寒区旱区环境与工程研究所;2. 兰州大学管理学院;
3. 黄河水利委员会黑河流域管理局)

摘要:在我国西北地区,水资源短缺与浪费现象并存。大力推进节水型社会建设是区域经济社会可持续发展的重要保障。本文系统总结了近几年张掖市节水型社会建设的内容、实践经验和成果,从节水水平、生态环境建设、经济发展等方面提出节水型社会建设的效果评价指标体系,为我国西北地区解决水资源矛盾、建设节水型社会、推进经济社会可持续发展提供示范和借鉴。

关键词:水资源短缺 节水型社会 评价指标

水是人类生存、生产、生活的基础资源,也是维持自然生态环境,保育生物多样性,促进区域生态系统良性发展的基本需要,更是推动区域社会经济可持续发展的根本保证。中共中央、国务院从我国人口众多、资源相对不足的国情出发,提出要加快建设节约型社会,促进经济社会的可持续发展。加快节水型社会建设,以水资源的可持续利用保障经济社会的可持续发展,是其中最为迫切、最为重要的任务之一。张掖市地处黑河流域中游,随着经济社会的发展和人口的增加,用水量大幅度增加,导致进入下游的水量明显减少,生态环境严重恶化。国务院非常重视黑河流域生态修复问题,2002 年水利部正式批复张掖为全国第一个节水型社会建设试点。通过 4 年多的建设,张掖市基本形成了“政府调控、市场引导、公众参与”的节水型社会运行机制,提高了水的利用效率和效益,实现人与水、经济与生态的和谐统一[1],为干旱缺水地区解决水资源矛盾、建设节水型社会、推进经济社会可持续发展提供了示范和借鉴。

1 张掖市水资源概况及开发利用状况

1.1 水资源概况

张掖市位于黑河流域中游,地处巴丹吉林沙漠和腾格里沙漠边缘,南依祁连山、与青海毗邻,北靠合黎山与内蒙古接壤,是依靠黑河水滋养的一片绿洲。辖

---

[1] 汪恕诚. 建设节水型社会保障经济社会可持续发展. 2006 年在中共中央宣传部等六部委联合举办的形势报告会上的报告.

甘州、临泽、高台、山丹、民乐、肃南1区5县,全市总面积420万 hm^2,现状人口128万,耕地26万 hm^2,是典型的灌溉农业区[3]。多年平均降水量127.5 mm,多年平均蒸发量2 047.9 mm,境内有可供开发利用的大小河流共26条,出山口多年平均天然径流量24.75亿 m^3。其中黑河干流莺落峡站15.80亿 m^3,梨园河梨园堡站2.37亿 m^3,其他沿山支流6.58亿 m^3,不重复地下水资源量1.75亿 m^3,水资源总量为26.50亿 m^3。近几年人均水资源占有量仅1 250 m^3,比全国人均水资源占有量少1 150 m^3。有限的水资源难以承载经济社会的高速发展。

1.2 水资源开发利用状况

张掖自汉代进入农业开发和农牧交错发展时期,汉、唐、西夏年间移民屯田,唐代在甘州修建了盈科、大满、小满、大官、加官等5渠,清代开始开发高台、民乐、山丹等地灌区。20世纪50年代初对主要河道进行合渠并坝,疏浚旧渠,改建土渠,逐步试验推广卵石干砌、草皮衬砌和压柳护渠,兴修半固定式渠首等,渠道水利用率普遍由原来的10%提高到了30%。20世纪60年代开始有计划、有重点地进行渠道混凝土板及浆砌石衬砌,到80年代末,已衬砌的渠道占运行渠道的62.6%,渠系水的利用率由30%提高到了50%。2001年国务院批准实施了黑河流域近期治理规划,在张掖进行了大规模的渠道改造和节水工程建设,渠系水利用率提高到60%以上。截至2002年底,张掖市已建成干、支、斗渠6 100条,总长度约9 961.36 km,提灌站141座,配套机井4 836眼。

2 张掖节水型社会建设

2.1 节水型社会内涵

节水型社会建设是一场深刻的社会变革,本质是建立以水权、水市场理论为基础的水资源管理体制,形成以经济手段为主的节水机制,建立起自律式发展的节水模式,不断提高水资源的利用效率和效益,促进经济、资源、环境的协调发展。国内有关专家将其定义为人们在生活和生产过程中,在水资源开发利用的各个环节,贯穿人们对水资源的节约和保护意识,以完备的管理体制、运行机制和法律体系为保障,在政府、用水单位和公众参与下,通过法律、行政、经济、技术和工程等措施,结合社会经济结构的调整,实现全社会用水在生产和消费上的高效合理,保持区域经济社会的可持续发展。

2.2 节水型社会建设内容

张掖市作为黑河流域的主要用水地区,据1999年统计资料,其用水量占整个流域用水总量的82.6%。因此,张掖市节水型社会建设主要实现两个目标:其一,是保证黑河流域近期治理规划目标的实现,完成国务院批复的黑河省际分水方案;其二,是维持张掖自身经济社会的发展速度,提高人们的生活水平,促进地区生态环境的保护与改善。张掖市节水型社会建设内容主要包括节水制度建设、节水经济建设、节水科技建设、节水工程建设和节水文化建设等内容。

2.2.1 节水制度建设

节水制度建设是节水型社会建设的核心,在这里主要指法规制度、管理体制和运行机制建设。

2.2.1.1 法规制度建设

张掖节水型社会建设试点将法规制度建设放到了首位,在建设过程中制定了《张掖市节约用水管理办法》(试行)、《张掖市水价管理办法》(试行)、《张掖市农业用水交易指导意见》(试行)、《张掖市农业、工业、生态用水定额指标》、《张掖市产业结构调整规划》和《张掖市种植业结构调整规划》等一系列规章制度,这些规章制度的出台,为落实用水总量控制与定额管理两套指标体系、调整经济结构、优化水资源配置、提高用水效率和效益起到了重要的指导、推进和保障作用。

2.2.1.2 管理体制建设

张掖节水型社会建设试点十分重视管理体制建设,成立了节水型社会试点建设领导小组、高效节水现代农业办公室、节水型社会试点建设办公室,分别履行试点建设的组织指导、高新节水技术的推广应用职能,各县(区)成立相应的管理机构,明确各级目标任务,层层签订目标责任书,落实工作责任,严格考核奖惩制度。在实际工作中,建立联席会议和汇报制度,定期检查、及时总结交流工作中的经验、问题及做法,通过以上管理体制的建设保证了试点建设各项制度、措施的贯彻和落实。

2.2.1.3 运行机制建设

张掖节水型社会建设试点形成"政府调控、市场引导、公众参与"的运行机制。充分发挥政府在水资源配置和经济发展中的宏观调控作用,制定规划,建立制度;明晰各级水权,层层实施用水总量控制,将全市用水权总量逐级分配到各县(区)、乡(镇)、村、社,明晰到户,配水到地;明确工业、农业、生活和生态用水总量和比例;实行城乡水务一体化管理,打破城乡分割管理体制,将各级水利局组建为水务局,对全市水资源实行统一规划,统一调度,统一发放取水许可证,统一征收水资源费,统一管理水量水质。

积极引入市场机制,发挥市场对水资源配置的引导作用。建立合理的水价形成机制;允许水量自由交易,培育水市场;实行"水票制",水票是水权、水量和水价的综合体现,由用水户持水权证向水管单位购买每灌溉轮次水量,以确保总量控制,促进水价到位,方便水量交易。

建立多部门协作制度和各级用水户协会,由农民用水者协会负责村级涉水事务,负责田间工程管理维护、水费收缴、水事纠纷调处、渠系内部水量交易,配水到户;水利部门定期向社会公布区域水资源状况、供需预测、水价信息、灌溉制度,促使社会各界成员关心、参与节水型社会建设。

2.2.2 节水经济建设

节水经济建设是节水型社会建设的关键。张掖市把经济结构的战略性调整放在建设节水型社会的基础地位来抓，在节水型社会试点建设实践中坚持“以节水定产业、以节水调结构、以节水增总量、以节水促发展”的经济工作原则，初步形成制种、草畜、果蔬、轻工原料四大支柱产业和生产加工基地，建成草粉加工、番茄酱、浓缩果汁、葡萄酒、麦芽、高烹油、马铃薯全粉、真空冻干食品等一大批农产品加工，通过结构的调整，全市粮经草比例由2000年的48∶50∶2调整到42∶46∶12，农业、生态、工业、生活用水比例由2000年的87.7∶7.4∶2.8∶2.1调整到80.2∶13.1∶3.8∶2.9，经济增长率提高到10%。在调整经济结构的同时，张掖市加强了两部制水价、季节性水价、阶梯式水价等科学水价的研究，以促使用水户节约用水，提高水资源的利用效率。

2.2.3 节水科技建设

节水科技建设是节水型社会建设的先导。张掖节水型社会建设试点积极开展新作物、新品种和新技术的推广工作。建立试验基地，开展玉米制种、蔬菜花卉制种、葡萄、啤酒花等作物种类试验项目；各县（区）建立玉米制种、加工番茄、苜蓿、中药材、林草等新品种、新作物灌溉定额试验基地。全面推广垄作沟灌、小畦灌溉、膜上灌溉、地膜覆盖等灌溉节水技术，喷灌、滴灌等高效节水技术，发展管道输水，并采用平整土地、测土配方施肥、大块改小块等措施，提高节水效益。

2.2.4 节水工程建设

节水工程建设是节水型社会建设的主要内容。张掖市节水型社会建设的工程措施以《黑河流域近期治理规划》安排的工程建设内容为主，新增一部分对于地区节水型社会建设有重要意义而近期治理规划中未安排的工程。建设内容包括灌区节水配套改造、引水口门合并改造、河道治理工程、用水取水计量设施建设、生态建设与退耕封育保护、城市污水集中处理回用等。以上工程措施的实施为节水型社会建设提供了有利的“硬件”条件。

2.2.5 节水文化建设

节水文化建设是节水型社会建设的灵魂。提高全民节水意识，使节水成为人们的自觉行为，是全面推进节水型社会建设的先决条件。张掖节水型社会建设试点期间，利用广播、电视、报刊等新闻媒体，通过录制专题片、开辟专栏、张贴标语、发放宣传单、制作工艺广告、出动宣传车、举办知识竞赛、开展广场文艺表演和举办节水培训班等多种途径和方式，进行节水宣传教育，提高公众节水意识，使公众普遍接受、理解和积极参与节水型社会建设。

3 张掖节水型社会建设效果评价指标体系

科学设置评价节水型社会的指标体系是客观反映节水型社会水平的重要依

据。根据建立节水型社会的内涵与目标,结合构建指标体系的一般原则,在建立节水型社会综合评价指标体系时,应遵循科学性原则、代表性原则、综合性原则、系统性原则、动态性原则、可获性原则和地域性原则。根据以上原则,在深入调研、理论分析的基础上,本文从节水状况、社会经济发展、生态环境保护三者的统一角度出发,构建节水型社会指标体系,将评价指标体系分解为目标层、评价要素层和评价因子层 3 个层次。目标层是节水型社会评价的最终结果;评价要素层为构成节水型社会体系的各主要成分;评价因子层是对各要素的数量指标。指标体系的具体设置如表 1 所示。

表 1　张掖市节水型社会评价指标体系

目标层	评价要素层(一级)	评价要素层(二级)	评价因子层
节水型社会建设综合评价	节水评价指标	综合评价指标	(1)万元 GDP 用水量(包括工业、农业、服务业分项用水量) (2)万元 GDP 用水量递减率 (3)单方节水投入 (4)人均用水量 (5)主要工农业产品单位用水量 (6)三产用水比例 (7)其他水源替代水资源利用比例
		节水管理指标	(8)管理体制与管理机构建设 (9)制度法规建设 (10)节水型社会建设规划 (11)用水总量控制与定额管理两套指标体系的建立与实施 (12)促进节水防污的水价机制 (13)节水投入保障 (14)节水宣传
		农业节水评价指标	(15)单方水主要农作物产量 (16)主要作物灌溉定额 (17)渠系水利用系数 (18)节水灌溉工程面积率 (19)单方农业节水投入 (20)万元工业产值用水量
		工业节水评价指标	(21)主要工业产品单位用水量 (22)工业用水重复率 (23)工业污水处理率和回用率 (24)单方工业节水投入 (25)自来水厂供水损失率 (26)工业废水达标排放率
		市政和生活节水评价指标	(27)城镇人均生活用水量 (28)节水器具普及率 (29)单方生活节水投入 (30)城市生活污水处理率

续表 1

目标层	评价要素层（一级）	评价要素层（二级）	评价因子层
节水型社会建设综合评价	生态系统指标	生态用水指标	(1)生态用水总量 (2)林草用水比例 (3)生态用水定额
		生态系统评价	(4)天然林草面积 (5)水源区森林覆盖率 (6)沙漠化面积 (7)湿地面积 (8)区域地下水水位下降幅度
	经济发展指标	经济发展模式与速度评价	(1)三产 GDP 总量与比例 (2)三产用水总量与比例
		居民生活水平评价	(3)城镇居民人均可支配收入 (4)农民人均纯收入
		用水秩序与社会参与评价	(5)水事纠纷发生数 (6)农民用水者协会会员比例数 (7)重大水问题听证会次数备

注:本表指标体系的建立参考水利部《节水型社会建设评价指标体系(试行)》和《节水型社会的内涵及评价指标体系研究初探》。

4 张掖节水型社会建设重点

据统计资料,1999 年张掖市各部门总用水量占黑河流域总用水量的 82.6%,其中农田灌溉用水占张掖市总用水量的 90%,因此没有农业灌溉的高效用水,不可能建设节水型社会。目前在张掖市仍存在大水漫灌的粗放式灌水方式,灌溉水利用率低下,是节水的主战场,也是节水潜力所在。因此,无论从用水比重考虑,还是从节水潜力考虑,"农业节水"都应优先发展,是节水型社会建设重点。

5 问题与建议

(1)科学、合理的水价机制是节水型社会建设的主要经济措施。张掖市已制定了相关的水价管理办法和制度,但在实施上还存在一定困难。张掖市现状农业水价水平是成本水价的 50% 左右,水费占生产成本的比例在 5.04% ~ 8.36%之间,占农业产值的比例在 3.95% ~6.49%之间,灌区水价偏低。城镇生活用水水价与国内同等城市水价水平相比偏低,过低的水价很难对节水起到促进作用。因此,下一步在进行制度体制建设的同时,应加强措施方面的研究,保障办法制度的顺利实施。

(2)完善的计量设施是节水型社会建设的重要保障,现状部分地区计量设施不配套,水量不能准确计量到户,水费计收方式粗放,因此应完善计量设施改造工程,以推动节水型社会的建设。

张掖市节水型社会建设虽取得一定成效,但它还处于节水型社会建设的起步阶段,存在一定的问题。下一步应加强该阶段的总结工作,深入细致地分析存在的问题,研究解决的办法,以促进下阶段取得更好的成绩。

参考文献

[1] 张爱胜,李锋瑞,等. 节水型社会:理论及其在西北地区的实践与对策[J]. 中国软科学,2005(10):26-32.

[2] 邬子军,窦建强,等. 全力建设节水型社会的的探讨[J]. 内蒙古水利,2006(2):79-82.

[3] 孟兆芳. 甘肃省水价改革综述[J]. 水利发展研究,2002,2(3):39-41.

[4] 赵国柱. 构建节水型社会 恢复黑河流域生态 促进张掖经济可持续发展[J]. 甘肃农业,2003,209(12):53-54.

[5] 中华人民共和国水利部. 黑河流域近期治理规划[M]. 北京:中国水利水电出版社,2002.

[6] 王浩,王建华,等. 北方干旱地区节水型社会建设的实践探索——以我国第一个节水型社会建设试点张掖地区为例[J]. 中国水利,2002(10):140-144.

[7] 张志中,宋玉香,等. 浅析节水型社会建设思路[J]. 中国农学通报,2005,21(11):402-405.

[8] 陈莹,刘昌明,等. 节水及节水型社会的分析和对比评价研究[J]. 水科学进展,2005,16(1):82-87.

[9] 王金叶,程道品,等. 广西生态环境评价指标体系及模糊评价[J]. 西北林学院学报,2006,21(4):5-8.

[10] 陈莹,赵勇,等. 节水型社会的内涵及评价指标体系研究初探[J]. 干旱区研究,2004,21(2):125-129.

[11] 郭巧玲,冯起,等. 黑河中游灌区水价探讨[J]. 中国沙漠,2006,26(5):855-859.

黄河下游引黄灌区农业供水水价调整空间分析

程献国 张 霞 胡亚伟

（黄河水利科学研究院）

摘要:20 世纪 90 年代以来,黄河下游河道来水量(花园口站)不断减少,下游引黄灌区农业供水日趋紧张。而灌区现行管理体制、水费收缴机制、水费标准、水价水平等存在诸多问题,远不能激发灌区农民节水的积极性,大大限制了节水农业的发展,从而加剧了黄河水资源的供需矛盾。本文在黄河下游引黄灌区调查研究的基础上,通过对灌区水费收缴、供水成本、水价水平、农民的承受能力等的分析,提出了灌区农业引黄供水水价的可能调整空间和实现水价调整的途径。

关键词:水价水平 供水成本 承受能力 调整空间

黄河下游引黄灌区是我国最大的连片自流灌区,新中国成立以来,黄河下游引黄灌溉事业得到了长足的发展。目前已建成万亩以上引黄灌区 98 处,其中 30 万亩以上大型灌区 37 处,30 万亩以下中小型灌区 61 处。规划土地面积 9 612万亩,耕地面积 5 836.5 万亩,设计灌溉面积 5 368.5 万亩,有效灌溉面积为 3 220.5 万亩,涉及豫、鲁两省 16 个地(市)86 个县(区),受益人口 5 541 万,为黄河下游两岸的经济发展起到了巨大的推动作用。

20 世纪 90 年代以来,受多种因素影响,黄河下游引黄供水量呈不断下降趋势,由 90 年代初期的 100.43 亿 m^3 减少到 2003 年的 61.12 亿 m^3 和 2004 年的 47.56 亿 m^3,水资源供需矛盾日益突出。但黄河下游灌区目前仍存在一方面用水紧张,另一方面用水又不太合理的现象。灌区灌溉用水利用系数较低,平均在 0.3 ~0.5 之间(发达国家可达 0.9 以上);灌溉水生产效率也很低,与发达国家相比存在较大差距;符合节水灌溉技术标准的节水面积仅占总灌溉面积的 20%,节水水平不高。

黄河下游灌区水资源利用效率不高、节水水平低下固然有投资不足的因素,但最主要的原因还是下游灌区水权水市场不健全,没有充分发挥水价的经济杠杆作用,农民节水意识淡薄,缺乏节水的积极性和主动性。

1 现行水价标准和供水成本

黄河下游河南和山东两省引黄灌区现行水价由黄河渠首水价、灌区管理单位运行水价和群管组织水价三部分构成。

河南省引黄灌区以总干渠进水口为计量点，执行规定的农业水费标准4分/m^3，末级渠系加收20%管理费，到户农业水费标准为4.8分/m^3。根据水费构成，渠首工程水费1.0~1.2分/m^3，群管组织0.8分/m^3，灌区管理运行费用为2.8~3.0分/m^3。

山东省引黄灌区以支渠进水口为计量点，现行供水农业水价各地不尽相同。其中，济南市5.35分/m^3，淄博市5.0分/m^3，济宁市4.88分/m^3，东营市5.6分/m^3，德州市4.5分/m^3，聊城市5.0分/m^3，滨州市5.6分/m^3，菏泽市5.6分/m^3。全省平均执行农业水价为5.045分/m^3。据对1999~2002年山东省引黄灌区平均实际收缴水费情况分析，实收水费中14.6%上交黄河部门，灌区管理单位仅留28.9%用于灌区管理单位运行费，其余全部归地区水利局、县级各部门和乡镇所。

根据《河南省引黄灌区水价研究报告》，河南省引黄灌区农业供水成本为12.0~20.0分/m^3，现行水价仅占实际供水成本的24%~40%。山东省引黄灌区农业供水成本12.9分/m^3，现行水价仅占实际供水成本的39%。可见农业供水价格与成本倒挂的矛盾非常突出，水价与供水成本严重脱节。

2 农业用水户终端水价

目前，黄河下游现行水费标准基本上是按方收缴，但由于灌区计量设施不完善，无法确定农业用水户的实际用水量，所以黄河下游引黄灌区水费收缴普遍按灌溉面积或农业人口分摊的办法收取水费，这也是我国农业水费计收普遍采用的办法。

为了与灌区现行水价标准进行比较，了解水费征收环节中的相关问题，需要将按灌溉面积或人口分摊到农户的水费换算成单方水的价格，即农民用水户终端水价。换算方法采用如下计算公式：

$$P = B/W \tag{1}$$

式中：P 为灌区终端实际水价（按水量计征水费的实际价格），元/m^3；B 为灌区灌溉水费总收入，万元；W 为灌区灌溉用水量，万 m^3。

$$B = P_{水} A_{水} + P_{旱} A_{旱} + P_{提} A_{提} \tag{2}$$

式中：$P_{水}$、$P_{旱}$、$P_{提}$ 为灌区自流区水稻、旱作以及提水区按亩计征水费价格，元/亩；$A_{水}$、$A_{旱}$、$A_{提}$ 为分别为水稻、旱作及提水区灌溉面积，万亩。

2.1 水费收缴标准

表1列出了黄河下游引黄灌区农业用水户实际水费收缴标准，有按亩收费、按人口收费、按灌溉亩次收费等，形式多样。

表1 典型引黄灌区农业水费收缴标准

省别	灌区	自流灌区		提水补源灌区
		水稻	旱作	
河南省	柳园口	22元/(亩·年)	12元/(亩·年)	7元/(亩·年)
	韩董庄	7元/(亩·次)	8元/(亩·次)	
		水稻插秧水20元/(亩·年)		
	人民胜利渠	7~10元/(亩·次)		
		≤55元/(亩·年)	≤32元/(亩·年)	≤32元/(亩·年)
山东省	潘庄	21.42元/(亩·年)		11.78元/(亩·年)
	高村	20元/(亩·年)		9元/(亩·年)
	邢家渡	70元/人		70元/人
	打渔张	20元/(亩·年)		20元/(亩·年)
	《黄河水价研究山东省总结报告》	28元/(亩·年)		24元/(亩·年)

2.2 终端水价换算结果

据统计，河南省引黄灌区自流灌溉面积占总灌溉面积的75%，其中水稻和旱作分别占自流灌溉面积的4.2%和95.8%。根据典型灌区水费计征标准，以柳园口灌区按亩计征水价作为低限，以人民胜利渠按亩计征最高限额水价作为高限，计算出河南省引黄灌区单方水水价的范围介于3.6~8.5分/m^3之间。平均水价高于现行水费标准的26%。

山东省引黄灌区自流灌溉面积占总灌溉面积的60%，补源灌区灌溉面积占总灌溉面积的40%，因水稻种植比例仅占自流灌溉面积的0.7%，所以计算时水稻面积忽略不计。根据典型灌区水费计征标准，以高村灌区按亩计征水价作为低限，以《黄河水价研究山东省总结报告》自流28元/(亩·年)和提水24元/(亩·年)水价作为高限，计算出山东省引黄灌区单方水水价的范围介于8.1~13.7分/m^3之间。

综上所述，黄河下游引黄灌区农民用水户终端水价均高于现行水价执行标准。河南省人民胜利渠灌区终端水价5.9分/m^3，高于现行水价标准4.8分/m^3的23%。河南省引黄灌区农业用水户终端水价范围介于3.6~8.5分/m^3之间，最低低于现行标准的25%，最高高于现行标准的77%，平均高于现行水费标准的26%。

山东省潘庄灌区农户终端价格为7.6分/m³,德州市水价标准4.5分/m³,高于执行标准52%。山东省引黄灌区农业用水户终端水价范围介于8.1~13.7分/m³之间,低限水价高于现行标准44%,高限水价高于现行标准144%,平均高于现行水费标准99%。

3 农业水价调整空间分析

3.1 农业用水户水价承受能力判别标准

研究表明,农业水费占农业生产成本、农业产值、净收益和灌溉增产效益的适宜比例范围分别是20%~30%、5%~15%、10%~20%和30%~40%。对于我国欠发达地区,有关研究成果认为水费占上述各项的适宜比例分别为15%~20%、10%、5%~10%和10%~15%。考虑到沿黄地区农业与农村经济发展水平较低,宜采用欠发达地区的相关标准作为黄河下游引黄灌区农民用水户水费承受能力判断标准。见表2。

表2 我国农户水价承受能力有关研究成果 (单位:%)

测算项目	水费占生产成本	水费占农业产值	水费占净收益	水费占灌溉增产效益
一般地区	20~30	5~15	10~20	30~40
经济欠发达地区	15~20	10	5~10	10~15

3.2 灌区典型农户收支情况

根据黄河下游灌区的分布、特点等,选择河南省人民胜利渠、武嘉、渠村、柳园口和山东省位山、刑家渡、刘春家等典型灌区,结合农户代表性对灌区典型农户农业生产收支情况进行了调查。结果见表3。

表3 引黄灌区典型农户农业收支情况 (单位:元)

省别	应缴水费	实际缴纳水费	农业总产值	农业总成本		农业净收益	
				计人工	不计人工	计人工	不计人工
河南省(户均)	207	119	5 764	3 323	2 090	2 441	3 674
山东省(户均)		134	5 920	3 829	2 663	2 091	3 258

3.3 承受能力分析

黄河下游河南、山东两省引黄灌区典型农户应缴纳水费与实际缴纳水费占农业总产值、总成本和净效益的比例见表4。

表4　水价承受能力分析

省别	应缴水费所占比例(%)					实缴水费所占比例(%)				
	农业总产值	农业总成本		净收益		农业总产值	农业总成本		净效益	
		计人工	不计人工	计人工	不计人工		计人工	不计人工	计人工	不计人工
河南省	3.59	6.23	9.9	8.48	5.63	2.06	3.58	5.69	4.88	3.24
山东省						2.26	3.50	5.03	6.41	4.11

河南省典型农户平均应缴纳水费占农业产值的3.59%、占农业总成本的6.23%(含人工费)和9.90%(不含人工费)、占净效益的8.48%(含人工费)和5.63%(不含人工费)。典型农户平均实际缴纳水费占农业产值的2.06%、占农业总成本的3.58%(含人工费)和5.69%(不含人工费),占净效益的4.88%(含人工费)和3.24%(不含人工费)。与我国测算标准相比,应缴纳水费占生产成本、农业产值和净效益的比例在上述范围内或低于上述标准,实际缴纳水费占上述各项的比例更低,说明河南省引黄灌区农民用水户具有一定的水费承受能力,有一定的调整空间。

山东省典型农户平均实际缴纳水费占农业产值的2.26%、占农业总成本的3.50%(含人工费)和5.03%(不含人工费)、占净效益的6.41%(含人工费)和4.11%(不含人工费)。与测算标准相比可知,山东省引黄灌区农民用水户水费承受能力具有较大潜力。

另外,据有关部门对山东省位山灌区和刘春家灌区的520户典型农户抽样调查、分析,水费占灌溉增产效益的比例分别为3.09%和3.82%,远低于同类研究成果10%~15%的判别标准,也说明了山东省引黄灌区农民用水户水费承受能力具有较大潜力。

3.4　水价调整空间分析

黄河下游引黄灌区农业水价标准普遍较低,河南、山东两地农业水价平均分别占各地供水成本的24%~40%和39%。考虑到农民的水费承受能力,无论从农业生产成本、产值、净效益还是灌溉增产效益的角度,现行水价所占比例都比较小。但就目前而言,如果水费占去了农民的整个净收益,农民得不到实惠,大幅度减少引黄灌溉面积或寻求其他水源,如使用地下水等,使当地水资源处于恶性循环状态,对灌区生态环境造成恶劣影响,灌区水管单位水费收入减少,造成水管单位运行困难,调整水价也就失去了意义。所以,水价调整空间不可能一步达到成本水价,应该在充分考虑农民用水户水费承受能力的前提下,循序渐进。

通过对农民用水户水费承受能力的分析,从不同指标分析水价的调整空间。即水价调整空间应为水费占生产成本、占农业产值、占净收益的比例与该指标测算标准的差值。见表5。

表 5　黄河下游引黄灌区农业水价调价空间分析

项目	区域	测算标准	水费占生产成本	水费占农业产值	水费占净收益	水费占灌溉增产效益
			15% ~20%	10%	5% ~10%	10% ~15%
水费承受能力	河南	应交水费	9.90%	3.84%	5.63%	
		实交水费	6.95%	2.06%	3.23%	
	山东	实交水费	5.02%	2.27%	4.10%	3.46%
调价空间	河南	应交水费	5.1% ~10.1%	6.16%	-0.63% ~ 4.37%	
		实交水费	8.05% ~13.05%	7.94%	1.77% ~6.77%	
	山东	实交水费	9.98% ~14.98%	7.73%	0.9% ~5.9%	6.54% ~11.54%

由表 5 可知,河南、山东两地在考虑农民水费承受能力的前提下,不同指标有不同的调价空间。以水费占生产成本指标的调整空间最大,介于 5.1% ~14.98% 之间;以水费占净效益指标的调整空间最小,在 -0.63% ~6.77% 之间。说明河南省应交水费占净收益的比已略微超出农民承受能力的低限,从这一指标考虑,说明调价的空间不大。但从总体上考虑,水费还有一定的调价空间。因而,水价调整既要考虑供水成本,也要考虑农民的承受能力。

4　实现农业水价调整的途径

运用水价经济杠杆促进灌区节约用水和农民的承受能力是一对矛盾。站在国家水行政和水管理部门的角度,当前农业水价偏低;站在农民没有其他收入,仅仅靠承包的土地维持生活的角度,当前农业水价不宜再提高。因此建议,在以农户为单元进行农业生产经营的模式下,农民的收入较低,负担较重,农业水价应该维持现状,待我国加大改革力度逐渐消除城乡二元结构,大部分农村剩余劳动力转移到其他产业,土地相对集中形成规模经营时,农业水价可以考虑逐步实行按农业成本水价计收费。

推进农业水价改革不仅要从农业水价的本身与计收、管理、使用进行研究、分析和探讨,更重要的是将其置身于我国的社会、人口、资源、环境的大尺度进行考察、分析,找出原因、制定对策,与国民经济协调发展、整体推进,才能取得实效;也就是说,在调整农业水价时,因地制宜、分步实施、逐步到位,采取小步快跑的方法,尽快达到成本水价。

参 考 文 献

[1]　河南省水利厅,河南省引黄灌区水价调研报告[R]. 2003.

[2] 山东省水利厅,山东省物价局.黄河水价研究山东省总结报告[R].2003.
[3] 河南省人民胜利渠管理局.人民胜利渠引黄灌溉五十年[M].北京:水利水电出版社,2002.

引黄灌区农业水权制度改革初步探索

杜芙蓉[1]　董增川[1]　杜长胜[2]
（1. 河海大学水文水资源及水利工程国家重点实验室；
2. 华北水利水电学院）

摘要：目前我国农用水资源的利用率比较低，水资源所有权的实现形式不明确，农业灌溉用水浪费严重。根据我国市场经济发展状况及农业用水的具体情况，对引黄灌溉用水权实行有偿转让，水权转让过程中还存在一些实际问题和困难亟待解决。结果表明，实现引黄灌溉水权的有偿转让，对于实现黄河水资源优化配置、提高水资源利用效率有益。本文对水权转让的途径和方法进行了初步探讨，并提出了一些建议。

关键词：农业用水　引黄灌溉　有偿转让　农业水权制度改革

1　我国农业用水现状

我国水资源供需矛盾突出，水资源短缺已成为制约经济社会可持续发展的主要因素之一。水资源是农业发展的必要条件，在水资源总量中，农业用水占了绝大多数。中国全国农业用水约占总用水量的80%，同时全国平均农业用水的效率较低，利用率不到40%，水资源浪费极大，其中，水资源所有权实现形式不合理是最重要的原因。怎样提高灌溉水的有效利用、节约用水、提高水资源的利用效率是解决我国水危机的关键。20世纪80年代以来，国家采取了很多政策、措施引导激励农业供水和用水双方的积极性。然而必须清醒地看到，农业灌溉用水权的有偿转让才刚刚起步，如何使其改进完善，需要通过深化水管理体制、机制和技术的改革及创新研究来解决。

2　农业用水过程中涉及的水权问题

水权包括与水资源相关的所有权、使用权、收益权、处置权等一系列财产权利束，水权按其配置方式不同，可分为私有产权和公有产权，其配置方式是由内在和外在因素共同决定的。水资源具有多重经济特性：可循环再生性、稀缺性、不可替代性、波动性。经济学认为稀缺性是指相对于消费需求来说数量有限的意思。水资源的生态功能和水资源大部分的资源功能是不可替代的，这样使其稀缺程度会大大提高。采用合理的管理程序，可以使水资源在消费过程中重复使用，这就是其再生性。水资源是可再生的，但其再生过程又呈现出显著的波动特点，即指一种起伏不定的动荡状态，是不稳定、不均匀、不可完全预见、不规则的变化。

我国水法规定水资源属国家所有，没有对水权进行合理的分割及分配，这样造成水资源使用过程中“大锅水”现象，严重浪费了水资源。水权制度不明晰，水权交易存在障碍，从而缺乏激励机制，在用水过程中出现“公地悲剧”。以黄河为例，黄河虽然缺水情况严重，但仍存在着上游引水漫灌、下游干旱缺水的现象。上游农户缺少节水激励机制，建造节水措施需要付出的成本无处获得收益，节水效益被他人无偿享用，自然会放弃节水。根据利益最大化原则，农户只有在节水效益大于节水成本时，才会主动采用节水技术和措施，而节水收益部分直观地表现为节省水费的多少，这样水价的高低和水资源使用权的划分成为激励节水的重要因素。

3 我国农业用水现状的经济学分析

随着经济的发展，我国的用水结构已经从农业用水占绝大多数转变为农业、工业、城市生活、生态和环境用水等多方面。未来农业用水的比重将进一步缩小。农民是弱势群体，应当按现状用水固化农业水权，将来可以通过水权转让，修建水利基础设施，发展高效节水农业，使农民得到一定的补偿。从宏观上说，我国经济建设成效卓著，工业城市已经完成原始积累，已经有能力反哺农业，只有这样，才能实现社会公平与和谐发展。

我国水资源日益短缺，已不能按照以往“以需定供”的观念来配置水资源，灌区水资源供给是有限的，灌区水资源的供求均衡如图 1 所示。S_2 表示在运输和灌溉过程中没有渗漏与浪费情况下的理想供给曲线；S_1 表示水资源实际供给曲线；D 表示水资源需求曲线；在 S_2 的状况下，均衡水价是 p_2；在 S_1 的状况下，均衡水价是 p_1，而我国目前农业水价是政府管制定价 p_3，灌区水价的制定不能按照市场机制运作，与供水相关的成本无法收回，具体表现为水价过低造成灌区事实上的亏损，国家对灌区提供财政补贴。一方面，灌区严重亏损，没有能力对全部渠道进行节水改造，许多灌区年久失修，造成水资源渗漏严重，黄河灌区引水的利用率平均为 40%，从而导致了实际均衡水价远高于理论均衡水价；另一方面，对灌区提供财政补贴，对用水户低价供水，这种补贴方式属于暗补型，不能向用水户客观反映水资源的稀缺程度和生产经营中耗损的有效劳动，不利于用水户用水观念的更新和节水意识的形成,促使用水需求过度膨胀。

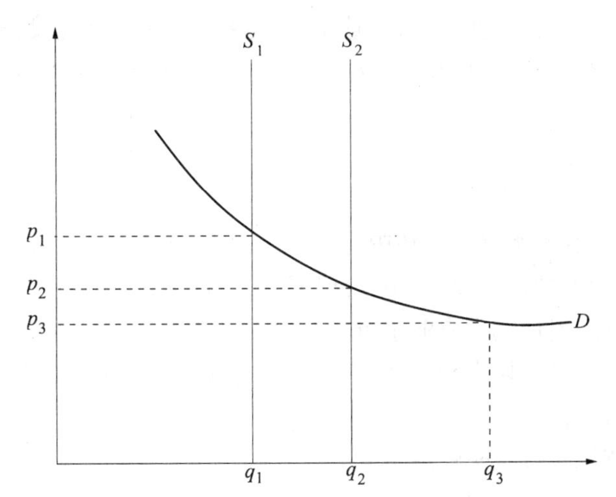

图1　灌区水资源供需均衡图

4　水权转让在宁夏引黄灌区的实施情况

2003年底,由华电国际电力股份有限公司和宁夏发电集团有限公司合作投资建设的宁夏灵武电厂是宁夏水权转让试点最大的受益者之一。宁夏工业不发达,很大原因是缺水,守着黄河却无水可用。通过水权转让,发展工业有了可靠的水源保障,资源优势很快可以转化为经济优势。一直以来,宁夏引黄灌区工农业生产和生态环境用水主要依靠国家分配的40亿 m^3 黄河水量,而且用水结构失衡,农业用水占总用水量的95% 以上,工业用水仅占3%。据预测,到2010年,宁夏工业及城镇生活用水将增加至8.8亿 m^3,水资源短缺已成为制约经济社会发展的瓶颈。通过明晰初始水权,建立水权制度,实施"投资节水,转让水权"跨行业间的水权转让,使工业得到发展,从而有能力反哺农业,实现双赢。灵武电厂投入节水工程3 000万元,工程竣工后,企业每年可以获得1 420万 m^3 的用水量。到2010年,电厂全部6台机组建成后,每年的需水量是1 800万 m^3,再加上当地污水厂的部分中水,企业的可用水量完全可以满足生产。目前宁夏开展的水权转让中自治区政府综合考虑了节水工程设施的使用年限和受水工程设施的运行年限,将水权转让期定为25年。转让价格除节水工程的建设、运行维护、更新改造三项费用外,还包括了兼顾农民、水管单位和生态建设的补偿费用。

宁夏水权有偿转让的意义在于走出一条成功解决干旱地区经济社会发展的用水新路。近几年,黄河来水偏枯,供用水矛盾日益突出,水资源短缺已严重制约着黄河流域经济社会发展。通过水权转让,在农业节水基础上,统筹城乡水资源配置,通过工业支持农业节水,农业节水支持工业和城市建设,充分提高农业用水效率,保障今后工业和社会发展用水,是黄河流域经济社会发展的必由之路。

5 引黄灌区水权转让与补偿探讨

农业用水在我国水资源消耗中占的比重过大,而且浪费现象严重。近年来,随着经济的飞速发展,工业和城市生活用水急剧增加,大量农业用水通过不同途径转为非农用途,更加剧了农业水资源的短缺。建立农业用水转让有效补偿机制,直接关系到农民的切身利益、农村的生态环境,对缓解城市用水压力和促进国民经济发展都有好处。

5.1 灌区水资源实行统一管理

引黄灌区作为一个完整的区域,其水资源包括客水和当地水,管理单位利用水利工程引来客水,一部分供给了用水户,另外一部分补给了当地地下水。灌溉用水可以有效调节和管理,但对地下水的开采和利用没有有效的管理方法。只有对灌区水资源统一管理,才能统一调配,为水权转让奠定基础。

5.2 完善水利工程设施、合理界定农业用水定额

水资源的"农转非"直接关系到农民的切身利益,只有在充分维护农民合法利益的前提下,农业用水才有可能进行水权的转让。黄河下游引黄灌溉工程普遍存在的问题是工程先天不足,后天失调;水费标准太低,连年亏损,工程严重失修。完善水利设施是农业用水水权转让和节水的一个重要步骤。

合理界定农业用水定额,就需要用科学的方法预测农业需水,合理估算农业用水,既要保证农业灌溉的合理需求,又要刺激农民提高节水意识。

5.3 制定合理的价格,使农民在水权转让中获得实惠

水权转让很大程度涉及的是经济问题,制定合理的用水价格,使得为水权转让付出代价的一方能够充分享受到水权转让的好处和成果,这样才有助于促进节水,从而推进水资源"农转非"的良性进行。只有农户在水权转让过程中得到实惠,才能使农户千方百计进行农业改造以利于节水。

首先,农业水价应实行"半成本价 + 政府定额补助"的补偿机制。补偿要与水资源管理"总量控制,定额管理"相配套,实行节约用水,在用水定额内补助,超过定额不补或者加价。其次,建立农业灌溉水权补偿机制。无偿转移农业水权,对农民是不公平的。农业水权转移,工业和城市应该反哺农业。遇到干旱年份优先保证工业和城市生活用水的同时,要对农业进行合理补偿。在经济上水权转让要明显给农民带来利益,这样才有助于农民发挥主观能动性,积极改善种

植结构,合理利用污水进行农田灌溉等,从机制上刺激农民主动节水。

6 结语

随着社会经济的发展,水权的“农转非”势在必行。黄河流域跨的行政区域比较多,引黄灌区从上游到下游情况也不尽相同。水权转让也不能搞“一刀切”,针对不同地区不同情况,积极开展调查研究,对典型区域进行试点研究。一方面要求实现节水型农业,将节约下来的水用于工业建设和城镇的发展,另一方面,要尽快研究农业水权如何实现有偿转让,既保证工业建设和城市发展,又保护农民的合法权益。

借鉴国内外成功的水权转让经验,针对引黄灌区的实际情况,得出几点建议:首先通过制度安排将部分水权出让给集体、企业或者个人;其次,采取尊重历史现状原则和公平原则,建立水资源交易市场,促进水资源的高效配置;最后,水权交易市场还应鼓励企业或私人进行水利投资,从而让水权出让方和接受方都获得利益。

参 考 文 献

[1] 赵海林,赵敏,等.我国农业水权制度改革探讨[J].经济问题,2004(4).

[2] 刘庸,丕国霞,等.农用水资源水权理论的探讨[J].内蒙古农业大学学报(社会科学版),2001,1(3).

[3] 周振民.引黄灌溉用水权有偿转让机制研究[J].中国农村水利水电,2006(9).

[4] 汪恕诚.水权转换是水资源优化配置的重要手段[J].水利规划与设计,2004(3).

节水型城市的内涵及评价指标体系探讨*

刘　陶[1,2]　李　浩[2,3]

（1. 湖北省社会科学院长江流域经济研究所；
2. 武汉大学区域经济研究中心；
3. 中国科学院地理科学与资源研究所）

摘要：节水型城市概念强调将全新的节水理念引入城市经济发展实践，追求高效节水目标的同时实现城市经济、资源和环境协调发展。节水型城市评价是对城市不同层次范围内合理用水效率的综合反映，其指标体系涉及节水系统、管理系统、生态系统、经济发展系统和社会保障系统五大方面。

关键词：节水型城市　内涵　评价指标体系

1　"节水型城市"内涵的界定

1.1　"节水"内涵的界定

尽管"节水"一词在字面上可理解为节约水、节省水，但对其内涵的准确界定迄今为止尚无统一说法。美国奥尔良州水法将"节水"定义为：通过改善引水、输水和回收水的技术，或通过实施其他许可的节水办法来减少引水量以满足当前有效的用水（陈莹等，2004）。国内学者对"节水"的内涵也提出了诸多不同见解（见表1）。参考诸家观点，"节水"的内涵具体应包括以下基本内容：①节水是具有一定前提的，即不降低人民生活质量和社会经济持续发展能力；②节水并非单纯的节省用水和简单的限制用水，而是对有限水资源的合理分配与可持续利用，是减少取用水过程中的损失、消耗和污染，杜绝浪费，提高水资源的综合利用效率；③节水效果的取得依赖于节水技术进步、涉水方面的正式制度安排（编制节水规划、节水立法、制定合理水价、建立水市场等）及非正式制度安排（培育公众节水意识等）的合力推进；④节水的目标是追求实现最优的经济、资源效益和环境效益。

* 基金项目：教育部哲学社会科学研究重大课题攻关项目《中国水资源利用的经济学分析研究》（04JZD00011）；国家发改委"十一五"规划招标课题《中国"十一五"水资源规划与宏观配置机制研究》（ZBKT024）。

表1 国内学者关于节水内涵的代表性观点

主要观点	学者及提出时间
1. 节水的内涵包括挖潜,使区域水资源的潜力得以充分发挥	刘昌明(1996)
2. 节水即最大限度地提高水的利用率和水生产效率,最大限度地减少淡水资源的净消耗量和各种无效流失量	沈振荣、汪林(2000)
3. 节水即在合理的生产力布局和生产组织的前提下,为最佳实现一定的社会经济目标和社会经济可持续发展,通过采用多种措施,对有限的水资源进行合理分配与可持续发展	董辅祥、董欣东(2000)
4. 节水即采取各种措施,使用水户的单位取水量(用水量、耗水量、水质污染量)低于本地区、本行业现行标准的行为,凡是有利于减少取水量的行为均应视为节水	刘戈力(2001)
5. 节水不仅是减少用水量和简单的限制用水,而是高效的、合理的充分发挥水的多功能和一水多用、重复地用水。即在用水最节省的条件下达到最优的经济、社会效益和环境效益	陈家琦、王浩、杨小柳(2002)
6. 节水是指采取现实可行的综合措施,挖掘区域水资源的潜力,提高用水效率,实现水资源的合理利用。具体包括提高用水效率、减少排污量、协调生态环境	陈莹、赵勇、刘昌明(2004)

资料来源:根据参考文献[1]、[2]整理。

1.2 “节水型城市”内涵的界定

国内关于“节水型城市”内涵的界定众说纷纭。建设部、国家经贸委、国家计委联合颁布的《节水型城市目标导则》(建城[1996]593号)将“节水型城市”定义为:一个城市通过对用水和节水的科学预测与规划,调整用水结构,加强用水管理,合理配置、开发、利用水资源,形成科学的用水体系,使其社会、经济活动所需用的水量控制在本地区自然界提供的或者当代科学技术水平能达到或可得到的水资源的量的范围内,并使水资源得到有效保护。匡风娣(1991)从水资源可持续利用的角度强调“节水型城市”即指对城市水资源进行合理开发、综合利用,在保证较稳定生活条件及工农业稳步发展前提下,各行业都采取科学、经济的节水措施,积极提高水资源的综合效益,实现城市水资源的良性循环。宫莹等(2003)将“节水型城市”界定为:在当地水资源条件和一定阶段的技术条件下,制定相应的节水目标,并用对应的量化考核指标衡量城市的节水程度,达到节水考核指标要求的城市可称之为该阶段的节水型城市。徐樵利(2003)将“节水型城市”概念的界定归结为狭义和广义两类:狭义的理解强调通过节流提高城市水的利用效率,实现减少取水量、供水量和降低排污量的双赢;广义的理解强调通过节流、治污、回用三者相结合提高城市水的综合利用效率,构建城市完整的节水系统。他主张对节水型城市作广义的理解。

综合上述观点,可将"节水型城市"概念的内涵进一步界定为:将全新的节水理念引入城市经济的发展过程中,科学合理地确定各行业、各部门、各用水户的用水指标和用水定额,实现城市水资源的高效利用与最优配置,基于水市场的调节作用形成整个城市不同层次范围内科学合理用水的良好氛围,实现城市经济、资源和环境协调发展。具体而言,即通过制定合理的节水目标,构建科学的用水结构体系、健全的节水法制体系、完善的节水经济体系和先进的节水技术体系,实现城市水资源的综合利用与优化配置,在节水中实现城市经济、资源和环境协调发展。

2 "节水型城市"评价的内容

尽管国内外尚无统一的节水型城市评价标准,但从一般意义上而言,其评价标准应能反映一个城市水资源的承载能力和优化配置状况、水环境改善状况、水资源开发与经济、资源及环境协调发展状况。具体而言,应包括以下七大方面内容:

(1)产业结构的合理性。产业结构的空间布局是影响城市水资源有效配置与城市经济发展的重要因素,可从产业结构是否合理入手构建一系列与此相关的评价指标。

(2)节水目标实现情况。建设节水型城市应首先制定节水目标规划,其节水目标的实现情况是节水型城市评价的重要内容。

(3)城市节水水平。高效节水与科学合理用水是节水型城市的首要特征,城市的节水水平是节水型城市评价的重要因子。

(4)节水管理水平。建设节水型城市既需要公众参与、市场调节,更需要政府的调控,政府节水管理水平的高低对城市节水工作的有效开展至关重要。

(5)城市环境状况。城市环境的保护程度和城市生态环境的建设状况直接影响着城市水环境的改善与水资源的可持续发展。

(6)公众节水意识。公众节水意识的高低直接影响着城市生活用水效率的高低,从而影响城市总体节水水平。

(7)城市经济发展趋势。节水型城市是城市节水与城市发展的统一,城市节水目标的实现并非以牺牲经济发展为代价,相反两者应存在着正相关性。

3 "节水型城市"评价的指标体系

节水型城市评价即指运用量化指标考核城市用水效率及社会生产、生活所需水资源的利用程度和可满足程度。由于各具体城市千差万别,若没有一套明确、清晰的评价指标体系作为衡量标准,则很难将“节水型城市”从理念的层次上发展为一种可操作的管理模式用于指导实践。因此,要客观准确地反映特定城市不同层次范围内合理用水的总体特征,必须构建一套科学合理的评价指标体系。

3.1 已有相关研究成果回顾

国内学术界对节水评价指标的研究主要涉及以下两大层面:

(1)基于单一水资源系统的城市节水评价。赵会强等(1997)运用水资源供需分析中的“定额指标法”,确定了不同类型城市的人均用水定额标准参考值,主张用城市生活节水指数评价城市生活用水节水水平。张兴方(2000)运用系统动力学理论并从城市水资源可持续发展的角度,引入了实际开采(取、供)水量、城市水资源可开采量、实际需水量、实际用水量等指标评价城市节水水平。张晓洁(2001)将水资源紧缺程度与城市用水效率两类指标相结合构建了较为完整的城市节水水平评价指标体系。张晓洁等(2002)认为由于各城市工业结构存在差异,工业用水重复利用率和万元工业产值需水量两类指标不能客观评价城市工业节水的实际效率,主张分行业参考万元产值新水量确定该城市基准总新水量,采用工业节水指数评价城市工业节水效率。谭海鸥等(2002)结合城市工业节水量、节水途径和节水目标,主张采用管理措施节水率、实现规划用水经济技术指标水平节水量等指标分别评估节水途径与节水目标,但对如何从整体上综合评价城市工业节水效果未作深入研究。

(2)基于水资源-经济-生态耦合系统的节水型社会评价。陈莹等(2004)在《节水型社会的内涵及评价指标体系研究初探》一文中从节水水平、生态建设、经济发展三大层面构建了一套适用于一般区域或流域的节水型社会评价指标体系,包括3个一级指标、10个二级指标和51个三级指标;在《节水型社会评价研究》一文中又从节水水平、生态环境建设、经济发展、生活保障等方面构建了一套具有层次结构的节水型社会评价指标体系,包括2个一级指标、6个二级指标和26个三级指标。上述开创性研究成果对构建节水型城市评价指标体系具有重要借鉴价值。

3.2 本文提出的“节水型城市”评价指标体系

综合各类研究成果并结合节水型城市的内涵及评价内容,可从节水系统、节水管理系统、生态系统、经济发展系统和社会保障系统五大方面构建节水型城市评价指标体系(见图1)。

(1)节水系统。城市节水系统是不同层次范围内联合节水的统一体,可从总体水平和各行业的节水水平两方面进行评价。综合评价指标主要从宏观层次上选择那些反映符合系统发展特性和反映子系统间协调程度的指标,是综合评

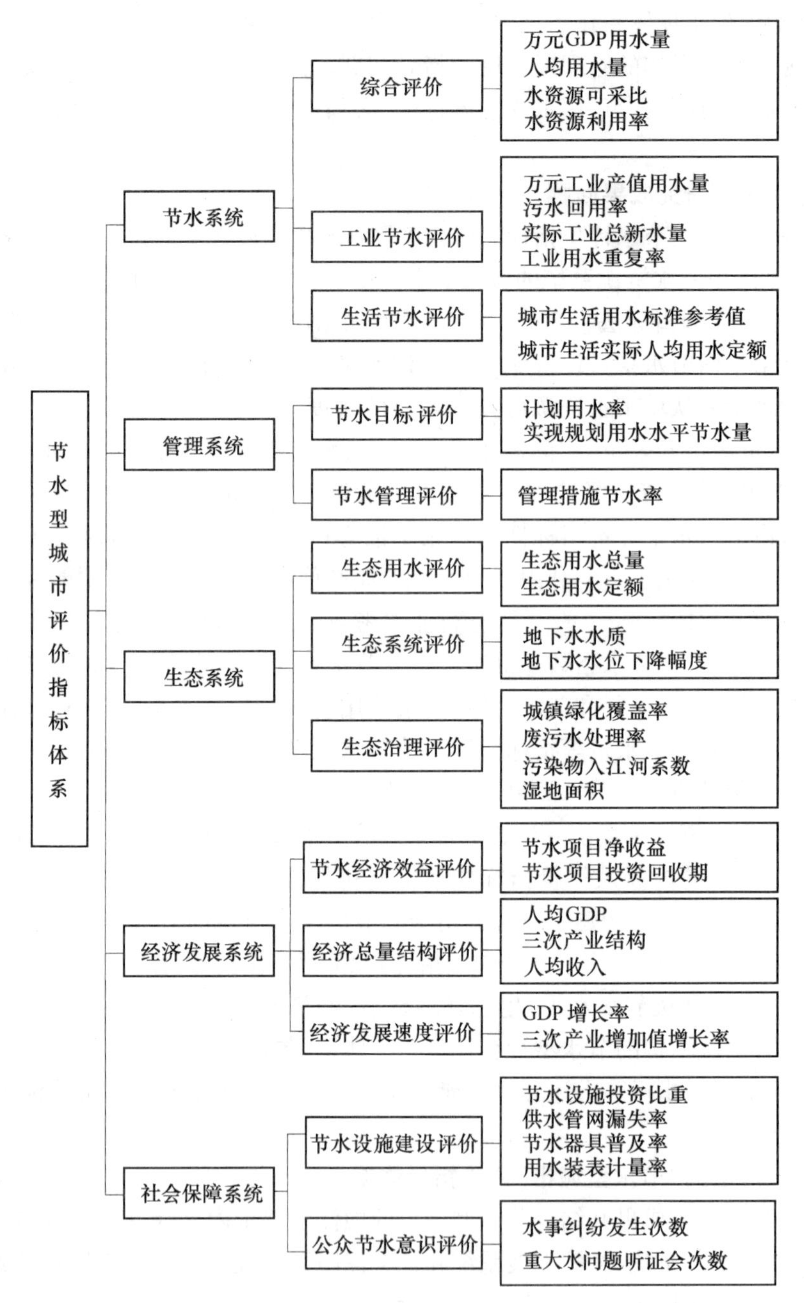

图 1　节水型城市评价指标体系框图

价节水型城市的重要参数。各行业的节水评价是由与水资源开发利用紧密相关的、能够反映社会用水发展趋势的可量化指标组成，通过这些指标可反映水资源在社会经济系统中的配置状况及利用效率。

(2)管理系统。节水型城市目标的合理制定及其具体任务的有效开展离不开自上而下的科学管理系统,它直接制约着城市水资源的开发、利用与保护。

(3)生态系统。生态系统是城市水资源系统和社会经济发展赖以生存的物质基础,生态系统评价的内容涉及生态用水状况、生态系统状况和生态治理改善状况。

(4)经济发展系统。实施节水型城市建设战略,不仅应谋求节水与生态系统的改善,而且更应谋求社会、经济的可持续发展,实现节水与发展的统一。虽然多角度、多层次地反映社会经济的各个方面具有相当大的难度,但仍可设计一些指标来反映水资源对社会经济发展的贡献。

(5)社会保障系统。社会保障系统可为节水型城市目标的实现提供基础支撑,节水科研和设施建设、用水秩序及社会参与程度等都是节水型城市保障系统的重要内容。

总之,本文所提出的节水型城市评价指标体系只是为节水型城市评价指标体系设计提供了一般性思路。在具体运用时,各城市可根据自身的优先领域和实际情况,对相关指标加以分析、补充和取舍,制定适合自身情况的节水型城市评价指标体系。

参考文献

[1] 陈莹,赵勇,刘昌明. 节水型社会的内涵及评价指标体系研究初探[J]. 干旱区研究,2004,21(2):125-129.

[2] 宫莹,阮晓红. 关于创建节水型城市的探讨[J]. 四川环境,2003,22(2):43-45.

[3] 建设部. 节水型城市目标导则[EB/OL]. 中国城市建设信息网,2004-09-29.

[4] 匡风娣. 建设北京节水型城市概述[J]. 北京水利科技,1991,(2):36-39.

[5] 徐樵利. 论创建节水型城市的战略意义[J]. 华中师范大学学报(自然科学版),2003,37(4):558-561.

[6] 赵会强,张宝全. 河北省城市生活节水评价[J]. 河北水利科技,1997,18(4):36-39.

[7] 张兴芳. 运用系统动力学和可持续发展观点探讨城市节水水平评判方法[J]. 系统辩证学学报,2000,8(2):72-76.

[8] 张晓洁. 关于城市节约用水水平评价方法的研究[J]. 安徽建筑工业学院学报(自然科学版),2001,9(3):54-57.

[9] 张晓洁,汪家权. 城市工业节水效率评价研究[J]. 安徽建筑工业学院学报(自然科学版),2002,10(1):42-45.

[10] 谭海鸥,林洪孝,李华民. 城市节水规划原则及节水效果评价方法[J]. 山东农业大学学报(自然科学版),2002,33(3):356-359.

[11] 陈莹,赵勇,刘昌明. 节水型社会评价研究[J]. 资源科学,2004,26(6):83-88.

加强灌区节水改造
促进黄河水资源可持续利用

张学鹏[1] 杨兆贤[2] 徐广峰[3]

(1.阳谷黄河河务局;2.阳谷县水务局;3.聊城黄河河务局)

摘要:本文分析了黄河水资源面临的严峻形势,论述了引黄灌区节水改造的重要性。通过对陶城铺引黄灌区实施节水改造所取得效益的分析,提出了灌区节水改造是促进黄河水资源可持续利用的一条重要途径。

关键词:水资源 节水 改造 效益 可持续利用

黄河,中华民族的摇篮,千百年来孕育着两岸勤劳勇敢的儿女,被称为中华民族的母亲河,同时也融进了他们的辛酸与血泪。新中国成立前,黄河曾像条桀骜不驯的黄龙肆虐在神州大地,多少悲惨的景象令人触目惊心!真是“千秋功罪,谁人曾与评说”?新中国诞生后,毛泽东同志亲临黄河视察,发出了“一定要把黄河的事情办好”的伟大号召,“驯服黄龙,造福人民”成为举国上下的共同心愿。从此,黄河的历史揭开了新的篇章。然而,随着黄河下游引水工程的不断改建、扩建以及黄河水资源的持续开发利用,黄河水资源供需矛盾愈来愈突出,给黄河水资源的可持续利用带来了潜在的危机,黄河断流、河床淤高、水质污染、环境恶化、动摇社会稳定等,使这条母亲河失去了往日的风采。笔者就如何促进黄河水资源的可持续利用,仅从聊城阳谷陶城铺引黄灌区节水改造这一角度,谈谈粗浅的看法。

1 黄河水资源面临的严峻形势

黄河发源于青藏高原,流经青海、四川、甘肃、宁夏、内蒙古、陕西、山西、河南、山东9省(区),干流全长5 464 km,流域面积79.5万km^2。黄河径流主要来源于河口镇及花园口以上地区。河口镇以上占年径流量的55.6%,花园口以上占42.5%,且主要是汛期7~10月占全年径流量的60%。2005年黄河花园口站实测径流量257.00亿m^3,利津站实测径流量206.80亿m^3,扣除利津以下河段引黄水量2.72亿m^3,黄河全年入海水量204.08亿m^3。2005年黄河流域统计大、中型水库171座(与2004年相比干流增加李家峡1个大型水库,宁夏支流增加6个中型水库),其中大型水库23座,2005年末水库总蓄水量为396.76亿m^3。为黄河下游工农业用水和生态环境需要提供了保障。

随着经济的发展,工农业用水量逐年增加,黄河水资源供需矛盾日渐加剧。目前流域内已建成引水工程4 600多处,提水工程2.9万处,干流设计引水能力已超过6 000 m^3/s。仅黄河下游向海淮平原供水水闸、提水泵站100余座,致使黄河自1972~1997年的26年中,有20年出现了断流。断流时间最长的为1997年的226天,长度为704 km,创下了断流频次、天数、月份最多(利津站断流13次,有11个月发生断流)、断流河段最长、汛期多次断流等历史记录。河口300多天无水入海,仅山东一省造成的经济损失就达135亿元。黄河20余年的断流给下游人畜饮水、生态环境和工农业生产带来了极大的损失。从2000年起,黄河上游地区连续3年降水严重不足,导致黄河干流来水持续偏少,出现了历史罕见的枯水现象。2002年7~12月,黄河主要来水区实际来水量仅136亿m^3,创自1950年有资料记录以来来水最少的纪录。2003年是新中国成立以来黄河水资源最枯的年份,黄河干流可供水量仅117亿m^3,而同期最低耗水量将达167亿m^3,即使将黄河水"吃干榨净",供需缺口仍将达到50亿m^3。按国际通行标准,河流的开发利用率不应超过40%,但黄河水利用率接近70%,超出黄河水资源的承载能力。据了解,目前黄河流域引黄灌区面积已由建国初期的1 200万亩发展到现在的1.1亿亩,年用水量280亿m^3,占全河用水量的92%。同时引黄灌区也成为浪费水的大户。据测算,到2010年,遇到正常来水年份,黄河用水缺口仍达40亿m^3。根据引黄各省、区、社会、经济发展趋势和引黄能力分析,如不及早采取控制引用水和有效的管理等措施,黄河断流现象就会重现,并随着各种用水量的增加,在时空尺度上逐步扩大,黄河下游很可能变为季节性河流,黄河断流的长期发展态势极为严峻。如果说黄河防大汛、抗大洪的任务只集中在汛期几个月的话,而确保黄河不断流、缓解水资源危机和生态平衡则成为全年、全流域不分时段、不分河段的全天候艰巨任务。要像确保黄河下游不决口一样确保黄河不断流,这已成为新世纪治黄工作的一项重要任务。

面对如此严峻的黄河水资源形势,集中诸多专家的意见得出结论,要缓解黄河水资源供需矛盾,确保黄河不断流重在节水,节水的重点在引黄灌区。

2 加强灌区节水改造,确保黄河水资源可持续利用

2.1 灌区节水改造的重要性

陶城铺引黄灌区位于山东省聊城市南部,于1988年利用世行贷款投资兴建,同年部分工程运行并发挥效益。灌区内设有输水渠、三级沉沙池、南北干渠

及31条支渠,其中沉沙池占地1.5万亩,干渠总长91.94 km,支渠长度254.27 km,灌区内设有大型泵站2处,总装机容量3 340 kW,提水能力41.76 m^3/s;灌区内共有各类配套建筑物2 005座,共形成固定资产1.05亿元。到1998年,灌区共引水9亿m^3,年均引黄河水7 900万m^3,年均灌溉面积60万亩,136万亩次;灌区农业万元产值用水量为2 275 kg,城镇人均日用水量150 kg,农业人口日用水量100 kg,粮食产量431 298 kg,经济作物产量1 045 243 kg,GDP 3 763 598万元,农民人均年收入3 730元。

但是,灌区运用十多年来暴露了许多问题:一是输水渠道衬砌率低,建筑物老化失修严重,渠系渗漏损失大。干渠只衬砌了2.0 km,支渠只衬砌了2.4 km,水利用系数仅为0.45,渠系建筑物老化失修率50%,严重影响了灌区正常运行和灌溉效益的发挥。二是田间工程配套率差,灌水技术落后。田间工程标准普遍偏低,以土渠为主,工程配套率差,土地平整度差;灌溉形式主要是大水漫灌、串灌、淹灌为主,水利用率一般在0.6~0.7之间,水的浪费严重。三是灌区管理技术落后,水价体系不合理。灌区管理处是事业单位、企业管理,财务管理实行自收自支,灌区管理单位从自身的经济利益出发,只重视骨干渠道上的节水,不重视田间节水,把提高水价、征收水费、片面追求单位经济效益作为灌区管理的出发点,与发展节水灌溉不相适应,严重制约了灌区农业经济的持续发展。针对陶城铺灌区存在的问题,自1998年开始,灌区管理单位实施了一系列综合性的节水改造措施。坚持灌区续建配套以节水为中心,积极推行节水灌溉新技术;完善灌区管理机制,深化灌区体制改革;同时建立了合理的农业水价体系,提高灌溉水的利用率,缓解灌区水资源供需矛盾,促进灌区管理良性运行和工农业持续稳定发展。再者,灌区节水改造既能节约水资源,又减少了提水泵站的运用时间,节水又节电,是建设节约型社会之必须,对构建和谐、社会稳定和发展具有重大现实意义和深远的历史意义。

2.2 灌区节水改造采取的措施

陶城铺灌区年引水分配指标为9 100万m^3,灌区设计引水量年均2.8亿m^3,缺口较大。由于黄河水资源日趋紧张,发展节水工程,提高灌溉技术是灌区建设和管理的中心工作。陶城铺灌区充分发挥当地政府和群众投资投劳的积极性,按照谁受益谁负担的原则,多方面、多层次地引导、调动群众进行大规模的农田水利基本建设,1998年开始集中3年进行灌区节水改造,其做法是:

(1)工程措施:一是输水干渠衬砌20 km,支渠衬砌18 km。渠道衬砌防渗是灌区应用最广泛的一种防渗措施。实践证明,陶城铺引黄灌区干、支渠采取衬砌防渗措施后,可以减少渠道渗漏损失70%~90%,采用混凝土板膜复合防渗措施,可以减少渗漏损失95%以上。二是建设U形渠灌溉5.25万亩,发展管灌

4.55 万亩,喷灌 1 万亩,高科技示范大棚蔬菜区滴灌 300 亩。试验表明,管道输水比土渠输水可减少渗漏损失 95% ~98%,比衬砌渠道减少渗漏损失 15% ~20%,节约占地 2%,增产 10%,节水增产效益显著。三是推广小白龙塑料软管灌溉 96 万亩。特点是成本低、节水明显、管理运行方便。四是工程配套。共改建建筑物 176 座,清挖新扩渠道 156 条,完成土石方 960 万 m^3。上述措施共完成总投资 4 500 万元。

(2)技术措施:一是加强灌溉调水配水。建立无线电通讯网络,保证供水调度、信息反馈及时。二是合理开采地下水。2002 年该灌区纯井灌 12.6 万亩,开采地下水总量 1.3 亿 m^3,极大地缓解了引黄灌溉矛盾,大旱之年取得了大丰收。三是大面积推行窄、短畦。到 2005 年,实行畦改面积已达 69 万亩,占灌区总面积的 66%。四是冬蓄春灌,丰蓄枯灌,合理补充灌区地下水源。

(3)政策措施:一是总量控制,限量供水,以供定需。严格执行引水计划,控制引水量,实施科学配水。二是以陶城铺灌区管理处为主管部门,自上而下建立节水灌溉运行机制。三是改革灌区管理体制,明确各自权限责任。四是实行计量供水,按方收费。到 2001 年底,灌区阳谷县 16 个乡(镇)全部实现了按方收费。五是提高水价。黄河水费非枯水季节国家征收标准由 1998 年的 1.2 分/m^3 提高到 2002 年的 4.5 分/m^3。六是搞好宣传发动,调动农民节水的积极性。通过多种形式,宣传节水的重要性,节水的方式有哪些,措施有哪些等。在老百姓力所能及的范围内,尽量整平耕地,缩小畦宽,使用小白龙浇水。

2.3 灌区节水改造带来的效益

(1)直接效益:灌区实施综合节水改造后,1999 ~2005 年,灌区有效灌溉面积由 60 万亩扩大到 85 万亩,比 1990 ~1998 年年均扩浇面积 25 万亩。平均亩产纯增产按 48.4 元计算,年增产纯效益 1 210 万元。从引水量来看,1999 ~2005 年 6 年间平均年引水量 8 100 万 m^3,年平均灌溉 210 万亩次,实现了亩次毛灌水 35 m^3,与 1999 年前相比亩次节水 19.4 m^3,亩均年节约 0.87 元,全灌区年节约水费 182.7 万元。

(2)间接效益:灌区节水改造,节约了黄河水资源,扩大了实际灌溉面积,1999 ~2005 年,水的利用率由原来的 0.45 提高到 0.61,年均节水 9 000 万 m^3,节约水源费 108 万元;本灌区南、北干渠有南徐和骆驼巷两个提水泵站,因为节水降低了提水成本,每年可节电 99 万 kW,折款 54.5 万元;每年可减少引水 1 亿 m^3,全灌区每年减少引进泥沙 100 万 m^3,节省清淤费 350 多万元。

(3)社会效益:①促进粮食高产稳产,农民增产增收,保持社会稳定。②有效地缓解了黄河水资源供需矛盾,节约了黄河水资源,为维持黄河健康生命做出了贡献。③保持黄河入海流量,确保了黄河下游生态平衡。

3 结论

陶城铺引黄灌区是黄河中下游大型灌区之一。近几年通过实施综合性的节水改造，取得了较为显著的效果，为黄河水资源的可持续利用做出了贡献，实现了农民与黄河之间的共赢。黄河下游现有引黄涵闸94座，引黄灌溉面积3 600多万亩，平均年引水量近100亿 m^3。如果都能进行节水改造，年均节水20亿 m^3，这对黄河水资源可持续利用，具有重大战略意义；然而，作为黄河流域管理机构的黄委，为使这条母亲河的乳汁源源不断地流淌，在灌区节水方面也应出台一些激励政策，如在引水方面，实行计划引水、协议供水、超引加价、动态水价等；在资金方面，对节水好的灌区，国家要拿出一定的资金给予奖励，用以奖代补的办法，鼓励灌区积极开展节水改造等，以促进黄河水资源的可持续利用。

参考文献

[1] 水利部黄河水利委员会.2005年黄河水资源公报. 黄河网,2006,12.23.
[2] 尚华岚.论黄河断流的危害及对策. 水信息网,2004.05.24.
[3] 何武全,等.论大型灌区节水改造对策. www.66wen.com 2006.11.13.
[4] 山东省阳谷县统计局统计公报(1998~2005).

灌区综合节水改造中单项措施节水量计算方法改进

罗玉丽　张会敏　侯爱中

（黄河水利科学研究院）

摘要：灌区节水改造往往为多种措施同步进行，灌区综合节水量为各单项措施实施的综合效果，现有节水量计算方法在评价具体节水措施对总节水量的贡献方面尚有不足之处，无法满足实践发展的需要。因此，迫切需要研究一套既能体现各单项措施的节水效果，又能表达综合节水量的计算方法。本文在分析灌区从水源到作物消耗各环节需水及各措施节水原理的基础上，将单项措施节水量计算方法与综合节水量计算方法有机组合，提出一套无重复计算量的、能真实反映各单项措施节水贡献的节水量计算方法。

关键词：灌区　综合节水改造　单项措施　节水量　计算方法

目前，黄河流域灌溉面积已达1.1亿亩，是流域乃至我国重要的粮棉生产基地，是黄河水资源的耗用主体。据统计，黄河流域农田灌溉用水量占流域总用水量的76.0%，而处于干旱半干旱地区的宁蒙灌区农业用水则高达90%以上。受多种因素影响，灌区的灌溉水利用率不高，仅为30%～40%，为满足区域经济社会和未来我国的粮食安全，国家从1998年开始实施了大中型灌区节水改造工程，先后对全国402处大中型灌区进行了续建配套和节水技术改造，大大提高了灌区的水利用效率，但与发达国家相比，仍存在较大差距，尚存在较大节水潜力，还需进行大规模的灌区节水改造。为了使节水改造取得较好的经济节水效益，在灌区节水规划时选取适合当地实际情况、节水效果好的节水措施是很关键的问题，而节水量又是衡量节水措施节水效果的主要指标，因此节水量的计算是灌区选取节水措施的基础环节。

针对灌区的水利用现状和区域工业发展的用水需求，黄河流域在宁夏、内蒙古等地开展了水权转换的试点工作，水权权属者（主要是农业用水户）通过采取各种节水措施，将节约的水量有偿转让给水权的受让方（主要是工业用水户），即农业用水户获得节水的资金，同时也为工业发展提供了水资源支持，取得双赢的效果。水权转换过程中的一个关键技术问题是采取的工程措施能节约多少水资源，这关系到水权转换量的多少，也是测算水权转换费用的基本依据。因此，进行节水量计算研究是水权、水市场良性运行的需要。

为了科学评价灌区不同节水措施的节水效果，针对不同的节水措施已提出了一些节水量的计算方法，但就灌区而言，节水技术改造并非为单一的技术或措施，而是多种节水技术的综合，由于在进行节水效果的评价过程中，缺乏对各种节水技术之间相互影响的分析，导致节水效果评价存在一定问题。

1　现有节水量计算方法及存在问题

1.1　现有节水量计算方法

国内关于节水量的研究以单项措施节水量开始，现阶段仍以单项措施节水量计算为主体。随着实践的发展，区域节水改造由单项节水措施向综合节水措施发展，目前，灌区综合节水改造中节水量的计算方法主要有以下两种：

(1)分项计算法。将各单项措施节水量直接叠加得到综合节水量，如尉元明等依据河西走廊2000年调查资料，结合2005年节水灌溉发展规划，计算了采取喷灌、微灌、管灌等节水灌溉方式替代大水漫灌方式的综合节水量。该方法的计算流程见图1。

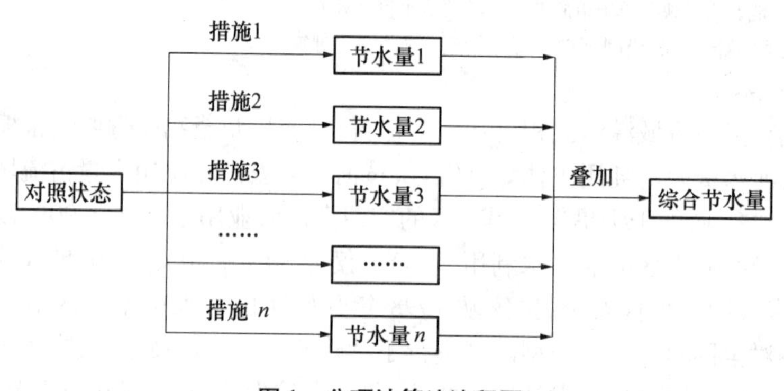

图1　分项计算法流程图

(2)整体计算法。如果可以得到多项节水措施实施后的区域需水要素，可通过计算措施实施前后的区域需水得出综合节水量，如傅国斌、田玉清、欧建锋、任春霞等从作物需水量出发，考虑规划年有效降水、地下水、输水、田间、蒸腾等灌溉过程各个环节的水的可能利用程度，分析了各个环节水的可能利用效率与利用率，构造了一个理论需水的计算方法，通过与现阶段灌溉用水量比较，计算灌区可能节水量；沈强云等在分析宁夏引黄灌区节水量时，计算了种植结构调整、节水技术的配套、渠系防渗等三项措施的综合节水量。该方法的计算流程见图2。

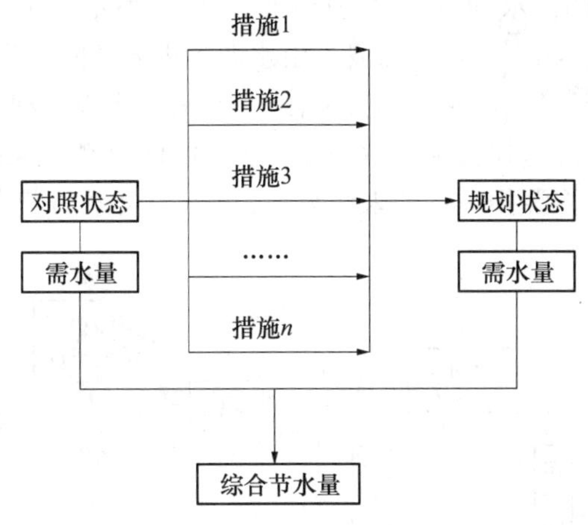

图2　整体法计算流程图

1.2　存在问题

国内外对灌区实施单项节水措施的节水量计算方法研究得较成熟,但在灌区实施综合节水改造中的节水量计算方面还存在一定的问题。整体法计算简单、概念清晰,但无法体现各单项措施的真实贡献。分项计算法虽然能计算出各单项措施的节水量,但计算法计算出的各单项措施的节水量之和大于整体法计算的灌区综合节水量,需在单项措施节水量之和中扣除一个重复计算量,才是灌区的综合节水量(见图3)。而关于这部分重复节水量的计算,目前尚未发现有效的方法。因此,用分项法计算的各项措施的节水量不能真实反映该单项措施在灌区综合节水改造中的真实贡献。

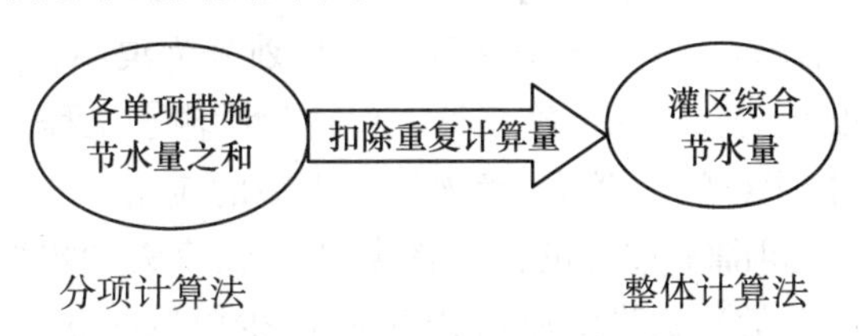

图3　分项计算法与整体计算法关系图

2　节水灌溉措施及节水原理

2.1　灌区灌溉需水过程

灌溉是人工补充农田作物生长所需水分的技术措施,进行灌溉,必须完成四个过程:一是从不同的水源,如地表水(河流、湖泊和水库)、地下水等引取一定的水量作为灌溉用水;二是把引取的灌溉水量通过各级大小渠道输送、分配到田间进水口;三是把进入到田间的水量采用各种灌溉方法(地面畦、沟灌,喷灌和微灌等)供给作物的需水;四是作物消耗水,即作物根系从土壤中吸取水分供其生长,并最后形成实物产量。在灌溉水由水源到进入田间被作物利用的过程中,有一部分水量由于蒸发、渗漏而损失掉,最终能被作物吸收利用的水量是从水源引取的水量扣除各环节损失水量后的部分。而灌区灌溉取水量则是由作物灌溉需水考虑田间蒸发渗漏损失推到末级渠道,再考虑渠系的蒸发渗漏损失推到水源。灌区灌溉需水流程见图4。

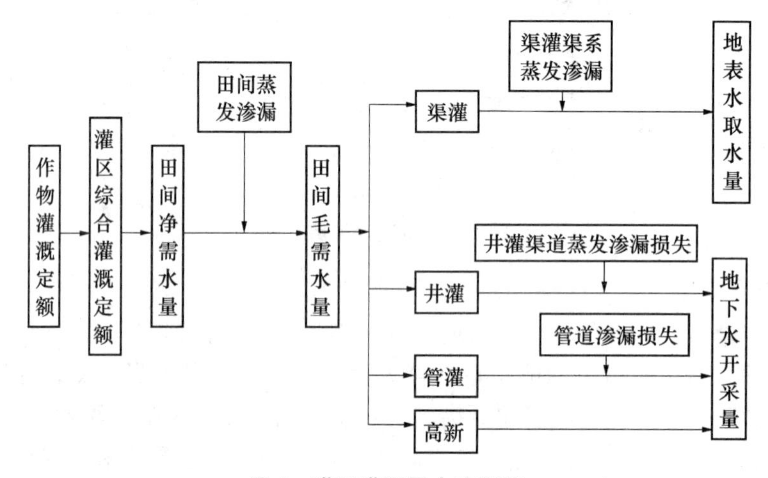

图4 灌区灌溉需水流程图

2.2 节水灌溉措施分类

目前,世界各国采用的节水措施,基本上可以概况为工程节水、生物节水、农艺节水、开辟新水源、管理节水等几个方面。

(1)工程节水措施:工程类措施又可进一步划分为渠系输水节水措施、田间灌水节水措施和渠井结合节水措施三类。包括建设输水工程、防渗渠道,进行管道输水;节水灌溉技术(管灌、喷灌、滴灌等)、温室的应用等方面。主要作用是减少渠系输水过程、田间灌水过程的深层渗漏和地表流失的损失量(包括减少渠系退水量和田间排水量),提高灌溉水利用率,减少单位灌溉面积取(用)水量。

(2)生物节水措施:生物节水是引进、筛选和培育抗旱作物和耐旱品种,提高作物对干旱环境的适应性,增种抗旱耐旱作物。作用是减少作物的蒸腾蒸发量,从而减少区域内净消耗量。

(3)农艺节水措施:农艺节水技术是提高农田水分利用效率的重要措施,如间套种植下不同灌水方式结合运用技术,不同节水灌溉方式下的水肥耦合及调配施用技术,间套作格式、耕作措施的优化与改进技术及间套种植下农、水措施结合的菜单式成套组合技术等,通过发挥成套技术措施的整体效益,减少作物生长期内的水分消耗和提高产量,最终达到节水、高产、高效的目的。

(4)开辟新水源:是指开发利用包括城市生活污水、工业废水、微咸水等在内的劣质水和雨水。

(5)管理节水措施:通常分为改进灌溉制度、建立节水技术服务体系、改进水源管理、改革水管理体制、政策与法规、制定合理水价标准与水费计收办法等。管理节水措施就是通过提高灌溉质量和农田水分生产效率,以等同的水分消耗量获取更高的农作物产量。

我国目前的灌区节水改造中,常用的节水措施主要有田间配套、管灌、高新技术(包括喷灌、微灌)、机电井建设、渠系改造、种植结构调整等。

2.3 节水原理

2.3.1 渠系改造

就是通过调整渠系布局,或渠道衬砌对渠床土壤处理或建立不易透水的防护层,如混凝土护面、浆砌块石衬砌、塑料薄膜防渗和混合材料防渗等工程技术措施,减少灌溉渠道在输水过程中输水渗漏损失,提高渠道水利用率,从而达到节水的目的,如图5所示。

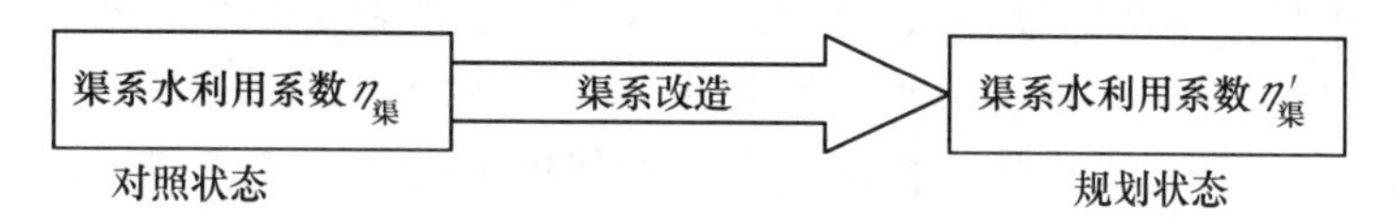

图5 渠系改造节水效果示意图

2.3.2 田间配套

田间配套节水措施主要包括田间渠系工程配套、平整土地、大畦改小畦等田间工程节水措施,通过采取田间配套措施,减少灌溉水的流失,提高田间水的利用效率,有效节约用水量,如图6所示。

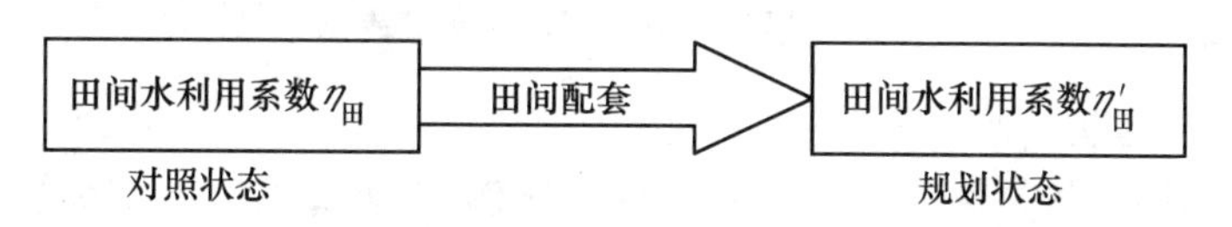

图6 田间配套节水效果效果图

2.3.3 管灌

管灌节水措施是以管道代替渠道输水灌溉,减少输水过程中的输水渗漏损失,从而达到节水的目的,如图7所示。

2.3.4 高新技术

高新技术节水措施主要指喷灌、微灌等高新节水灌溉方式,高新技术节水量是通过将渠灌改为喷灌或微灌,提高灌区灌溉水利用率、降低灌溉定额而产生的,如图8所示。

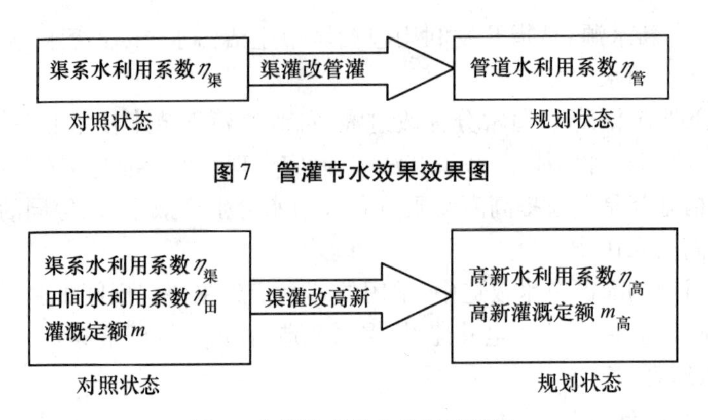

图7　管灌节水效果效果图

图8　高新技术节水效果效果图

2.3.5　机电井建设

机电井建设是通过新打机井或对旧井进行改造,以井灌代替渠灌,增加地下水开采量,替代部分渠道引水,相应减少渠道输水损失而达到节水的目的。机电井建设节水量包括两部分:一部分是由于开采地下水袭夺潜水蒸发而产生的节水量;另一部分是因提取地下水替代渠道引水,减少了渠道输水损失而节约的水量,如图9所示。本次仅研究提取地下水替代渠道引水减少了渠道输水损失而产生的节水量。

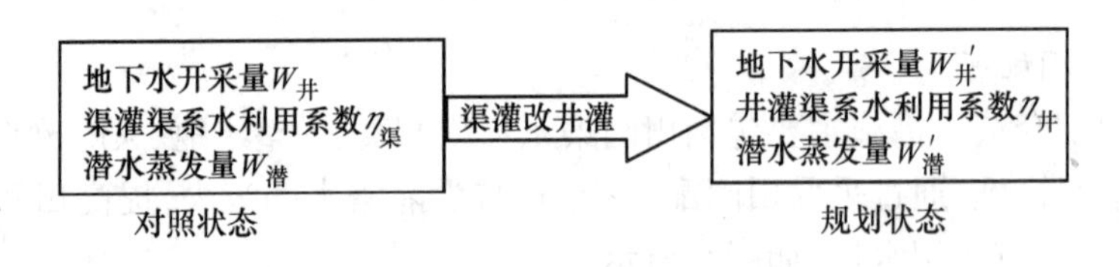

图9　机电井建设节水效果效果图

2.3.6　种植结构调整

种植结构调整是调整不同作物的种植比例,改变综合净灌溉定额。种植结构调整节水是在保持灌区面积不变、作物灌灌定额不变的情况下,通过调整农田作物的种植结构,如压缩高耗水作物的种植比例等,降低农田综合净灌溉定额,从而减少灌区用水量,以达到节水的目的,如图10所示。

图10　种植结构调整节水效果效果图

3 节水量计算方法研究

3.1 计算顺序研究

从灌区灌溉需水的流程图可以看出,灌溉水从水源到被作物吸收利用的过程中,主要包括渠灌时的渠系蒸发渗漏、井灌时的渠道蒸发渗漏、管灌时的管道渗漏和田间的蒸发渗漏等四部分损失量,而这些损失量均与该环节的水量有关。由节水措施的节水原理可知,在灌区作物的灌溉定额和灌溉总面积不变的情况下,作物种植结构的调整改变了灌区的综合灌溉定额,灌区的田间净需水量将改变,从而影响到田间的蒸发渗漏损失量,田间配套措施的实施将提高田间的水利用系数,减少田间的蒸发渗漏损失量,这两项措施均导致田间的毛需水量发生变化;而管灌、井灌、高新技术节水灌溉面积的增加,也将使通过渠灌渠道输送的水量减少。由此可见,在灌区综合节水改造中,措施间存在相互影响,因此在灌区综合节水改造中的节水量计算时,灌区节水改造前的初始状态不是所有节水措施的对照状态,不同的节水措施其对照状态不同。

根据灌区灌溉需水的流程和不同措施的节水原理,灌区综合节水改造中各单项措施的影响顺序为:高新技术→种植结构调整→田间配套→机电井建设、管灌→渠系改造。

3.2 计算公式

节水量的定义为采取节水措施后的灌溉需水与初始状态相比所减少的水量,其计算公式为:

$$\Delta W = W - W'$$

按照灌区综合节水改造中不同措施的计算顺序,单项节水措施的节水量计算公式如下:

高新技术

$$\Delta W_{高} = \frac{A_{高} \times M}{\eta_{田} \times \eta_{渠}} - \frac{A_{高} \times M_{高}}{\eta_{高}}$$

种植结构调整

$$\Delta W_{种} = \frac{(A - A_{高}) \times M}{\eta_{田} \times \eta_{渠}} - \frac{(A - A_{高}) \times M'}{\eta_{田} \times \eta_{渠}}$$

田间配套

$$\Delta W_{田} = \frac{(A - A_{高}) \times M'}{\eta_{田} \times \eta_{渠}} - \frac{(A - A_{高}) \times M'}{\eta'_{田} \times \eta_{渠}}$$

机电井建设

$$\Delta W_{井} = \frac{A_{井} \times M'}{\eta'_{田} \times \eta_{渠}} - \frac{A_{井} \times M'}{\eta'_{田} \times \eta_{井}}$$

管灌

$$\Delta W_{管} = \frac{A_{管} \times M'}{\eta'_{田} \times \eta_{渠}} - \frac{A_{管} \times M'}{\eta'_{田} \times \eta_{管}}$$

渠系改造

$$\Delta W_{渠} = \frac{A_{渠} \times M'}{\eta'_{田} \times \eta_{渠}} - \frac{A_{渠} \times M'}{\eta'_{田} \times \eta'_{渠}}$$

式中：$\Delta W_{高}$ 为灌区高新节水量；$\Delta W_{种}$ 为种植结构调整节水量；$\Delta W_{田}$ 为田间配套节水量；$\Delta W_{井}$ 为机电井建设节水量；$\Delta W_{管}$ 为管灌节水量；$\Delta W_{渠}$ 为渠系改造的节水量；M、M'分别为种植结构调整前、后灌区的综合灌溉定额；$M_{高}$ 为高新灌溉定额；A 为灌区总灌溉面积；$A_{高}$ 为节水改造的高新灌溉面积；$A_{井}$ 为节水改造的井灌面积；$A_{管}$ 为节水改造的管灌面积；$A_{渠}$ 为节水改造后的渠灌面积；$\eta_{渠}$、$\eta'_{渠}$分别为渠系改造前、后的渠系水利用系数；$\eta_{田}$、$\eta'_{田}$分别为田间配套前、后的渠系水利用系数；$\eta_{井}$ 为井灌渠道水利用系数；$\eta_{管}$ 为管灌管道水利用系数；$\eta_{高}$ 为高新灌溉水利用系数。

4 实例验证

某灌区在节水改造中，采取了种植结构调整，渠道衬砌，田间配套，增加井灌、管灌和高新灌溉面积等节水措施，改造前后的情况见表 1。

表 1 灌区基本情况统计

项目		节水改造前	节水改造后
灌溉面积（万亩）	渠灌	100.0	50.0
	井灌	0.0	10.0
	管灌	0.0	20.0
	高新	0.0	20.0
利用系数	田间	0.8	0.9
	渠系	0.5	0.7
	井灌渠道	0.9	0.9
	管灌	0.9	
	高新	0.85	
综合灌溉定额（m^3/亩）		230	195
高新灌溉定额（m^3/亩）		150	

采用整体计算法、改进前、后的分项计算法分别计算灌区的节水量，结果见表 2。

表 2　灌区节水量计算　（单位：万 m^3）

项　目	整体计算法	分项计算法	
		改进前	改进后
高新		7 971	7 971
种植结构调整		8 750	7 000
田间配套		6 389	4 333
管灌		6 389	3 852
井灌		2 556	1 926
渠系改造		8 214	6 190
合计	31 272	40 268	31 272

5　结语

从表 2 不同计算方法的节水量计算结果可知：

（1）改进前的分项计算法计算的各单项措施的节水量之和大于灌区的综合节水量，而改进后的计算方法计算的各单项措施的节水量之和与综合计算法计算所得的灌区综合节水量相等。

（2）改进前的分项计算法计算所得各单项措施的节水量，除高新节水措施的节水量与改进后的计算方法计算结果相同外，其余措施的计算结果均大于改进后的计算方法的相应计算结果，这主要是因为原计算法中各单项措施均是以灌区节水改造前作为对照状态的，而改进后的计算方法则考虑了措施间的相互影响，对照状态随措施的不同而相应改变。由此可见，在节水量计算过程中，对照状态的选取是一个关键问题。

由此可见，改进前的分项计算法在计算时没考虑措施间的影响，计算所得单项措施的节水量存在重复量，不能反映该措施在灌区综合节水改造中的真实贡献；改进后的计算方法在节水量计算过程中各措施的对照状态是不一样的，考虑了措施间的影响，计算出的单项措施的节水量能够反映该措施在灌区综合节水改造中的真实贡献，其计算方法是合理的。

参考文献

[1]　尉元明，朱丽霞，周跃武，等. 河西走廊水资源利用现状与节水灌溉工程分析[J]. 中国沙漠，2004，24(4)：400 - 404.

[2]　傅国斌，李丽娟，于静洁，等. 内蒙古河套灌区节水潜力的估算[J]. 农业工程学报，1998.

[3]　田玉青. 黄河下游引黄灌区节水潜力及节水途径研究[D]. 北京：北京航空航天大

学,1998.

[4] 傅国斌,于静洁,刘昌明,等.灌区节水潜力估算的方法及应用[J].灌溉排水,2001,20(2):24-28.

[5] 欧建锋,杨树滩,仇锦先.江苏省灌溉农业节水潜力研究[J].灌溉排水学报,2005,24(6):22-25.

[6] 任春霞.节水型农业建设的初步研究——以石家庄市为例[D].石家庄:河北师范大学,2004.

[7] 沈强云,田军仓,张富国.宁夏引黄灌区发展节水农业的途径及潜力分析[J].宁夏农林科技,2004(2):35-38.

用层次分析法进行群决策初始水权第二层次的配置

范群芳　董增川　杜芙蓉

（河海大学水文水资源与水利工程科学国家重点实验室）

摘要：初始水权配置是水权配置的一个重要组成部分，是水资源产权在不同用水主体之间的初次分配。水权配置是一种利益分配，既可以通过市场，也可以通过非市场来解决，但单独哪一种方式都不能有效解决，水权的配置方案不仅仅需要技术上、经济上的可行性，更重要的是实践上的可行性。本文将定性和定量的因素相结合，采用层次分析法，集结多个专家的配水意见，形成一种水权配置模型。由于考虑到不同专业专家的意见，所以该方法科学合理并且实践性强。文章将专家能力本身的认可度也作为层次分析法的评价目标进行评价，客观合理。实际算例的结果表明，这种方法在区域水权初始配置中可以得到较为广泛的应用。

关键词：初始水权配置　层次分析法　专家认可度　群决策

1　初始水权配置

1.1　初始水权配置

初始水权配置是水权配置的一个重要组成部分，是水资源产权在不同用水主体之间的初次分配。从流域水权的角度来看，水权初始配置包括三个层次。第一层次是水权在流域内各行政区域间的分配，第二层次是水权在各行政区内的不同行业用水区间的分配，第三层次是各用水区内最终用户间的水权分配。经过这三个层次，完成了初始水权的配置。本文重点研究初始水权第二层次的配置，即在某个区域不同用水行业间的水权配置。

1.2　初始水权配置优先位序重新确定

我国《水法》第二十一条以用水目的确立了如下水权优先位序：生活用水、农业用水、工业用水、生态环境用水、航运用水；同时在干旱和半干旱地区开发利用水资源，强调了应当充分考虑生态环境用水之需要。这种配置优先位序存在生活用水水权界定不具体、生态环境用水水权位序不当和没有考虑污水排放权等问题。

将初始水权配置优先位序规则界定为：确保用水、基本情景用水、高情景用水等。每种情景用水中都包括生活用水、工业用水、农业用水和生态用水。

确保用水必须优先满足,在第一层次分配给区域的总供水量中,扣除确保用水后,剩余水量才分配给基本情景用水和高情景用水。高情景用水分配是通过采取市场拍卖水权的形式来解决。本文用层次分析法(AHP)解决基本情景用水量的分配问题。高情景用水的分配不予讨论。

2 层次分析法

层次分析法(AHP,Analytical Hierarchy Process)是将决策有关的元素分解成目标、准则、方案等层次,在此基础之上进行定性和定量分析的决策方法。这种方法的特点是在对复杂的决策问题的本质、影响因素及其内在关系等进行深入分析的基础上,利用较少的定量信息使决策的思维过程数学化,从而为多目标、多准则或无结构特性的复杂决策问题提供简便的决策方法。尤其适合于对决策结果难于直接准确计量的场合。水权配置是定性和定量相结合的问题,涉及到各用水部门之间的利益,属于多目标的问题,因此采用层次分析法进行水权配置是科学合理的。

步骤如下:

第一步:确定基本情景用水水量分配指标体系。

第二步:构建层次结构图(见图1)。

建立层次结构图时,把基本情景用水水量分配(目标层)列在最高层,把实现总目标所涉及到的相关约束(水量分配指标体系)放在最底层。

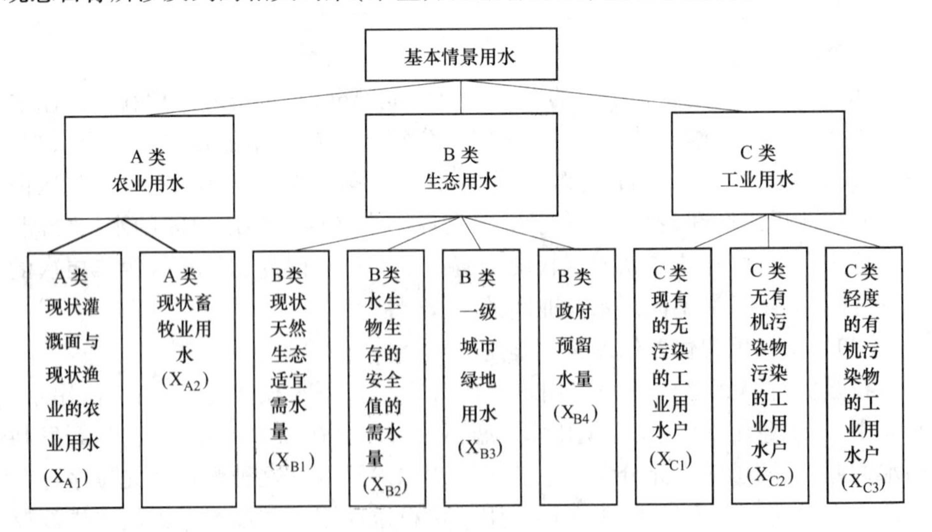

图1 基本情景用水水量分配层次结构图

第三步:计算各个指标的相对重要性权重值:

(1) 判断矩阵。通过水量分配指标两两比较,得到相应的重要性判断矩阵 $[a_{ij}]_{n\times n}$。判断矩阵的比较标度采用来自实验心理学的 Bipolar 标度,即 1 ~9 标度(见表1)。

表1　指标重要程度判断标度

a_{ij}	1	3	5	7	9	2、4、6、8
i 指标与 j 指标相比的重要性	同等重要	稍微重要	明显重要	强烈重要	绝对重要	重要程度介于各等级之间

(2)一致性检验。检验判断矩阵的一致性,需要计算它的一致性指标 CI 和随机一致性比例 CR:

$$CI=\frac{\lambda_{max}-n}{n-1}$$

$$CR=CI/RI$$

式中:RI 为随机一致性指标(见表2);CR 为随机一致性比例。

当 $CR=CI/RI\leqslant 0.10$ 时,认为判断矩阵具有满意的一致性,否则需要重新调整判断矩阵 U。

表2　随机性指标 RI 值

n	3	4	5	6	7	8	9	10	11
RI	0.58	0.90	1.12	1.24	1.32	1.41	1.45	1.49	1.51

(3)相对重要性权重。然后,确定各指标的重要程度(相对重要性权重)系数 a_i。根据上述判断矩阵 U,用乘幂法计算它的最大特征值 λ_{max}(用 Matlab 软件计算),其最大特征值 λ_{max}所对应的特征向量即为所要确定的重要程度系数 a_i,记为:$A=(a_1,a_2,\cdots,a_n)$。

3　群决策和专家认可度

在群决策过程中,一般是先由各专家分别作出自己的判断,然后再将这些判断信息按照某种方法集结为群体决策结果。因此,专家判断信息的合成一直是群组决策方法研究中的一个重要方面。各个专家判断矩阵已知的情况下,有两种途径进行群决策结果的合成。第一种是根据各个专家的判断矩阵构造综合判断矩阵,利用综合判断矩阵求各配水部门的权重向量。第二种是每个专家实施 AHP 计算各配水部门的权重向量,对不同专家的权重向量进行合成得到综合的权重向量。

3.1　综合判断矩阵的构造方法

(1)几何平均法:

$A_k(a_{ij}^k)$ 是 k 专家给出的评价矩阵，$A = (a_{ij})$ 是综合评价矩阵，$a_{ij} = \sum_{k=1}^{n}(a_{ij}^k)^{\lambda_k}$，$\sum_{k=1}^{n}\lambda_k = 1$，$n$ 为专家的个数，λ_k 为 k 专家的专家认可度。

（2）算术加权平均法：

$$a_{ij} = \sum_{k=1}^{n}\lambda_k \cdot a_{ij}^k$$

3.2 不同专家对配水部门权重向量的合成

(1)算术平均法：$w_i = \frac{1}{n}\sum_{k=1}^{n} w_{ki}$，其中 n 为专家个数；w_{ki} 为 k 专家对 i 部门的排序权值。

(2)加权几何平均法：$w_i = \prod_{i=1}^{n} w_{ki}^{\lambda}$。

(3)算术加权平均法：$w_i = \sum_{k=1}^{n}\lambda_k \cdot w_{ki}$。

3.3 专家认可度

专家群体的评价问题，不仅仅是专家对各配水部门的评价问题，同时也是一个对专家本身的评价问题，本质上是一个双重评价问题。对专家本身的评价用专家认可度来表示。

3.1 和 3.2 中提到的专家认可度，有的文献称为专家支持度。专家认可度是专家的学历、专业与评价问题的相关性（或称知识结构）、经验、理论研究和实际工作中的潜力和能力的具体体现，是个体专家的决策结果对总的决策结果的贡献程度或被认可程度，即专家在群体中的决策“权力”。该认可度体现了专家个体间对被评价问题上的看法的差异，是以权重的形式体现的。

本文采用如图 2 所示的专家认可度评价指标体系。

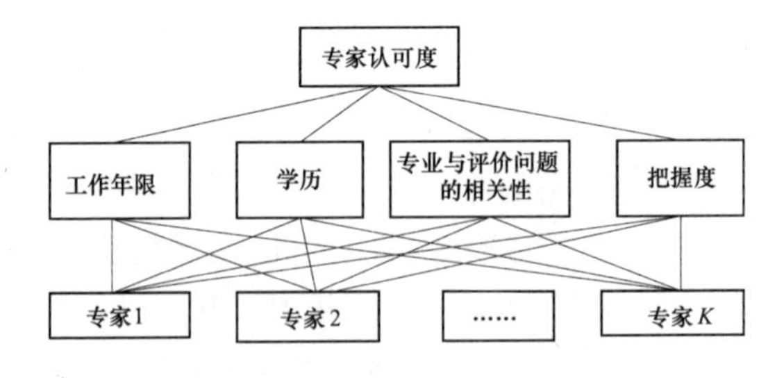

图 2 专家认可度评价指标体系

评价指标的量化处理，专家信息量化表见表 3。

表 3　专家信息量化表

工作年限(年)	<5 (1)	[5,10)(3)	[10,15)(5)	[15,20)(7)	>20 (9)
学历	博士(9)	硕士(7)	学士(3)	其他(1)	
专业与评价问题的相关性	相同(9)	相关(5)	不同(1)		
把握度	针对评价问题,专家对自己判断的把握度给出一个百分数				

将前三个指标的量化值归一化,如果是标度值越大越好的指标,则 $r_j = \frac{x_j}{x_j^{\max}}$;如果是标度值越小越好的指标,则 $r_j = 1 - \frac{x_j}{x_j^{\max}}$,式中 x_j 是某指标的标度值,$x_j^{\max}$ 是该指标的最大标度值。

实际计算专家认可度时,四个评价指标在体现专家认可度上起到的作用是不同的,应该分配不同的权重,这四个权重由决策者根据自己的工作经验和实际评价问题的情况给出。专家认可度的计算步骤为:

(1)给出各评价指标的权重 α_i,满足 $\sum_{i=1}^{4} \alpha_i = 1$;

(2)第 j 专家的第 i 个指标的归一化量化值为 c_i^j;

(3)第 j 专家的支持度为:$s_j = \sum_{i=1}^{4} \alpha_i c_i^j, 0 < s_j < 1$。

4　计算步骤

本文采用第二种群决策方法对配水部门权重进行合成,即专家分别用 *AHP* 算出配水部门的权重向量,然后用专家认可度对这三个向量进行合成,合成时用算术加权平均法。

第一步,用 AHP 求出各专家的专家认可度,并归一化;

第二步,各专家写出判断矩阵 $A_k(a_{ij})$($k = 1,2,\cdots,K$, K 为专家总数),对 A_k 进行一致性检验,用 AHP 法求出判断矩阵 A_k 下的各配水部门的重要性权重向量 w_k;

第三步,用归一化的专家认可度将 w_k 加权平均,得到各部门配水重要性权重向量 w;

第四步,用各部门配水重要性权重向量 w 的各项与标准化的各部门用水指标向量的各项相乘,得到各部门配水权重向量,并标准化,得到 ω;

第五步,区域配水总量和标准化的权重向量 ω 相乘,求出各部门的配水量。

5 算例

模型假设：假设某地区现有初始水权配置基本情景用水总水量 $\theta = 100$ 亿 m^3。有A（农业）、B（生态）、C（工业）三类基本情景用水户，其中A类共有2个用水户，B类共有4个用水户，C类共有3个用水户，如图1结构所示。各用水户的用水指标向量为(41,10,15,7,10,20,31,12,8)，单位为 m^3/hm^2。请到三位专家进行配水决策，各专家的具体信息如表4所示。现用本文所述的群体层次分析法给各用水部门分配水权。

表4　专家具体信息表

项目	工作年限	学历	专业与评价问题的相关性	把握度（认可度）
专家1	25年(9)	本科(3)	相同（水资源评价）(9)	90%
专家2	11年(5)	硕士(7)	相关（水文）(5)	80%
专家3	5年(3)	博士(9)	相关（水文）(5)	60%
权重	0.1	0.2	0.2	0.5
专家1	1	3/9	1	$1\times0.1+3/9\times0.2+1\times0.2+0.9\times0.5=0.82$
专家2	5/9	7/9	5/9	$5/9\times0.1+7/9\times0.2+5/9\times0.2+0.8\times0.5=0.72$
专家3	3/9	1	5/9	$3/9\times0.1+1\times0.2+5/9\times0.2+0.6\times0.5=0.60$

第一步，用AHP求出各专家的专家认可度，并归一化；

这里人为给定工作年限、学历、专业与评价问题的相关性、把握度对专家信息评价的权重分别为0.1、0.2、0.2、0.5。

将表4中认可度规范化，得到规范化后的专家认可度：$\overline{s_1}=0.38$，$\overline{s_2}=0.34$，$\overline{s_3}=0.28$。

第二步，三位专家分别用AHP法求出各部门配水权重向量 w_k。

专家1层次分析法的配水权重结果见表5、表6。

表5　专家1的判断矩阵及一致性检验

θ	A	B	C	A	X_{A1}	X_{A2}	B	X_{B1}	X_{B2}	X_{B3}	X_{B4}	C	X_{C1}	X_{C2}	X_{C3}
A	1	7	7/2	X_{A1}	1	7	X_{B1}	1	7	5	9	X_{C1}	1	6	7
B	1/7	1	1/2	X_{A2}	1/7	1	X_{B2}	1/7	1	5/7	9/7	X_{C2}	1/6	1	7/6
C	2/7	2	1				X_{B3}	1/5	7/5	1	9/5	X_{C3}	1/7	6/7	1
							X_{B4}	1/9	7/9	5/9	1				
λ_{max}	3.0			2.0			4.0					3.0			
W_1	$(0.95\ \ 0.14\ \ 0.27)^T$			$(0.99\ \ 0.14)^T$			$(0.97\ \ 0.14\ \ 0.19\ \ 0.11)^T$					$(0.97\ \ 0.24\ \ 0.09)^T$			
CI	0			0			0					0			
CR	0			0			0					0			

表 6　专家 1 的各层权重计算结果

准则层	A(0.7)		B(0.1)				C(0.2)		
方案层	X_{A1} (0.88)	X_{A2} (0.12)	X_{B1} (0.69)	X_{B2} (0.1)	X_{B3} (0.13)	X_{B4} (0.08)	X_{C1} (0.75)	X_{C2} (0.18)	X_{C3} (0.07)
权重	0.616	0.084	0.069	0.01	0.013	0.008	0.15	0.036	0.014

同理,可以得到专家 2 和专家 3 层次分析法的配水权重结果。

一致性检验:经计算得,三位专家的判断矩阵 A 的随机一致性比例 CR 均小于 0.1,因此所建立的判断矩阵的一致性好,均通过一致性检验。如果判断矩阵不满足一致性要求,则要进行一致性改进,本文不再赘述。

第三步,用归一化的专家认可度将 w_k 加权平均,得到配水重要性权重向量 w(见表 7)。

表 7　配水权重整合

$\bar{s}_k$	用水户	X_{A1}	X_{A2}	X_{B1}	X_{B2}	X_{B3}	X_{B4}	X_{C1}	X_{C2}	X_{C3}
0.38	W_1	0.616	0.084	0.069	0.01	0.013	0.008	0.15	0.036	0.014
0.34	W_2	0.43	0.07	0.036	0.009	0.018	0.036	0.312	0.052	0.036
0.28	W_3	0.16	0.04	0.14	0.12	0.09	0.05	0.152	0.032	0.018
w		0.43	0.07	0.08	0.04	0.04	0.03	0.21	0.04	0.02

第四步,用各部门配水重要性权重向量 w 的各项分别与标准化的各部门用水指标向量的各项相乘,得到各部门配水权重向量,并标准化,得到 ω;

各部门用水指标向量为(41,10,15,7,10,20,27,12,8),标准化的各部门用水指标向量为(0.273,0.067,0.100,0.047,0.067,0.133,0.18,0.08,0.053),各项分别与配水重要性权重向量 w 的各项相乘,得到配水权重向量为(0.118,0.005,0.008,0.002, 0.003,0.004,0.038,0.003,0.001),标准化后得到 w = (0.65,0.026,0.044,0.010,0.015,0.022,0.209,0.018,0.006)。

第五步,区域配水总量和标准化的权重向量 ω 相乘,求出各部门的配水量(表 8)。

表 8　水量分配结果　（单位:m^3)

用水户	X_{A1}	X_{A2}	X_{B1}	X_{B2}	X_{B3}	X_{B4}	X_{C1}	X_{C2}	X_{C3}
分配水量	65	2.6	4.4	1	1.5	2.2	20.9	1.8	0.6

6 结论与展望

本文首先提出水权的概念和初始水权配置的几个层次。然后将层次分析法用到初始水权的第二层次的配置中,采用群决策的方法。将专家的认可度作为专家自身能力被评价的目标,采用 AHP 进行专家认可度的评价得到专家认可度,再用集结专家决策的方法将各专家用 AHP 法得到的配水重要性权重进行合成,得到较为科学合理的配水重要性方案。不足的地方在于文中没有详细讨论 AHP 法判断矩阵一致性的改进问题(这已经有很多讨论的内容)。在实践中,判断矩阵的一致性改进是 AHP 法有效的基本条件,所以实践中是不能避免这一环节的。关于初始水权第二层次中基本情景用水总量的确定,本文没有讨论,认为是已知量,或参照以往配水经验和当年来水情况确定的值。这点在以后的工作中可以继续讨论。

参考文献

[1] 姚傑宝. 流域水权制度研究[博士学位论文][D]. 南京:河海大学,2006.1,82-85.

[2] 姜启源. 数学模型[M]. 北京:高等教育出版社,1987:132-159.

[3] 辛扬. AHP 在群决策中的应用[R]. 南京:河海大学.

[4] 陈昕,苏贵影. 群组 AHP 法的一种改进[J]. 系统工程理论方法应用,1995,4(1):66-68.

[5] 潘寒尽,张多林. AHP 方法存在的问题及改进方法[J]. 航空兵器,2003,6:16-17.

[6] 田志友,吴瑞明,王浣尘. 基于奇异值分解的权重计算、一致性检验与改进[J]. 上海交通大学学报,2005,39(10):1582-1586.

[7] 金菊良,魏一鸣,丁晶. 基于改进层次分析法的模糊综合评价模型[J]. 水利学报,2004(3):65-70.

[8] 尹云松,孟令杰. 基于 AHP 的流域初始水权分配方法及其应用实例[J]. 自然资源学报,2006(7):647-652.

节水灌溉 扩大引黄灌溉面积的根本途径

——以山东省小开河引黄灌区为例

刘 静 张仰正 王 宁

（山东黄河河务局）

摘要：山东省是水资源严重贫乏的省份，黄河是山东省主要的客水资源，山东沿黄地区是全国优质粮食主产区，近几年随着国家一系列惠农政策的出台，农民种粮积极性空前提高，粮食种植面积不断增加，对水资源的需求加大，但随着黄河上中游各省（区）经济社会的发展其引黄水量不断增加，黄河进入山东的水量不断减少。因此，开展节水灌溉，增加引黄灌溉面积，是从根本上解决山东沿黄地区水资源短缺、保障经济社会可持续发展的战略选择，对缓解日益突出的水资源供需矛盾具有十分重要的意义。本文主要以小开河引黄灌区为例，对农业节水灌溉采取的措施进行了分析并提出建议。

关键词：引黄灌区 节水灌溉

1 山东引黄灌区及小开河灌区背景资料

1.1 山东引黄灌区情况

山东省地处黄河最下游，当地水资源严重短缺，人均和亩均水资源占有量仅为全国平均占有量的1/6左右。黄河流经山东9个市、25个县（市、区），是山东省主要的客水资源。山东沿黄现有引黄灌区58处，设计引水能力2 424.6 m^3/s，设计灌溉面积4 032.4万亩，由于黄河水资源供不应求，现有效灌溉面积3 163.5万亩，约占全省总有效灌溉面积的40%。据初步统计，全省58处引黄灌区共计干渠长度4 427 km，其中衬砌761.44 km，衬砌率只有17%；支渠长度12 963 km，其中衬砌553.6 km，衬砌率仅有4%。另外黄河滩区内还有耕地137万亩需要引黄灌溉，年用水量约2.3亿 m^3。

1.2 农业灌溉用水情况

山东引黄灌溉始于20世纪50年代，随着山东沿黄地区国民经济的发展和城乡居民生活水平的提高，引黄水量不断增加。据统计，60年代全省年均引黄水量为 13.3 亿 m^3,70 年代年均 48.2 亿 m^3,80 年代年均达 76.3 亿 m^3,90 年代虽连年断流,年均引水量仍达 72.9 亿 m^3,其中引水量最多的 1989 年达 123.4 亿 m^3。引黄水量和引黄灌溉面积占全省总用水量和总灌溉面积的40%左右,引黄供水在山东国民经济中占有举足轻重的战略地位。

山东沿黄地区农业种植结构以小麦、玉米、棉花及蔬菜为主。据对近 5 年来灌区农业种植结构及需水情况调查分析,沿黄年均种植小麦 2 457.2 万亩,玉米 1 884.5万亩,棉花 1 167.2 万亩,蔬菜 891.15 万亩。2006 年沿黄小麦种植面积达到 3 008 万亩,占全省总小麦种植面积的 60%。灌区内主要需水时间为 3~6 月的春灌,9 月中下旬的秋灌以及 12 月上中旬的冬灌。灌区灌溉多采用大水漫灌方式,水的利用系数仅在 0.45 左右。

1.3 小开河灌区基本情况

小开河引黄灌区 1993 年动工兴建, 1998 年建成通水,设计引水流量 60 m^3/s,设计灌溉面积 110 万亩,由于采取了一系列的节水灌溉措施,现有效灌溉面积已经达到 123.4 万亩,控制土地面积 224.73 万亩,包含滨州市滨城、开发区、惠民、阳信、沾化、无棣 6 个县区的 23 个乡(镇)、667 个自然村的全部或大部分耕地,涉及 42 万人。小开河引黄灌区建有干渠 91.5 km,其中输沙干渠 51.3 km、沉沙池 4.16 km、输水干渠 36.04 km。

2 山东引黄灌区开展节水灌溉的必要性

目前山东已有 11 个市 68 个县(市、区)用上了黄河水,供水用途也由最初单纯的农业灌溉发展成为工农业生产、城乡居民生活及生态用水的多目标全方位供水。由于有限的黄河水资源满足不了沿黄省(区)日益增长的工农业生产和城乡生活用水的需要,加之无序引用,20 世纪后期黄河下游发生了频繁断流。黄河第一次天然断流始于 1972 年,据统计,在 1972~1999 年的 28 年中,利津站有 22 年出现断流,累计断流 89 次 1 091 天,平均每年断流 50 天(断流年份平均),其中 1997 年断流达 226 天。

黄河断流给山东沿黄工农业生产造成了巨大经济损失。据统计,工农业损失:70 年代累计为 22.2 亿元,80 年代累计 29.2 亿元,90 年代(截至 1998 年)累计 351.4 亿元。尤其是 1997 年,黄河断流造成山东省直接经济损失高达 135 亿元,由于黄河断流,加之遭遇了百年一遇的夏秋连旱,山东沿黄地区受旱面积达 2 300 多万亩,其中重旱 1 600 万亩,绝产 750 万亩,农业直接经济损失 70 亿元。

1999 年黄河水量统一调度以来,黄河虽然连续 7 年未断流,但由于黄河水资源严重不足,灌溉高峰期为避免黄河断流,充分发挥有限黄河水资源的最大效益,一般都采取轮灌、限流等措施,虽然没有造成大面积农作物绝产,但也有相当多的农田没有得到及时灌溉或灌溉次数不够。同时，由于山东沿黄农业灌溉用水占全部引黄水量的90%，且黄河水的利用率只有45%左右，节水潜力巨大，所以迫切需要也完全可能通过采取工程措施和非工程措施开展节水灌溉，这是解决黄河水资源供需矛盾、扩大灌溉面积、实现引黄灌区农民增收、农业增效、水资源合理配置的根本途径。

3 小开河灌区节水灌溉采取的措施

小开河灌区在节水灌溉方面进行了有益的尝试和探索，在降低渠道水量损失和提高灌区管理水平方面积累了一定经验。

3.1 降低渠道水量损失——渠道衬砌防渗节水

小开河灌区降低渠道水量损失采取的主要措施是渠道衬砌防渗，采用的是混凝衬砌及塑膜防渗。1998 年小开河干渠建设初期，就完成了输沙干渠上游 5 km全断面衬砌和 22.5 km 半断面衬砌；2001 年小开河续建配套工程又完成 15.7 km 输沙干渠渠底衬砌和 23.8 km 半断面衬砌，51.3 km 的输沙干渠全部达到节水防渗设计要求，输沙干渠渠道水利用系数已达 0.95，每年可节水 3 000 万 m^3。灌区支渠以下渠道防渗衬砌 20 km，占支渠总长度的 8%，每年可节水 400 万 m^3。输沙干渠采取了大比降远距离输沙技术，将沉沙池设在灌区中游，开创了山东远距离输沙的先例，达到了防渗、防冻、防扬压力、防冲刷、防淤积的目的。

衬砌工程不仅改变了因长期小流量引水造成的渠道淤积严重、清淤泥沙占压良田、灌区寿命缩短、沿线生态环境恶化等局面，还实现了渠道设计状态下的冲淤平衡，有效防止了干渠两侧土地渍生盐碱化，大大提高了水的有效利用率，使灌区走上节水型道路。工程项目建成实施后，已改造渠段的渠道水利用系数提高了 0.24，项目收益区亩次灌溉用水量大大降低，节省的水量用于增加灌溉面积。

3.2 提高灌区灌溉管理水平——向管理要效益

由于渠道衬砌投资巨大，依靠灌区自身的力量难以实施，但国家投资毕竟有限，所以山东绝大多数引黄灌区渠道衬砌率还非常低。联合国粮农组织、国际灌排委员会、国际灌溉研究院的专家经过多年研究认为，在不投入大量资金对现有灌溉工程进行大的改造，通过提高灌溉管理水平，有着很大的节水潜力。

小开河灌区通过提高灌区灌溉管理水平，使灌溉定额由原来的 351 m^3 减少到 272 m^3，节水 22%，渠系水综合利用系数由原来的 0.43 提高到 0.54。其具体做法主要有：

(1)化整为零、土地整平。土地平整不仅可提高灌溉质量，还节约灌溉用水量，并能减小灌水时的劳动强度。由于灌区为远距离输水，也没有可利用的地下水资源(地下水为咸水)等原因,不适宜采取喷灌、管道输水、微灌等节水措施,灌区结合自身实际采取了“大畦改小畦,长畦改短畦,宽畦改窄畦”的三改工程,同样也达到了节水灌溉的目的。自2002年以来,灌区内各乡(镇)已完成土地整平及沟畦改造49万亩,有效地提高了田间水利用系数,改变了以往采用大水满灌的灌溉方式,减少了渗漏损失,实现了有效节水。

(2)节水试点、以点带面。小开河灌区选择经济条件好的片区实施田间节水改造典型示范片工程,选择了灌区下游的无棣县佘家乡支20作为试点,该支渠控制灌溉面积4.09万亩,投资1 065.4万元。该工程主要是对支、斗、农渠采用全断面混凝土板衬砌及塑膜防渗技术,使得该区域田间水利用系数由原来的0.85提高到0.96。同时以点带面,全面带动广大群众及各方加大投入,尽早辐射整个灌区完成田间工程建设,为建成节水型灌区提供示范作用。

(3)自动测水、精确计量。山东沿黄大多数灌区采用的是按亩收取水费,造成了干渠上游大水漫灌、反复灌溉,但身处下游的边远高亢地区有时只能浇一遍或无水可用,形成了上游用水浪费而下游无水可用的局面。小开河灌区已实现了测水计量到县,收费到县,无棣县从2002年开始计量收费到乡镇,其他县也正积极准备推行。自动测水、精确计量、按方收费使当地农民的节水意识大大增强,改变了过去那种“用多用少一个样,不用白不用”的用水观念,也使下游边远高亢地区用上了黄河水。通过测水计量有力地促进了节约用水、科学配水和灌区的生态平衡。

(4)科学调度、管理节水。小开河灌区走在全省农业节水灌溉的前列,并将建设节水型、生态型、效益型灌区作为灌区管理工作的重要内容及奋斗目标。在灌区制定的管理制度中,将节水作为管理规范化评比的一项重要考核指标。灌区严格按分配的用水指标合理引水用水。每旬按时上报用水计划、及时签订用水合同。做到及时掌握灌区用水情况,合理确定引水流量,科学调配灌区水量。灌溉完毕后,及时关闭引水设施,杜绝水量浪费现象。

(5)调整结构、作物节水。积极推动灌区农作物种植结构调整,大力推广耐旱节水高产作物品种,棉花、无棣小枣、沾化冬枣等抗旱经济作物种植面积大幅度提高。据统计,灌区内棉花种植面积已达65万亩,占总灌溉面积的60%,有效地降低了灌水率,实现了有效节水,每年可节水1 500万m^3。

(6)经济杠杆、水价节水。在考虑群众承受能力的前提下,根据国家水费的提价幅度,经物价部门批准,适当提高终端水价,利用价格杠杆,促使用水户节约用水。终端水价由原来的1.8分/m^3提高到现在的5.6分/m^3,同时灌区实行按方收费,充分调动了用水户的节水意识。

(7)协会管理、节水省钱。灌区积极探索新的灌溉管理模式,2004年9月,灌区成立了第一个用水户协会——支 6 用水户协会。协会服务对象包括阳信县的四个行政村,420 户,人口 1 829 人,灌溉面积 3 242 亩。主要是全面负责支 6 的运行、调度、管理维护,并负责向用水户供水并收取水费。

2005 年上半年,支 6 用水户协会正式投入运行,水费由灌区直接向用水户协会收缴。实行水费、水价、水务三公开,打破了"大锅水"的弊端,每亩可节水 190 m^3,改变了过去多用水少交钱,少用水多交钱,不用水也交钱的局面,达到了节约用水、合理优化配置水资源的目的。同时也减轻了农民水费负担,减少了用水纠纷,促进了该区域和谐社会的建设。目前,灌区正在进一步完善用水户协会制度,扩大宣传,逐步成立更多的用水户协会,以最终实现用水计量到村到户,收费到村到户,充分调动用水户节水的积极性。

(8)宣传到位、意识提高。小开河灌区每年利用 3 月 22 日(世界水日)开展节水宣传教育活动,印制节水口号宣传单,制作节水宣传版面、节水标语、标牌等,将节水口号与水法、世界水日宣传主题及灌区基本情况相结合,以出题有奖竞答等方式,面向社会公众进行宣传,极大地提高了干部职工和群众的节水意识。同时还成立了水政执法大队,严格执法,为合理取水、依法用水、科学节水提供法律保障。

4 山东引黄灌溉节水中存在的主要问题及对策建议

由于山东沿黄当地水资源严重不足,黄河水资源供需矛盾还十分突出,且在山东引黄灌区中,真正实现节水灌溉的不足 10%,节水潜力巨大。所以,大力推进节水灌溉不仅可以扩浇,而且对推动沿黄地区社会主义新农村建设、构建和谐社会、推动农业增产增效,也具有重要意义。针对山东引黄灌溉节水中存在的以下主要问题提出对策建议。

4.1 灌区工程不配套,工程老化失修

山东引黄灌区大多都是 20 世纪 70 年代兴建的,在规划设计中存在着先天不足,在工程建设中主要依靠农民投工投劳、国家补助的方式兴建,充分利用了原有排水河道、沟渠,渠系工程不配套,闸、桥、涵等建筑物大多老化失修。

建议:要结合渠系调整、灌区改造有计划地衬砌引黄灌区渠道,先干渠、后支渠、再斗农毛渠,通过衬砌渠道,减少输水损失。

4.2 灌区管理水平低

一是灌区工程没有实行统一管理;二是灌区内地下水、地表水、黄河水缺乏统筹规划,没有统一调度,即使是黄河水在灌区内的配置上也缺少科学性、合理性和权威性;三是测水量水设施少,大多数灌区只计量到县,计量到乡(镇)的不多,计量到村的更少;四是田间土地不平,大水漫灌,浪费了大量水源。

建议:通过灌区水利体制改革,大力推进引黄灌区工程统一管理,加强水资源的统一管理与调度;搞好田间工程建设,整平土地,通过工程改造减少亩次用水量,提高田间水的利用率。

4.3 非工程措施跟不上

水价偏低,起不到促进节水的作用,按亩收费,用水多少与农户利益无直接关系。建议:应按照国家规定,合理确定水价;搞好测水量水,实行按方收费,通过兴建和完善测水量水设施准确计量各乡(镇)、村甚至农户的用水量,按用水量计收水费,用经济手段调节用水。

参考文献

[1] 苏京兰,刘静,赵洪玉. 山东黄河水量统一调度成效分析[M]. 三农问题理论与实践·水利水电水务卷. 北京:人民日报出版社,2004.

[2] 汪恕诚. 资源水利——人与自然和谐相处[M]. 北京:中国水利水电出版社,2002.

[3] 李国英. 维持黄河健康生命[M]. 郑州:黄河水利出版社,2005.

节水型生态城区供水风险评估与模式优选*

刘武艺[1] 邵东国[1] 王宏乾[2]

(1. 武汉大学水资源与水电工程科学国家重点实验室;
2. 黄河水利委员会供水局)

摘要:为满足节水型生态城区规划需求,本文提出了采用雨水及部分城市湖泊水资源替代自来水作为供水水源,并运用供水风险理论对多情景下的风险指标加以模拟分析,在此基础上,将该理论应用于郑东新区龙子湖生态高校园区供水模式优选,结果表明,该区供水模式应充分利用当地雨水资源,并通过龙子湖与校内湖泊的联合运用,降低供水成本,以满足节水减污需求。

关键词:供水 风险分析 模式优选

1 引言

我国城市地区人口普遍集中,用水负荷较重,但与此同时大量城区降雨被不加利用地排入河道,既造成雨水资源浪费,又造成受纳水体污染。为满足节水型生态城区规划需求,在供水模式选取时,本文提出了采用雨水及其部分城市湖泊水资源替代自来水作为部分供水水源,一方面可减少雨水径流传输引起的面源污染,另一方面可促进城区湖泊水体循环流动。为保障供水安全,本文引入供水风险理论进行了多情景对比优选,对城市地区制定科学合理的供水方案,解决缺水问题,降低供水成本,维系生态环境健康具有指导意义。

2 供水风险基本理论

不确定因素是风险产生的根源,风险大小取决于所致损失概率分布的期望值和标准差。对于城市地区,如果需水大于供水,就会出现供水风险。因此,为了全面衡量城区供水风险,要求建立的风险指标体系既能体现供水和需水之间的矛盾,又能反映险情出现的概率,而且可量化险情出现的后果严重性,以便采

* 基金项目:教育部哲学社会科学研究重大课题攻关项目(04JZD0011)。

取适当的补救措施。建立的指标体系如下。

2.1 风险指数和可靠性指数

供水系统一般是由供水水源、供水设施和供水区域三部分组成。假定供水设施是可靠的,以及供水区域是限定的,这样供水系统的“失事”就可以简单地定义为供水水源不能满足供水要求,以至于出现缺水现象。

根据可靠性理论,荷载是使研究系统“失事”的动力,而抗力则是研究对象抵抗“失事”的能力。针对供水系统,荷载 L 就是供水区域的需水量,抗力 R 则是供水系统的供水能力。

如果把供水系统缺水状态记为:

$$F \in (L > R) \tag{1}$$

正常状态记为:

$$S \in (L \leqslant R) \tag{2}$$

因此,供水系统的风险指数为:

$$r = P\{L > R\} = P\{X_t \in F\} \tag{3}$$

式中:X_t 为第 t 时段供水系统的状态。

相应地,供水系统的可靠性指数为:

$$\alpha = P\{L \leqslant R\} = P\{X_t \in S\} = 1 - r \tag{4}$$

如果对供水系统的工作状态有长期的记录,可靠性也可以定义为供水系统能够正常供水的时间与整个供水期历时之比,即

$$\alpha = \frac{1}{NS}\sum_{t=1}^{NS} I_t \tag{5}$$

式中:NS 为供水期的总历时;I_t 为第 t 时段供水系统的状态变量,即

$$I_t = \begin{cases} 1, \text{不缺水}(X_t \subset S) \\ 0, \text{缺水} \quad (X_t \subset F) \end{cases} \tag{6}$$

2.2 恢复性测度

恢复性测度是描述系统从事故状态返回到正常状态的可能性,系统的恢复性越高,表明该系统能较快地从事故状态转变为正常运行状态。因此,它可以由如下的条件概率来定义:

$$\beta = P\{X_t \in S \mid X_{t-1} \in F\} \tag{7}$$

为便于统计,可利用全概率公式把上式改写为:

$$\beta = \frac{P\{X_{t-1} \subset F, X_t \subset S\}}{P\{X_{t-1} \subset F\}} \tag{8}$$

引入整数变量:

$$Y_t = \begin{cases} 1, X_t \subset F \\ 0, X_t \subset S \end{cases} \tag{9}$$

及

$$Z_t = \begin{cases} 1, X_{t-1} \subset F, X_t \subset S \\ 0, 其他 \end{cases} \tag{10}$$

则由式(10)可得

$$\beta = \frac{\sum_{t=1}^{NS} Z_t}{\sum_{t=1}^{NS} Y_t} \tag{11}$$

令:

$$T_{FS} = \sum_{t=1}^{NS} Z_t,\ T_F = \sum_{t=1}^{NS} Y_t \tag{12}$$

则有:

$$\beta = \begin{cases} T_{FS}/T_F & T_F \neq 0 \\ 1 & T_F = 0 \end{cases} \tag{13}$$

从式(13)可以看出,当 $T_F=0$ 时,即供水系统在整个供水期一直处于正常供水状态,则 $\beta=1$;而当 $T_{FS}=0$ 时,即供水系统一直处于缺水状态($T_F=NS$),则 $\beta=0$。一般来讲,$0 \leqslant \beta \leqslant 1$,这表明供水系统有时会无法满足需水要求,但有可能恢复正常供水。并且缺水的历时越长,恢复性越小,也就是说,供水系统在经历了一个较长时期的缺水期之后,能进行正常供水是比较困难。

2.3 易损性测度

易损性测度是描述供水系统缺水损失程度的重要指标。为了定量表示系统的易损性,假定系统第 i 次缺水的损失程度为 S_i,其相应的发生概率为 P_i,那么系统的易损性可表达为:

$$\mu = E[s] = \sum_{t=1}^{NF} P_i S_i \tag{14}$$

式中:NF 为系统缺水的总次数。

在供水系统的可靠性分析中,可以用缺水量来描述系统缺水失事的损失程度。在此假定 $P_1 = P_2 = ,\cdots, P_{NF} = 1/NF$,即不同缺水量的缺水事件频率相同,式(14)可写为:

$$m = \frac{1}{NF} \overset{NF}{\underset{t=1}{\text{å}}} VE_i \tag{15}$$

式中:VE_i 为第 i 次缺水事件的缺水量,m^3。

式(15)说明缺水的期望缺水量可以用来表示供水系统的易损性。并且为了消除需水量不同的影响,一般采用相对值,即

$$\mu = \frac{\sum_{i=1}^{NF} VE_i}{\sum_{i=1}^{NF} VD_i} \tag{16}$$

式中：VD_i 为第 i 次缺水期的需水量，m^3。

如果 $VE_i = VD_i$，则 $\mu = 1$，这表明供水系统无水可供，处于非常易损的状态；而当 $NF = 0$，有 $VE_i = 0$，则 $\mu = 0$，这表明供水系统始终处于正常状态，没有出现缺水现象，一般来讲，$0 \leqslant \mu \leqslant 1$。在一定的供水期间，缺水量越大，供水系统的易损性也越大，即缺水的损失程度也越严重，这与实际情况相吻合。

2.4　风险协调系数 H

协调性分析主要是研究供需曲线相对变化的动态过程，风险协调系数是反映水资源供需风险协调性大小以及曲线变化吻合程度的度量。风险协调系数定义如下：

$$H = \frac{1}{NS} \sum_{t=1}^{NF} \frac{\Delta_{max} - \Delta(t)}{\Delta_{max} - \Delta_{min}} \tag{17}$$

$$\Delta(t) = \left| \frac{NW_t}{\sum_{t=1}^{NF} W_t} - \frac{ND_t}{\sum_{t=1}^{NF} D_t} \right| \tag{18}$$

$$\Delta_{max} = \max(\Delta(1), \Delta(2), \cdots, \Delta(NS)) \tag{19}$$

$$\Delta_{mim} = \min(\Delta(1), \Delta(2), \cdots, \Delta(NS)) \tag{20}$$

式中：W_t 为系统供水量模拟序列；D_t 为系统需水量模拟系列；NS 为系统供水期的总历时。

风险协调系数 H 越大，表明供水与需水过程协调的越好。若 $\Delta(1) = \Delta(2) = \cdots = \Delta(NS)$，则 $H = 1$。

3　实例

龙子湖地区是郑东新区总体发展概念规划中的重要组成部分，该区以龙子湖生态水系工程为基础，拟建成湖面、绿地、中心岛和环湖大学城相结合的生态高校园区。根据《郑东新区龙子湖地区控制性详细规划》，龙子湖位于该区中心，龙湖下游，湖面呈圆环状，规划建设面积 1.2 km^2，各高校园区沿龙子湖呈扇面布置，并各自建有校内人工湖泊，累计面积 0.33 km^2，科研中心与公共设施位于湖中心岛。鉴于该规划区未来人口众多，用水紧张，制定科学合理的供水方案，对解决该区缺水问题、降低供水成本、维系龙子湖生态环境健康、实现“节水型生态城市”目标具有重要现实意义。

龙子湖及校内湖泊主要作为景观、娱乐湖泊,水质拟规划为Ⅳ类,该部分水体若作为供水水源,主要用于生活杂用水、市政用水等非饮用杂用水。考虑到郑州市作为缺水型城市,在制定供水方案时还应尽可能考虑雨水资源化利用。因此,首先根据是否利用当地雨水资源制定两大类供水方案,每大方案又根据龙子湖及校内湖泊运用情况,考虑如下四个不同方案,进行多情景模拟,即:

情景 A:校区湖泊循环水参与高校供水;龙湖下泄水的月分配过程分三个阶段,6、7、8、9 四个月下泄水量占整个下泄水量的 60% ,4、5、10、11 四个月下泄水量占 30% ,1、2、3、12 四个月下泄水量占 10% 。

情景 B:校区湖泊循环水参与高校供水;龙湖下泄水的月分配过程由龙子湖和大学园区的需水过程优化确定。

情景 C:校区湖泊循环水不参与高校供水,校区湖泊独立循环;龙湖下泄水的月分配过程分三个阶段,6、7、8、9 四个月下泄水量占整个下泄水量的 60% ,4、5、10、11 四个月下泄水量占 30% ,1、2、3、12 四个月下泄水量占 10% 。

情景 D:校区湖泊循环水不参与高校供水,校区湖泊独立循环;龙湖下泄水的月分配过程由龙子湖和大学园区的需水过程优化确定。

根据大学园区 2030 年的供水与需水预测结果,采用上述供水风险分析理论,对不同情景下大学园区各类供水风险指标计算成果,如表 1 所示。

表 1　2030 年大学园区供水可靠性分析成果

方案	大学园区雨水资源化利用				大学园区未利用当地雨水资源			
	情景 A	情景 B	情景 C	情景 D	情景 A	情景 B	情景 C	情景 D
风险指数	0.12	0	0.63	0.06	0.36	0	0.77	0.19
可靠性指数	0.88	1.00	0.37	0.94	0.64	1.00	0.23	0.81
恢复性测度	0.68	1.00	0.13	0.93	0.36	1.00	0.12	0.50
易损性测度	0.21	0	0.21	0.35	0.27	0	0.24	0.45
协调系数	0.67	1.00	0.40	0.82	0.55	1.00	0.28	0.64

4　成果分析及模式优选

(1)根据表 1 的计算成果,在情景 A、情景 C 和情景 D 下龙子湖和大学园区缺水风险都很大,供水可靠性都较低,其中情景 C 缺水风险最大,供水与需水过程协调性最差,其风险系数为 0.63,风险协调系数为 0.40。

(2)在大学园区不采用雨水资源利用条件下,情景 B 供水仍可完全满足需水,无缺水风险;但采用雨水资源化利用时,比较情景 A、C、D 下各项供水风险指标均优于不采用雨水资源利用条件下的供水风险分析指标,表明雨水资源化利用对于缓解城市供水压力有明显作用。

(3)通过情景 A、C 与情景 B、D 比较,可得出:龙子湖与校内湖泊联合作为供水水源时,可明显降低大学园区缺水风险和缺水破坏损失,提高供水与需水间的协调性。

因此,该区供水模式选取应充分考虑雨水资源化利用措施,校区湖泊循环水参与高校供水,其中龙湖下泄水的月分配过程由龙子湖和大学园区的需水过程优化确定。

5 结论

本文应用水资源风险决策理论,对多情景下供水方案的风险指标(风险指数、可靠性指数、恢复性测度、易损性测度、风险协调系数)等供水风险参数模拟分析,结果表明,该区供水模式选取,应尽量利用当地雨水资源,以减缓供水压力,并通过龙子湖与校内湖泊联合参与供水,以提高该区供水与需水间的协调性。

参考文献

[1] 顾文权,邵东国,阳书敏. 南水北调调水后的汉江中下游干流供水风险评估[J]. 南水北调与水利科技,2005,3(4):19-21.

[2] 陶涛,付湘,纪昌明. 区域水资源供需风险分析的应用研究[J]. 武汉大学学报(工学版),2002,35(3):9-12.

[3] 邢大韦,张玉芳,刘明云,等. 关中地区水资源工程供水风险性分析[J]. 西北水资源与水工程,1999,10(1):19-24.

[4] Joel Stewart. Assessing supply risks of recycled water allocation strategies[J]. Desalination 2006,188:61-67.

[5] 杨志峰, 赵彦伟, 崔保山, 等. 面向生态城市的水资源供需平衡分析[J]. 中国环境科学,2004,24(5):636-640.

[6] 王维平,范明平,杨金忠,等. 缺水地区枯水期城市水资源预分配管理模型[J]. 水利学报,2003(9):60-65.

内陆河流域农艺节水条件下非充分灌溉制度研究

景 明 张会敏 程献国 姜丙洲

(黄河水利科学研究院)

摘要:农艺节水和非充分灌溉单独的研究较多,但二者结合的研究报道较少。结合国内外情况,拟以内陆河主要作物为对象,研究我国内陆河流域农艺节水条件下非充分灌溉的土壤水分运移、土－气界面和叶－气界面水分传输机理;确定农艺措施下土壤系数的计算方法,制定内陆河流域主要作物农艺节水条件下非充分灌溉的节水灌溉制度。课题研究将为农艺节水及农业科学配水提供技术支持。

关键词:农艺节水 非充分灌溉 节水灌溉制度

我国是灌溉大国,据有关资料显示,2003 年以灌溉为主的农业用水量占全国总用水量的 73%。灌溉对我国农业生产及保证全国粮食安全上具有十分重要的作用。据预测,到 2030 年,我国人口将达到 16 亿,届时,需要粮食增长到 6.4 亿~7.2 亿 t。为了满足这种粮食需求,灌溉面积需要发展到 6.0 亿 hm^2,如果按现在的灌溉水利用效率水平计算,届时灌溉用水量将从现状的 4 000 亿 m^3 增长到 6 650 亿 m^3。从目前我国水资源供需状况来看,如此大量的灌溉用水量是无法得到保证的。我国内陆河流域由于资源性缺水,水资源面临的挑战更加艰巨。为实现农业的可持续发展,必须在现有灌溉用水量规模基础上依靠节水和科学配水。节水灌溉制度的制定是实现这一目标必须开展的基础性工作。研究课题拟提出适合我国内陆河流域乃至干旱区农艺节水条件下非充分灌溉的节水灌溉制度,指导区域农业灌溉水资源的高效利用。

1 研究区概况

课题拟选在水资源严重危机的石羊河流域开展有关试验研究。石羊河流域位于河西走廊东段,流域面积 4.1 万 km^2,平均年径流量 16 亿 m^3。流域上游祁连山区属高寒湿润、亚湿润、亚干旱区,年平均降水量 500 ~ 700 mm,蒸发量 800 mm 左右,是石羊河流域的水源区。下游属温带干旱区,年平均降水量 150 ~ 250

mm,蒸发量 800 ~ 1 800 mm。流域水资源突出特点是地表水与地下水关系十分密切,形成统一的水资源系统。资料显示,2003 年流域灌溉面积约 29 万 hm^2,人口约 223 万。现状流域水资源毛利用率达 154%,净利用率超过 95%,远远超出国际公认的合理利用率。据当地水利部门预测,按照经济发展规划,并充分采取开源(调水)、节流(减少农田灌溉定额,改进灌溉方式)措施,预计到 2010 年水资源供需缺口依然很大,为 -7.03 亿 m^3。

2 农艺节水、非充分灌溉研究现状

农艺节水技术属于田间节水,包括耕作、覆盖、化学调控、抗旱品种选育、水肥耦合等技术措施。其中,覆盖保墒技术在国内外的研究应用日趋成熟。覆盖保墒技术主要有秸秆覆盖、地膜覆盖以及秸秆还田措施。由于秸秆覆盖具有价格低廉、抑制杂草生长的优势,受到包括研究者的关注。相对常规耕作,秸秆覆盖改变了土壤表层状况,影响到土壤蒸发条件。春季土壤温度的变化直接影响到作物的出苗。秸秆覆盖在春季有降低土壤温度的作用,一般认为,受秸秆的影响,覆盖条件不利于作物种子发芽。由于土壤温度影响到土壤水分,目前对覆盖层水热传输的研究主要是从覆盖层与大气和土壤交界面的能量平衡方程入手,根据覆盖层的辐射特性及水汽和热量传递特性来进行。其中,绝大多数模拟研究没有考虑因覆盖层本身随时间变化而导致的覆盖层辐射特性和水热传输特性的时间变化特征。因此,需要加强覆盖层及其辐射和水热特性的动态变化特征的模拟研究。由于秸秆覆盖部分地阻断了表土和大气的接触,从而减少了土壤的无效蒸发提高土壤水分利用率。樊向阳在山西省潇河灌区灌溉实验站的研究表明,秸秆覆盖具有较好的节水保墒和增产效果。秸秆覆盖后不仅抑制棵间土壤水分无效蒸发,而且改善了农田小气候,还有调节玉米叶面蒸腾强度的作用,使土壤水得到更充分的利用。周凌云在中国科学院封丘农业生态实验站的试验研究认为,有秸秆覆盖麦田比无秸秆覆盖麦田 0 ~ 50 cm 土层平均含水率高 4.2%,覆盖有明显的保墒作用,对作物生长极为有利。高志强等在山西南部的研究表明,较传统耕作、深耕、塑料覆盖,秸秆覆盖是最有效的节水增产方式,经过 5 年的研究,秸秆覆盖持水率增加至 264 mm,较裸地节水 81.7%,增产 20% 左右。另据黄奕龙等在定西 13 年的试验结果,无论丰水年还是贫水年,秸秆覆盖都可以明显增加作物的生物产量和经济产量。地膜覆盖用于小麦生产被认为是小麦栽培的重大突破,具有明显的节水增收效果。在我国干旱区,地膜覆盖用于玉米栽培和棉花种植较为普遍。国内外研究表明,地膜覆盖不仅能节约田间用水量,还具有调节土壤温度、抑制杂草生长和提高产量的作用。

非充分灌溉是相对充分灌溉而言的。充分灌溉又称丰产灌溉,要求作物任何阶段都不因灌溉供水量不足,或者因灌溉供水不及时,导致作物生长受到抑制而减产。充分灌溉要求作物根系层土壤含水量或土壤水势控制在某一适宜范围内(土壤含水量不低于田间持水率的70%)。当土壤水分因作物蒸发蒸腾耗水降低到或接近于作物适宜土壤含水率下限时,即进行灌溉。非充分灌溉是有意识地适度减少作物生长期的灌溉供水量,使作物遭受一定程度的水分亏缺,而同时又不至于导致明显减产,从而较大幅度地提高用水效率。由于世界范围内的水资源短缺,发达国家从20世纪60年代就明确提出了农业高效经济用水问题,70年代以前是以高产丰产为目标的丰产灌溉,70年代以后开始发展非充分灌溉(No Full Irrigation)或称为限额灌溉(Limited Irrigation)。在理论方面开始了土壤水分不足条件下腾发量的研究、作物需水量研究和作物水分生产函数研究,并建立了一系列数学模型。

3　农艺节水条件下非充分灌溉制度构建

节水灌溉制度是指在充分了解作物不同生育阶段缺水减产的基础上实行限额灌溉,寻求分配给该作物的总灌溉水量在其生育结算的最优分配,使整个生育期的总增产量最大。也就是在一定总灌溉水量控制条件下,确定灌水次数、灌水日期、灌水定额和土壤水分的最优组合由每个阶段的灌水决策所组成的最优策略即为作物的最优灌溉制度。需指出的是,所谓最优策略是指整个决策的整体效果达到最优,而不是指某个阶段的决策最优。

节水灌溉制度的研究需要针对不同作物开展相关试验研究。拟采用裂区试验设计,以农艺节水措施为主处理,设地膜覆盖、秸秆覆盖2个水平;非充分灌溉为副处理,以土壤含水量所占田间持水量比重为控制指标,根据作物生长特性,设置2~4个不同水平。重复3次。试验小区布置按照《灌溉试验规范》(SL 13—2004)执行。

根据研究需要,拟进行以下方面的研究:

(1)农艺措施下内陆河流域减免冬灌的研究。以来年春季土壤墒情和冬季蒸发为控制目标,研究干旱内陆河流域不同农艺措施下冬灌定额下的确定方法。研究减免冬灌定额对作物生长的影响机理。

(2)农田土-气界面水分传输研究。研究土-气界面水分通量和农田表层状况对土壤蒸发的影响;研究农艺节水不同水分胁迫条件下土壤水分运动;分析土壤系数计算方法及其变化特征。

(3)主要作物叶-气界面气孔行为研究。根据气孔开张理论,研究不同处理下作物叶片光合、叶面蒸腾和气孔导度之间的相互关系;分析叶面水分传输影响因素;研究作物系数在特定农田小气候下的变异特性。

(4)作物水分生产函数模型。研究农艺节水措施下非充分灌溉作物与水的定量关系;研究农艺节水前提下非充分灌溉的 Jensen 模型,求解敏感指标。

(5)制定流域主要作物灌溉制度。采用动态规划(DP)等方法,研究制定主要作物物候期节水灌溉制度;结合灌区灌溉状况,检验其在干旱区的可行性。

4 预期成果展望

上述研究将理论与田间试验相结合,通过课题研究,拟获得如下成果:

(1)根据春季播种土壤墒情的要求和冬季土壤水分消耗状况,制定干旱区农田冬灌定额。探索研究减免冬灌的可行性。

(2)构建农艺节水和非充分灌溉最优处理下土壤水分运动模型;寻求区别于 P-M 的简捷计算参考腾发量的方法;提出农艺措施下土壤系数的确定方法;确定农田小气候的变化对作物系数的影响规律。

(3)确定不同试验处理下光合作用、叶面蒸腾等气孔行为的相互关系;寻求试验条件下最优光合生产的水分阈值;制定土壤水分亏缺与植物生理特征之间的定量关系。

(4)建立我国内陆河流域主要作物农艺节水条件下非充分灌溉优化灌溉制度,减小灌溉定额,优化有限水量配置。

5 结语

节水灌溉是我国农业可持续发展的必然选择,节水灌溉制度的制定是实现农业节水的基础性工作。目前的研究表明,不论农艺节水还是非充分灌溉,均具有较理想的节水增产效果。拟进行的研究将二者结合起来,探索更有效的节水灌溉制度。由于农艺节水中的覆盖措施具有抑制土壤有效水分消耗的作用,而非充分灌溉可以减小灌水定额。所以,二者结合的研究有望进一步减少灌水次数和灌水量。并在保证作物产量不发生显著下降的前提下,减少水源取水量。研究成果亦可在其他干旱区和半干旱区推广。

参考文献

[1] 许文海. 甘肃石羊河流域综合治理措施探讨[J]. 中国水利,2003,23(2):39-40.

[2] 张梁. 甘肃省石羊河流域水资源与环境经济综合规划研究[J]. 地质灾害与环境保护 1995,3(2):12-16.

[3] 周凌云. 秸秆覆盖对农田土壤物理条件影响的研究[J]. 农业现代化研究, 1997,18(5):311-320.

[4] Jacob Amir, Thomas R. Sinclair. A straw mulch system to allow continuous wheat production

in an arid climate[J]. Field Crops Research 1996,47(1) : 21 - 31.

[5] J A Tolk, T A Howell, S. R. Evett. Effect of mulch, irrigation, and soil type on water use and yield of maize[J]. Soil & Tillage Research,1999,50,137 - 147.

[6] E. Gonzalez - Sosa, I. Braud, J. LThony, et al. Heat and Water Exchanges of Fallow Land Covered with a Plant - residue Mulch Layer: a Modeling Study Using the Three Year MUREX data set[J]. Journal of Hydrology, 2001 (244):119 - 136.

[7] 景明,张金霞,施坰林.免耕覆盖储水灌溉对豌豆腾发量和土壤水分效应的影响[J].甘肃农业大学学报,2006(5):130 - 134.

[8] 李春友,任理,李保国.秸秆覆盖条件下土壤水热盐耦合运动规律模拟研究进展[J].水科学进展,2000(3):325 - 332.

[9] 樊向阳,齐学斌,郎旭东,等.不同覆盖条件下春玉米田耗水特征及提高水分利用率研究[J].干旱地区农业研究,2002,20(2):60 - 64.

[10] Gao Zhiqiang. Effects of Tillage and Mulch Methods on Soil Moisture in Wheat Fields of Loess Plateau. China[J]. Pedosphere, 1999,9(2):161 - 168.

[11] Huang Yilong,Chen Liding,Fu Bojie,et al. The Wheat Yields and Water - use Efficiency in the Loess Plateau: Straw Mulch and Irrigation Effects[J]. Agricultural Water Management, 2004,7(3):209 - 222.

[12] 杨祁峰,张金文,牛俊义.春小麦地膜覆盖穴栽培技术增产效应研究[J].甘肃农业大学学报,1997, 32(3):211 - 217.

[13] Pepler S, Gooding M J, R H. Modeling Simultaneously Water Content and Dry Matter Dynamics of Wheat Grains[J]. Field Crop Research,2005,5:1 - 15.

[14] 王仰仁.山西农业节水理论与作物高效用水模式[M].北京:中国科学技术出版社,2003.

[15] 陈玉民,肖俊夫,王宪杰,等.非充分灌溉研究进展及展望[J].灌溉排水,2001(5):26 - 29.

宝鸡峡灌区续建配套节水改造项目效益浅析

李厚峰

（陕西省宝鸡峡引渭灌溉管理局）

摘要：在1998~2005年的8个年度期间，国家分年度、分阶段对宝鸡峡灌区干支渠和建筑物等实施了续建配套与节水改造。随着各年度工程的竣工投运，灌区工程设施面貌在一定程度上得到了改观，工程减灾效益、经济效益、节水效益和生态效益等逐步显现。经跟踪调查和运行测试，灌区工程维护费和事故赔偿费不断减少，粮食生产能力不断提高，灌溉用水率和节水量不断提高，生态环境不断改善，在一定程度上缓解了灌区缺水状况，促进了灌区农村经济的快速稳定发展。

关键词：续建配套　节水改造　效益　分析

陕西省宝鸡峡灌区由1937年建成的渭惠渠灌区、1958年建成的渭高抽灌区和1971年建成的宝鸡峡引渭灌区合并而成，灌区灌溉宝鸡、杨凌、咸阳、西安4市（区）14县（市、区）97个乡（镇）的19.44万 hm^2 农田，是陕西省目前最大的灌区和粮油生产基地，被称为陕西"第一大粮仓"。由于始建时工程建设标准低、运行年代久远和维护资金不足等，灌区渠系衬砌率低，工程设施老化破损严重。自1998年列入全国大型灌区续建配套与节水改造计划以来，灌区以节水增效为中心，以干支渠衬砌为重点，在1998~2005年8个年度期间分年度、分阶段改造干支渠11条，改造重点建筑物、泵站各2座，险段加固2处，共衬砌干支渠58.15 km，改造建筑物200座，改造泵站2座，累计完成投资10 227万元（黄永库，2006）。

随着各年度改造项目的竣工投运，灌区工程设施面貌在一定程度上得到改观，工程效益逐步显现。经对各工程的跟踪调查和运行测试，灌溉用水效率不断提高，节水量显著增加，在一定程度上缓解了灌区缺水状况，促进了灌区体制改革和农村经济的快速稳定发展。

结合灌区工程改造实际，对项目效益作以下5个方面的浅析。

1　减灾效益

宝鸡峡灌区早在1992年全国大型灌区老化调查时，就被认定为"一级老损灌区”。灌区内工程设施老化破损，长期带病运行，特别是大量存在的未衬砌渠道，因淤积严重，不但过流能力不足，而且渗漏、漫溢、决口等事故时常发生。1998 年节水改造实施以来，累计衬砌干支渠 58.15 km，改造建筑物 200 座（包括韦水倒虹和漆水河渡槽 2 座大型建筑物），使干支渠衬砌率提高了 5%，衬砌完好率提高了 10%。工程实施后，不但从根本上消除了改造段的安全隐患，降低了灌区工程事故发生率，而且大大减少了工程管护费和事故赔偿费。据统计分析，与 1997 年相比，年减少工程维护费 132.54 万元，下降率 72.8%，年减少事故赔偿费 649 万元（详见表 1）。另外，工程安全隐患和险情的减少，提高了渠系输水安全系数和下游灌溉保证率。截至 2005 年，灌区年旱灾损失值由 2000 年的 12 016 万元减少到 5 175 万元，灾害损失下降率为 56.9%。

表 1　灌区节水改造减灾效益情况

项目名称		改造前状况		改造长度（km）	改造后状况		年减少管护费用（万元）	减少原因	年减少事故赔偿（万元）
		衬砌状况	年管护费用（万元）		衬砌状况	年管护费用（万元）			
1	总干渠改造	旧衬砌老化	25.85	6.817	混凝土板膜	7.230 7	18.62	减少了清除挂淤及零星修补费用	50.0
2	北干渠改造	土渠	48.24	12.289	混凝土板膜	11.727 1	36.51	减少了清淤、除草及整修费用	160.0
3	东干渠改造	旧衬砌老化	5.70	1.9	混凝土板膜	1.9	3.80	减少了清除挂淤及零星修补费用	20.0
4	韦水倒虹除险改建	旧衬砌老化	5.00	0.26	混凝土板膜	2.0	5.20	减少了清除挂淤及零星修补费用	
5	漆水河渡槽加固	旧衬砌老化	5.33	1.778	混凝土板膜	1.778	3.56	减少了清除挂淤及零星修补费用	
6	南上座泵站改造	土渠	3.00	0.65	混凝土板膜	0.78	2.22	减少了清淤、除草、整修、配件更换及修理费用	
7	白鹤泵站改造		1.00		混凝土板膜	0.6	0.40	减少了零配件更换及修理费用	
8	总干渠高边坡裂缝除险		4.50			1.6	2.90	减少了专人观测、零星修补及专人观测费用	150.0
9	北干渠庞家段除险	旧衬砌老化	2.00	0.408	混凝土板膜	0.489 6	1.51	减少了清除挂淤、零星修补及专人观测费用	160.0
10	总干二支渠改造	土渠	26.90	11.75	混凝土板膜	6.765	20.14	减少了清淤、除草及整修费用	20.0
11	总干三支渠改造	土渠	4.00	2	混凝土板膜	1.6	2.40	减少了清淤、除草及整修费用	15.0

续表1

项目名称		改造前状况		改造长度(km)	改造后状况		年减少管护费用(万元)	减少原因	年减少事故赔偿(万元)
		衬砌状况	年管护费用(万元)		衬砌状况	年管护费用(万元)			
12	总干八支渠改造	土渠	6.13	3.065	混凝土板膜	2.452	3.68	减少了清淤、除草及整修费用	10.0
13	北昌二支改造	土渠	9.00	3	混凝土板膜	2.4	6.60	减少了清淤、除草及整修费用	15.0
14	东干一支改造	土渠	6.00	2	混凝土板膜	1.5	4.50	减少了清淤、除草及整修费用	10.0
15	东干五支渠改造	土渠	16.82	6.93	混凝土板膜	5	11.82	减少了清淤、除草及整修费用	15.0
16	东干六支渠改造	土渠	6.60	3.3	混凝土板膜	2.31	4.29	减少了清淤、除草及整修费用	8.0
17	帝王输水渠改造	土渠	6.00	2	混凝土板膜	1.6	4.40	减少了清淤、除草及整修费用	16.0
合计			182.07	58.15		51.73	132.54		649.0

以大型输水建筑物韦水倒虹为例，下游控制灌溉面积10.6万hm^2，工程一旦失事，将造成重大损失。若按每公顷地每年减产5 100 kg计算（仅考虑粮食作物，复种指数1.65），则下游灌区每年总减产达5.78亿kg，取粮食综合单价为1.0元/kg，水利分摊系数取0.4，则下游灌区年直接经济损失达2.31亿元，间接损失更无法估量。该工程经除险改建后，输水安全系数大大提高，降低了下游灌区发生旱灾的频率。

2 经济效益

节水改造实施以来，累计增加输水能力9.4 m^3/s，增引适时水量2 393.3万m^3，改善灌溉面积1.08万hm^2，恢复灌溉面积2 660 hm^2，年增产粮食4.25万t（详见表2）。灌区复种指数由155%提高到166%，种植结构不断优化，粮经作物种植比例从8.2∶1.8调整为7.3∶2.7。受益区2005年小麦、玉米、果品单产分别达到5 775 kg/hm^2、6 615 kg/hm^2和43 665 kg/hm^2，比1997年分别提高了25.8%、41.9%和58.1%，水分生产率达1.89 kg/m^3。

在灌区灌溉设施不断改善、农业生产有了保障的前提下，许多农民开始发展运输、大棚蔬菜等经济产业，为农村经济结构调整奠定了基础。据统计，灌区农民人均纯收入由1998年的1 460元提高到1 908元，增幅为31%。消费水平也相应提高，农村经济欣欣向荣，社会风气良好。所以节水改造不但是一项加快灌区发展的后劲工程，更是一项带动地方经济发展、促进精神文明建设、奔小康的致富工程，对于建设社会主义新农村具有重大意义。

表2　灌区节水改造经济效益情况

项目名称		增加输水能力（m^3/s）	增引适时水量（万 m^3）	恢复灌溉面积（hm^2）	改善灌溉面积（hm^2）	增产粮食（万 t）
1	总干渠改造	1	345.60		1 333	0.42
2	北干渠改造	2	691.20	773	2 867	1.15
3	东干渠改造	0.6	103.70		733	0.23
4	北干渠庞家段除险				200	0.06
5	总干二支渠改造	1.0	216.00	467	1 000	0.46
6	总干三支渠改造	0.6	129.60	200	400	0.19
7	总干八支渠改造	0.9	194.40	220	600	0.26
8	北昌二支改造	0.6	129.60	133	733	0.27
9	东干一支改造	0.8	172.80	267	900	0.37
10	东干五支渠改造	0.7	151.20	133	733	0.27
11	东干六支渠改造	0.5	108.00	267	800	0.34
12	帝王输水渠改造	0.7	151.20	200	533	0.23
合计		9.4	2 393.30	2 660	10 833	4.25

3　节水效益

灌区渠系线长面广，节水改造前，由于土渠渗漏损失大，田间工程配套率不高，加之田间灌水技术落后，灌溉水利用系数一直徘徊在0.50以下。节水改造实施以来，逐步对严重影响输水的58.15 km骨干渠道进行衬砌改造，经实测，改造后的渠道水利用系数平均提高了近4个百分点，年减少输水损失1 290万 m^3（详见表3）。在重点抓好骨干工程衬砌改造的同时，配合田间节水工程和“三改两全”灌水技术，灌区灌溉水利用系数已由1998年的0.50提高到目前的0.532，提高了3.2%。按多年渠首平均引水量计算，年均节水量1 920万 m^3。另外，工程实施后，灌溉周期由23 d缩短到21 d，缩短率为8.7%。

表3　灌区节水改造渠道利用率提高情况

项目名称		改造前	改造后	提高百分比	年减少输水损失（万 m^3）
1	总干渠改造	0.90	0.92	2	107
2	北干渠改造	0.75	0.83	8	407
3	东干渠改造	0.91	0.93	2	97
4	韦水倒虹除险改建	0.92	0.93	1	20
5	漆水河渡槽加固	0.91	0.92	1	135
6	南上座泵站改造	0.70	0.84	14	9

续表 3

项目名称		改造前	改造后	提高百分比	年减少输水损失(万 m^3)
7	北干渠庞家段除险	0.80	0.85	5	22
8	总干二支渠改造	0.71	0.87	16	120
9	总干三支渠改造	0.82	0.84	2	36
10	总干八支渠改造	0.82	0.85	3	46
11	北昌二支改造	0.82	0.84	2	41
12	东干一支改造	0.82	0.83	1	27
13	东干五支渠改造	0.82	0.87	5	116
14	东干六支渠改造	0.82	0.85	3	79
15	帝王输水渠改造	0.82	0.84	2	27
合 计		12.34	13.01	3.94	1 290

4 生态效益

宝鸡峡灌区为引用渭河水源的大型灌区,20 世纪 90 年代以后渭河水资源锐减,致使灌区时段型缺水现象突出,旱灾时有发生。加之灌区 1/3 的灌溉面积为渠井双灌区,受工程老化、配套率差、灌溉保证率低等因素的影响,许多群众弃渠用井,致使灌区部分县区地下水采补失衡,地下水位严重下降。节水改造工程的实施,不但改变了区域水资源供给条件,提高了河源来水利用率,恢复了部分渠灌面积,而且使地下水位逐年下降的现象得到遏制,极大地缓解了部分区域过量开采地下水和水资源日益短缺的矛盾。根据近 3 年实测资料,灌区地下水恶化的现象基本得到遏制,项目区地下水位已基本趋于稳定,并向“渠井结合、以渠养井、以井补渠、丰存枯用”的良性方向恢复。在实施工程改造的同时,灌区加大生态环境治理力度,并取得显著成效,截至 2005 年底,灌区农田防护林总面积达 1.77 万 hm^2,地下水少采 2 708 万 m^3,地下水减少开采率 11.19%。生态用水量从 2000 年的 24 030 万 m^3 提高到 31 007 万 m^3,较“九五”末增加 22.5%,有效地改善了灌区生态环境。

5 其他效益

1998 年以前,由于部分骨干渠道输水无保证,致使其控制的斗渠无水可引,斗渠改制工作无法开展。节水改造实施后,彻底改变了这种状况,渗漏损失的减小和灌溉保证率的提高,为斗渠改制打下了良好基础。灌区在扎实推进项目建设的同时,认真贯彻落实水利产业政策和陕西省“两个决定”精神,稳步推进以“干渠专管、支渠多制、斗渠民营、职工参与”为主线,以股份合作、农民用水协会为主要形式的基层管理体制改革。群众参与灌区管理体制改革的热情高涨,纷纷主动向管理部门提出申请,积极要求租赁、承包经营斗渠。截至2006年底,累计改制斗渠1 427条:成立农民用水协会32个,改制斗渠457条;组建供水社37个,改制斗渠756条;承包模式193条;租赁斗渠21条。改制涉及支渠35条,整支改制22条。涉及农户22.95万户,控制面积12.0万 hm^2,用水户参与管理面积占到灌区有效灌溉面积的72.8%。恢复失灌面积633 hm^2,吸纳社会资金181.9万元,衬砌各级渠道459.3 km,新修、维修建筑物12 880座,农民参与人数1 079人,职工参与193人。

这些改制模式的运作,在工程管护、用水收费等方面体现出明显的优越性:一是末级渠道有人管、有钱修、管护好;二是中间管理环节减少,平均费用降低;三是经营者收入增加,管护积极性提高,管理队伍的凝聚力增强;四是专业浇地队服务到户,群众浇地方便、放心。所以,节水改造不仅促进了灌区工程硬件设施条件的提升,更达到了以改造促改革、以改革促发展的良好效果。

6 结语

1998年以来,国家对宝鸡峡灌区续建节水改造给予了一定程度的资金投入,灌区在渠道衬砌率、完好率、险工险段等方面有了逐步改善,但由于建设时间早,历史欠账多,灌区渠系衬砌率和完好率仍有待提高,险工险段多、淤积严重、建筑物老化等问题仍困扰着灌区。目前,灌区骨干渠道衬砌率仅58%,衬砌完好率仅77.9%,配套建筑物完好率仅70%,填方及险段占骨干渠道总长的18%。

按照节水规划和灌区现状,尚需改造骨干渠道615.504 km,改造配套建筑物1 537座,加固处理填方及险段207.701 km,治理九十八公里塬边滑坡体15处,改造泵站7座。灌区应继续争取加大节水改造投入力度,使灌区综合服务功能进一步提高,为全面建设小康社会和社会主义新农村发挥更大作用!

参考文献

[1] 黄永库.宝鸡峡灌区续建配套与节水改造项目“十五”建设管理总结[R].咸阳:陕西省宝鸡峡引渭灌溉管理局,2006.

[2] 王琳杰.陕西省宝鸡峡灌区水利工程现状调查报告[R].咸阳:陕西省宝鸡峡引渭灌溉管理局,2006.

浅议宁蒙灌区水权转换的影响

罗玉丽　张会敏　张　霞　卞艳丽

（黄河水利科学研究院）

摘要：水资源短缺已成为制约我国经济社会发展的重要因素。解决水资源短缺矛盾最根本的办法是建立节水防污型社会，实现水资源优化配置，提高水资源的利用效率和效益。在水资源极为紧缺的宁蒙灌区，找到了解决区域工业发展的用水和农业用水效率较低的途径——实行水权转换。通过水权转换，推动了宁蒙灌区水资源使用权的合理流转，促进了水资源的优化配置、高效利用、节约和保护，但同时水权转换对灌区及周边的生态环境、黄河径流等也会产生影响，因此在水权转换时要确定适宜的水权转换规模，合理估算转换水量。

关键词：宁蒙灌区　水权转换　影响

水是基础性的自然资源和战略性的经济资源，是人类生存的生命线，也是经济社会可持续发展的重要物质基础。水资源短缺已成为制约我国经济社会发展的重要因素。解决我国水资源短缺的矛盾，最根本的办法是建立节水防污型社会，实现水资源优化配置，提高水资源的利用效率和效益。在中央水利工作方针和新时期治水思路的指导下，近几年来，一些地区陆续开展了水权转让的实践，推动了水资源使用权的合理流转，促进了水资源的优化配置、高效利用、节约和保护。宁蒙灌区作为黄河流域水权转换的试点，自 2003 年 4 月至今，已有 5 个项目被批准。

1　宁蒙灌区概述

宁蒙引黄灌区包括宁夏和内蒙古西部两自治区内以黄河为主要水源的灌溉区域。宁蒙引黄灌区属大陆性气候，干旱少雨，蒸发强烈，日照充足，昼夜温差大，热量丰富，无霜期较长，风沙较大。年降水量 130 ~ 250 mm，年蒸发量 1 100 ~ 2 400 mm。主要农作物为小麦、糜子、水稻、棉花。

灌区引黄灌溉条件便利、农耕历史悠久，是两自治区乃至我国重要的粮、油、糖生产基地。灌区的工农业生产总值及国内生产总值、人均财政收入、农民家庭人均纯收入和生活消费支出等均明显高于非引黄灌区与两自治区的平均水平。

2　水资源利用现状及存在的问题

2.1　水资源利用现状

流经宁蒙引黄灌区的主要河流为黄河，黄河水源充足，水质好，是该区灌溉用水的主要水源。宁夏境内黄河多年平均流量 1 030 m^3/s，过境水量约 325.0 亿 m^3；内蒙古入境站石嘴山（1956～2000 年系列）多年平均径流量 287.0 亿 m^3，出境站头道拐站多年平均径流量 229.1 亿 m^3。按照 1987 年国务院批准的黄河可供水量分配方案，在南水北调工程实施前，宁夏可耗用黄河水量 40.0 亿 m^3，内蒙古可耗用黄河水量 58.6 亿 m^3。

宁蒙灌区当地地表径流量很小，且季节性强，基本不能利用。沿黄灌区地下水主要由降水入渗补给、山丘区山前侧向补给和地表水渗漏补给，有部分地下水可利用。

据统计，2000～2002 年 3 年平均宁蒙灌区引黄河水量 148.28 亿 m^3，利用地下水量 19.64 亿 m^3，其中灌溉用水 159.82 亿 m^3，工业及生活用水 14.99 亿 m^3。耗用黄河水量 83.55 亿 m^3，耗用地下水量 12.68 亿 m^3，其中农业灌溉耗水 89.95 亿 m^3，其他耗水 6.77 亿 m^3。

2.2　存在的主要问题

2.2.1　水资源极为紧缺，且浪费严重

宁蒙大型灌区是两自治区经济最为发达的地区，目前其引用黄河水量均已达到或超过国务院分配指标。随着城市化率的提高、工农业结构比例的变化，黄河流域城乡生活供水及工业用水将大幅度增长，生态环境建设、湿地水面保护区等生态用水将明显增长。由于气候变化及人类活动影响，黄河流域近 20 年来平均降水量偏少 5%～10%，河道天然来水量减少，地面蒸发量有所提高，黄河水资源量有减少的趋势。今后一段时间黄河水资源紧缺状况将进一步加剧。

宁蒙大型灌区中多数渠系、田间及渠系建筑物配套工程较差，且运行时间长，自然老化现象十分严重。灌区灌溉水利用率较低，有一半以上的灌溉水量在渠道输水和田间渗漏中损耗掉，水资源浪费严重。

2.2.2　用水结构不合理

宁蒙灌区用水结构不合理主要体现在三个方面。一是产业用水结构不合理，农业用水比重大，工业用水量比重偏低。由 2002 年宁蒙两区的用水结构知，两区的农业用水分别占总用水量的 93.3%（农业及生态）、90.6%；工业用水分别占总用水量的 5.5%、4.6%。二是资源利用结构不合理。灌区用水以黄河水为主，黄河水资源利用量占总用水量的 90% 以上。三是农业用水结构不合理，表现在种植结构不适应水资源紧缺的形势，灌区高耗水作物面积大，而用水量少

的经果林、经济作物及饲草等种植面积小。

2.2.3 水生态环境日趋恶化

主要体现在三个方面:一是土壤盐渍化。灌区长期以来大水漫灌、排水不善,耕地盐渍化严重。二是局部地区水环境恶化。由于工业和城市发展迅速,而对环境治理方面投入不足,加之人们对保护水环境的意识差,导致地表纳水体和地下水源污染严重,水环境恶化;三是灌区重要城市地下水超采。银川市和石嘴山市的厂矿企业过于集中,地下水局部超采严重,导致地下水位下降,形成大面积的漏斗区。

2.2.4 灌区水价体系不适应市场经济的要求

灌区水价体系不合理,现行灌溉水价仅为成本的30%～40%,水费收入无力支持灌区正常的运行维修。这种水价体系淡化了人们的节水意识,助长了灌区粗放、落后的灌溉方式,节水灌溉技术很难推广,造成人为的水资源浪费。

3 宁蒙灌区水权转换基本情况

宁蒙两区黄河水权转换试点工作始于2003年4月。截至目前,经批准进行试点的项目共5项,其中内蒙古试点2项,宁夏试点3项;试点工程总节水量9 833万 m^3,其中内蒙古4 448万 m^3,宁夏5 385万 m^3;项目转换黄河取水量8 383万 m^3,其中内蒙古3 923万 m^3,宁夏4 460万 m^3;项目总投资约3.27亿元,其中内蒙古1.75亿元,宁夏1.52亿元。单方水平均工程投资3.32元,内蒙古、宁夏分别为3.93元和2.82元;转换期内年均水价0.13元/m^3,内蒙古、宁夏分别为0.157元/m^3、0.113元/m^3。除了已批复的5个试点项目之外,内蒙古的朱家坪、魏家峁电厂等9个项目也通过了黄委的技术审查。其中,火电工程5项,装机容量4 800 MW;煤电联产项目2项,装机容量3 600 MW;烧碱、PVC联电项目1项,装机容量1 200 MW;甲醇、二甲醚项目1项。9个项目年转让黄河取水量6 643.8万 m^3,相应节水工程总节水量7 176.5万 m^3,总投资3.47亿元。水权出让灌区涉及内蒙古的黄河南岸灌区、镫口扬水灌区和滦井滩扬水灌区。其中南岸灌区6项,节水量5 617.5万 m^3;镫口扬水灌区2项,节水量1 240万 m^3,滦井滩扬水灌区1项,节水量319万 m^3。

4 水权转换的影响

4.1 增加灌区投资渠道,提高灌区水利用率

宁蒙灌区水利工程自然老化现象十分严重,多数处于带病运行或超期服役状态,但灌区缺乏节水改造资金,无法对灌区的渠系实施节水改造和配套,灌区水资源浪费严重,利用效率低下。通过水权转换,由受让方首先出资对出让方的

灌区设施进行节水改造,而出让方则把受让方投资节水改造产生的节水量的等额黄河取水权转让给出资方。即受让方获得的是出让方节水量的等额黄河取水权。由已审批的14个水权转换项目可知,受让方获得的水量均是通过对灌区未衬砌的渠系进行衬砌后所产生的渠系输水损失的减少量。从审批的项目看,宁蒙两区转换黄河年取水量1.50亿m^3,共需投资3.47亿元对灌区进行渠系衬砌,从而获取工程节水1.70亿m^3。这意味着,目前的14个转换项目完成后,实施水权转换的灌区将减少1.70亿m^3的灌溉工程的输水损失。同时,衬砌后的渠系水利用系数显著提高,输水速度加快,灌溉周期缩短,农作物的灌水程度和保证程度将大大提高,从而提高农业的灌溉用水效率和单方水的产出率。根据相关研究报告,内蒙古黄河南岸灌区8个水权转换项目完成后,灌区渠系水利用系数将达到0.72,灌溉水利用系数将由目前的0.32提高到0.65。

4.2 改变灌区用水结构,促进水资源的高效利用

目前,宁蒙两区农业用水效益低,工业效益高。据分析,宁夏农业单方水效益仅为0.97元;工业单方水效益为57.9元。现状的用水结构,一方面导致了水资源利用价值高的工业行业,因不能获得所需水量而无法进行建设和生产,制约了工业的发展;另一方面水资源利用效率偏低的农业,则拥有大量的水量,且受工程状况、管理水平等因素影响,用水浪费现象严重。通过水权转换,引黄灌区的部分农业用水权流转至工业领域,解决了工业的用水约束问题,为工业用水提供了保证,给工业及区域经济赢得了发展空间,促进了水资源从低效益行业向高效益行业流动,提高了水资源的利用效益,使得宁蒙两区的现状用水结构渐趋合理。根据目前的水权转换情况,如果设定均按计划完成水交易,共有1.50亿m^3的农业用水转向工业领域,其中宁夏0.45亿m^3,内蒙古1.05亿m^3。不考虑其他条件变化,经分析,宁蒙两区的农业用水比例由转换前的92.9%和92.0%,降低至91.7%和90.6%;工业用水比重由转换前的5.5%和4.6%,提高到6.6%和5.9%。

4.3 对当地生态环境的影响

宁蒙灌区地下水资源丰富,主要有潜水和承压水两种类型。潜水的埋藏深度与地形、引黄灌溉有密切的关系。地势较低的地区,埋藏较浅,地势较高的地区,埋藏较深;灌区埋藏较浅,非灌区埋藏较深。灌区水权转换主要是工业为灌区进行节水改造投资,以获取灌区通过采取渠系衬砌等节水改造措施节约出来的那部分水量。灌区通过采取衬砌等节水改造措施,减少了输、配水及田间灌溉过程中的渗漏损失,节约了大量的水,但同时也相应减少了其对当地地下水的补给量,这样,当地地下水位必将降低。对于宁蒙灌区来说,由于当地蒸发能力较强,地下水位降低,可减少当地的潜水蒸发量,对当地土壤盐碱化问题起到缓解

作用,但另一方面,由于当地的降雨量较小,灌区及周边的天然植被生长需水主要靠地下水来维持,另外,区域内还有湖泊和沼泽,地下水位的降低必定会改变湿地和天然植被的生境条件,从而影响灌区生态系统。

4.4 对黄河径流的影响

水权转换对黄河径流的影响包括两个方面,一是对径流水量方面的影响,二是对河道水质的影响。通过水权转换,宁蒙灌区可增加灌区投资渠道,提高灌区水利用率,改变灌区用水结构,促进水资源的高效利用。但是,由于工业用水的取水过程与农业用水的取水过程是不一样的,因此在水权转换的同时,灌区的取水过程将会发生变化,从而影响到境内黄河的径流过程,尤其是在枯水期(目前进行水权转换的水量规模较小,影响还不大)。另外,水权转换是将灌区节水改造后减少的损失量部分进行转换,原先这部分水量虽然是在灌溉过程中损失的水量,但并不是完全无法再利用,大部分将回归补充当地地下水,再以地下径流的形式排入河道。转换成工业用水后,则大部分将会被耗用掉。由此可见,实行水权转换实际上是增加了当地实际耗用的黄河水量,将会减少灌区退水量。

5 结语

上述分析表明,通过水权转换,引黄灌区的部分农业用水权流转至工业领域,解决了工业的用水约束问题,为工业用水提供了保证,给工业及区域经济赢得了发展空间,促进了水资源从低效益行业向高效益行业流动,提高了水资源的利用效益,使得宁蒙两区的现状用水结构渐趋合理。水权转换可以对当地土壤盐碱化问题起到缓解作用,改善当地生态环境。但灌区实施节水改造措施后,将改变对当地地下水的补给,势必影响当地及周边的地下水环境。另外,用水性质由农业转换成工业,对黄河径流也将会产生影响。鉴于此,在灌区实行水权转换时,提出以下建议:

(1)正确估算水权转换的水量。由于宁蒙灌区地下水与黄河径流关系密切,在计算灌区采取节水改造措施所获取的节水量时,不能以采取措施前后灌区减少的渠首取水量计,而应在此基础上考虑扣除其对地下水补给的减少量。因此,水权转换所获取的水量不能简单地认为就是企业投资进行节水改造的工程采取措施前后减少的渠首取水量。

(2)水权转换的适宜规模。宁蒙灌区处于干旱少雨的西北地区,生态环境极其脆弱,灌区及周边的湿地和天然植被的生长主要靠地下水来维持,因此需要保持适当的地下水埋深,以维持天然植被的生境和灌区内生境用水需求。而灌区实行水权转换,必将降低当地地下水位,不同规模的水权转换对当地地下水位下降的影响程度不同。因此,在实行水权转换时,要考虑灌区及周边生态环境对地下水位的要求,确定合理的水权转换规模。

参考文献

[1] 宁夏水利水电勘测设计院. 宁夏青铜峡灌区续建配套与节水改造规划报告[R]. 2000.

[2] 内蒙古自治区水利水电勘测设计院. 内蒙古河套灌区续建配套与节水改造规划报告[R]. 1999.

[3] 宁夏回族自治区水文总站. 宁夏河套灌区(银南部分)农业综合开发渠系输水损失防渗效果试验与水资源评价[R]. 1995.

[4] 汪林,甘泓,等. 宁夏引黄灌区水盐循环演化与调控[M]. 北京:中国水利水电出版社,2003.

[5] 许迪,蔡林根,茆智,等. 引黄灌区节水决策技术应用研究[M]. 北京:中国农业出版社,2004.

[6] 程满金,申利刚,等. 大型灌区节水改造工程技术试验与实践[M]. 北京:中国水利水电出版社,2003.

[7] 黄河水利科学研究院. 黑河下游额济纳地区生态综合整治技术研究[R]. 2004.

[8] 宁夏回族自治区水利厅. 宁夏回族自治区黄河水权转换总体规划[R]. 2004.

[9] 黄委会黄河水利科学研究院. 内蒙古黄河南岸灌区向北方联合电力杭锦电厂一期工程及塔然高勒矿井煤电联产建设项目水权转换可行性研究报告[R]. 2005.

浅议水权的物权化

崔　伟[1]　郭　芳[1]　王　颖[2]　马　佳[3]

(1.菏泽市黄河河务局;2.菏泽市气象局;3.沂沭泗水利管理局)

摘要:随着经济社会的快速发展和全方位的提升,水资源紧缺将成为我国经济社会可持续发展的瓶颈。况且我国现有水权制度的不尽完善也导致了“水权”缺乏系统的法律规定,以致“水权”的不便转让,致使我国水资源的保护和利用等方面的诸多弊端,造成水资源出现供需矛盾日益加剧的局面,为此,笔者就我国水权制度现状和水权转化方面,谈点粗浅的认识。

关键词:水权　物权化　益物权　水资源所有权和使用权

水是万物生存及经济社会发展的重要基础资源,且随着社会工业化城市的发展,水资源的供需矛盾日益突出,水资源的短缺将成为世界性的重大问题。从世界范围看我国水资源总量还是比较丰富的,但人均水资源量只有世界人均水资源量的1/4,且地区分布极不均匀。再加上水污染严重和水资源利用率较低等问题的存在,加剧了水资源的供需矛盾,水资源将制约着我国经济社会的可持续发展。为此,我国急需改革和完善现有的水权制度,建立与社会主义市场经济体制相适应的高效的水资源管理配置体系。

1　我国的水资源所有权制度

我国新修订的《中华人民共和国水法》第3条明确规定:“水资源属于国家所有,水资源的所有权由国务院代表国家行使。农村集体经济组织的水塘和由农村集体经济组织修建管理的水库中的水,归该农村集体经济组织使用”。这就意味着,国家是水资源所有权的唯一主体,享有对水资源的占有、使用和收益的权利,同时也意味着水资源所有权不存在转让的问题。

就我国而言,实行水资源的国家所有制有其必然性。

(1)从水资源自身的特点看,水具有基础性不可替代的地位和作用,它是关系到人们的基本生存条件和经济发展的重要战略资源。

(2)水资源具有稀缺性和有限性的特点,这就决定了水资源在现实中应该是所有人的共同财产,而不是某个人的私有财产。它标志着社会的公共利益,因此应由代表公共利益的民事主体,即国家享有其所有权、管理权。由于国家是公共利益的唯一代表,在个人利益与社会利益、眼前利益与长远利益发生冲突时,国家服从国民的整体利益出发来规范行为,并代表公众采取措施对水资源实行统一管理和控制。

(3)国家水资源所有权可以通过制度把水资源的使用权授予社会,且应保留宏观上的调控和监管等权利,为国家对水资源进行开发利用和全面管理奠定法律基础。

2 我国的水权制度

水权是一系列水资源使用的总称,即权利人依法享有在一定范围内对地表水和地下水使用、收益的权利。在实行水资源的国家所有制时,水权制度对水资源的开发利用具有决定性的意义。因为,国家作为政治主体,不可能地对水资源进行直接的占有、使用、收益,主要是通过许可特定主体使用水资源,对使用者征收税费来实现所有权。

我国新修订的《中华人民共和国水法》第6条和第7条分别规定"国家鼓励单位和个人依法开发和利用水资源,并保护其合法权益";国家对水资源依法实行取水许可制度和有偿使用制度。但是,"农村集体经济组织及其成员使用本集体经济组织的水塘、水库中的水除外"。这就说凡是直接取用地表水、地下水的单位和个人,除法律规定不需要申请取水许可的情况外,其他的取用水都要依法向水行政主管部门提出申请,领取取水许可证后方可取水。另外,国务院还颁布了《取水许可与水资源费计收管理条例》,各省市和部分流域机构颁布了《取水许可实施细则》等一些配套性的法律、法规,进一步明确了水行政主管部门代表国家依法享有审批取水申请、发放取水许可证,征收水资源费等权利和取水户依法享有水资源使用及收益的权利。

目前,就水权的主体而言,可以是具体的单位或者个人,而水权的客体,即国家境内所有的水资源,包括江河、湖泊和地下水。其权利包括取水权、引水权、蓄水权、排水权、水运权、水电权、放木权、旅游观光等。此外,水权还应该是一个开放性的权利,随着时代的发展会不断地丰富其内容。

3 我国现行水权制度存在的主要问题

目前,我国相关法律法规对水权有一些规定,比如,保护单位和个人开发与使用水资源合法权益,以及取用水许可制度和有偿使用制度等。但从整体上看,在这方面的法律规范还不够完善,存有制度上的缺陷。

(1)水权的主体和细则内容不够明晰。水资源使用权内容的规定比较模糊,这就使水资源的使用带有浓厚的"公地"色彩,导致无序开采,浪费、污染严重,出现水资源紧缺,致使开发利用过度和水事纠纷的剧增,直接影响着社会稳定和经济发展。

(2)我国水资源的使用仍存在着低效率和浪费现象。为此,应尽快完善我国的水权制度,加大法律保护力度,统筹规划,依法宏观调控,出台水权的转让政策,尽可能地扩大水权的流转范围,加快水权转让步伐。

(3)我国现行法律法规对水资源使用管理执法的规定硬度不够,法律法规中的条文钢性不够,赋予水行政主管部门的执法权力较弱。另外,对使用和保护水资源者的规定责任较小,对破坏水资源和浪费水资源者惩处较轻。同时对科学取用水的措施手段和水价偏低等政策不够,以致带来诸多的问题。

4 水权物化权的内容和意义

为进一步保护和使用我国的水资源,减缓水资源供需矛盾,提高利用率,发挥市场机制的作用,建立起符合可持续发展要求的水资源配置体系,有必要利用法律制度将我国的水权制度定位于物权的范畴,赋予其一定的物权效力。

4.1 民法中的物权制度

民法理论中的物权是指权利人依法对特定物行使直接的支配权,并排除他人干涉的权利,主要包括:一是对特定物本身和自主支配权,即自行地行使对其财产的权利;并排除他人干涉其行使的权利。这两种密不可分,而后一种的权利是为前一种权利提供保障。物权分为自物权和他物权,自物权又称为所有权,是指排斥他人的干涉全面支配物的权利,所有权主要是占有权、使用权、收益权和处分权。他物权是指在所有权权能享有一定程度直接支配权,他物权又分为用益物权和担保物权,关键的是用益物权。

4.2 水权是一种用益物权

(1)所谓水权的物权化就是将水权制度定位在民法物权的范畴内,给原本保护力不强的水权赋予物权的保护方法,使水的使用权真正成为一种用益物权,具有一般用益物权的使用特征。

(2)从战略眼光看,水资源越来越显现出它的稀缺性,更加体现出它的价值。因而,水也就逐步成为民法中物的范畴,水权也就属于物权,人类通过这种物权的行使来满足自己的生活需要。根据现代物权趋向于自然资源利用权为新的发展方向,水权的内容也逐渐以水资源使用为主,而且客观上已经成为现代社会最重要的一种物权。

(3)将水权作为一种益物权,不仅赋予出资水权人对水资源的使用、收益权利,而且可以排除任何不法干涉和妨碍。这也正是因为水权获得民法上的财产属性,并使水资源的优化配置成为可能。当然,水权使用权也是有限的,可表现为所有权人对国家和社会的义务,也可表现为其理性,并由当事人来约定。

4.3 水权的意义和作用

(1)明确水权的物权属性,有利于进一步加强对水权所有人的保护,促进水利事业的健康发展。这是因为水权具有物权属性的本质所在,也就意味着其权利人在许可的范围内,为了取用水,对一定的水量或特定水域具有一定程度的排他利用权。从而权利人在权利范围内可以通过对一定的水量或特定的水域行使权利,并取得其中的利益,且表现为权利人为其利益的实现或遭受妨碍之虞时,可以请示排除该妨碍,或在生产实际损害时,可请求损害赔偿。而物权比其他财产权易形成本身所具有的这些优势,对确定和保护权利人的合法利益,并有效防止来自第三者的干预至关重要。另外,从物权属性出发构建水权制度,还有利于进一步转变政府职能,完善措施,提高行政管理效率。

(2)明确水权的物权属性,可以合理充分利用水资源。国家制定一些相应的政策,通过物权的性质和效力得以实现。因此,水权作为一种通过法律确立的物权,在法律法规的支持下,通过市场调节体现其价值。当水权进入市场后,拥有水权的人就会扩大"水源"而不断开源节流,形成多渠道、多元化的水利投资新机制,并可想方设法保护和提高水质、节约用水。这样,不仅可以使国家有限的水资源得到充分而高效的利用,而且还有利于改进水质,改善水利设施和提高服务水平,提高水资源的利用率。

4.4 水权物权的限制

物权是一种私权,将水权纳入物权的范畴也就是认为水权也是一种私权。但由于我国实行水资源国家所有制,水权是用益权,具有派生性,所以,水权又具有和一般物权不同的特点,是一种公权授权使用的私权。正是由于这个原因,水权被一些学者称为准物权或特许物权,对其有一定的限制。

(1)由于水权的客体水资源具有稀缺性,同时又具有生态环境功能和社会公益性,从而成为公共品,需要政府采取市场手段加以提供和保护,所以作为财产性权利的水权应该受到公共利益的限制。

(2)虽然水权制度产生于保护水权人和水资源优化配置的需要,但国家作为水资源的所有者和经济的宏观调控者具有水资源的宏观管理权,作为水资源配置工具的水权制度,是以政府调节为主的水资源分配体系之中的一个必要的组成部分,应该受到水行政机关规划计划权、总量控制权、供水分配权、审查监督权等行政权力的制约,这样才能确保水资源的保护与可持续开发利用协调发展,实现兼顾公平与效率这两大水资源的配置原则。

(3)由于水权是从水资源所有权中派生出来的,因而水权的设定、变更、终止都要在一定的程度上受到国家的干预,受到法律法规的限制。并且在使用水资源的同时应当注意防治水污染、节约用水、水土保持、环境保护,还要考虑到水资源的社会公益功能,如防火、抢险、救灾、国防和科学技术等事业的需要。

5 结语

综上所述,我国现行的水权制度存在水权主体内容不十分明晰和行政执法力度不够的缺陷。由此借鉴民法中的物权概念定位水权制度,可以发挥市场机制的积极作用,提高水资源的利用率,从而缓解我国水资源供需矛盾日益加剧的局面。

参 考 文 献

[1] 韩德培. 环境资源法论丛[M]. 北京:法律出版社,2001.
[2] 崔建远. 准物权研究[M]. 北京:法律出版社,2003.
[3] 李晶,宋守度,等. 水权与水价[M]. 北京:中国发展出版社,2003.